W0198295

Unternehmensratgeber betriebliches Gesundheitsmanagement

Grundlagen – Methoden – personelle Kompetenzen

Von

Dr. Ingo Weinreich und Dr. Christian Weigl

Erich Schmidt Verlag

Bibliografische Information der Deutschen Nationalbibliothek

Die Deutsche Nationalbibliothek verzeichnet diese Publikation in der Deutschen Nationalbibliografie; detaillierte bibliografische Daten sind im Internet über *http://dnb.d-nb.de* abrufbar.

Weitere Informationen zu diesem Titel finden Sie im Internet unter

ESV.info/978 3 503 13057 3

Gedrucktes Werk: ISBN 978 3 503 13057 3
eBook: ISBN 978 3 503 13058 0

Dieses Papier erfüllt die Frankfurter Forderungen der Deutschen National-bibliothek und der Gesellschaft für das Buch bezüglich der Alterungsbestän-digkeit und entspricht sowohl den strengen Bestimmungen der US Norm Ansi/Niso Z 39.48-1992 als auch der ISO-Norm 9706.

Druck und Bindung: Danuvia Druckhaus, Neuburg a. d. Donau

Vorwort

Vorwörter haben zumeist etwas Lästiges und werden deshalb schnell überlesen, um zum „Kern" zu kommen. Deshalb wollen wir uns auch nicht lange mit dem Prolog aufhalten, über uns erzählen oder über Menschen, die uns auf unserem bisherigen Weg unterstützt haben, obwohl sie es wert gewesen wären, hier namentlich genannt zu werden. Wir wollen stattdessen gleich zum Kern kommen.

Sie halten ein Buch in der Hand, das Ihnen ein echter Ratgeber in einem äußerst anspruchsvollen, manchmal undurchsichtigen, wechselvollen, widersprüchlichen, aber auch enorm spannenden Thema sein soll. Sie halten ein Buch zum betrieblichen Gesundheitsmanagement (BGM) in der Hand. Dieses hat den Untertitel: „Grundlagen – Methoden – personelle Kompetenzen". Es geht also um Sie, um Ihr „Mind-Set", um Ihre Handlungszugänge und Ihre Kompetenzen als Player in der betrieblichen Gesundheitsarbeit. Sie wollen den Job schließlich erfolgreich gestalten. Es geht aber auch um uns, denn wir wollen das Gleiche und wollen deshalb unsere Ideen und Erfahrungen mit Ihnen teilen. Glauben Sie uns, es lohnt sich. BGM ist der beste Job der Welt.

Das Buch ist umfangreicher geworden, als zunächst gedacht. Warum? Weil sich betriebliche Gesundheitsarbeit nur begreifen lässt, wenn man sich auf diese auch tiefer einlässt. Wir haben uns den Luxus gegönnt und das in den letzten 12 Monaten getan. Wir haben unsere Erlebnisse der letzten 10 Jahre geordnet und aufgeschrieben. Das war eine spannende und produktive Zeit.

Wenn der „Markt" (also Sie) unsere hier dargelegten Ideen, Erfahrungen und Ansätze positiv aufnimmt, so werden wir gegebenenfalls einen Folgeband veröffentlichen, der weitere Praxistools, Instrumente und zudem viele „Stories" zum BGM enthält. Hierfür laden wir Sie ein, Ihre Erfolge und Misserfolge gemeinsam mit uns zu besprechen. Unsere Kontaktdaten sind am Ende des Bandes notiert. Denkbar ist auch, dazu einen Praxis-Kongress zu veranstalten, auf dem Sie Ihren Erfahrungen jenseits der unternehmenspolitischen Statements ein Podium geben können. Es gibt auch keine Awards zu gewinnen. Wir wollen stattdessen die Unterschiedlichkeit des praktischen Handelns diskutieren, daraus lernen und Ihre Ideen veröffentlichen.

Bleiben Sie gesund!

Leipzig, Sulzbach-Rosenberg, 3.10.2010

Inhaltsverzeichnis

1. Übersicht

1.1 Anliegen, Problem- und Zielstellungen

Worum geht es in diesem Buch? Kurz gesagt: Es geht um die weitere Professionalisierung des betrieblichen Gesundheitsmanagements (BGM). Das ist notwendig. Das Buch vermittelt Impulse für angehende Experten mit dem Ziel, gemeinsame Denk- und Handlungswelten zu schaffen. Denn: Auch das ist notwendig. Die Analyse der aktuellen Situation in der „Szene" erbrachte für uns folgende Erkenntnisse – man kann auch von sechs Problembereichen oder vom 6fachen *„Aber"* sprechen:

1. Es gibt inzwischen viele Bücher zu Facetten des BGM und noch mehr Bücher zu Themen der allgemeinen Gesundheit. Aber: Es gibt nur wenige Bücher zur Einordnung des Handelns auf der Meta-Ebene. Denn: Es mangelt an Überblick.
2. Es gibt viele Informationen darüber, was BGM sein könnte. Aber: Es gibt zu wenig prozedurales (handlungsbezogenes) Wissen. Einfacher ausgedrückt: Es gibt zu viel Beschreibung für zu wenig Handlung.
3. Es gibt viele gute Theorien und Denkmodelle zu Sicherheit, Gesundheit, Gesunderhaltung und Gesundheitsmanagement in Betrieben, die bisher zumeist nebeneinander stehen. Aber: Es gibt zu wenige Denkmodelle, die integrieren können und trotzdem zum Kern kommen.
4. Es gibt viele interessante Handlungsansätze für mehr Gesundheit in Betrieben. Aber: Es gibt zu wenige wirksame Handlungsstrategien zur Problemlösung. Zumeist sind die Ansätze kontextuell nicht angebunden und vorwiegend operativ ausgerichtet. Es gibt also zu viele isolierte und zu wenig integrierte Ansätze. Es gibt zu viel Oberflächenhandeln und zu wenig Tiefenhandeln.
5. Es gibt bei den Verantwortlichen in den Unternehmen viel Vermutung und Abstraktion. Aber: Es gibt zu wenig Erkenntnis und Anschaulichkeit der tatsächlichen Zusammenhänge.
6. Es gibt viele Antworten. Aber: Es gibt zu wenig substanzielle Fragen zum BGM. Anders ausgedrückt: Es gibt zu viele „Models of good Practice", aber es gibt zu wenig kritische Auseinandersetzung mit der eigenen betrieblichen Situation, der eigenen unternehmerischen Geschichte, dem eigenen Handeln, den gesetzten Handlungsgrenzen und der eigenen Befindlichkeit. Hier herrscht ein Defizit – aber auch der Wunsch nach ehrlicher und produktiver Kommunikation über die Betriebsgrenzen hinweg.

Das „Aber" umzuwandeln in ein „Und" – das ist das zentrale Anliegen des Buches! Sicherlich ein anspruchsvolles Ziel. Wir haben uns deshalb auch 10 Jahre Zeit gegeben, um die Dinge reifen zu lassen und die notwendigen Erfahrungen zu sammeln. Dem formulierten Anspruch folgend ist auch klar: Dies konnte kein wissenschaftliches Buch werden – wohl aber ein wissens- und wissenschaftsgestütztes. Es soll den verantwortlichen Akteuren die notwendige Übersicht und Orientierung im betrieblichen Gesundheitshandeln geben. BGM „boomt" zwar, doch die Ideen davon, was BGM ist und wie es in Unternehmen eingebracht werden sollte, gehen weit auseinander. Auch wir haben hier bereits vor Jahren „Leitfäden" entwickelt und veröffentlicht. Diese Ideen müssen aber ergänzt werden durch ein Verständnis darüber, was wir bei Eingriffen ins Arbeitssystem eigentlich tun. „Integriertes" betriebliches Gesundheitsmanagement ist eben nicht nur die Kombination von Verhaltens- und Verhältnisprävention. Das ist nach wie vor entkoppeltes Denken.

Insofern nutzen wir auch die Gelegenheit mit einigen „Legenden" bezgl. des BGM aufzuräumen. Glauben Sie z. B. auch, dass BGM immer positiv wirkt und irgendwie auch immer alle Gewinner sein können? Wenn Sie jetzt schon Zweifel haben, dann lohnt sich das Weiterlesen. Das ist zugleich der erste Handlungsstrang im ersten Band.

Wir haben uns zudem weitere Fragen gestellt:

1. Was ist in den letzten Jahren in Sachen BGM passiert?
2. Sind wir wirklich erfolgreich gewesen?
3. Haben wir echte Arbeitssystemgestaltung betrieben?
4. Brauchen wir BGM überhaupt noch? Wenn ja, in welcher Form?
5. Welche Kompetenzen und Voraussetzungen brauchen Gesundheitsmanager/ innen, um erfolgreich agieren zu können?

Wir können konstatieren: Es ist in den letzten 15 Jahren sehr viel getan worden in Sachen betrieblicher Gesundheitsarbeit. Alle DAX-Unternehmen, über 75 % der M-Dax und mehr als die Hälfte der S-Dax-Unternehmen geben heute an, betriebliches Gesundheitsmanagement – egal in welcher Form – zu betreiben. Für kmU und öffentliche Einrichtungen sind noch keine verlässlichen Zahlen zu generieren. Wohl hat sich auch hier in vielen Betrieben die Idee durchgesetzt, dass man auch im Arbeits-Setting eine ganze Menge für die Gesundheit der Beschäftigten tun kann.[1]

Wir können auch festhalten: 2007 wurde der niedrigste Fehlzeitenstand seit Einführung der flächendeckenden Erhebungen gemessen. Zwar sind die Fehlzeiten 2008 und 2009 wieder leicht angestiegen, sie bewegen sich jedoch noch immer auf einem sehr niedrigen Niveau. Damit ist in Bezug auf diesen Gesundheitsparameter klar auszusagen: Ja, wir waren erfolgreich! Doch: Sind die Beschäftigten heute auch gesünder? Sind sie vitaler, optimistischer, motivierter, loyaler, zufriedener? Hierzu gibt es keine globalen Untersuchungen. Unsere eigenen, aber auch die vieler Kolleg/innen zeigen jedoch eher das Gegenteil. Wir befinden uns derzeit in einem paradoxen Zustand. Historisch viel BGM geht mit historisch niedrigen Fehlzeiten und zugleich mit historisch hohem Belastungserleben, historisch niedriger Arbeitszufriedenheit und historisch niedrigem berufsbezogenem Engagement einher!

---

1 So kommt eine aktuelle Untersuchung der Initiative Gesundheit und Arbeit (http://www. iga-info.de) bei ca. 500 Unternehmen des produzierenden Gewerbes mit 50 bis 500 Beschäftigten zu dem Ergebnis, dass ca. 36 % der befragten Unternehmen ein BGM betreiben.

Waren wir also wirklich erfolgreich? Oder anders gefragt: Wären die Unternehmen heute in genau diesem Zustand, in dem sie sich jetzt befinden, wenn wir *nicht interveniert* hätten, wenn es *kein* BGM gegeben hätte und auch *keine* betrieblichen Gesundheitsmanager/innen? Unsere Antwort darauf lautet: Möglicherweise! Würde es diese Unternehmen nach der Wirtschafts- und Finanzkrise der letzten Jahre heute überhaupt noch geben? Auch hier lautet unsere Antwort: Möglicherweise! Das ist schon sehr unbefriedigend. Aber so ist es: Wir wissen es nicht! Wir wissen heute lediglich:

Die Arbeitswelt hat sich verändert, ist verändert worden und *auch wir* haben sie (etwas) verändert.

- Die Einstellungs- und Wertewelt der Beschäftigten hat sich verändert, ist verändert worden und wurde *auch durch uns* beeinflusst.
- Wir wissen nur nicht genau, wie, wohin und wie intensiv. Mal abgesehen von Pauschalaussagen, wie „BGM wirkt" oder „BGM hat einen positiven Return on Investment (RoI)" sind wir in diesen zentralen Fragen nicht weitergekommen. Wir haben anerkennen müssen, dass unkontrollierbare Einwirkungen und implizite Wechselwirkungen unsere Bemühungen „kontaminiert" haben. Wir haben anerkennen müssen, dass nicht alle Blütenträume gereift sind. Wir haben akzeptieren müssen, dass unser Wirkungsraum stark begrenzt ist. Wir haben Methoden beschrieben und häufig angewandt und feststellen müssen, dass gleiche Methoden sehr unterschiedliche Ergebnisse zeitigen können. Die Gründe hierfür liegen vorrangig in der mangelnden Berücksichtigung des Systemgedankens. Praktisch wahrgenommene Widersprüche wurden bisher in der fachlichen Diskussion und der Fachliteratur nur unzureichend aufgenommen und gespiegelt. Es können nicht alle erfolgreich gewesen sein! Auch deshalb haben wir uns entschieden, dieses Buch zu schreiben. Wir haben unsere eigenen Ideen und Erfahrungen geordnet und machen sie Ihnen jetzt zugänglich. Herausgekommen ist die Erkenntnis, dass misserfolgsorientiertes BGM viel leichter und damit auch viel öfter zur Anwendung kommen kann als erfolgsorientiertes. Die ergänzenden Fragen gehören ebenfalls zum ersten Handlungsstrang dieses Bandes.

Der zweite Handlungsstrang bezieht sich auf die wichtigsten Treiber des BGM selbst – auf die betrieblichen Gesundheitsmanager/innen. Diese wollen nicht nur lernen, wie BGM geht, sondern auch wissen, ob sie die entsprechende Eignung mitbringen und woran sie erkennen können, dass sie gut fortgebildet wurden/werden. Wir haben dieses Buch deshalb durch die Brille eines Gesundheitsmanagers geschrieben und fragen uns damit auch immer wieder selbst:

- Bin ich gut vorbereitet?
- Bin ich ausreichend orientiert?
- Bin ich auf dem richtigen Weg?
- Bin ich erfolgreich?

1.2   Zielgruppen

Dieses Buch hat nicht nur einen Adressaten. Die Lektüre kann interessant sein für jeden, der sich mittelbar und unmittelbar mit betrieblicher Gesundheitsarbeit und deren Steuerung auseinandersetzt. Insbesondere kann dieses Buch nützlich sein für:

- angehende betriebliche Gesundheitsmanager/innen
- Personalverantwortliche
- Berater/innen im freien Markt
- Arbeitsmediziner und Sicherheitsfachkräfte
- Führungskräfte
- Betriebsräte
- Studenten einschlägiger Fachrichtungen

1.3   Aufbau

Der erste Band ist als „Kursmanual" gestaltet und entwickelt sich entlang der theoretischen Grundlagen hin zu den praktischen Fallstudien. So kann der theoretische Hintergrund in einen praktischen Bezug gesetzt werden und umgekehrt. Dies ist unerlässlich für erfolgreiches Arbeiten, denn: Die Praxis kann niemals besser sein, als die Modelle, die ihr zugrunde liegen! Das Buch ist in vier „Boxen" unterteilt:

1. Wissensbox
2. Methodenbox
3. Beratungsbox
4. Kompetenzbox

Dieser Aufbau hat mehrere Vorteile. Zum einen ermöglicht er die schnelle Zuordnung und Orientierung des Lesers. Zum anderen zeigt er das Kompetenzuniversum eines aktiv handelnden Gesundheitsmanagers auf. Sie haben damit auch später immer wieder die Möglichkeit, konkrete betriebliche Fragestellungen zu beantworten, indem Sie Ihr Buch zur Hand nehmen und nachschauen, *warum* Sie etwas tun, *was* Sie gerade tun und *wie* Sie es tun. Dies gibt Handlungssicherheit und schafft Vertrauen bei Ihren betrieblichen Partnern.

Wir haben zudem versucht, komplexe Zusammenhänge und komplizierte Sachverhalte möglichst gut zu visualisieren. Aufgrund der umfangreichen Abbildungen ist das Buch dann auch etwas dicker geworden.

1 | Wissensbox

Leitfrage: Was muss ich theoretisch wissen, damit ich BGM machen kann?

Um all das Wissen auszuführen, welches die Grundlage für BGM bilden könnte, müssten wir zunächst einen „1.200-Seiten-Schinken" auf den Markt bringen. Das will keiner. Trotzdem müssen wir darstellen, was uns theoretisch leitet. Deshalb konzentrieren wir uns darauf, das Unmögliche möglich zu machen und die wichtigsten Modelle kurz zu skizzieren, in das Handeln einzuordnen und Ihnen weiterführende Hinweise zur Vertiefung der Wissensbestandteile zu geben. Die Wissensbox ist unterteilt in die Rubriken:

1. Allgemeinwissen
2. Spezialwissen

Das *Allgemeinwissen* haben wir in sechs relevante Themenkomplexe zusammengefasst: Zukunft, Veränderungen, Werte, Wissen, Führung und Recht. Diese Aufteilung ermöglicht die Einbettung des BGM in übergeordnete und auch philosophische Zusammenhänge.

Das *Spezialwissen* bezieht sich auf die umsetzungsbezogenen Wissensdetails in drei Kerndisziplinen: Gesundheit, Management und Systemtheorie. Diese werden dann jeweils auf den konkreten Betrachtungsgegenstand „Arbeit" herunter gebrochen. Wir beleuchten die theoretischen Modelle zum Zusammenhang von Arbeit und Gesundheit (z. B. Prävention, Arbeitsbewältigungsfähigkeit, Stress, Gerechtigkeit), führen gesundheitsspezifisches Management aus (z. B. Fehlzeitenmanagement, betriebliches Gesundheitsmanagement, betriebliches Eingliederungsmanagement, gesundes Management) und verbinden diese Ausführungen mit systemischen Gedanken (insbesondere Arbeitssysteme). Am Ende des Kapitels entwickeln wir ein integriertes Denk- und Beratungsmodell für das BGM.

2 | Methodenbox

Leitfrage: Wie mache ich BGM in der Praxis?

Die Methodenbox ist der Praxisteil des Buches. Im Zentrum der Methodenbox steht die Umsetzung von betrieblichem Gesundheitsmanagement selbst. Die Beantwortung der Leitfrage erfolgt entlang des Managementzyklus'. Wir nehmen den Leser in die abgrenzbaren Managementphasen mit und beleuchten das praktische Handeln. Im Einzelnen gehen wir auf folgende Abschnitte ein: Auftragsklärung, Strategie- und Zielbildung, Infrastrukturentwicklung, Analysen, Maßnahmenplanung und Umsetzung, Erfolgsbewertung und Handlungsanpassung.

3 | Beratungsbox

Leitfrage: Was ist noch zu beachten, wenn ich BGM erfolgreich gestalten will?

Die Beratungsbox setzt den Schwerpunkt auf zwei ausgewählte Umfeldfaktoren für ein erfolgreiches betriebliches Gesundheitsmanagement. Es werden folgende Aspekte beleuchtet: Projektmanagement sowie Marketing und Vertrieb. Die Beratungsbox spricht also ergänzende Kompetenzbereiche des betrieblichen Gesundheitsmanagers an.

4 | Kompetenzbox

Leitfrage: Was muss ich können, um BGM erfolgreich umzusetzen?

Die Kompetenzbox stellt den Gesundheitsmanager ins Zentrum der Betrachtung. Die Zukunft des BGM ist nicht zuletzt abhängig von der fachlichen, methodischen und persönlichen Stärke der fachlichen Träger. Deshalb ist der Kompetenz von betrieblichen Gesundheitsmanager/innen auch ein ganzes Kapitel gewidmet. Neben der Aufgabenbeschreibung wird ein Anforderungsprofil skizziert und unterlegt. Dieses beinhaltet erfolgsrelevante Kompetenz-, Persönlichkeits- und Verhaltensmerkmale, die aus eigenen Erfahrungen und aus einer Untersuchung bereits tätiger Gesundheitsmanager/innen abgeleitet worden sind. Die Kompetenzbox enthält zudem eine Marktrecherche zu Weiterbildungsangeboten und schafft eine grobe Orientierung bei der Auswahl geeigneter Fortbildungen. Es wird abschließend die Konzeption zur neuen Ausbildung zum „Corporate Health Manager Professional" (CHMP) vorgestellt. Sie entspricht einem mehrstufigen Fortbildungsprogramm mit signifikanten Praxisanteilen, die den komplexen Anforderungsbezug eines Gesundheitsmanagers optimal abbildet.

Um beim Begriff der „Boxen" zu bleiben. Wir haben den Text mit „Infoboxen" strukturiert. Die Infoboxen dienen der Verdichtung der Kernaussagen aus den jeweiligen Kapiteln. Sie sind etwas für „Schnellleser" und „Alleswisser" unter Ihnen – ohne das abwertend zu meinen. Man kann sich das Buch auch erarbeiten, indem man mit den Infoboxen beginnt und danach in den Kapiteln nachschaut, welche Hintergründe den Kernaussagen unterliegen.

2. Wissensbox

Allgemeinwissen

2.1 Zukunft

„Das Merkwürdigste an der Zukunft ist wohl die Vorstellung, dass man unsere Zeit später die ‚gute alte Zeit' nennen wird."
(John Steinbeck, Schriftsteller, 1902–1968)

2.1.1 Zur Schwierigkeit, die Zukunft vorherzusagen

Wer ein Buch schreibt, kann dies tun, um Vergangenes aufzuarbeiten, Gegenwärtiges zu beleuchten oder Zukünftiges vorherzusagen. Unser Buch beschäftigt sich mit allen drei Facetten. Denn: Die Gegenwart kann nur verstanden werden, wenn man sich auch mit der Vergangenheit beschäftigt hat und die Zukunft kann nur vorhergesagt werden, wenn man sich intensiv mit der Vergangenheit und der Gegenwart beschäftigt hat. Aber: Mit der Vorhersage der Zukunft ist das so eine Sache. Meistens geht's schief.

Menschen haben ein psychisches Grundbedürfnis „Nummer 1": Das Bedürfnis nach Vorhersage und Kontrolle der Umwelt! Insofern bedienen Prognosen über zukünftige Entwicklungen exakt dieses Grundbedürfnis. Sie beruhigen oder verunsichern. Aber: Vorhersagen suggerieren immer Kontrolle – egal, ob sie positiv oder negativ ausfallen. Im deutschen Kulturraum hat sich die Auseinandersetzung mit der Zukunft so stark in das kollektive Gedächtnis eingeprägt, dass es selbst in der Sprache subklinisch angehauchte Substantive, wie „Zukunftssorgen" oder gar „Zukunftsangst" gibt.

Prognosen sind Wahrscheinlichkeitsaussagen. Wahrscheinlichkeitsaussagen haben zwei Facetten, die sich gegenseitig bedingen:

- die Eintrittswahrscheinlichkeit und
- die Irrtumswahrscheinlichkeit

Je höher die eine, umso geringer die andere. Je größer die Spanne für ein vorhergesagtes Ereignis, umso höher ist die Eintrittswahrscheinlichkeit. Bsp. Für eine Prognose: „Der Dax wird sich nächstes Jahr irgendwo zwischen 1.000 und 12.000 Punkten bewegen." Da liegen wir (wahrscheinlich) richtig. Das Problem ist nur, dass die Attraktivität solcher Prognosen recht gering ist. Morgen wird es regnen oder nicht.

Viele reihen sich ein in das Geschäft mit der Zukunft. Sie machen Prognosen und rufen Trends aus. Es sind Wirtschaftsforscher und Demoskopen, Politiker und Astrologen, Klimaforscher und Psychologen. Doch recht häufig haben die Prognosen eine Eintrittswahrscheinlichkeit von etwa 50 %. Das ist der Grenzwert für zufällige Treffer.

„640 K sollten genug für jeden sein."
(Bill Gates, Softwareindustrieller, geb. 1955)

Warum liegen wir so oft daneben und lohnt es dann überhaupt, sich mit der Zukunft zu beschäftigen? Welche Risiken gibt es für die Zuverlässigkeit und Richtigkeit von Prognosen? Es lassen sich anführen:

INFOBOX

Risikofaktoren für sichere Prognosen

1. Zeit (Prognose- und Erhebungszeitraum)
2. unkontrollierbare Ereignisse
3. unzureichende Modelle und Methoden
4. subjektive Wahrnehmungs- und Einschätzungsfehler

Die *Zeit*. Sie ist der wichtigste „Risikofaktor" für Prognosen. Je weiter ich in die Zukunft schauen will, umso unsicherer die Prognose. Ich muss aber auf dem Zeitpfeil auch weit zurückgehen und viele Daten erheben, um sicher interpretieren zu können. Zudem verbraucht die Anfertigung der Prognose selbst viel Zeit. Nicht selten müssen Unmengen an Daten aufgenommen, abgeglichen und eingeordnet werden. Bsp.: Wetter- und Klimaprognosen. Je näher der Vorhersagezeitpunkt, desto sicherer die Prognosen.

Eng mit dem Faktor Zeit, sind unvorhersehbare und damit *unkontrollierbare Ereignisse* verknüpft. Sie können einem schon mal das sicher geglaubte Szenario zerschießen. Denken Sie an politische Umwälzungen, Gesetzesänderungen, einen terroristischen Anschlag, extreme Witterungsverhältnisse, den Tod eines Unternehmenslenkers oder aktuell an die Finanz- und Wirtschaftskrise. Je weiter entfernt der Vorhersagezeitpunkt, desto mehr unkontrollierbare Ereignisse können eintreten. Bsp.: Die Prognosen bezgl. der Bedeutung regenerativer Energien aus dem Jahr 1990 besagten, dass diese Technologie zwar zukünftig wirtschaftlich wichtig werden würde, aber nicht vor 2020. Dann änderte sich plötzlich das Konsumentenverhalten, die politische Debatte ging stark in Richtung „Klimaschutz", das „Erneuerbare Energien Gesetz" (EEG) trat 2000 in Kraft und pushte die Wind- und Solarindustrie. Das war 1990 so nicht vorhersehbar – wohl aber seit dem Antritt der rotgrünen Bundesregierung im Oktober 1998.

Prognosen brauchen Daten. Diese können qualitativer (z. B. persönliche Einschätzungen, Meinungen) oder quantitativer Natur sein (z. B. Steueraufkommen, Tageshöchsttemperaturen, Suizidraten). Doch Daten alleine nützen gar nichts, wenn sie nicht über *Modelle und Methoden* miteinander verknüpft werden. Reine statistische

Zusammenhänge besagen gar nichts. Die heute verfügbaren theoretischen Modelle (z. B. Präventionsmodelle, Spieltheorie) und Prognosetechniken (z. B. Extrapolation, multivariate Regressionsanalysen, Delphi-Methode) sind noch nicht ausreichend. Bsp.: Theorien zur Entstehung oder Vermeidung von betrieblichen Fehlzeiten erweisen sich immer wieder als falsch. Statistische Ergebnisse können dann im Extremfall falsche Befunde stützen und „absichern".

Nicht zu unterschätzen sind *die Wahrnehmungs- und Einschätzungsfehler* der Prognostiker selbst. Manchmal werden singuläre oder seltene Ereignisse bereits als Trend markiert (Achtung: Eine Schwalbe macht noch keinen Frühling!). Nicht selten werden auch Ereignisse, die eigentlich statistisch unauffällig sind, durch Medien verfälscht (Achtung: Die France Telekom treibt ihre Mitarbeiter in den Suizid!).[2] Muster werden erkannt, wo keine sind. Zudem werden jüngere und vieldiskutierte Werte z. B. in ihrer Bedeutung eher überbewertet. Das gleiche gilt für extravagante Ereignisse. Sie bleiben eher im Gedächtnis und werden stärker gewichtet. Eigene Wünsche, Erlebnisse und Ängste können in die Prognosen einfließen und diese verfälschen. Bsp.: Die Einschätzung des Umfangs und der Zerstörungskraft zukünftiger terroristischer Attacken kurz nach dem 11. September 2001.

> *„Die weltweite Nachfrage nach Kraftfahrzeugen wird eine Million nicht überschreiten – allein schon aus Mangel an verfügbaren Chauffeuren."*
>
> **(Gottlieb Daimler, Erfinder, 1834–1900)**

Doch trotz aller Fehlschläge und Risiken: Trends zu erkennen und Prognosen zu wagen war wichtig, ist wichtig und wird wichtig bleiben – ja ihre Bedeutung wird sogar noch weiter zunehmen. Und das nicht nur für die Politik und Wirtschaft, sondern für jeden Einzelnen selbst. Deshalb wollen wir uns hier auch als „Trend-Setter" und Prognostiker versuchen. Die Bestimmungsstücke zur Entwicklung einer Prognose finden Sie in Abbildung 1.

2.1.2 Mikro- und Mega-Trends

Prognosen laufen entlang von *Trends*. Trends sind Entwicklungen, die sich gut beobachten und messen lassen und die offensichtlich einen recht steten Verlauf aufweisen. Bsp. für einen Trend: Die Geburtenraten in Deutschland haben sich von 1990 bis 2009 stetig verringert. Von ca. 908.000 auf deutlich unter 700.000 Geburten p. a. Das ist ein stabiler Trend. Das macht bezgl. der Sterberate (derzeit > 850.000 p. a.) im Saldo ein strukturelles jährliches Defizit von > 150.000 Einwoh-

---

2 Bei der France Telekom haben sich 2008/09 innerhalb von 18 Monaten 25 Mitarbeiter/innen suizidiert. Das Entspricht einer Quote von ca. 14/100.000 Mitarbeiter. Der Durchschnittswert in Frankreich liegt bei etwa 18/100.000 Einwohner. Aufgegriffen wurde, dass die Handlungen mehrfach mit Arbeitsgründen in Verbindung gebracht worden sind. Wir wollen hier nicht den tragischen Tod von Menschen verharmlosen – wohl aber die mediale Übertreibung verdeutlichen.

Abbildung 1: Bestimmungsstücke zur Entwicklung einer Prognose
[Quelle: Eigene Darstellung]

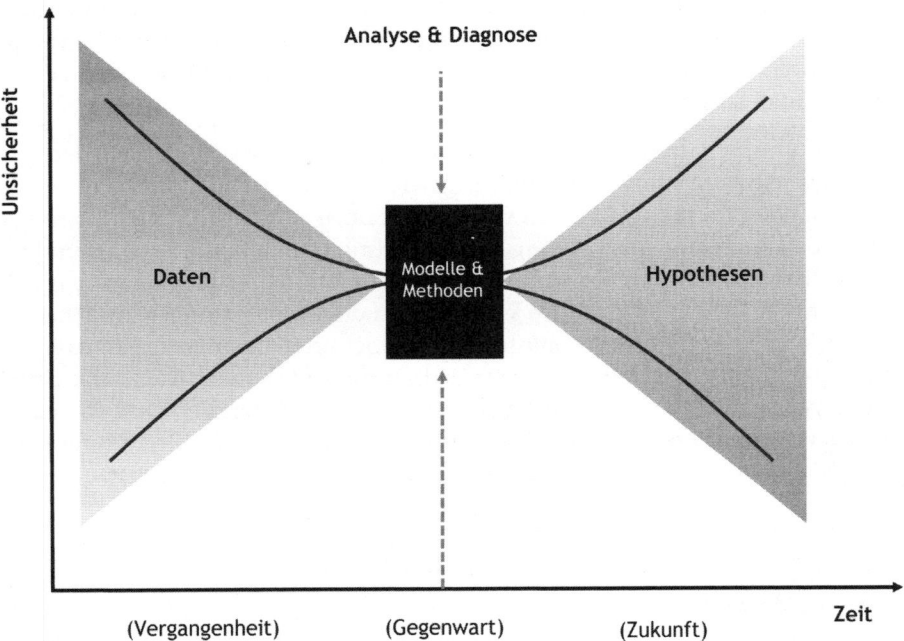

nern. Sie können ja nun den Trend weiter extrapolieren und eine Prognose für Deutschlands Einwohnerzahl im Jahr 2050 anstellen! Sehen Sie, Sie werden unsicher! Ihnen fehlt da noch etwas. Eine Idee. Ein Muster.

> *„Trends der (Welt-)Gesellschaft zu ergoogeln, ist ungefähr so erfolgsversprechend, wie Trends im städtischen Telefonbuch einer Stadt zu suchen. Die vielen Meiers und Schulzes sowie die weniger häufigen Hammadis oder Prezylebskas geben zwar vage Hinweise auf die Einwohner, aber wie die Benannten zukünftig handeln und miteinander kommunizieren werden, gibt das Telefonbuch niemals preis. Dafür ruft man am besten an, um sich über ihr geplantes Handeln zu erkundigen. Aber selbst die größte Zahl an Interviews lässt keinen Trend erkennen, wenn Trendforscher ohne Idee in den Daten nach einer Struktur suchen."*[3]

Um den Trend-Begriff gruppiert sich noch eine Reihe von Unterbegriffen. So kann man nach „Schlüssel-Trends" suchen, also Trends, die als besonders wichtig eingeschätzt werden. Man kann auch nach „Mikro-Trends" forschen. Das sind regional oder sozial eingegrenzte Entwicklungen. Große, lang anhaltende und alle Gesellschaftsschichten durchdringende Trends mit einer hohen Veränderungswirkung kann man „Mega-Trends" nennen. NAISBITT (1982) war derjenige, der diesen Begriff zuerst geprägt hatte und im Übrigen mit einigen seiner Vorhersagen sogar recht

---

3 Gefunden unter: http://www.4communication.de/html/TrendforschNetzZeichen.html

behielt. Er war z. B. derjenige, der die „Globalisierung" als Mega-Trend vorhersah. Mega-Trends sind also langfristige und übergreifende gesellschaftliche Transformationsprozesse. Sie können als die wirkungsmächtigsten und reichweitenstärksten Einflussgrößen angesehen werden, die das Denken der Menschen, das Zusammenleben, das politische Handeln und das Arbeiten prägen. Mit diesen Trends müssen wir uns auseinandersetzen, wenn wir erahnen wollen, wie die Zukunft aussehen kann. Für sie müssen bereits heute empirisch nachweisbare Indikatoren vorliegen. Das Bundesministerium für Bildung und Forschung hat in ihrer Veröffentlichung zur „Hightech-Strategie Deutschland" (2009)[4] eine Prognose gewagt und vier Leitmärkte identifiziert, in denen insgesamt 17 Schlüsseltechnologien besonders gefördert werden müssten, um Deutschland in eine gute Zukunft zu führen. Diese sind:

1. Gesundheit
2. Mobilität
3. Klima/Ressourcen/Energieeffizienz
4. Sicherheit

Wir wollen nur diejenigen auswählen, die von besonderer Bedeutung für die Arbeitswelt sind und die auch mit großen gesundheitlichen Auswirkungen verbunden sind. Folgende acht Mega-Trends mit großem Einfluss auf die Arbeitswelt können heute sicher ausgemacht werden:

INFOBOX

8 Mega-Trends in der Arbeitswelt

1. Digitalisierung
2. Wissens- und Emotionsarbeit
3. Entgrenzung von Arbeit und Freizeit
4. Unsicherheit
5. Individualisierung, Freiheit und Verantwortung
6. Alter
7. Mobilität
8. Frauen

2.1.3 Mega-Trends in der Arbeitswelt und ihre Auswirkungen

Mega-Trend 1 | Digitalisierung

Das digitale Zeitalter hat uns die informatorische Globalisierung gebracht. Heute ist jeder Ort und jedes Ereignis innerhalb von Minuten überall auf der Welt präsent. Die Digitalisierung der Welt, hervorgerufen durch die Entwicklung der Informationstechnologien (IT), hatte und hat tiefgreifende Konsequenzen auf unsere

---

4 Siehe auch BMBF (2009): *Forschung und Innovation für Deutschland – Bilanz und Perspektive.* Bonn/Berlin. Eigenverlag.

Lebens- und Arbeitswelt. Der Computer, das Faxgerät, Multi-Media-Systeme, TV, Mobilfunktelefone, das Internet usw. sind aus unserer Lebenserfahrung nicht mehr wegzudenken. Mit der Einführung und Verbreitung dieser Technologien in der Arbeitswelt gingen neue Anforderungen an jeden Einzelnen einher? Es lassen sich insbesondere festhalten:

- radikale Zunahme der Informationsdichte
- Beschleunigung der Informationsverarbeitung
- De-Personalsierung der Kommunikationsstrukturen[5]

Gelingt die Bewältigung und/oder die Begrenzung der Anforderungen nicht oder nur unvollständig, sind gesundheitliche Einschränkungen zu erwarten:

- exzessive Nutzung der Technologien
- Überforderungserleben aufgrund der Begrenztheit des informationsverarbeitenden Systems
- multiple Bedrohungserlebnisse aufgrund des Konsums weltweiter Ereignisse und damit einhergehend dauerhafte Aktivierungszustände
- Herabsetzung der körperlichen Aktivität und in Folge dessen die Ausbreitung sog. Zivilisationskrankheiten[6]

Mega-Trend 2 | Wissens- und Emotionsarbeit

Neben den klassischen Produktionsfaktoren Boden, Kapital, Arbeit wurde Wissen in den letzten Jahren zu einem mächtigen Faktor. Nicht wenige sagen sogar zum mächtigsten Faktor überhaupt. Mit was verdient denn heute ein Werkzeugbauer, eine Versicherung, ein Autohändler oder eine Gärtnerei Geld? Durch vollautomatisierte CAD/CAM-Maschinen? Durch mathematische Algorithmen? Durch moderne Wagenheber? Durch besonders große Gewächshäuser? Es ist vollkommen klar: Heute ist ein Großteil der generierten Wertschöpfung auf die Erschaffung und zielbezogene Anwendung spezifischen Wissens zurückzuführen. Wissensarbeit lässt sich umschreiben als jegliche Form von Arbeit, bei der komplexe Probleme verstanden und Problemlösungen entwickelt, geplant, umgesetzt und intensiv kommuniziert werden müssen. Die „Hardware" (Technik, Material, Kapital) ist notwendige Voraussetzung – das gezielte Einbringen von Wissensbestandteilen ist jedoch der wahre Treiber der Wertschöpfung. Es geht also um die Fähigkeiten und Fertigkeiten jedes Einzelnen. Es geht um die „Skillware".

Produkte und Dienstleistungen werden nicht nur wissensintensiver – sie werden auch immer emotionsintensiver. Das liegt daran, dass die Schnittstellen zum Kun-

---

5 Damit meinen wir die Zurückdrängung vollständiger persönlicher Kommunikation („face-to-face") und den Vormarsch des indirekten Informationsaustausches über Telefon, Mail, Fax. In letzter Zeit entkoppelt sich die Kommunikation zudem aus der dialogischen Dimension (Ich sage – Du hörst!). Sie entwickelt sich ins Monologische. Bei Angeboten wie „Twitter" u. a. ist es egal, ob ich gehört werde und mir jemand antwortet. Hier reicht der Senderimpuls, um das eigene Kommunikationsbedürfnis zu befriedigen.

6 Z. B. Herz-Kreislauf-Erkrankungen, Rückenerkrankungen, Fettleibigkeit, Bluthochdruck etc.

den immer zahlreicher und enger werden. Denken Sie z. B. an den Handel. Wo kaufen Sie ein? Immer da, wo ein Produkt am günstigsten ist? Denken Sie an den Tourismus. Wo fahren Sie hin? Da, wo das Meer am wärmsten, die Skipisten am längsten oder das Bier am billigsten ist? Oder denken Sie an Ihren letzten Gang zum Arzt, zur Bank, auf das Bürgeramt oder ins Schwimmbad. Sie kaufen nicht nur eine medizinische Versorgungsleistung ein. Sie gehen zum Arzt Ihres Vertrauens! Es geht auch um mehr, als die aktuellen Zinsangebote auf Festgeld. Sie legen Ihr Geld vorrangig bei Banken an, die Sie für „sicher" halten. Warum bleiben Sie eigentlich bei Ihrem Stromanbieter oder Ihrer Krankenversicherung, obwohl diese nachweislich nicht die günstigsten sind? Was hält Sie da?

Wissen und Emotionen stecken überall darin, wo Kommunikation stattfindet. Für die Beschäftigten geht diese Entwicklung mit besonderen Anforderungen einher:

- lebenslanges Lernen
- erhöhte Kommunikations- und Umstellerfordernisse
- gezielte Produktion erwünschter Emotionen im Kunden
- Tolerieren emotionaler Dissonanzen im Kundenkontakt

Mit diesen Entwicklungen sind nicht wenige Unternehmen zunehmend überfordert. Eine verbreitete Unsicherheit in der Handhabung dieser Entwicklungen ist zu beobachten. Diese Unsicherheit führt zu einer Reihe von Inkonsistenzen im Umgang mit den Ressourcen Wissen und Emotionen. PROBST, RAUB & ROMHARDT (1997) sprechen sogar von „Paradoxien" im Umgang mit Wissen. In vielen Unternehmen herrscht heute kein integriertes Verständnis mehr für die eigene Wissensbasis. Funktional orientierte Strukturen und Verantwortlichkeiten trennen das, was logisch eigentlich zusammengehört. Die Autoren stellen fest, dass:

- Unternehmen zwar Mitarbeiter gründlich ausbilden, sie aber ihr Wissen nicht anwenden lassen
- Unternehmen zwar in Projekten am meisten lernen, diese Lernerfahrungen aber nicht weitergeben
- Unternehmen zwar Experten für alles Mögliche in ihren Reihen haben, diese aber nicht bekannt und erst recht nicht ausreichend zugänglich sind
- Unternehmen zwar alles mögliche dokumentieren, das enthaltene Wissen jedoch nicht wiederfinden und verwerten können
- Unternehmen zwar die hellsten Köpfe engagieren, diese aber nach 3 Jahren wieder verlieren
- Unternehmen zwar teure Informationssysteme und Wissensdatenbanken vorhalten, diese aber ungenutzt bleiben, weil sie sich nicht an den Bedürfnissen der Nutzer orientieren

Neben diesen strukturellen Problemen werden auch verstärkt die gesundheitlichen Gefahren dieses Mega-Trends erkennbar:

- Kompetenzdefizite und damit einhergehend Überforderungserlebnisse
- Kompetenzüberschüsse und damit einhergehend Unterforderungserlebnisse

- chronische Erlebnisse emotionaler Dissonanz und damit einhergehend emotionale Erschöpfungssyndrome
- Selbstwertprobleme für ältere Mitarbeiter/innen und solche, die kognitiv weniger leistungsstark sind[7]

Mega-Trend 3 | Entgrenzung von Arbeit und Freizeit

Arbeit ist heute überall. Freizeit auch. Nur mit dem Unterschied, dass letzteres im Erleben vieler Beschäftigten oftmals nur eine theoretische Größe darstellt. Mit den gestiegenen Kommunikationsanforderungen, den modernen Informationstechnologien (Handy, Notebook und UMTS-Karte) und neuen Arbeitsformen (insbesondere Projektarbeit) hat sich Arbeit aus den engen Grenzen des Betriebsgeländes befreit und läuft den Beschäftigten sozusagen hinterher. Damit sind neue Anforderungen für alle Mitarbeiter/innen verbunden:

- Anforderungsbegrenzung
- Aufgabenstrukturierung und Durchsetzung
- fortlaufende Einbettung von Erholungszeiten (Selbstmanagement)

Können Mitarbeiter diesen Anforderungsbezug nicht bewältigen und sich entsprechend regulieren, drohen Gesundheitsgefahren:

- verstärkt Mehr-Arbeit
- vermehrt Zeitdruck-Erleben
- chronischer Stress
- Erholungsdefizite und Erschöpfung

Mega-Trend 4 | Unsicherheit

Ist Ihr Job sicher? Können Sie sich sicher sein, dass Sie am jetzigen Arbeitsort auch noch in 5 Jahren beschäftigt sein werden? Können Sie sich sicher sein, dass Sie in 5 Jahren noch etwas Ähnliches tun werden oder zumindest etwas, bei dem Sie Ihre bisher erworbenen Fertigkeiten auch einbringen können?

Die Arbeitsverhältnisse haben sich radikal geändert – der Rationalisierungsdruck ist schon länger spürbar und es gibt keine Anzeichen, dass sich dieser in den nächsten 10 Jahren verringern könnte. Im Zuge dieses Drucks wurden Anpassungen vorgenommen: Arbeitsabläufe werden geändert, Abteilungen aufgelöst oder „umgeklappt", Unternehmen wurden fusioniert oder wieder zerschlagen, Leistungen werden an Externe ausgelagert („Outsourcing") oder gleich ganz ins Ausland verlagert („Off-Shoring"), um sie später wieder ins Unternehmen einzugliedern („Insourcing"), ähnliche Leistungen von Organisationseinheiten werden in sog. „shared-Services" zusammengefasst, Arbeitsverträge neu definiert usw. Der Anteil atypischer Beschäftigungsverhältnisse in der Erwerbsbevölkerung nahm von 1990

---

[7] Die tradierte Formel: Je länger im Unternehmen dabei, umso mehr Überblick, Wissen und damit auch Status gilt heute nicht mehr.

bis 2005 von etwa 18 % auf knapp 36 % zu.[8] Zum atypische Beschäftigungsmuster zählen: befristete Vollzeitstellen, unbefristete Teilzeitstellen und die Zeitarbeit (auch „Leiharbeit"). In der Leiharbeitsbranche waren im März 2008 ca. 702.000 Beschäftigte gemeldet.[9]

Das ist mit folgenden Anforderungen an die Beschäftigten verbunden:

- ständiges Arbeiten in prekären Verhältnissen
- produktiver Umgang mit Unsicherheit (Resilienz)
- Lebensorganisation und Bedürfniserfüllung bei geringen Einkünften
- chronische Gratifikationskrise
- ständig hohe Umstellungserfordernisse
- erhöhte Mobilitätserfordernisse

Lineare Karriereplanungen sind also nur noch selten möglich. Die Beschäftigten müssen lernen, Abbruchlinien in der eigenen Berufsbiographie als etwas Normales und Unverschuldetes zu akzeptieren. Sie sind gezwungen, sich Sicherheiten und Rückfallebenen jenseits des Jobs zu schaffen (v. a. Bindungsstrukturen). Sie müssen Konsumverzicht üben und gleichzeitig die Sparrate nach oben schrauben.[10] Für Unternehmen bringt der Trend den Nachteil der „Job-Beliebigkeit". Die emotionale Anbindung der Mitarbeiter/innen verringert sich sukzessive. Hinzu kommt permanentes Suchverhalten der Belegschaft. Der moderne Mitarbeiter hat heute ein „Optionsportfolio". Die Fluktuationsrate ist dementsprechend hoch. Auch herrscht bei vielen die Sehnsucht nach Job-Offerten mit geringeren Leistungsansprüchen verbunden mit der Suche nach „ökologischen Nischen". Gelingt es den Beschäftigten nicht, die erläuterten Anforderungen zu bewältigen, drohen Gesundheitsgefahren:

- chronische Verlust- und Versagensängste und damit chronische Aktivierung
- Anspruchsregulierung nach „unten" (Resignation)

Mega-Trend 5 | Individualisierung, Freiheit und Verantwortung

Dieser Trend kann sich als einer der „gesundheitsgefährlichsten" herausstellen. Wir meinen hier nicht den Trend, dass Menschen immer neue Lebensformen entdecken, Freiheiten genießen oder ihre Biografie inszenieren. Wir meinen hier den Trend zur „erzwungenen Autonomie", zur „erzwungenen Freiheit" und zur „erzwungenen Verantwortung" in der Arbeitsgestaltung. Es vollzieht sich gerade ein Wandel hin zu einem neuen Typus Mitarbeiter, den VOß & PONGRATZ (1998) zu Recht „Arbeitskraftunternehmer" nennen. Arbeit bedeutet in dieser Logik nicht mehr die passive (und zumeist kollektive) Erfüllung fremdgesetzter und durchstrukturierter Anforderungen. Sie bedeutet vielmehr das Gegenteil! Immer häufiger wird gefordert: selbst-geplant, selbst-gesteuert, selbst-kontrolliert und selbst-

---

8 Siehe auch BREMER & SEIFERT (2007).
9 Quelle: Bundesagentur für Arbeit.
10 Die Sparquote ist in Deutschland seit dem Jahr 2000 von 9,2 % auf zuletzt 11,4 % (2009) gestiegen. Quelle: Statistisches Bundesamt.

verantwortet der eigenen Arbeit im Sinne der Unternehmenserfordernisse nachzugehen. *„Die neue Devise in den Betrieben zum Umgang mit Arbeitskräften lautet entsprechend immer öfter: ‚Wie Sie die Arbeit machen ist egal, Hauptsache das Ergebnis stimmt!'"*
(siehe auch VOß & EGBRINGHOFF, 2004). Das impliziert aber auch potentiell un-
begrenzt viel Arbeit, selbst-zugeschriebenen Misserfolg und eine erhebliche Zunahme der Verantwortung, die so oftmals in den ursprünglichen Arbeitsverträ-
gen gar nicht angedacht war. Diese neue Form des Arbeitens erzwingt wiederum
neue Regulationserfordernisse im Mitarbeiter. Die neue Freiheit könnte sich als
trügerisch herausstellen, insbesondere für all jene, die ihre Arbeit nicht optimal
gestalten können und die dem Verantwortungsdruck nicht ausreichend gewachsen sind. Folgende neue personale Anforderungen gehen mit diesem Trend einher:

- Fähigkeit zur Begrenzung
- Fähigkeit zum Selbstmanagement[11]
- Fähigkeit zur Aufgabenstrukturierung
- Fähigkeit zur Selbst-Qualifizierung
- Führungsfähigkeiten
- sozial-kommunikative Fähigkeiten
- Integration der Arbeit in den Lebensalltag und Lebensverlauf

Für Mitarbeiter/innen, welche diese Anforderungen nicht optimal erfüllen können, ergeben sich eine Reihe gesundheitlicher Risiken einher:

- vermehrtes Überforderungserleben quantitativer und qualitativer Art
- starkes Stresserleben
- Symptome im gesamten Spektrum somatoformer Störungen
- Dysrhythmien[12]
- insuffiziente Deaktivierungsbemühungen (z. B. Alkohol)
- soziale Isolationstendenzen

Mega-Trend 6 | Alter

Der „demografische Wandel" wird in den letzten Jahren sehr intensiv diskutiert
und dabei leider viel zu oft auf das Merkmal „Alter" abgestellt. Alter ist jedoch nur
ein Merkmal der gesellschaftlichen Veränderungen. Auch die Wertestruktur, die
sozialen Beziehungen, die feinmotorischen Fähigkeiten, das Gesundheits- und Se-
xualverhalten, das ehrenamtliche Engagement und die Sprache haben sich verändert. Die steigende Lebenserwartung – insbesonders aber die immer noch abnehmende Geburtenrate und damit die Erhöhung des Durchschnittsalters der Erwerbsbevölkerung ist aber immer noch ein überragendes demografisches Merkmal
in Deutschland. Dieses Merkmal beschäftigt uns und wird uns weiter beschäftigen.
Das Problem wurde verschärft durch offenkundige betriebspolitische Fehler in den
letzten 15–20 Jahren. Die aktuelle Altersstruktur vieler Betriebe ist nicht alleinig

---

11 Damit meinen wir: Selbstwahrnehmung, Selbstorganisation und Selbstkontrolle.
12 Gemeint ist die Gefährdung des natürlichen Wechsels von Anspannung und Entspannung.

durch den Trend erzwungen worden. Jahrelang wurde wenig ausgebildet, die jüngeren Belegschaftsanteile abgebaut und viele, die das 55. Lebensjahr erreicht hatten, in den sozialverträglichen Vor-Ruhestand geschickt. Jetzt sind die Betriebe gezwungen umdenken.

Doch trotz umfangreicher forschungs-politischer Bemühungen, das Merkmal „Alter" in ein besseres Licht zu rücken wird sich in den nächsten 10 Jahren eine Sache nicht ändern: Das Bestreben der Betroffenen selbst, aus anstrengenden und unsicheren Arbeitsverhältnissen in den Vor-Ruhestand zu gelangen. Viele Beschäftigte haben in den letzten Jahren die Zuschreibung von „alt" erlebt und folgenden Zusammenhang gelernt: ‚Bist du 50 Jahre – bist du alt – kannst du dich mit dem Ausstieg aus dem Erwerbsleben beschäftigen!' Sie haben gesehen, wie es gelingt, früher aus dem Erwerbsleben auszusteigen und die persönlichen Vorteile dieses Handelns verinnerlicht. Für viele Betroffene wird auch in den nächsten Jahren die Alternative „out" lukrativer sein, als jede Beschäftigungsperspektive „in". Deshalb werden wir es weiterhin mit folgenden Tendenzen zu tun haben: sukzessive Abnahme des Erwerbspersonenpotenzials, fortschreitende Überalterung der Belegschaften, deutliche Austrittsbegehrlichkeiten der Altersgruppe 50+.

Man muss kein Prophet sein, um jetzt schon sagen zu können: Diese Entwicklung wird teuer. Sehr teuer sogar. Es ist mit einer überproportionalen Zunahme leistungsgewandelte und/oder leistungseingeschränkter Mitarbeiter/innen zu rechnen. Trotzdem ist keine Panik angesagt. Die meisten Jobs in Deutschland im Jahre 2010 sind nämlich bereits Dienstleistungsjobs und die sind glücklicherweise weniger „alterskritisch" als die klassischen Industriejobs. Wesentliche alterskritische Tätigkeitsmerkmale sind:

- dynamische Lastenhandhabung (schweres Heben und Tragen)
- dauerhaft – einseitige Lastenhandhabung
- dauerhafte Vigilanzerfordernisse (Sehen, Hören)
- Schichtarbeit
- repetitive, geschwindigkeitsbetonte Tätigkeiten (Fließbandarbeit)
- stark wissensgenerierende Tätigkeiten
- Anforderungsbegrenzung

Die Beschäftigten werden sich mit einer Reihe von neuen Anforderungen auseinandersetzen müssen:

- Akzeptanz und innere Ausrichtung auf ein längeres Erwerbsleben – auch über den definierten Renteneintrittspunkt hinaus
- Sicherstellung einer hohen psycho-physischen Fitness
- Bereitschaft zu lebenslangem Lernen
- Erhaltung eines hohen Maßes an Umstellungsfähigkeit

Gelingt den Mitarbeiter/innen die Regulation dieser Anforderungen nicht optimal, dann drohen folgende Gesundheitsgefahren:

- chronische Erholungsdefizite
- Überforderungserleben
- längere Fehlzeiten

Mega-Trend 7 | Mobilität

Mit „Mobilität" wird gemeinhin die räumliche Mobilität assoziiert. Sicher: Der moderne Mitarbeiter bewegt sich heute deutlich weiter im Raum, als noch vor 30 Jahren. 100.000 km jährlich mit Auto, Bus, Bahn und Flugzeug sind heute keine Seltenheit mehr. Kalkulieren wir mit einer Durchschnittsgeschwindigkeit von 80km/h über alle genutzten Verkehrsträger, dann verbringen diese Menschen ca. 1.250 Stunden jährlich in Verkehrsmitteln. Wir reden hier von 14,3 % der Gesamtjahreszeit! Das Jahr hat nur 8.760 Stunden. Aber: Mobilität im erweiterten Sinne bezieht sich auf alle Facetten der „Beweglichkeit". Und diese Beweglichkeit bzw. „Beweglichkeitsanforderungen" werden uns in den nächsten Jahren verstärkt begleiten. Genannt seien folgende Facetten der Beweglichkeit:

- räumlich (v. a. Spannungen zwischen Lebensmittelpunkt und Arbeitsorten)
- körperlich (z. B. Muskel- und Gelenkbeweglichkeit, Verdauung)
- gedanklich (v. a. die Abkehr von tradierten Mustern wie „gut" vs. „schlecht"; „richtig" vs. „falsch")
- tätigkeitsbezogen (z. B. ständiger Wechsel der Arbeitsaufgaben und Arbeitsorganisation)
- kommunikativ (z. B. Telefon, E-Mail, Internetkommunikationsdienste, persönliche Meetings)
- technologisch (Transport, Produktion, IT)
- sozial (allein Lebende, „DINK's"[13], Patchworkfamilien, funktionaler Freundeskreis[14])

Mitarbeiter/innen, welche die genannten Mobilitätsanforderungen nicht optimal erfüllen können, drohen folgende Gesundheitsgefahren:

- Job-Verlust
- körperliche Beschwerden
- Karriereabbrüche
- zunehmend soziale Isolation
- Überforderungserleben

Mega-Trend 8 | Frauen

Im Zuge der demographischen Entwicklungen verändert sich auch das Erwerbspersonenpotenzial in Deutschland. Erstmals seit der statistischen Erfassung wird das Gesamtpotenzial 2010 rückläufig sein. Die letzte signifikante Erwerbsreserve liegt bei ca. 840.000 Frauen, die nicht nur gut ausgebildet, sondern auch sozial kompe-

---

13 Kommt aus dem Englischen: „Double Income No Kids".
14 Z. B. einen Arzt, einen Anwalt, einen Unternehmer.

tent, anstrengungsbereit und belastbar sind. Der Frauenanteil in den Unternehmen wird steigen. Die Erwerbsquote bei Frauen liegt derzeit in der BRD bei etwas über 70 % und ist damit noch um ca. 15 % geringer als bei Männern.[15]

Wir werden also deutlich mehr Frauen in den Jobs sehen. Wir brauchen sie auch. Denken Sie nur an die beschriebenen Anforderungen in den Wissens- und Emotionsjobs. Die Nachteile körperlich anstrengender Arbeit sind weitestgehend aufgehoben. Wir beobachten aber auch eine neue Wertestruktur bei den Frauen selbst. Frauen wollen heute mehr, als noch vor 30 Jahren. Sie wollen einer Tätigkeit nachgehen, Karriere machen, Kinder bekommen und das Familienleben genießen. Es ist auch in den Unternehmen eine deutlich höhere Bereitschaft zu beobachten, Frauen in Führungspositionen zu akzeptieren. Frauen treffen aber auch auf eine Erwerbswelt, die noch weitestgehend inkompatibel mit diesen Bedürfnissen ist. Hier werden wir in den nächsten Jahren in den Unternehmen verstärkte Anstrengungen sehen, Frauen zu gewinnen und zu halten. Das beginnt bei den Arbeitszeitregelungen und der Kinderbetreuung und endet bei den Karriereplanungen und der Kommunikationskultur.

Für männliche Erwerbstätige gehen diese Entwicklungen mit folgenden Anforderungen einher:

- Männer müssen lernen, mit Frauen im Job zurechtzukommen, als Kollegin aber auch als Chefin
- Männer müssen verstehen, wie Frauen lernen
- Männer müssen lernen, wie Frauen im Beruf kommunizieren
- Männer müssen vermehrt Kompetenzen im privat-familiären Setting entwickeln (Kochen, Kinder versorgen, Kontakte halten)

Für Frauen sind die Anforderungen jedoch noch ungleich höher. Für sie gilt spiegelbildlich ohnehin alles, was für Männer auch gilt. Zusätzlich kommen jedoch noch hinzu:

- klare Perspektivbildung für sich selbst im Rahmen einer „3D-Lebensplanung" (Familie, Karriere, Ich)
- Erkennen der eigenen Leistungsgrenzen und Akzeptanz dieser
- Durchsetzung der eigenen Berufs-Interessen beim Arbeitgeber und Abbau von Karrierehemmnissen

Gelingt den Mitarbeiter/innen die Anforderungsbewältigung nicht oder nur unzureichend, drohen folgende Gesundheitsgefahren:

- Selbstwertprobleme
- vermehrt Spannungserleben im privat-familiären Raum mit der Tendenz zum Leben in nicht gesicherten Partnerschaften
- Selbst-Überforderung und damit Erschöpfung

---

15 Quelle: Bundesagentur für Arbeit.

Abbildung 2: Die acht arbeitsweltbezogenen Mega-Trends
[Quelle: Eigene Darstellung]

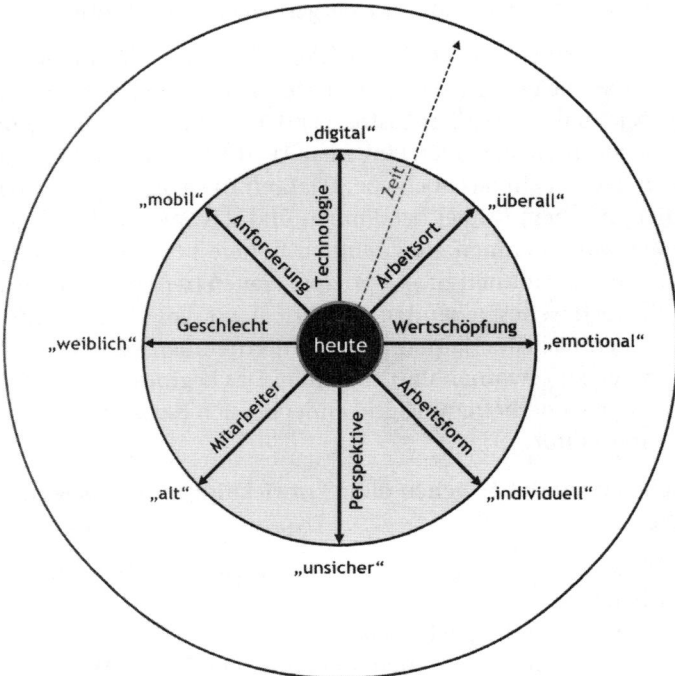

2.1.4   Zusammenfassung und Projektion 2020

Wir schauen zurück und fragen uns, wie haben wir im Jahr 2000 gearbeitet? Das war vor 10 Jahren! Und wir schauen voraus. Wie werden wir im Jahr 2020 arbeiten? Das ist in 10 Jahren! Die Frage kann näherungsweise beantwortet werden, wenn zwei Facetten der Arbeitswelt gleichzeitig betrachtet werden:

1. die bereits sichtbaren Veränderungen, die sich durch die dargestellten Mega-Trends in der *inneren Struktur* der Unternehmen ergeben haben und
2. die bereits sichtbaren Veränderungen bezgl. der *Erwartungen an Arbeitsergebnisse* im Sinne der Leistungsmenge von Unternehmen.

Alle arbeitsweltbezogenen Mega-Trends (siehe auch Abbildung 2) waren im Ansatz bereits 1990 angelegt, im Jahre 2000 sichtbar, heute (2010) erlebbar und werden 2020 voll durchgeschlagen und assimiliert worden sein. Es ist durch nichts zu belegen, dass sich diese Trends nicht weiter fortsetzen werden.

Die Unternehmen werden 2020 nicht radikal anders aussehen als heute. Mal abgesehen davon, dass es einige nicht mehr geben wird und sich andere neu etabliert haben werden, wird es so sein, dass die meisten sogar in der gleichen baulichen Hülle existieren. Auch werden die Ansprüche an die Leistungskraft aufrechterhalten bleiben und sich qualitativ weiter entwickeln. Am ehesten können wir das

Abbildung 3: Zukünftige Anforderungen an Arbeitsergebnisse
[Quelle: Eigene Darstellung]

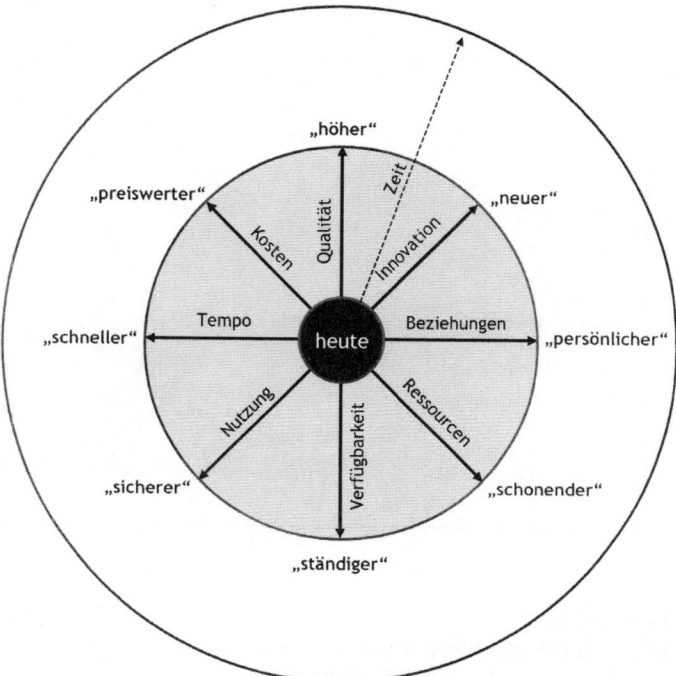

schon jetzt wahrnehmen, wenn wir an unsere eigenen Ansprüche an Produkte und Dienstleistungen denken. Unser Buch heißt nicht umsonst *„Systemleistung* durch betriebliches Gesundheitsmanagement". Die Systemleistung im Sinne des Outputs muss weiter verbessert werden, will das Unternehmen 2020 noch bestehen. Wir können auch klar prognostizieren: 2020 wird es stärkere, vielfältigere und intensivere Einwirkungen auf die Beschäftigten geben, was zu einer deutlich höheren psycho-physiologischen Beanspruchung führen wird. Diese Beanspruchung wird jedoch nicht einhergehen mit deutlich mehr selbstwertbezogenen Anreizen. Es wird intensivere Arbeit nicht für mehr Geld oder mehr Karriere geben. Die persönliche Bilanz der Erwerbsarbeit wird sich (gemessen mit den heutigen Parametern für Erfolg) eher verschlechtern. Erwerbsarbeit als zentrales identitätsstiftendes Merkmal der Persönlichkeit gerät damit in die Krise – ist nicht mehr so attraktiv. Die Anforderungssteuerung und Anforderungsbegrenzung wird zu einem zentralen Merkmal der individuellen Gesundheitskompetenz der Beschäftigten.

Viele Unternehmen spüren heute bereits neben dem Engpass der Verfügbarkeit qualifizierter Erwerbspersonen bereits einen erheblichen sekundären Problemdruck in den Bereichen:

- Gesundheit & Arbeitsfähigkeit
- Arbeitsverhalten (z. B. Leistungsminderung oder Devianz)

Abbildung 4: Organisationale Voraussetzungen vs. Anforderungen
[Quelle: Eigene Darstellung]

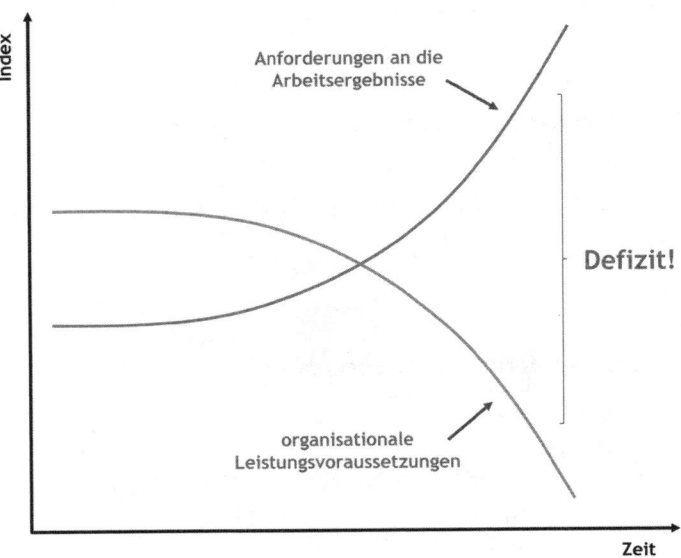

- Wissen & Fertigkeiten
- emotionale Anbindung, Motivation & Loyalität

Damit sind wesentliche Aspekte für die *organisationale Leistungsfähigkeit* benannt. Diese ist zunehmend gefährdet und verringert sich, wenn nicht gezielt gegengesteuert wird. Die hier einzubringenden Mittel übersteigen noch unsere Vorstellungskraft, denn die Verluste werden substanziell sein. Den potenziellen Einbußen in den organisationalen Leistungsvoraussetzungen stehen *qualitativ höhere Anforderungen an die Arbeitsergebnisse* gegenüber (siehe auch Abbildung 3). Das ist der zukünftige Engpass! Das ist das Defizit, das bereits jetzt angehäuft wird. Wir wollen hier die Situation nicht dramatisieren, aber es wird in Zukunft nicht wenige Unternehmen geben, die ihre aufgerufenen Leistungen nur noch eingeschränkt in den Markt hineintragen können, weil ihnen schlicht die Voraussetzungen dafür fehlen. Es entsteht ein Defizit zwischen den organisationalen Voraussetzungen und den Anforderungen an die Arbeitsergebnisse (siehe Abbildung 4).

Sollte in den betroffenen Betrieben weiterhin nicht substanziell und systemrelevant interveniert werden, sind die Einbußen in den Leistungsvoraussetzungen auch bei jedem einzelnen Mitarbeiter immer offenkundiger zu beobachten. Diese summieren bzw. verstärken sich gegenseitig auf organisationaler Ebene. Es wird nicht reichen, zu mehr „Resilienz" aufzurufen. Werden die Mitarbeiter nicht zur angemessenen Anforderungsteuerung und Anforderungsbegrenzung befähigt, drohen folgende Ergebnisse:

- zunehmendes Überforderungserleben mit der Folge dauerhafter Aktivierungs-zustände und in Folge dessen Zunahme funktioneller Störungen, Erschöpfungs- und Schmerzsyndrome
- sinkende Arbeitsbewältigungsfähigkeit mit der Folge mehr leistungseinge-schränkter Mitarbeiter/innen und höherer Aufwendungen im betrieblichen Eingliederungsmanagement (BEM), insbesondere für problematische und teure Trennungen
- sinkende Motivation, Loyalität und Veränderungsbereitschaft in prekär und krisenhaft wahrgenommenen Beschäftigungsverhältnissen mit der Folge ver-ringerter Personaleinsatzflexibilität und langfristig wieder steigenden Fehlzei-ten – auch in den jüngeren Belegschaftsanteilen
- subtile Verweigerungstendenzen und/oder offene Destruktion im Sinne un-erwünschter Verhaltensweisen (z. B. Aufträge werden nicht vollständig umge-setzt, es wird schlecht über das Unternehmen geredet, Betriebsgeheimnisse wer-den verraten, es wird ohne Reue gestohlen o. ä.)
- Identitäts- und Selbstwertproblematiken verschiedener Beschäftigungsgruppen (z. B. ältere vs. jüngere Mitarbeiter, Frauen vs. Männer, Führungskräfte vs. Fach-kräfte etc.)
- Zunahme innerbetrieblicher Konflikte

Das Theraband wird uns genauso wenig aus dem Defizit führen, wie ein Nichtrau-cherkurs oder ein Gesundheitstag. Die Interventionsansätze werden tief in die Per-sönlichkeitsstrukturen, die individuelle Lebensplanung, die Gestaltung der Unter-nehmenskultur und vor allem in die Kernprozesse gehen müssen. Die Unterneh-men werden gezwungen sein, zu investieren. Und zwar in:

- gender-, lebensphasen- und tätigkeitsorientierte Personalentwicklungs-Kon-zepte zur Förderung der Regulationspotentiale und zur Verbesserung der Ge-sundheitskompetenz in unterschiedlichsten Anspruchsgruppen[16] insbesondere mit dem Ziel der Befähigung zur Anforderungsstrukturierung, Anforderungs-steuerung und Anforderungsbegrenzung
- die Entwicklung einer organisationalen Leistungs- und Gesundheitskultur
- umfangreiche arbeitsorganisatorische Anpassungen für die genannten An-spruchsgruppen, d. h. Prozessgestaltung (z. B. Lern- und Führungszeiten), Rah-menbedingungen (z. B. Arbeitszeitelastizität, altersgerechte Schichtarbeit)
- Verbesserung der Nutzung neuer Technologien (Gesundheitsverträglichkeit)
- Diversity-Management in allen Facetten mit dem Ziel, mehr Systemstabilität zu erzeugen
- verstärkt einzelfallbezogene Korrektur- und/oder Perspektivplanung („Case-Management") in der Berufsführung und Wiedereingliederung
- verstärkt Einzelfallberatung (Employee Assistance Programs) bei ganz unter-schiedlichen individuellen Problemlagen (z. B. finanzielle Probleme, Pflege-

---

16 Auszubildende, Führungskräfte, gewerbliche Mitarbeiter, Schichtarbeiter, Verwaltungsange-stellte, Teilzeitkräfte, Altersübergänger etc.

bedürftigkeit von Angehörigen, Erziehungsfragen, Partnerschaftsprobleme, Suchtprobleme etc.)

Diese Aufgaben sind nicht allein durch die Unternehmen zu stemmen. Sie sind auf drei Ebenen zu lösen:

1. auf der individuellen Ebene (Mitarbeiter müssen sich bewegen)
2. auf der Führungsebene (Unternehmen müssen sich bewegen)
3. auf der gesellschaftspolitischen Ebene (Sozialversicherungsträger und die Politik müssen sich bewegen)

2.2   Veränderungen

Wer will, dass die Welt so bleibt, wie sie ist, der will nicht, dass sie bleibt.
(Erich Fried, Schriftsteller, 1921–1988)

2.2.1   Streben nach Erneuerung

Erfolg war noch nie so unsicher wie heute.

Die Welt verändert sich. Keine Frage. Neue Technologien (Biotechnologie, Humangenetik), neue Wettbewerber, demografische Trends (Zerfall sozialer Strukturen, Überalterung, Wertewandel, Migration), geopolitische Schocks (Terrorismus, Naturkatastrophen), Veränderungen in den Konsumentenbedürfnissen (weniger Status, mehr Bindung), Elektromobilität, Turbotourismus (Wellness „all inclusive") und nicht zu vergessen der Klimawandel (Gott sei Dank, es wird wärmer und nicht kälter!). GOOGLE wies heute am 20.08.2010 genau 2.070.000.000 Sucheinträge auf die Abfrage „Change" und immerhin noch 7.620.000 auf die Abfrage „Veränderung" auf. Das Mantra vom „Nichts ist beständiger als der Wandel" macht die Runde und treibt die Menschen in chronische Überforderungsängste.

Nur was verändert sich wirklich?

NAISBITT (2007) plädiert für eine gelassenere Betrachtung und stellt fest: *„Natürlich haben sich Produkte und Märkte verändert … Doch ungeachtet der Lawine an Businessbüchern und Businesspraktiken* [Achtung: Sie halten auch gerade eines in der Hand!] *blieben die Grundlagen in der Geschäftswelt unerschütterlich die gleichen: Wir kaufen, verkaufen und erzielen Profite, um wirtschaftlich zu überleben."* Und er führt weiter aus: *„Ob Ihr Mobiltelefon nun Fernsehempfang hat oder … ob Ihre Badewanne sich von selbst einlässt, sobald Sie Ihre Kleider ablegen … – all dies sind nur verschiedene Wege, zu tun, was wir tun – leichter, schneller, weiter, mehr und länger. Das Wesentliche in unserem Leben jedoch bleibt davon unberührt."* Er beschreibt einen kleinen aber wichtigen Aspekt bei Veränderungen: Er trennt das „Was?" vom „Wie?".

Das *Was?* bleibt eher unverändert. Wir bewegen uns. Wie schon vor Urzeiten. Das *Wie?* verändert sich tatsächlich rasant: Zu Fuß, auf dem Karren hinter einem Pferd, mit Dampfschiffen, (Elektro-)Autos, Flugzeugen und Raumschiffen. Wir kommunizieren. Das war schon immer so und das wird auch in Zukunft so sein. Die Formen der Kommunikation haben sich jedoch geändert. Früher gab es vorwiegend uni- und bidirektionale Kommunikation (z. B. Mimik, Gestik, Gespräch, Rauchzeichen, Briefe, Festnetztelefon). Heute ist diese Kommunikationsebene ergänzt worden durch eine Reihe polydirektionaler Medien (z. B. Bücher und Zeitschriften, Hörfunk, TV, Handy [inkl. SMS an alle], Internet [inkl. Chat, Blog, Facebook, Twitter & Co.]). Wir kommunizieren heute einfach diversifiziert, schneller und deutlich umfangreicher und das in alle Richtungen, egal ob das einen interessiert oder nicht.

Dennoch bleibt es bei der Anforderung, die anstehenden Veränderungen auch zu bewältigen – sozusagen das Wie? zu handhaben. Das gelingt offenbar vielen Menschen nicht mehr optimal. Man könnte fast meinen, wir erleben derzeit eine kollektive Anpassungsstörung in der Nutzung von Technologie. Es ist nicht die Technologie an sich, die uns Angst machen sollte, es ist die unzureichende Kompetenz in der Nutzung und Kontrolle derselben. Mal eben zum Auswärtsspiel nach Barcelona, zum Shoppen nach London, zum Sushi-Essen mit Freunden nach Hamburg. Dazu erhöhte Mobilitätserfordernisse durch den Job und die veränderten familiären Strukturen. Da kommt einiges zusammen. Handy-Flatrate, Internet-Flatrate, 24/7 Erreichbarkeit per UMTS-Card. Wer hier keine ausreichenden Steuerungs- und Regulationskompetenzen besitzt, wird eher früher als später Probleme bekommen.

Wir wollen hier aber keinen weiteren Ratgeber zur persönlichen Kompetenzentwicklung schreiben, sondern einen zur organisationalen Weiterentwicklung. Drei grundlegende Bewältigungsmechanismen für Gruppen (z. B. Organisationen, Unternehmen, Gesellschaften) können ausgemacht werden: Revolution, Erneuerung und Anpassung. Diese drei wollen wir uns etwas genauer anschauen.

INFOBOX

Organisationale Bewältigungsmechanismen für Veränderungen

1. Revolution
2. Erneuerung
3. Anpassung

Für eine *Revolution* braucht es im Unternehmen die kreative und personale Zerstörung. Das Unternehmen wird radikal umgebaut – das traditionelle Marktumfeld zunächst ignoriert. Dieser Mechanismus ist durch unkonventionelle Strategien gekennzeichnet, durch eine fundamentale Neuzeichnung der Produkt- und Kundenstrukturen. Revolutionen finden in jüngeren Unternehmen nicht selten von innen statt und werden getrieben durch die Führungsköpfe. In älteren Unternehmen zwingen zumeist die äußeren Umstände zu solchem Verhalten.

In der *Erneuerung* wird das traditionelle Geschäftsmodell respektiert. Es wird aber versucht, die Werte- und Prozessstrukturen weiterzuentwickeln, um die Produkte und Dienstleistungen sicherer, günstiger und besser herzustellen. Oftmals geht diese Strategie auch mit einem signifikanten Umbau der Aufbauorganisation und dem Austausch vieler bisher verantwortlich handelnder Personen einher.

Die *Anpassung* schließlich ist geprägt durch die Bereitschaft und die Fähigkeit, schrittweise Veränderungen in den Prozess- und Verhaltensstrukturen zu ermöglichen. Es ist die „sanfteste" Bewältigungsstrategie, mit der ein Unternehmen versucht, in einer veränderten Umwelt zu überleben und sich fortzuentwickeln.

Doch bevor eine Veränderungsrichtung eingeschlagen wird, sollten sich die Verantwortlichen mind. fünf Vor-Fragen stellen:

1. Wo kommt das Unternehmen her?
2. Wo steht das Unternehmen jetzt?
3. Für was steht das Unternehmen in der Welt?
4. Wo will das Unternehmen hin?
5. Wo kann das Unternehmen überhaupt hin?

GAIROLA (2003) entwickelt hierzu für Unternehmen eine schöne Analogie zu Lebewesen. Diese durchlaufen – genau wie Unternehmen einen Zyklus, der die Form einer S-Kurve hat. Ein Organismus wird geboren, durchlebt eine Zeit des schnellen Wachstums, des Lernens und Reifens. In der Phase, in der er sich am erfolgreichsten in seiner Umwelt behaupten kann, ist der Abfall der Kurve und das Ende des Lebenszyklus bereits vorprogrammiert. Für manche Lebewesen/Unternehmen ist der Zyklus länger, für manche kürzer, aber irgendwann gelangt es an sein Ende. Es können sechs Phasen im Zyklus unterschieden werden:

INFOBOX

Phasen im Lebens-Zyklus einer Organisation

1. Phase der Gründung & Vision
2. Startphase
3. Wachstumsphase
4. Phase des zunehmenden Kostendrucks
5. Phase der Liquiditätskrise
6. Phase der strukturellen Krise

Es ist vollkommen klar: Eine permanente strukturelle Krise, also eine Krise der Werte, der Kreativität, ein Stillstand des Kundenwachstums bei gleichzeitiger Kostenexplosion, führt unausweichlich zum Tod. Diese Aussichten sind nun natürlich recht betrüblich und wir denken sofort an die präsenten „Todesfälle" der jüngeren Vergangenheit z. B. aus dem Versandhandel (Quelle) und der Chip-Industrie (Qimonda). Wir denken auch an die Fast-Abstürze aus dem Bankenwesen (Com-

Abbildung 5: Lebenszyklus eines Unternehmens (S-Kurve)
[Quelle: in Anlehnung an GAIROLA (2003)]

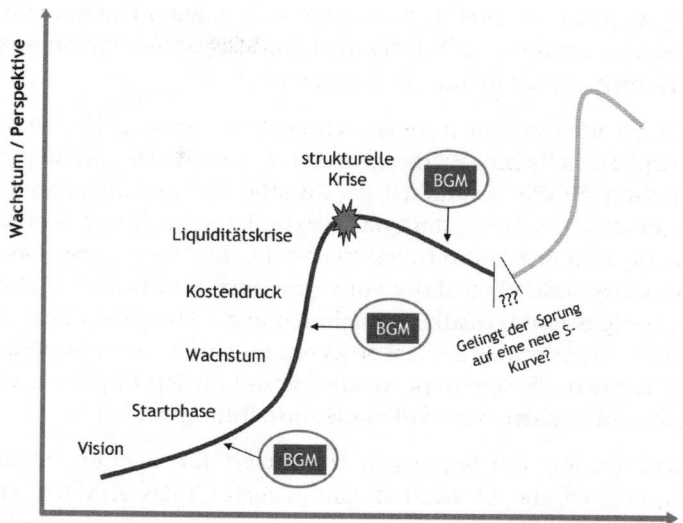

merzbank), der Automobilbranche (Opel), dem Schiffbau (Wadan-Werften) und dem Bauhauptgewerbe (Holzmann). Und es drängt sich die Frage auf, ob Organisationen, um dem Tod zu entkommen, immer wieder „revitalisiert" werden können. Gelingt also der Sprung auf die nächste S-Kurve? Schaut man sich das Lebensalter so mancher Organisation an, dann kommt man zu dem Ergebnis: Ja das geht! Nicht wenige Unternehmen sind seit 100 und mehr Jahren am Markt erfolgreich vertreten.

Wir können hier nicht alle „Erfolgsgeheimnisse" lüften, die ohnehin keine sind, da müssen Sie weitere Bücher lesen. Wir wollen eher danach fragen, welchen Beitrag das betriebliche Gesundheitsmanagement bei der Erneuerung leisten kann und vor allem, wann BGM am erfolgversprechendsten in Betriebe einzubringen ist? Wir haben nämlich nicht selten erlebt, dass Betriebe auf uns zukommen, die sich bereits klar in der Phase einer strukturellen Krise befunden haben und mit Hilfe von BGM einen Ausweg aus dieser prekären Situation suchten. Der Handlungsdruck aufgrund einer permanenten Werte-, Innovations- und Leistungskrise war bereits unübersehbar. Destruktion begann um sich zu greifen und viele Leistungsträger hatten bereits das Unternehmen verlassen. Manchmal wurden auch zuvor harte Sanierungsmaßnahmen durchgeführt und BGM sollte im Nachgang die Wogen glätten, Spirit erzeugen und Optimismus verbreiten. Egal: Strukturelle Krisen sind immer auch mit Gesundheitskrisen verbunden.

Wir haben sehr wohl die Erfahrung gemacht, dass wir mit Hilfe von BGM auch Auswege aus strukturellen Krisen gefunden haben. Das waren auch unsere anspruchsvollsten und besten Projekte, weil wir BGM ganz anders definieren mussten. Nur mussten wir dafür tief ins System eindringen und die Betriebe mussten das auch zulassen. Die Details werden wir später noch darstellen. Wird die gesamtwirtschaftliche Lage jedoch zu prekär, nützt kein noch so guter Gesundheitsansatz. Es kommt dann irgendwann zum Totalabbruch und das Unternehmen wird verkauft oder ist nicht mehr zu retten und wird abgewickelt.

In letzter Zeit wenden sich auch zunehmend Betriebe an uns, die sich in einer anderen Lebensphase befinden. Werbeagenturen z. B. in der Startphase ihres Lebens, die einfach etwas für die Gesundheit der Mitarbeiter tun wollen. Spezialbetriebe der Bauwirtschaft, die weltweit stark wachsen und das Wachstum auch bewältigen wollen. Ebenso Kommunikationsdienstleister in der Wachstumsphase, die den Kostendruck einer Gesundheitskrise vorwegnehmen und bereits jetzt gegensteuern wollen. Energie- und Logistikunternehmen in der Phase des Kostendrucks, die sich körperlich, psychisch und sozial erneuern möchten, um weiterhin am Markt bestehen zu können. Sie sehen: BGM kann grundsätzlich in jeder Lebenszyklus-Phase eingebracht werden. Nur variiert die Ausrichtung erheblich.

Den organisationalen Bewältigungsmechanismen für Veränderungen folgend (Revolution, Erneuerung, Anpassung), gibt es auch für das BGM drei strategische Grundausrichtungen:

1. BGM als (Gesundheits-)Revolution
2. BGM als (Gesundheits-)Erneuerung und
3. BGM als (Gesundheits-)Anpassung.

Anpassung und Erneuerung sind eher geeignete Strategien für die frühen Lebenszyklus-Phasen, während die Revolution oftmals das letzte sinnvolle Mittel in Krisensituationen darstellt. Egal jedoch, welche Gesundheits-Strategie Sie wählen oder welche erzwungen worden ist, es lassen sich vier Herausforderungen für die erfolgreiche Bewältigung von Veränderungen in Betrieben herausarbeiten (siehe auch Abbildung 6).

1. Vielfalt
2. Innovation
3. Kognition
4. Kompetenz

2.2.2   Herausforderungen für die Veränderungsbewältigung

Man sollte sich zunächst bewusst machen, dass die Anpassung an Veränderungen mehr bedeutet, als bestehende Prozesse zu optimieren und die Mitarbeiter noch stärker zu motivieren. Wir werden später noch genauer feststellen, dass Systeme (und Betriebe sind zweifellos als solche aufzufassen) ohnehin dadurch gekennzeichnet sind, dass sie „adaptiv" sind. Die Frage ist nur wie es um die Anpassungsfähigkeit Ihres Unternehmens bestellt ist? Fasst man die Forschungsberichte zusammen und verdichtet sie mit den eigenen Erfahrungen, können die vier schon genannten Herausforderungen erkannt werden. Worauf sollte also geachtet werden?

Abbildung 6: Vier Herausforderungen für die Veränderungsbewältigung
[Quelle: in Anlehnung an HAMEL & VÄLIKANGAS (2003)]

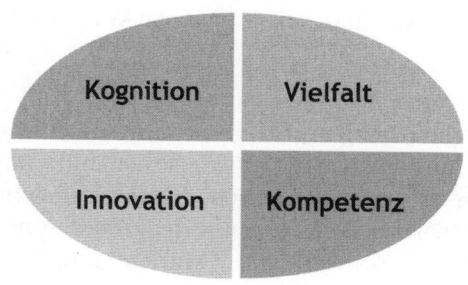

1 | Vielfalt

Die Anpassungsfähigkeit eines Systems hängt zunächst von dessen innerer Vielfalt (Diversität) ab. Unternehmen haben das bereits erkannt und versuchen gezielt, Vielfalt zu produzieren. Die professionalisierten Methoden und Varianten dieses Bestrebens kann man unter dem Begriff „Diversity Management" finden. Beiträge hierzu finden sich u. a. bei ARETZ & HANSEN (2002) sowie KNOTH (2006). Nicht nur Männer, sondern auch Frauen. Nicht nur Junge, sondern auch Ältere. Nicht nur „High Potentials" sondern auch einfachere Mitarbeiter, nicht nur Deutsche, sondern auch Mitarbeiter/innen mit „Migrationshintergrund". Vielfalt bedeutet aber auch Vielfalt der Kommunikationswege und Entwicklungsverläufe. Mit der inneren Diversität in den technischen, personalen und organisationalen Bereichen nimmt der Umfang der strategischen Optionen zu und damit auch die Anpassungsfähigkeit an sich verändernde Umweltbedingungen. Vielfalt ist eine Gesundheitsstrategie.

2 | Innovation

Ein großes Hindernis zur Veränderungsbewältigung besteht in mangelnder Innovation. Unternehmen geben nicht gerade wenig Geld für Optimierung aus. Ziele der Optimierung sind schneller, besser, billiger zu werden. Die Anforderungen der Veränderungsprozesse sind aber durch immer während Optimierung *bestehender* Prozesse und Strukturen allein nicht zu bewältigen. Was ist, wenn Kunden und Mitarbeiter plötzlich etwas Neues wollen? Optimierung ist nur solange eine ausreichende Handlungsoption, solange es keine fundamentale Veränderung im Umfeld gibt. HAMEL & VÄLIKANGAS (2003) weisen darauf hin, dass bisherige Erfolgsstrategien sogar rascher veralten, als das so manchem Manager lieb ist. Erfolgsstrategien veralten ihrer Meinung nach insbesondere aus vier Gründen:

1. Imitation (Strategien verlieren ihre Einmaligkeit)
2. Verdrängung (neue, bessere Strategien werden entwickelt)
3. Erschöpfung (Strategien verlieren schleichend an Bedeutung) und
4. Ausschlachtung (Strategien verlieren ihre Marktmacht)

Noch einmal: Innovation bezieht sich nicht nur auf Produkte und Dienstleistungen. Innovation bezieht sich auch auf das Management (vgl. z. B. auch SEMLER, 1993), die Prozess- und Beziehungsstrukturen, die Kommunikationskultur usw.

3 | Kognition

Neu denken! Das ist einfacher gesagt als getan. Unternehmen brauchen ein Credo, das kontinuierliche und chancenorientierte Erneuerung impliziert. Mitarbeiter sollten hierfür in eine Art „mentalen Gleichschwung" gebracht und für die Erneuerung begeistert werden. Doch die kognitiven Herausforderungen lassen sich weiter fassen: Kognition ist auch Konstruktion, Wahrnehmung, Erinnerung, Konzentration, Motivation. Kurz: Kognition ist das Schlagwort für den gesamten Lernprozess einer Organisation. Das zentrale Organ für die erfolgreiche Bewältigung der Aufgaben im Informationszeitalter ist nun mal das zentrale Nervensystem (ZNS). Auch BGM muss in diesen (sehr persönlichen) Bereich vordringen, will es einen messbaren Beitrag leisten. Offen ist derzeit noch, ob wir es bezgl. der immer häufiger gemeldeten Ausfälle (Angst, Erschöpfung, emotionale Verflachung, Antriebsschwächen etc.) um chronische Überforderungssyndrome dieses Organs handelt, oder ob wir es hier lediglich mit temporären „Anpassungsstörungen" zu tun haben.

4 | Kompetenz

Die gesundheitsbezogenen Erfolgsstrategien sind sehr eng mit dem Begriff der „Kompetenz" verbunden. Es gibt organisationale und individuelle Kompetenzen. Beide sind zu entwickeln. Denken Sie nur an „soziale-", „kommunikative-", „interkulturelle-", „emotionale-", „Software-", „Führungs-", „Gesundheits-", „Methoden-Kompetenz" usw. Kompetenzen erhöhen die Regulationsfähigkeit, vermindern die Aktivierung und verbessern die Lebensqualität.

In alle vier Bereiche kann und muss sich BGM einklinken.

2.3   Werte

Kurssturz: Wertpapier auf dem Weg zu seinem Papierwert.
(Ron Kritzfeld, Aphoristiker, geb. 1921)

2.3.1   Werte-Entwicklung (Phasenmodell)

Werte entwickeln sich in Phasen. Schön sichtbar wird das zunächst an einem Wert, der sich schon länger etabliert hat und der bereits alle Phasen durchschritten hat. Wir wollen deshalb die typische Werte-Entwicklung zunächst an Hand des Wertes der „individuellen Mobilität" skizzieren. Dieser Wert ist natürlich sehr komplex und abhängig von vielen Einflussgrößen. Er lässt sich jedoch auch gut verdichten auf die Idee „Automobil fahren". Unter dem Begriff „Automobil" verstehen wir auch Schiffe, Flugzeuge, Motorräder u. a. „automatisierte" Fortbewegungsmittel.

Am Anfang einer gesellschaftlichen Werte-Entwicklung steht zunächst die Entdeckung und Kommunikation eines positiven funktionalen Zusammenhangs. Es geht um den primären Mehrwert. In Phase 1 geht es um die Sache, um das *Was?* dieses Wertes. Die individuelle Mobilität hat zweifellos eine grundlegende Funktion sowohl im Wirtschafts- als auch im Privatleben. Sie bietet für Menschen eine Reihe von Vorteilen bzgl. der ihrer Bedürfniserfüllung: mehr Kontrolle auf die Wahl des Lebensmittelpunktes, mehr Optionen in der Beziehungsgestaltung und beruflichen Entwicklung, intensivere Teilhabe am gesellschaftlichen Leben, persönliche Entwicklung und Selbstwertaktualisierung durch das Erkunden „neuer Horizonte" (Tourismus).

In Phase 2 dominiert die Frage nach der gesellschaftlichen Durchdringung des erkannten Wertes und damit zumeist nach dem *Preis*. Kann ich mir diesen Wert überhaupt leisten? Politische, soziale und wirtschaftliche Kräfte werden frei, den Wert in möglichst viele Gesellschaftsschichten zu tragen und erfahrbar (nutzbar) zu machen. Straßen und Autobahnen werden gebaut. Das Auto war „teuer" und wird „billig" und damit erschwinglich für jedermann. Der VW Käfer ist da.

Jetzt etablieren sich rasch und mit hoher Dynamik Institutionen der „Werterhaltung" und „Wertentwicklung". Jetzt kommen die Werkstätten, die heute „Servicestationen" heißen. Zunächst sind sie darauf ausgerichtet, kaputte Autos zu reparieren. Schnell erweitern sie jedoch ihr Angebotsspektrum auf „inspizieren", „pflegen" und „warten". Kunden, wollen nämlich, dass ihr Auto „lange fährt" und „sicher bleibt". Menschen wollen immer die maximale Kontrolle auf ihre Werte. Mitarbeiter in diesen Sekundärinstitutionen qualifizieren sich zudem – werden Spezialisten oder gar „Profis". Der Profi holt seine Geräte aus der Ecke, stellt eine Diagnose und sagt, was gemacht werden muss und das das nicht nur absolut notwendig ist, sondern auch ziemlich teuer wird. Trotzdem: Ölwechsel wird attraktiv, die Hauptuntersuchung mit Reifenwechsel, Bremsbackenaustausch und Abgasuntersuchung sogar Pflicht. Heute bekommt man in den Servicestationen längst weitere Mehrwerte: einen Termin, eine Zeitung, eine bequeme Lounge und dazu Kaffee, Kekse oder Äpfel – je nachdem. Die Servicestationen sind ihrerseits bereits mobil geworden. Die größte mobile Servicestation der Welt heißt ADAC. Dennoch: im Kern ist die Phase 3 dadurch gekennzeichnet, dass sichergestellt wird, dass der Wert „automobil zu sein", erhalten bleibt.

Mit der breiten kollektiven Erfahrung des Wertes kommen in Phase 4 verstärkt die Fragen nach dem *Wie?* auf. Wie kann ich denn automobil sein? Wie will ich automobil sein? Ich kann: schnell, komfortabel, sicher, umweltbewusst usw. fahren. Das Wie? ist ein kolossaler Wirtschaftstreiber. Die Automobile diversifizieren bis zur totalen Individualisierung. Farbe, Design, Motorisierung, Spritverbrauch, Entertainment, aktive und passive Sicherheitssysteme. Kein Automobil ist mehr wie das andere.

In Phase 5 entkoppelt sich der Wert von seiner ursprünglichen Bedeutung, nämlich „Auto fahren". Es geht um das weitere „Schürfen" und „Heben" von Potenzialen rund um die Produktions-, Nutzungs- und Entsorgungsprozesse. Die gesamte

Wertschöpfungskette wird ausgereizt. Es geht also nicht mehr nur um das „Auto fahren" selbst. Es geht jetzt z. B. auch um die Produktion desselbigen. Heute können Sie zuschauen, wie ihr Auto montiert wird – vorausgesetzt sie kaufen einen VW Phaeton oder gleich einen Bentley (Gläserne Manufaktur in Dresden). Erlebniswelten beim „Autokauf" werden aufgebaut. Willkommen in der „BMW Welt" oder in der „VW Autostadt". Wir prognostizieren, dass in nicht allzu ferner Zukunft auch die Entsorgung des Automobils als Dienstleistungsbereich erkannt und genutzt wird. In Zukunft wird nicht einfach „abgewrackt", in Zukunft können Sie ihr bestes Stück auch angemessen zu Grabe tragen, vielleicht auf einem Autofriedhof, mit Trauerfeier. Vielleicht schicken Sie es aber auch zum Konservator. Das kollektive Bewusstsein über Automobile wird ohnehin bereits aufrechterhalten. Besuchen Sie doch einfach mal das „Porsche-" oder „Mercedes-Benz Classic-Museum". In Phase 5 können weitere Entkopplungsphänomene beobachtet werden. Der ursprüngliche Wert wird jetzt übertragen auf Musik, Sport und Bildung. Besuchen Sie mal die „Auto Uni". Seit 2006 können Sie auf dem „Mobile Life Campus" in Wolfsburg öffentliche Vorlesungen hören. Das kann ja nicht schaden. Sie können auch Kunde bei der BMW-Bank werden oder sich von AUDI-Consulting beraten lassen.

Die Phasen überlappen sich und verbinden sich zu einem Zyklus. Die Entwicklungszyklen werden kürzer, dynamischer und schnelllebiger. Trends werden gesetzt und verstärkt.

INFOBOX

Phasen der gesellschaftlichen Werte-Entwicklung

1. Phase: Entdeckung des Wertes, d. h. seiner positiven Funktionalitäten
2. Phase: Verbreitung des Wertes in allen Gesellschaftsschichten
3. Phase: Sicherstellung und Erhaltung des Wertes
4. Phase: Individualisierung des Wertes durch Diversifikation
5. Phase: Entkopplung des Wertes und Übertragung auf andere (bereits existente) Werte

2.3.2   Gesundheit als Wert

Wenn wir Gesundheit als individuellen und kollektiven Wert begreifen und auf unser Phasenmodell der gesellschaftlichen Werte-Entwicklung übertragen, dann stellt sich sofort die Frage, in welcher Phase wir uns derzeit befinden. Unserer Meinung nach in Phase 4, aber bereits an der Schwelle zu Phase 5. Dies können wir auch begründen.

Jahrtausende wurde der Wert zunächst überhaupt nicht direkt reflektiert, sondern nur indirekt über naturalistische und/oder religiöse Riten gelebt. Man sammelte und jagte. Man betrieb Ackerbau und Viehzucht. Da war es zunächst egal, ob „ich" gesund bin. Da war es wichtiger, dass „es" regnete, „die" Sonne schien oder dass „der" Hirsch wieder in der Nähe weidete, um ihn zu erlegen. Es ist anzunehmen, dass eine Reflektion nur stattfand bei schweren Verletzungen und sicher diagnostizierbaren Erkrankungen, also immer dann, wenn die genannten Handlungen nicht mehr durchführbar waren. Das ist sozusagen die „Phase Null" der Gesundheitsgesellschaft.

Phase 1 | Entdeckung

Es ist nicht bedeutsam, wann genau sich das geändert hat. Den alten Griechen war bereits die Bedeutung von Bewegungsübungen und Gymnastik für die Entfaltung der Persönlichkeit bekannt. Ganz zu schweigen von den Römern mit ihren „Wellnesstempeln" (Thermen). Signifikant und sprunghaft aber wurde Gesundheit als Wert im Zuge der Aufklärung Mitte des 18. Jahrhunderts sichtbar. Freies Denken, kritisches Hinterfragen und das Zweifeln an religiösen Grundannahmen sowie politischem Absolutismus waren „en vogue". Wichtige Vertreter der Aufklärung, wie Jean-Jacques Rousseau (1712–1778), Immanuel Kant (1724–1804), David Hume (1711–1776) oder auch François Marie Arouet, besser bekannt als „Voltaire" (1694–1778) rückten den Menschen in den Mittelpunkt ihrer Betrachtung. Dieser sollte logisch und eigenständig Denken (Rationalismus), die Welt mit allen Sinnen begreifen (Empirismus), vernünftig, tugendhaft, gerecht und weise sein. Die Menschen (gemeint waren damals zumeist Männer) begannen nun auch darüber nachzudenken, ob sie gesund sind und ob sie noch gesünder werden können. Sie reflektierten auch darüber, was passiert, wenn sie nicht mehr gesund sind. Zudem fingen sie an, darüber nachzudenken, was sie tun können, um ihren Gesundheitsstatus zu erhalten oder sogar zu verbessern (z. B. regelmäßig Hände waschen, Latrinen desinfizieren, Wasser abkochen, Leibesübungen durchführen). Der Gesundheits-Wert wurde also mit seinen positiven Funktionalitäten (Verringerung von Infektionen, Abnahme der Säuglingssterblichkeit u. a.) erkannt und von den primären Alltagshandlungen entkoppelt. Phase 1 war angebrochen. Der Wert war entdeckt!

Phase 2 | Verbreitung

Das neue Gedankengut verblieb zunächst im Bildungsbürgertum und diffundierte nur zaghaft durch die Gesellschaft. Im deutschsprachigen Raum wurden Philanthropen („Menschenfreunde") um Johann Christoph Friedrich GutsMuths (1759–1839) und Friedrich Ludwig „Turnvater" Jahn (1778–1852) zu Wegbereitern der Bewegungserziehung und damit zur Phase 2. GutsMuths führte den Gedanken einer geregelten Körperausbildung bei Jugendlichen ein. Leibesübungen sollten von nun an integraler Bestandteil einer ganzheitlichen Erziehung werden, die Bildung, körperliche Vervollkommnung und Glück gleichermaßen einschließt. Jahn schuf 1811 in Berlin den ersten öffentlichen Turnplatz. Auch wenn dessen Ambitionen unmittelbar mit der Nationalbewegung verknüpft waren und u. a. mit der Zielsetzung entwickelt wurden, die Jugend auf den Widerstand gegen die napoleonische Besetzung vorzubereiten, so kann ihm doch eine gesellschaftliche Initialzündung in Sachen Gesundheit zugeschrieben werden. Die zunächst enge und für das heutige Verständnis eher merkwürdig erscheinende Verknüpfung von Gesundheit und Militär beförderte die Verbreitung der Gesundheitsidee ungemein. Der Staat wurde aufmerksam und erkannte die Potenziale, die in der individuellen und kollektiven Gesundheit schlummerten. In Preußen erging dann auch 1842 ein Kabinettserlass, wonach der Turnunterricht an allen öffentlichen Lehranstalten als unerlässlicher Bestandteil der (immer noch männlichen) Erziehung erteilt werden sollte. Der Staat sorgte auch auf anderen Ebenen für mehr Gesundheit. Er sorgte für eine Kanalisation und baute Krankenhäuser. Er trieb die Ausbildung von (Militär-)Ärzten voran und vereinheitlichte deren Ausbildung. Kein Name stand im 19. Jahrhundert und vielleicht bis heute mehr für die politische Durchsetzung der Gesundheitsidee, als Otto von Bismarck (1815–1898). In seiner Zeit als Ministerpräsident von Preußen, Kanzler des Norddeutschen Bundes und erster Reichkanzler des Deutschen Kaiserreiches machte er Gesundheit zu einem Volksthema. Er nahm das erwachende Schutzbedürfnis der Bevölkerung ernst und schuf z. B. 1876 das Kaiserliche Gesundheitsamt.[17] Bismarck war es auch, der die Sozialversicherung als kollektive Schutzinstitution in Deutschland einführte. 1883 führte er per Dekret die gesetzliche Krankenversicherung und ein Jahr später die Unfallversicherung ein. Dieser Schritt stellte die endgültige Durchdringung des Wertes in alle gesellschaftlichen Schichten dar und markierte zugleich den Übergang der Wert-Entwicklung in Phase 3.

Phase 3 | Sicherstellung und Erhaltung

Wir hatten bereits festgehalten: Phase 3 ist durch die Sicherstellung der Wert-Erhaltung bei gleichzeitig hoher wirtschaftlicher Dynamik gekennzeichnet. Gesundheit wird zum Produktivfaktor. Dabei muss zunächst die Frage aufgeworfen werden, wer überhaupt für Gesundheit verantwortlich ist. Wer ist die „Servicestation"? Der Arzt? Der Apotheker? Der Psychotherapeut? Gesundheitsberater? Medien? Der Staat? Wir alle? Der Staat hat früh seine Verantwortung für die Erhaltung des Wertes übernommen. Bereits 1879 wurde z. B. das „Gesetz betreffend den Verkehr mit Lebensmitteln, Genussmitteln und Gebrauchsgegenständen" verabschiedet. Praktisch das erste Verbraucherschutzgesetz in Deutschland – ein Gesundheitsgesetz! Die dominante Institution der Sicherstellung und Wiedererlangung des Gesundheits-Wertes aber war die Medizin. Der Arzt stellte bedrohte Kontrolle mit Hilfe von Diagnostik und Therapie wieder her. Auch heute noch ist der medizinisch-kurative Sektor immer noch der mit Abstand größte. Aber auch die Menschen selbst übernahmen mehr Verantwortung für sich und ihre Gesundheit und begannen Prävention zu betreiben. Sie gründeten Sportgemeinschaften, überlegten, was sie essen sollten, brachten „quality-time" in ihre Beziehungsmuster und nahmen das erste Mal an einer „Rückenschule" teil. Auch begannen sie über ihren betrieblichen Status nachzudenken und diesen in Beziehung zu ihrer Gesundheit zu setzen. Sie hinterfragten immer stärker die Arbeitszeiten, ihre Tätigkeiten und die Arbeitsbeziehun-

---

17 Der bekannteste Mitarbeiter dieses neuen Amtes war der Arzt und Bakteriologe Robert Koch (1843–1910). Er entdeckte die Erreger des Milzbrandes, der Tuberkulose und der Cholera und erhielt dafür 1905 den Nobelpreis.

gen. Persönliche Schutzausrüstung wurde erst gefordert, dann Pflicht. Auch Auto fahren sollte sicherer (Gurtpflicht, ABS, ESP), gesünder (Lordosenstütze) und umweltverträglicher (Super-bleifrei) werden. Sie merken, jetzt beginnt sich der Wert auszudehnen, aufzuspalten – in immer mehr Facetten. Ab jetzt wird auch Geld verdient. Das ist der Übergang zu Phase 4.

Phase 4 | Individualisierung durch Diversifikation

Die Stresswelle löst nicht die Rückenwelle ab, sondern ergänzt sie! Danach kommt die Wellnesswelle, die Selfnesswelle usw. So kann man Phase 4 am kürzesten darstellen. Immer mehr Geld wird in Gesundheit investiert. Immer mehr Facetten werden erkannt und besetzt. Die treibende Kraft der Phase 3 war Angst – und sie ist immer noch eine wirksame Kraft. Prävention als „Angstkiller" mit stresslindernder Funktion. Das Vorbeugen bestimmter unangenehmer Situationen. Wenn ich krank bin, habe ich Schmerzen, bin ich auf Hilfe angewiesen, gefährde ich meinen Job. Wenn ich rauche, kann ich Lungenkrebs bekommen und das ist auch schmerzvoll. Die eigentliche Diversifikation des Marktes kam jedoch erst, als es auch um Situationen ging, die weniger bedrohlich waren oder von denen man sogar „mehr" haben wollte. Menschen wollten sich jetzt auch „besser fühlen", „potenter sein", „attraktiver aussehen". Bauchfett wurde jetzt „toxisch". Rauchen lässt jetzt vor allem die Haut altern. Gott sei Dank können Antioxidantien diesem Trend entgegenwirken. Jetzt werden auch die industriellen Akzente voll ausgelenkt („Actimel"), die Dienstleistungsangebote verbreitern sich rasch (Bioladen, Fitnessstudios, Gesundheitsmedien, Wellness-Hotels, Unternehmensberatungen). Ängste werden eher negiert und zum Teil ins Gegenteil verkehrt. Stress kann jetzt auch „positiv" sein. Vorbilder werden gesetzt, welche die Gesundheits-Werte perfekt verkörpern. Models, Morgen-Sportler, Macher, Manager. Menschen, die es geschafft haben, gut aussehen, gut essen, erfolgreich sind. Gesundheit wird grenzenlos und überall machbar – vorausgesetzt man „managt" sie. Zeit wird zum Gesundheitsgut (Zeitmanagement). Ich selbst werde zum Gesundheitsgut (Selbstmanagement). Beziehungen werden zum Gesundheitsgut (Beziehungsmanagement). Es wird nun suggeriert, maximale Kontrolle zu entwickeln – vorausgesetzt man kauft sie an der richtigen Stelle ein. Achtung: Anti-Aging! Menschen altern heute nicht einfach – sie altern planvoll oder gar nicht. Deshalb reden wir heute auch vom „Gesundheitsmarkt". In diesem kann man einkaufen gehen. Auch „betriebliche Gesundheit" kann man heute kaufen. Der Markt ist bereits enorm diversifiziert. Hier stehen wir also jetzt, im Jahr 2010. Mitten in Phase 4 und doch hat Phase 5 bereits begonnen.

Gerade sind die aktuellen Zahlen des Statistischen Bundesamtes[18] zur Entwicklung des Bruttoinlandsproduktes (BIP) vorgelegt worden. Demnach wurden in der BRD im Jahr 2009 € 2.404,4 Mrd. erwirtschaftet. Das sind 5 % weniger als im letzten Jahr. Davon entfallen knapp € 260 Mrd. oder ca. 11 % auf Gesundheitsausgaben. Das wiederum entspricht ca. € 3.250 je Bundesbürger. Das ist auch die Richtgröße

---

18 Quelle: http://www.destatis.de

Abbildung 7: Entwicklung des Wertes „Gesundheit"
[Quelle: Eigene Darstellung]

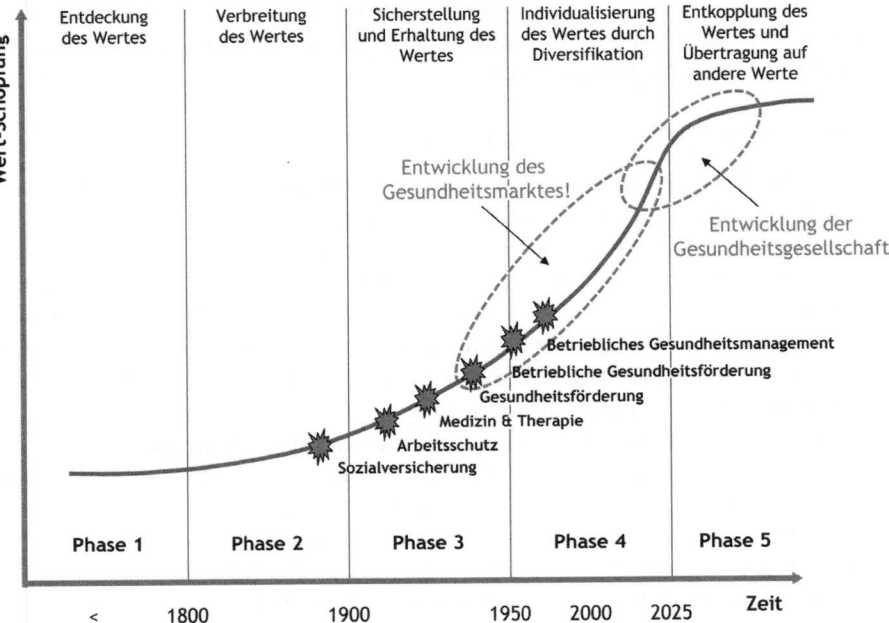

für den Gesamtmarkt, d. h. sowohl für den privaten, wie den öffentlichen Ausgaben. Nur was ist der *Gesundheitsmarkt*?

Um die Größe des regulierten Gesundheitsmarktes besser abschätzen zu können, noch ein paar Zahlen: Die Kassenärztliche Bundesvereinigung (KBV) vermeldet für 2008 Ausgaben von ca. € 160,8 Milliarden (€ 160.800.000.000).[19] Davon entfielen € 52,6 Mrd. (32,9 %) auf Krankenhausausgaben, € 35,3 Mrd. (21,9 %) auf Ärzte und Zahnärzte, € 27,0 Mrd. (16,8 %) auf Arzneimittel. In die Gesundheitsförderung flossen im gleichen Zeitraum etwa € 2,4 Mrd. (1,5 %). Laut Präventionsbericht der gesetzlichen Krankenversicherungen[20] wurden 2007 ca. € 0,3 Mrd. (0,2 %) in die Primärprävention und betriebliche Gesundheitsförderung gesteckt. Das entspricht bei 70,6 Mio. gesetzlich Versicherten ca. € 4,25 je versicherter Person. Etwa 1,9 Mio. Teilnehmer/innen an Kursangeboten wurden vermeldet. Der Anteil der Ausgaben für betriebliche Gesundheitsförderung betrug dabei € 24,7 Mio. oder € 0,35 je Versicherten. Knapp 4.200 betriebliche Projekte wurden über die GKV unterstützt.

Phase 5 | Entkopplung und Übertragung auf andere Werte

Gesundheit ist tatsächlich zur treibenden Kraft geworden. Nur: Wo geht es mit Gesundheit hin? Immer mehr? Immer mehr Nachhaltigkeit? Immer mehr Bereitschaft,

---

19 Quelle: http://www.kbv.de/2422.html
20 Quelle: http://www.gesundheitsfördernde-hochschulen.de/Inhalte/G_Themen/G2_BGF

INFOBOX

Der Gesundheitsmarkt

Dem Gesundheitsmarkt lassen sich sämtliche Güter und Leistungen mit dem Ziel der Prävention, Behandlung, Rehabilitation und Pflege zuordnen. So haben es OECD und WHO festgelegt. Man kann den Markt sehr weit fassen. Insofern sind dem Gesundheitsmarkt neben dem klassischen Gesundheitswesen zumindest auch zuzuordnen:

- Ärzte & Krankenhäuser
- Physiotherapie, Psychotherapie, Ergotherapie
- Arbeitsmedizin & Arbeitssicherheit
- die alternative Medizin (Naturheilverfahren, Homöopathie)
- Teile der Nahrungsgüterindustrie („Bio!")
- die Tourismusbranche (Wellness!)
- der gesamte Fitness- und Gesundheitskursmarkt
- der kosmetische Markt (Botox, kosmetische Chirurgie, Hormone)
- der Pharmamarkt (Viagra, Cialis, Levitra, Uprima, Ixense)
- die Gesundheitsmedien (Print, Hörfunk, TV, Internet)
- Gesundheitsversicherungen (Zusatzversicherungen)
- Sportvereine
- gesundheitszentrierte Unternehmensberatungen
- die betriebliche Sozialberatung
- ...

zu investieren? Immer individueller? Schon jetzt sehen wir die Grenzen des Gesundheitswachstums im Sinner der Verbesserung des eigenen Befindens. Verbreitet greifen Tendenzen der Hypersensibilisierung um sich. Alles könnte „gefährlich" oder „schädlich" sein. Der Gesundheitsmarkt schafft sich sozusagen seine Umsätze von Morgen praktisch selbst. Deshalb wird es auf jeden Fall teurer! Der Grund liegt im „Aktivierungsdilemma" des Menschen (vgl. auch SCHMIDT & WEINREICH, 2007) begründet, das besagt: Je mehr Wissen und Kompetenz Menschen besitzen, um so klarer wird ihnen auch, wo sie Kontrolle verlieren könnten, derzeit nicht haben und sie auch nicht wieder herstellen können. KICKBUSCH (2006) etwa spricht von der „dritten Gesundheitsrevolution" und meint damit sicher etwas Ähnliches. *„Die erste sicherte uns das Überleben, die zweite den Zugang zur medizinischen Versorgung. Heute müssen wir mit der Entwicklungsdynamik und den Konsequenzen der Gesundheitsgesellschaft zurechtkommen."* Gesundheitsgesellschaft ist auch der Stichpunkt für die Phase 5. In ihr wird Gesundheit sämtliche Lebensbereiche durchdringen – wird allgegenwärtig. Heute ist Gesundheit noch explizit, damit jeder es „begreifen" kann. In Phase 5 wird Gesundheit implizit werden: im staatlichen Handeln (also z.B. in jedem Gesetz, nicht nur im Arbeitsschutzgesetz), im unternehmerischen Handeln (also nicht nur am Gesundheitstag, sondern in jeder unternehmerischen Handlung), in allen Produkten und Dienstleistungen (also in Schreibtischen, beim Bahnfahren, im Straßenbau, in der Energieerzeugung usw.), in allen Aktivitäten der Bürger, in einem auf Prävention ausgerichteten Versorgungssystem.

Herzlich willkommen in der gesunden Gesellschaft von morgen!

2.4   Wissen

Mich erstaunen Leute, die das Universum begreifen wollen, wo es schwierig genug ist, in Chinatown zurechtzukommen.

(Woody Allen, Regisseur, geb. 1935)

Gesundheit ist abhängig von Wissen. Wissen über gesundes Verhalten, über Gefahrenpotenziale, über betriebliche Zusammenhänge. Wissen ist wichtig. Wissen ist Macht. Das ist klar. Und deshalb wollen wir auch ein paar essentielle Ideen zum Thema Wissen in die „Wissensbox" (aha!) packen. Der Fundus an Literatur ist riesig. Von der „Wissensgesellschaft" ist die Rede, von „lernenden Organisationen", „Wissensmanagement" oder gar „Informationsökonomie" (vgl. auch BALLOD, 2007). Es ist eine „Wissen"-Schaft für sich.

Doch wir wollen praktisch an die Sache rangehen und Sie fragen: Kennen Sie auch das Phänomen, dass Ihnen Mitarbeiter im Betrieb erzählen, sie seien nicht gut „informiert"? Sie „wissen" zu wenig über das, was gerade los ist und vor allem über das, was jetzt noch kommen soll? Kennen Sie diese Aussagen?

Auf Ihre anschließende Frage, ob denn der Mitarbeiter keinen Zugriff auf betriebliche Aushänge, E-Mails und Intranet usw. habe, wird Ihnen entgegnet, dass man natürlich darauf zurückgreifen könne, ja dass man fast im „Mail-Spam" ertrinke. Die Verfügbarkeit von Information wäre gar nicht das Problem. Oder doch? Ja, die überdimensionierte Verfügbarkeit von Informationen sei das Problem! Davon gäbe es eher „zu viel" im System als zu wenig. Ärgerlich wird es für die Mitarbeiter zumeist dann, wenn sie mit der lakonischen Bemerkung abgespeist werden: „Es steht doch alles im Intranet!" Ja es ist so: It's all in the Intranet!

Woran liegt dieser oftmals zu beobachtende, vordergründig widersprüchliche Befund? Zu viel und zu wenig Wissen zugleich! Um dieses scheinbare Dilemma aufzulösen müssen wir unterscheiden. Menschen gebrauchen die Begriffe „Information" und „Wissen" oftmals synonym. Sie sind aber nicht synonym zu gebrauchen. Sie weisen sogar etwas gänzlich anderes aus. Wir ertrinken in Information, aber uns dürstet nach Wissen! Information und Wissen sind zwei unterschiedliche Kategorien.

2.4.1   Wissenskategorien

Nach ACKOFF (1989) lassen sich alle Inhalte des menschlichen Geistes in fünf Kategorien einteilen.

1. Daten
2. Information
3. Wissen
4. Verständnis und
5. Weisheit.

1 | Daten

Daten sind rohe, d. h. unverarbeitete diskrete Fakten (Es ist gerade dunkel.), kontextfreie Sachverhalte (schwarze Buchstaben auf einer weißen Seite), einfache Signale (Schall) und Reize (Temperatur). Daten sind zunächst bedeutungslos. Sie existieren einfach. Entweder analog oder digital (Bits and Bytes). Daten geben keine Antworten. Daten gibt es massenhaft. Um genauer zu sein, erreichen allein in den USA derzeit umgerechnet etwa 3.600.000.000.000.000.000.000 Bytes via Computer, TV, Zeitungen usw. die Mediennutzer.[21] Das entspricht einem Datenkonsum von ca. 34 Gigabyte pro Tag und Kopf – Bürokonsum nicht mitgerechnet![22]

2 | Informationen

Damit Daten Bedeutung erlangen können, müssen sie zunächst sensorisch aufgenommen und dann auch noch durch ein datenverarbeitendes System, das zentrale Nervensystem (ZNS), geschleust werden. Dort werden die Daten gemessen, aufgezeichnet und bewertet. Dadurch werden Daten zu *Informationen* veredelt. Dunkelheit wird zur Polarnacht, lose Buchstaben werden zu einem Wort, Schallwellen zum Martinshorn.[23]

3 | Wissen

Die sinnvolle (intelligente) Verknüpfung von Informationen erzeugt *Wissen*. Es gibt sehr unterschiedliche Formen[24] des Wissens (vgl. auch HOF, 2001). Mit Wissen können wir z. B. die Dinge beschreiben. Wir verfügen dann über das sog. „deklarative" Wissen.[25] „Das ist eine Zeitung." „In ihr stehen die Tagesnachrichten." „Sie kann abonniert werden." Deklaratives Wissen beantwortet die Frage nach dem Was?. Wissen kann jedoch auch handlungsorientiert gespeichert sein. Dann

---

21 Die Zahl entspricht 3,6 Zettabyte (ZB). Ein ZB = 10^{21} Byte. Zum Vergleich: Eine normal beschriebene A4-Schreibmaschinenseite mit 63 Zeilen zu je 80 Zeichen entspricht einem Datenäquivalent von ca. 4 Kilobyte. Würde man also die jährlich verfügbare Datenmenge auf Papier drucken, könnte man allein die USA gut zwei Meter unter beschriebenem Papier begraben.

22 Gefunden unter: http://www.geo.de/GEO/technik/62924.html.

23 Im Unterschied zum ZNS sind Festplatten einfache Speichermedien. Entscheidend ist die Fähigkeit des Systems, Bits zu einer zusammenhängenden Information zu machen, also Antworten auf Fragen zu geben (Wann? Wo? ...).

24 Beispielgebend zu nennen sind explizites vs. implizites, individuelles vs. kollektives Wissen, aber auch Orientierungswissen und Meta-Wissen.

25 Gesundheitsbezogenes deklaratives Wissen ist z. B. das Wissen über den Aufbau der Wirbelsäule und die Grundregeln der Gesunderhaltung des Stütz- und Bewegungsapparates.

spricht man vom sog. prozeduralem Wissen.[26] Wo abonniere ich eine Zeitung und vor allem wie? Prozedurales Wissen beantwortet also die Frage nach dem Wie?.

4 | Verständnis

Verständnis kann entwickelt werden, wenn es Ihnen gelingt, aus bereits existierendem Wissen neues zu erzeugen, also z. B. Ideen weiter zu entwickeln. Einfacher ausgedrückt: wenn es Ihnen gelingt, zu lernen! Erst wenn Sie die Regeln und Prinzipien der Vorgänge verstehen, können Sie auch sinnvolle Handlungen zur Steuerung, Umlenkung, Verstärkung und Löschung dieser Vorgänge planen und durchführen.

5 | Weisheit

Der sukzessive Ausbau des Verständnisraumes und die Verknüpfung mit ethischen und moralischen Wertvorstellungen erzeugt wiederum *Weisheit*. Weisheit ist also mehr als Verständnis – ist höherwertiger. Die Fähigkeit, Weisheit zu entwickeln, wird bisher nur dem Menschen zugeschrieben. Weisheit ermöglicht die Beantwortung der Fragen nach dem „Warum?".

INFOBOX

Wissenskategorien kurz gefasst

1. Daten: Wassertropfen fallen auf die Erde.
2. Information: Es regnet.
3. Wissen: Regen ist normal. Dieser Monat ist bisher ein vergleichsweise verregneter Monat.
4. Verständnis: Um die Ernte einzufahren, muss es aufhören zu regnen.
5. Weisheit: Es regnet, weil der Wasserdampfgehalt der Luft eine bestimmte Barriere überschritten hat. Diese wird bestimmt durch Luftdruck, Temperatur und Verschmutzungsgrad. Generell herrscht ein Wasserkreislauf aus Verdunstung und Regnen in der Atmosphäre. Ohne Wasser kein Leben auf der Erde.

2.4.2   Wissenshierarchie

Es stellt sich die Frage, wie diese Kategorien zueinander stehen. FLEMMING (1996) bringt es schön auf den Punkt: *„A collection of data is not information. A collection of information is not knowledge. A collection of knowledge is not wisdom. A collection of wisdom is not truth." Er formte* das „DIKW-Modell". DIKW steht für die englischen Begriffe: (D) Data, (I) Information, (K) Knowledge und (W) Wisdom. Im DIKW-Modell werden die wissensbezogenen Kernkategorien in Form einer Hierarchie (Pyra-

---

26 Gesundheitsbezogenes prozedurales Wissen wäre z. B. die korrekte Ausführung von Kräftigungsübungen.

Abbildung 8: Wissenshierarchie
[Quelle: in Anlehnung an FLEMMING (1996)]

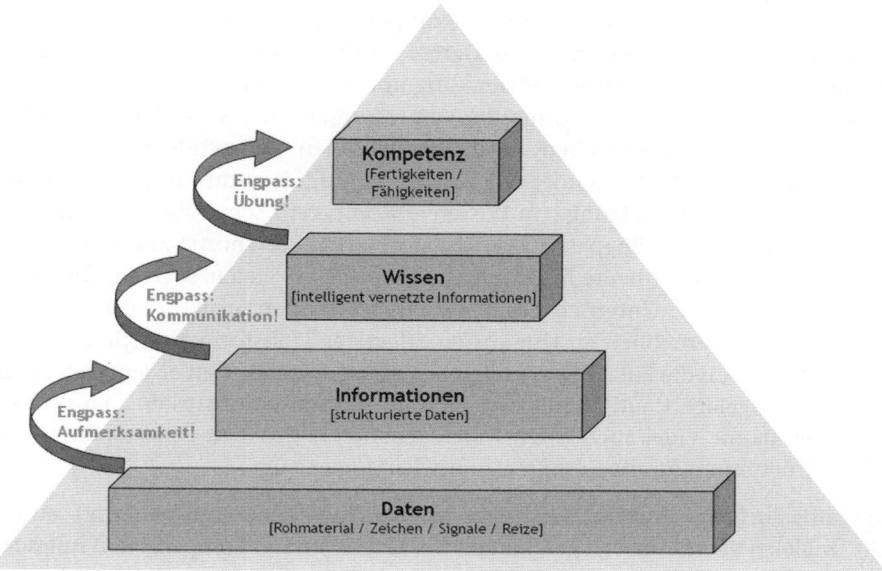

mide) dargestellt. Wir wollen auf „Wisdom" verzichten und stattdessen „Kompetenz" als Begriff nutzen. Es geht um die Erlangung von Kompetenz!

Der Übergang ist immer nur von einer Ebene zur nächst höheren möglich. Ebenen können nicht übersprungen werden. Die Übersetzung von einer Ebene zur nächst höheren setzt Hinwendung (Aufmerksamkeit) und Verständnis voraus. Hier herrschen Engpässe! Der Wissens- und Kompetenzerwerb ist getrieben durch individuelle Lernprozesse. Diese müssen im Unternehmen ermöglicht werden. Wissen und Kompetenz sind zukunftsgerichtete Kategorien. Damit kann man etwas anfangen. Damit kann ich gestalten. Damit erzeuge ich Dynamik. Daten und Informationen sind der notwendige Rohstoff für Wissen und Kompetenz, sie sind jedoch gestalterisch wirkungslos, beziehen sich immer auf etwas schon Eingetretenes und verbleiben statisch. Abbildung 8 verdeutlicht den Weg von Daten hin zur Kompetenz (vgl. auch BELLINGER, 2006).

2.4.3   Wissensmanagement im BGM

Betrachtet man die soeben ausgeführten Ideen im Lichte der betrieblichen Gesundheitsarbeit wird ganz deutlich: Wir brauchen (Gesundheits-)Wissen und wir brauchen (Gesundheits-)Kompetenz! Wir brauchen sogar richtig viel davon. Es reicht nicht aus, einfach nur (Gesundheits-)Daten und (Gesundheits-)Informationen bereit zu stellen. Plakate, Flyer, Hinweisbroschüren in der Kantine, Intranet-Beiträge, Aushänge können uns unterstützen, werden uns aber nicht nachhaltig nach vorn bringen. Egal wie viel wir davon produzieren. Das heißt jedoch nicht, dass wir in auf Gesundheitsinformationen verzichten können. Sie müssen jedoch transformiert werden.

Die Transformation von Daten hin zu Kompetenz ist jedoch ein sehr mühsamer Prozess. Er ist auf der unteren Ebene (Daten → Informationen) stark abhängig von der persönlichen Aufmerksamkeitslenkung und ungestörten Lernprozessen (Achtung: 1. Engpass!). Die Transformation von Informationen → Wissen setzt zudem einen intensiven persönlichen Austausch zwischen „Wissendem" (Lehrender) und „Unwissendem" (Lernender) voraus. Sie benötigt Kommunikation (Achtung: 2. Engpass!). Die Übersetzung von Wissen → Kompetenz schließlich geht nur über Training (Achtung: 3. Engpass!). Die Transformation verschlingt also ein knappes Gut: Zeit. Und Zeit ist heute in Unternehmen mit Geld gleichzusetzen. Die Transformation ist teuer. Unternehmen haben ihre formalen Strukturen in den letzten Jahren aber erheblich zu Ungunsten effektiver Transformationsprozesse verändert. Sie haben die Führungsspannen erweitert, Prozessketten auseinandergerissen, Jobs ausgelagert, umfangreiche Daten- und Informationssysteme eingeführt. Sie haben damit leider auch einen systematischen Engpass an den besonders sensiblen Bruchlinien für die Kompetenzentwicklung erzeugt.

So wurde auch das eingangs beschriebene Paradox zwischen „zu viel" und „zu wenig" zugleich überhaupt erst geschaffen. Das Ganze jetzt zu kompensieren mit noch mehr Daten befördert lediglich das bereits bestehende Insuffizienzerleben der Mitarbeiter/innen. Wie war das doch gleich: „It's all in the Internet!". Es geht aber nicht um „mehr", sondern um „besser". Auch die Versuche nicht weniger Betriebe das Problem dadurch in den Griff zu bekommen, dass sie weitere Stabstellen aufbauen und nun auch Leute zu „Wissensmanagern" küren, wird daran nichts ändern. Es ist auch egal, ob ein „Wissensmanagementsystem" installiert wird – solange es eigentlich ein Datenmanagementsystem ist. Das stürzt die Mitarbeiter nur noch mehr in das „Daten-Kompetenz-Dilemma". Das Daten-Kompetenz-Dilemma besagt folgendes: Die Entwicklung von Kompetenz steht in einem indirekt proportionalem Zusammenhang zur Menge an verfügbaren Daten. Anders ausgedrückt: Je mehr Daten im System verfügbar sind, um so (anteilig) weniger Kompetenz kann transformiert werden. Werden Sie mal schlau aus dem Internet oder noch schlimmer aus Ihrer Festplatte. Entwickeln Sie da mal Tiefen-Wissen, Verbindungen etc. Entdecken Sie da mal Wirkmechanismen und Prinzipen. Das geht gar nicht.

Dieses Phänomen sollte nicht unterschätzt werden. Menschen haben das Bedürfnis nach Kontrolle. Menschen wollen deshalb auch „wissend" und kompetent sein, denn beides verspricht ihnen mehr Kontrolle. Für den Kompetenzaufbau braucht es nun eine wirksame betriebliche Lerninfrastruktur, die über Betriebsversammlungen, Workshops und Seminare deutlich hinaus geht.

Wir hatten ja bereits festgestellt: Die wichtigsten Treiber für die Kompetenzentwicklung sind individuelle Aufmerksamkeit, hochwertige Kommunikation und ausreichend Übung. Es ist daher vollkommen klar: Will ein Unternehmen die beschriebenen Engpässe wieder auflösen, dann muss es in der Zukunft wieder deutlich mehr Zeit in direkte Kommunikation stecken. Auch wenn das teuer ist.

Abbildung 9: Das Daten-Kompetenz-Dilemma
[Quelle: Eigene Darstellung]

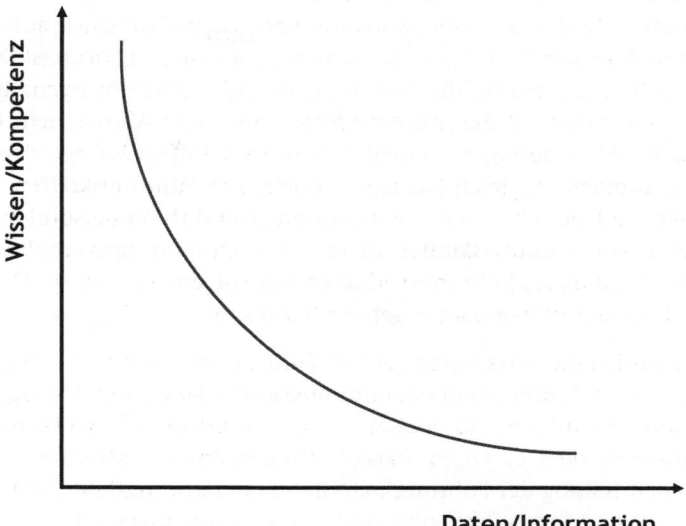

Für Unternehmen ist es unerlässlich, die innerbetrieblichen Prozesse des Daten-, Informations-, Wissens- und Kompetenzaustausches zu analysieren und zu verbessern und so eine Kultur zu schaffen, die Wissen demokratisiert und allen relevanten Nutzergruppen zur Verfügung stellt. Individuelles Wissen muss in kollektives Wissen umgewandelt werden und umgekehrt. Die Übertragung von gesundheitsbezogenem Wissen in möglichst viele Belegschaftsanteile ist dabei aus zwei Gründen zwingend notwendig: Erstens reicht die individuelle Gesundheitskompetenz bei vielen Mitarbeitern derzeit noch nicht aus, um den bereits skizzierten Anforderungsbezug der Zukunft zu bewältigen. Es gibt erhebliche „Anpassungsschwierigkeiten", die sich in Überforderungserleben, Erholungsunfähigkeit und Erschöpfung ausdrücken. Zweitens ist es von strategischer unternehmerischer Bedeutung, Wissen und Kompetenz bei möglichst vielen Mitarbeitern anzulagern und somit dafür zu sorgen, dass die Gebundenheit des Wissens an einzelne Personen (sog. „Wissensträger") verringert wird. Geschieht dies nicht, entsteht ein neuer Engpass. Diesmal kein organisatorischer, sondern ein personaler. Immer weniger Mitarbeiter „können" dann etwas oder kommen mit ihrem Job gut zurecht, während immer mehr Mitarbeiter entkoppelt sind und an Leistungskraft verlieren.

2.5 Führung

„Das Tao nährt, indem es nichts erzwingt. Der Meister führt, indem er über niemanden herrscht."

(Lao-Tse, 6. Jahrhundert vor Christus)

2.5.1   Die Bedeutung der Führung

Führung hat einen großen Einfluss auf die betriebliche Gesundheitskultur, auf die Leistungskraft, Befindlichkeit und Motivation der Belegschaft sowie auf die Widerstandskraft und die Kreativität jedes einzelnen Mitarbeiters. Führungskräfte haben z. B. wesentlichen Einfluss auf die Gestaltung der Arbeitsbeziehungen, die Organisation von Arbeit und auf die Arbeitsbedingungen. Über Absprachen, Leistungsvorgaben und Rückmeldungen ermöglichen Sie individuelle Erfolgserlebnisse und gute Teamleistungen. Zugleich hat das Handeln von Führungskräften wiederum Auswirkungen auf sie selbst, auf ihre Gesundheit und ihren persönlichen Erfolg. Das Verhalten von Führungskräften ist immer auch Führungsverhalten. Es geht nicht anders. Und dieses Führungsverhalten hat Folgen. So oder so. Die Frage ist nur, ob die Folgen positiver oder negativer Natur sind.

So positiv nämlich die Wirkungen „guter" Führung sein können, so negativ sind die Effekte, wenn Führung nicht oder nur unvollständig gelingt. Versagensängste, Demotivation, Destruktion, Absentismus und Präsentismus.[27] Wir konnten mehrfach nachweisen, dass es einen starken Zusammenhang zwischen einer eher schlechten Beurteilung der Führungsaktivität einer Führungskraft und multiplen Störungen bei den Mitarbeitern gibt. Diese reichen von allgemeiner Unzufriedenheit, über Befindlichkeitsbeeinträchtigungen bis hin zu chronischen Rückenbeschwerden. Wir konnten auch beobachten, dass Führungskräfte „ihre" Fehlzeiten zumindest z.T. in andere Abteilungen mitnehmen. Insuffiziente Führungsleistungen haben letztlich auch nachweislich negativen Einfluss auf den Gesundheitszustand der betroffenen Führungskräfte selbst. Wir stellen regelmäßig fest, dass >50% der Führungskräfte über

gesundheitliche Beeinträchtigungen, wie Schlafstörungen, Stoffwechselstörungen und Erschöpfungssyndrome klagen. Die Wochenarbeitszeit von Führungskräften liegt oft bei >70 Stunden. Manager sind nicht selten angstgetrieben, unerreichbar und isoliert. Sie sind damit selbst eine wichtige Zielgruppe gesundheitsfördernder betrieblicher Maßnahmen.

Führungskräfte werden als *die* Vermittler betrieblicher Werthaltungen erkannt. Aus ihrem Verhalten formt sich im Mitarbeiter das Bild darüber, was gewollt ist und was abgelehnt wird. In diesem Zusammenhang sind die Führungsmethoden und das konkrete Führungskräfteverhalten auch die Blaupause für Verhaltenstendenzen im Mitarbeiter.

Die Frage lautet also, wie Führung aussehen muss, so dass sie;

1. individuelle und kollektive Leistung generieren,
2. die Gesundheit und Leistungsbereitschaft der Mitarbeiter erhalten,
3. sichere und gesunde Arbeitssysteme erzeugen und

---

27 Präsentismus meint, dass der Mitarbeiter zwar anwesend ist, jedoch keine Leistung präsentiert. Im Gegenteil. Er produziert aufgrund seiner Probleme Fehler und fordert damit von Kollegen Kompensationsleistungen. Die Gründe für Präsentismus sind vielschichtig.

4. die Gesundheit der Führungskräfte selbst stützen kann?

Die Führungsliteratur ist reich an Empfehlungen, es „richtig" zu machen. Wir haben die besten Führungsideen zusammengetragen, verdichtet, auf das Thema „Gesundheit" übertragen und mit unseren eigenen Führungserfahrungen verbunden. Herausgekommen ist ein eigenständiges Führungskonzept, welches wir auch in unseren Führungskräftefortbildungen vermitteln. Die Bausteine unseres Führungsverständnisses finden Sie in der Infobox.

> ## INFOBOX
>
> **Bausteine für eine gesundheitsbezogene Führungstheorie**
>
> ■ die vier konzeptionellen Ebenen der Führung
> ■ die vier Handlungsebenen der Führungskraft
> ■ der psychologische Vertrag
> ■ faire Prozesse
> ■ die psychischen Grundbedürfnisse

2.5.2   Die vier konzeptionellen Ebenen der Führung

Womit beschäftigt sich eigentlich Führung? Was macht Führung aus? Durch Beobachtung lassen sich vier Ebenen herausarbeiten, die wir auch als die konzeptionellen Ebenen der Führung beschreiben können. Die vier Ebenen sind:

1. Unternehmenskultur
2. Vision, Strategie und Ziele
3. Struktur & Methoden
4. Umsetzung

Die Führungskraft wirkt auf allen Ebenen gleichzeitig. Die Ebenen bedingen sich wechselseitig. Das Modell liefert eine Erklärung für die Entwicklung einer unternehmensspezifischen Kultur durch konkrete Ziele, Methoden und Handlungen. Es beschreibt den kaskadischen Weg von der Unternehmenskultur zur Umsetzung und zurück (siehe auch Abbildung 10)!

Die Abbildung macht deutlich: Die vier konzeptionellen Ebenen unterscheiden sich hinsichtlich ihrer Trägheit und erlebten Intensität durch die Beteiligten. Sie werden im Folgenden kurz erläutert.

1 | Unternehmenskultur

Die *Unternehmenskultur* setzt sich aus den basalen Wertvorstellungen aller Mitglieder, aus impliziten Zielen, aus beschriebenen und informalen Normen und dem kollektiven Gedächtnis des Gesamtsystems zusammen. Unternehmenskultur ist die Summe, der zu einem Zeitpunkt erfahrbaren emotionalen Aktivierungszu-

Abbildung 10: Die vier konzeptionellen Ebenen der Führung
[Quelle: Eigene Darstellung]

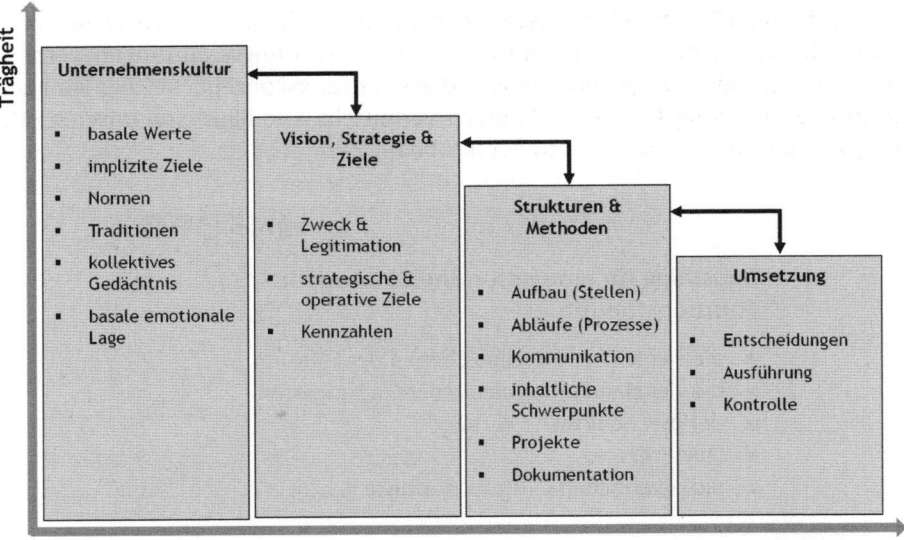

 stände aller Systemmitglieder. Sie ist somit die energetische Grundlange des Denkens und Handels einer Organisation. Die Unternehmenskultur wird in besonderer Weise durch die Führungskräfte/das Management kreiert und ist sehr träge. Oft ist die Unternehmenskultur den Mitarbeitern nicht klar. Sie verfügen nicht über die Fähigkeit, genau auszudrücken, welche Kultur in einer Organisation herrscht. Das ist jedoch wichtig, um eine gemeinsame Grundlage des Denkens und Handels zu schaffen und Dissonanzen zwischen Führungskräften und Mitarbeitern zu vermeiden. Die Kulturen unterscheiden sich erheblich. Es ist leicht nachvollziehbar, dass global agierende Aktiengesellschaften kulturell anders veranlagt sind, als ein kleines Handwerksunternehmen, eine Non-Profitorganisation, eine Behörde oder gar eine stabile kriminellen Vereinigung. Kommunikationsfähig wird die Unternehmenskultur jedoch immer erst dann, wenn man auf der Meta-Ebene darüber nachdenkt, welche Werte präsent sind und wie sie auf die Mitarbeiter wirken. Die Unternehmenskultur setzt sich aus verschiedenen Aspekten zusammen. Wir haben sechs Aspekte gefunden, welche die Gesamtkultur hinreichend genau beschreiben können.

INFOBOX

Teilaspekte der Unternehmenskultur

1. Vertrauenskultur
2. Fehlerkultur
3. Innovationskultur
4. Leistungskultur
5. Gesundheitskultur
6. Führungskultur

Eine *Vertrauenskultur* (vgl. auch LUHMANN, 1968) herrscht dann, wenn die Mitglieder über klare, schnelle, glaubhafte und offene Kommunikationsmöglichkeiten verfügen. Meinungsverschiedenheiten und Konflikte gehören dazu. Entscheidend ist, dass diese für alle offen kommunizierbar sind. Die Informations- und Konfliktkultur sind also Untermengen der Vertrauenskultur. Die Vertrauenskultur ist in Zeiten der Unwissenheit und Unsicherheit von nicht zu unterschätzender Bedeutung für die Überlebensfähigkeit von Organisationen. In Unternehmen mit guter Vertrauenskultur können Führungskräfte z. B. auch angstfrei Information darüber weitergeben, dass sie aktuell nichts Genaues wissen, also eigentlich nur „Non-Informationen" besitzen. KÜHL, SCHNELLE & SCHNELLE (2004) plädieren sogar für „Führen ohne Führung". Sie denken, dass an die Stelle hierarchischer Steuerung das Konzept der „lateralen Führung" treten könnte.

Die *Fehlerkultur* lebt davon, dass selbstverständlich in erster Linie Fehler vermieden werden sollen. Wenn jedoch Fehler auftreten, ist ein offener Umgang mit diesen positiv zu bewerten. Wer seine Fehler zugibt und offen darlegt, erhält deshalb auch zunächst eine positive Rückmeldung, dass er auf diesen Fehler hingewiesen hat, der nun überdacht werden kann. Erst hierdurch wird es ja überhaupt erst möglich, darüber nachzudenken, wie dieser Fehler ausgelöst, aktuell korrigiert und in Zukunft vermieden werden kann. Die Fehlerquote ist z. B. relativ hoch, wenn Risiken eingegangen werden. Diese geht man zwangsläufig ein, will man z. B. innovativ sein und etwas Neues schaffen. Wer nur das Alte wiederholt, wird maximal bestätigt und entwickelt damit eher eine Vermeidungskultur.

Ohne Innovationen wird ein Unternehmen langfristig am Markt nicht existieren können. Deshalb ist es wichtig, die Kreativität zu fördern und eine *Innovationskultur* zu schaffen, in der auch nachgedacht, fantasiert und ausprobiert werden kann. Innovation muss erlaubt sein, nicht gefordert werden. Es gehört nämlich ohnehin zu einem grundlegenden Bedürfnis von uns Menschen, Grenzen zu überschreiten und etwas dazu zu lernen. Das muss gefördert und darf nicht verordnet werden.

Leistungsfähig zu sein, also Leisten zu dürfen, stolz zu sein auf Leistung und für Leistung belohnt zu werden ist ein weiteres grundlegendes Motiv von Menschen. Unternehmen, die Leistung fördern, haben eine hohe *Leistungskultur*. Diese sollte

idealerweise einhergehen mit einer positiv besetzen Vertrauens-, Fehler- und Innovationskultur, denn: Wer angstfrei kommunizieren, Fehler machen und Ideen umsetzen kann, dem macht es auch Freude, etwas zu leisten. Diesen Menschen macht
nicht nur ihre Arbeit Spaß, sondern besonders deren Ergebnisse.

Die *Gesundheitskultur* ist eine Facette der Unternehmenskultur, die sich in den letzten Jahren enorm entwickelt hat. Diese weiter zu entwickeln ist ein Hauptziel des
betrieblichen Gesundheitsmanagements. Die Gesundheitskultur macht deutlich,
wie in einer Organisation mit Gesundheitsdefiziten, Belastungen, Rückschlägen,
Unfällen und Erkrankungen umgegangen wird. Sie macht deutlich, wie aufmerksam man jedem Einzelnen und seiner individuellen Beanspruchungslage gegenüber ist. Sie markiert die Toleranzgrenzen individueller („Was du rauchst noch?)
und kollektiver („Die Beamten haben merkwürdigerweise immer höhere Fehlzeiten, als die Tarifangestellten!") Verhaltensausprägungen. In der Gesundheitskultur wird auch der unternehmerische Wert von Gesundheit jenseits der Fehlzei-
tensenkungsideologie geprägt. Wie viel sind wir bereit, in diesen Wert zu investieren? In Arbeitsqualität, Bindung und damit Lebensqualität? Wie wichtig ist es uns,
Sorge dafür zu tragen, dass Mitarbeiter über die notwendigen Leistungsvoraussetzungen verfügen, um ihre Ziele zu erreichen? Die Gesundheitskultur wird immer
dann nachhaltig positiv geprägt, wenn die Führungskräfte selbst ihrer eigenen Gesundheit gegenüber aufmerksam sind, ein positives Lebensgefühl vermitteln und
balanciert agieren.

Der letzte Aspekt der Unternehmenskultur ist die *Führungskultur.* Klare Ziele, eindeutige Erwartungen, feste Regeln und Normen auf der einen und Vertrauen, Wert-
schätzung, Respekt auf der anderen Seite bestimmen diesen Kulturaspekt. Weitere
wichtige Bestandteile sind Beteiligung (i. S. des aktiven Einbindens), das Unterstützen der Selbständigkeit, das Sinnvermitteln und das Vorbildverhalten der Führungskraft selbst. Auch für Führungskräfte muss gelten, erwünschtes Verhalten erzeugt positive und unerwünschtes Verhalten negative Folgen.

2 | Vision, Strategie und Ziele

Visionen, Strategien und Ziele kommen nicht von irgendwo her, sonder entstam-
men der Unternehmenskultur und müssen festgesetzt werden. Sie sollten zum
Unternehmen und letztlich auch zu jedem Einzelnen passen. Deshalb sollten sie
auch nicht ausschließlich von Führungskräften eingebracht, sondern beteiligungs-
orientiert diskutiert werden. So leicht wie das klingt, so schwierig ist es, das in der
Praxis umzusetzen.

Visionen sind eher allgemeiner Natur. Sie beziehen sich zumeist auf den Zweck
der Organisation. Die veröffentlichten unternehmerischen Visionen haben sehr
unterschiedliche Facetten und sind unterschiedlich „griffig". Sie sollen den Mitarbeitern und Kunden signalisieren, was das grundlegende Zweck- und Werteve-
ständnis der Organisation ist.

INFOBOX

Unternehmensvisionen (Beispiele)

HOCHTIEF - HOCHTIEF baut die Welt von morgen. Gemeinsam mit unseren Partnern gestalten wir Lebensräume, schlagen Brücken, gehen neue Wege und steigern nachhaltig die uns anvertrauten Werte.

SÜDZUCKER - Wir wissen, wo wir hin wollen. Unser Antritt ist, in allen Geschäftsfeldern Maßstäbe zu setzen.

BASF - Wir sind „The Chemical Company" und arbeiten erfolgreich auf allen wichtigen Märkten.

Unterhalb dieser Visionen rangieren Leitlinien, welche die Vision untersetzen und die Richtung für strategische Erwägungen vorgeben sollen. Typische Leitlinien sind z. B.:

INFOBOX

Unternehmensleitlinien (Beispiele)

- Finanzperspektive: Wir erwirtschaften eine hohe Rendite auf das eingesetzte Kapital.
- Kundenperspektive: Wir sind der bevorzugte Anbieter in unserem Kundensegment.
- Prozessperspektive: Wir geben uns nie mit dem Erreichten zufrieden, sondern optimieren die Leistungserstellung kontinuierlich.
- Potenzialperspektive: Wir sind mit unseren intelligenten, innovativen und nachhaltigen Produkten der weltweit leistungsfähigste Anbieter.

Um *Strategien* sichtbar zu machen und umzusetzen, wenden viele Unternehmen Zielvereinbarungssysteme an. Man gibt also den Mitarbeitern *Ziele* vor und erhofft sich damit die nötige Transparenz und einen größeren Leistungswillen. Einen Aufschwung haben die Zielvereinbarungssysteme mit der Veröffentlichung der „Balanced Scorecard" (BSC) durch KAPLAN & NORTON (1992, 1997) erfahren. Ihr Vorteil ist die Mehrdimensionalität. Sie ging weg von der reinen Betrachtung der Finanzperspektive (primäres Ziel) und ergänzte diese durch die bereits in der Infobox ausgeführten drei „Treiberperspektiven". Die Perspektiven werden wiederum untersetzt in Teilziele, Kennziffern und Vorgaben bezgl. der Zielerreichung. Ähnlich einem Cockpit mit seinen diversen Anzeigeinstrumenten soll die BSC die Entwicklung der Vision nachvollziehbar machen.

In der BSC ist ein kausales Modell veranlagt. Logik: Mit den richtigen Maßnahmen erreicht man die Vorgaben der Teilziele und diese wiederum „treiben" die Perspek-

Abbildung 11: Balanced Scorecard (BSC)
[Quelle: KAPLAN & NORTON (1992)]

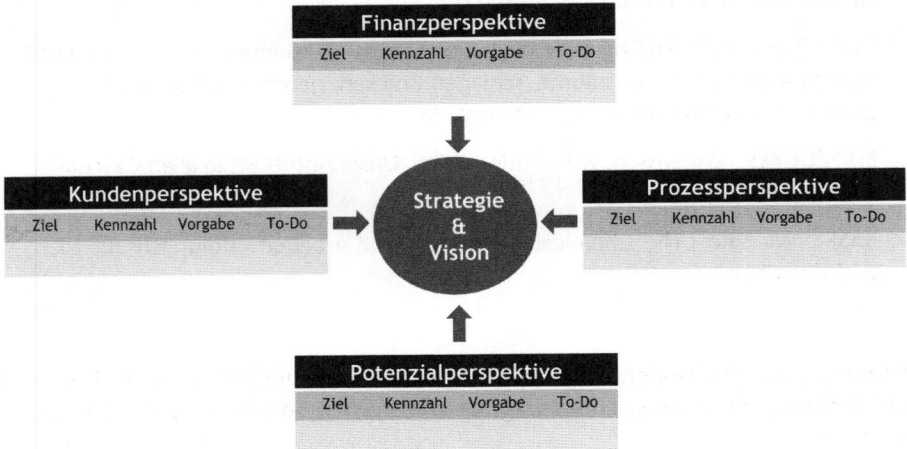

tive in der Form an, dass die Vision erreicht wird. Der kausalen Logik folgend wurden bis auf jeden einzelnen Beschäftigten die Ziele herunter gebrochen. Man erhoffte sich von der Einführung solcher „individueller Scorecards" eine regelrechte Motivationsexplosion. Heute arbeiten über 80 % der im S-DAX, M-DAX und DAX gelisteten Unternehmen mit einer angepassten BSC.

INFOBOX

Typische Ziele bezogen auf die Unternehmensleitlinien (Beispiele)

- Finanzperspektive: Umsatzrendite von > 15 % p. a.
- Kundenperspektive: Marktanteil von > 8 %.
- Prozessperspektive: Verkürzung der Produktlebenszyklen um ½ Jahr.
- Potenzialperspektive: Fehlzeiten < 5 %/Fluktuation < 10 %.

Die Messgrößen repräsentieren also den Erfüllungsgrad der strategischen Ziele. Die BSC ist in einen kontinuierlichen Prozess eingebettet, in dem immer wieder Ziele definiert, Vorgaben (Kennzahlen) gesetzt und die jeweilige Zielerreichung überprüft wird. Einige Forscher sind sogar der Meinung, dass man auf explizite Finanzziele verzichten kann, weil sie ohnehin bei Erfüllung der anderen Teilziele erreicht werden würden.

Heute ist der Prozess ins Stocken geraten. Viele Unternehmen sind unzufrieden mit der Akzeptanz der Ziele durch die Beschäftigten. Viele Zielvereinbarungsansätze wurden abgebrochen und das Kennzahlenkonzept wird zunehmend kritisch hinterfragt. Woran liegt das?

1. Wir wissen heute gesichert, dass die stärksten Halte- und Motivationsfaktoren für Mitarbeiter/innen a) die Lust am Handeln, b) gute Beziehungen und c) leistungsbezogene Entlohnung sind. Kennzahlensysteme greifen häufig nur am Punkt c) an. Sie ignorieren damit die beiden wichtigsten Eckpeiler für Gesundheit und Leistungsbereitschaft.

2. Die Kennzahlensysteme sollen objektiv messbare Größen anstelle subjektiver Urteile setzen. Die Leistungsstandards unterliegen jedoch immer subjektiven Urteilen und persönlichen Motiven. Aussagen über die Beziehung zwischen Strategie und Kennzahlen werden somit unbrauchbar. In jedem Unternehmen gibt es Tätigkeiten, die äußerst wertvoll sind, aber nicht oder nur inadäquat abgebildet werden können.

3. Die Kennzahlensysteme werden durch die Anwender missverstanden und in die „Incentive-Ecke" gestellt. Sie dienen aber nicht der Belohnung, sondern vielmehr der Selbststeuerung. Das ist eigentlich auch ihr größter Nutzwert.

4. Vorgaben werden von „oben" durchgereicht. Es ist vollkommen klar: Wir haben es in Unternehmen mit asymmetrisch geprägten Beziehungsmustern zu tun. Führungskraft „oben" vs. Mitarbeiter „unten". Das ist auch o.k. In Unternehmen, in denen eine hohe Vertrauenskultur herrscht, wählen die Beschäftigten ihre Ziele weitestgehend selbst. Wer seine Ziele selbst wählen darf, hat ein Maximum an Kontrolle und ist hochmotiviert. Unsere Erfahrungen zeigen, dass dieser Selbstwählversuch durch Führungskräfte intensiv begleitet und unterstützt werden muss. Es existiert ein weiter Spielraum vom „Befehl", über die „Anordnung", „Vorgabe", „Vereinbarung" und „Empfehlung" bis hin zur „Selbstverpflichtung".

5. Es werden zwar Ziele definiert, jedoch nicht geklärt, wie man diese erreichen kann. Ziele, deren Erreichungswege nicht erkannt werden, verlieren ihre Steuerungswirkung und demotivieren.

Es besteht zudem die Gefahr, dass ein Mitarbeiter aus individuellen Wettbewerbsvorteilen heraus nicht im Sinne der kollektiven Stellgrößen arbeitet. Überträgt man diese Gedanken auf eine Fußballmannschaft wird schnell deutlich, dass es systemtheoretisch keinen Sinn macht, jedem Spieler eine individuelle Scorecard mitzugeben (Abbildung 12). Jeder Spieler braucht mehrere Zielgrößen und muss in der Lage sein, diese entsprechend der Spielsituation eigenständig anzupassen. Oft muss er sogar sein eigenes Ziel zu Gunsten des kollektiven Gesamtziels (Sieg!) zurückstecken. Aus Einzelkämpfern müssen Teamspieler werden. Dies gilt in gleichem Maß für die Mitarbeiter in einem Unternehmen.

Nochmal: Ziele sind wichtig! Ziele geben Kontrolle. Kontrolle unterstützt die Gesundheit. Ein Mitarbeiter, der weiß, wann er was in welcher Form, bis wann, mit wem zu tun hat, kann sich sicher fühlen. Er weiß auch, wann sein Arbeitsergebnis positiv zu bewerten ist. Aber: Ziele und Vorgaben haben ihre Grenzen. Ihre positive Platzierung im Unternehmen ist ein äußerst schwieriges Unterfangen. Die Möglichkeiten, etwas „falsch" zu machen sind weitaus größer, als die, das Ganze „richtig" einzubringen. Die Kunst besteht darin, mit „selbstgesteuerten/mehrdimensional-flexiblen/individuell-kollektiven" Zielen zu arbeiten.

Abbildung 12: Fußballsiege durch individuelle Ziele?
[Quelle: in Anlehnung an PAUL (2004)]

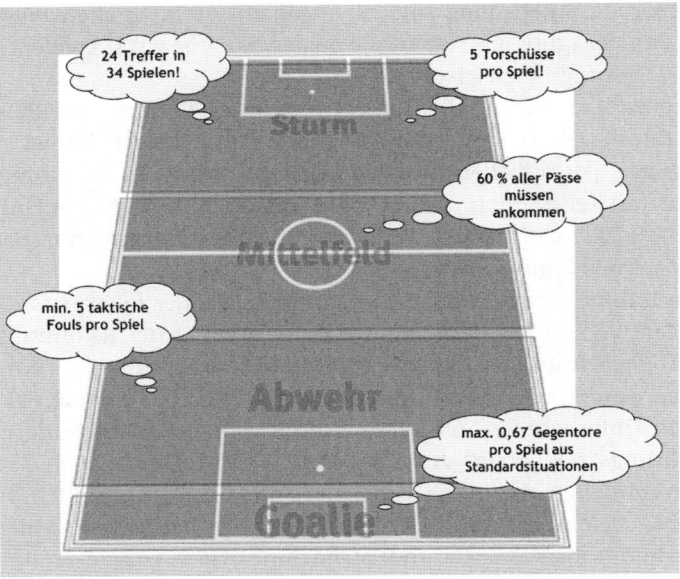

3 | Strukturen und Methoden

Um die Ziele jedes Einzelnen oder jeder Abteilung umzusetzen, brauchen wir Strukturen und Methoden. Die *Strukturen* sind z.B. die Aufbauorganisation (Stellen), Arbeitsstätten und Arbeitsmittel, also alle Ressourcen, auf die ein Mitarbeiter zurückgreifen kann. Ohne Marketing, Produktbeschreibungen, Internetauftritten und Messeständen würden einem Vetriebsmitarbeiter wichtige Strukturen fehlen, um erfolgreich agieren zu können. Ohne Arbeitsraum, Aufgabe, PC, Telefon, Headset, Arbeitstisch und Bürodrehstuhl könnte kein Mitarbeiter im Call Center aktiv werden. Die *Methoden* unterstützen die Ablauforganisation des Unternehmens, in dem Prozesse definiert bzw. durch einen kontinuierlichen Verbesserungsprozess kontrolliert und optimiert werden. Methoden betreffen die fachspezifischen Details genauso, wie die Kommunikation, Konfliktbewältigung oder das Projektmanagement.

4 | Umsetzung

Führung wird unmittelbar sichtbar in der *Umsetzung*. Führungskräfte entscheiden täglich und begleiten bzw. kontrollieren beständig die Umsetzungsmaßnahmen. Entscheidungen sind wichtig, auch wenn sich im Nachhinein herausstellt, dass die Entscheidungen nicht richtig waren. Ohne Entscheidung gibt es keine Umsetzung! Hier können wir einen wichtigen Beitrag für die Gesundheit von Mitarbeitern erkennen, denn die Gesundheit wird dann beeinträchtigt sein, wenn keine Entscheidungen gefällt werden.[28] Methoden und Strukturen helfen, die Aufgaben umzusetzen und zwar so, dass das „Tun" (die Umsetzung) nicht irgendwie erfolgt, sondern abgeleitet von der Unternehmenskultur über Leitlinien und Zielvorgaben geschehen kann.

2.5.3 Die vier Handlungsebenen der Führungskraft

Um die konzeptionellen Ebenen der Führung besser beschreiben und auf das unmittelbare Handeln der Führungskraft übertragen zu können, haben wir insgesamt vier Handlungsebenen beschrieben.

> ## INFOBOX
>
> **Die vier Handlungsebenen der Führungskraft**
>
> 1. der Mitarbeiter
> 2. die Ziele
> 3. das Wirksystem (Arbeitssystem) einschließlich seiner Änderung
> 4. die Führungskraft selbst

Die erste Handlungsebene ist der *Mitarbeiter*. Er ist mit seiner gesamten Persönlichkeit, seinen körperlichen Eigenschaften, kognitive Fähigkeiten, Fertigkeiten, mit seinen grundlegenden Motiven und Interessensdispositionen im Unternehmen aktiv. Er agiert mit anderen Kollegen in einer Gruppe oder als Einzelperson. Zudem interagiert er mit seiner Führungskraft und weiteren Führungskräften. Mitarbeiter sind in unserer Dienstleistungsgesellschaft *die* Ressource schlechthin. Die Aufgabe besteht nun darin, diese Ressource zu entwickeln und sicherzustellen, dass die Mitarbeiter ihre Aufgaben nachhaltig bewältigen zu können. Das ist auch das Kernziel des BGM. Es gilt, sich darüber bewusst zu werden, wo die individuellen Stärken und Schwächen veranlagt sind, wie die Bedürfnislage der Mitarbeiter aussieht und welche Kommunikationsvorlieben herrschen. Schwächen können durch Lernen zu Stärken werden. Die Personalentwicklung ist das dominante Handlungsfeld.

Die zweite Handlungsebene sind die *Ziele*. Wir haben diese im letzten Kapitel ausreichend beschrieben – auch die Schwierigkeiten in der praktischen Umsetzung. Ist sich die Führungskraft über die Potenziale (Stärken und Schwächen) seiner Mit-

---

28 Bei der Umsetzung von BGM-Projekten erleben wir in der Praxis leider oft, dass Entscheidungen nicht getroffen werden, weshalb sich der Prozess auch nicht weiterentwickeln kann und sich deshalb zusätzliche Unzufriedenheit einstellt. Befragungen werden zwar durchgeführt, aber über ihre Ergebnisse nicht informiert. In Workshops wurden zwar wichtige Themen diskutiert und Lösungsvorschläge eingebracht, danach wird aber versäumt, die Vorschläge umzusetzen oder zumindest deren Nichtumsetzung zu erläutern.

Abbildung 13: Die vier Handlungsebenen der Führungskraft
[Quelle: Eigene Darstellung]

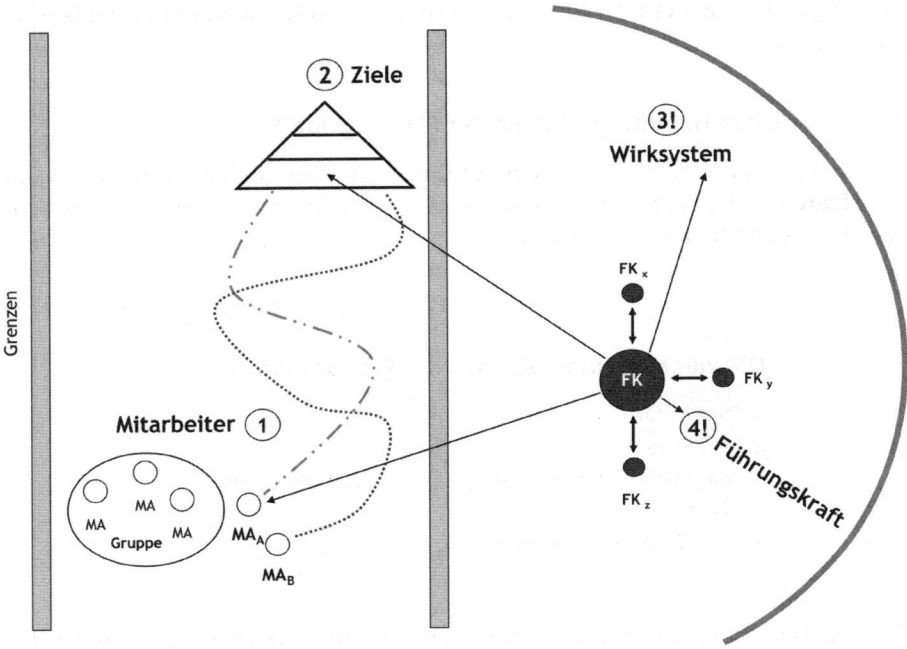

arbeiter bewusst, wird sie mit ihnen realistische angemessene und erfolgsträchtige Ziele vereinbaren.

Die Grenzen der Führungsarbeit sind durch konkrete Normen und Regeln definiert. Diese sind aus der Unternehmenskultur abgeleitet und Teil des *Wirksystems*. Das Wirksystem einer Führungskraft ist das Arbeitssystem. Es ist die dritte Handlungsebene. Zum Wirksystem gehören neben den Regeln auch alle Ressourcen (z. B. Budget, Zeit), Strukturen (z. B. Arbeitsmittel, Arbeitsstätte) und Methoden (z. B. Abläufe). Die Führungskraft begleitet die Mitarbeiter innerhalb der gesetzten Grenzen auf dem Weg zur Zielerreichung. Mitarbeiter gehen z.T. ihre ganz eigenen Wege zum Ziel. Die individuellen Abweichungen zuzulassen, ohne die Grenzen zu überschreiten, ist die Aufgabe. Mitarbeiter müssen mehr oder weniger intensiv auf ihrem Weg „kontrolliert" werden. Übrigens gilt u. E. nicht: „Vertrauen ist gut. Kontrolle ist besser!", sondern nur durch Kontrolle kann Vertrauen, aber auch Kritik und Lob entstehen! Kontrolle ist leider viel zu negativ besetzt. Kontrolle bedeutet für den Mitarbeiter, dass er erkannt wird. Aus „Erkennung" kann „Anerkennung" entstehen. Kontrolle in unserem Verständnis meint die Erkundung der mitarbeiterseitigen Leistungen und Verhaltensweisen, sowie deren „kritisch-positive" Rückmeldung.[29] Wir wollen keinen betrieblichen „Überwachungsstaat". Der deut

---

29 Z. B. in folgender Form: „Das war schon gut. Du kannst aber noch besser werden. Dabei will ich dir behilflich sein.

sche Dramatiker Botho Strauß hat es auf den Punkt gebracht: *„Du gehst dem nach, von dem Du Dich wahrgenommen fühlst; dem Du so ernst erschienen bist!"*. Das Wirksystem unterliegt beständigen Veränderungen (z. B. veränderte Ziele, Arbeitszeiten, neue Mitarbeiter, Technologien usw.). Die Veränderungen stellen ebenfalls Einwirkungen auf die Mitarbeiter und Führungskräfte dar und werden in letzter Zeit unter dem Begriff „Changemanagement" kultiviert. Der Begriff drückt die Sehnsucht nach der Kontrolle dieser Veränderungsprozesse aus. Sie erscheinen dann weniger bedrohlich.

Für den Erfolg der Führung ist das Kennen der eigenen Person nicht weniger wichtig als das Kennen der zu führenden Menschen. Deshalb ist die *Führungskraft* selbst die vierte Handlungsebene der Führung. Es ist quasi die Selbst-Führung. Was treibt uns an? Was macht uns Angst? Wie arbeite ich? Wie lebe ich? Führungskräfte sollten ein hohes Maß an Selbstaufmerksamkeit entwickeln, um selbst gut führen zu können. Maschinen können ausgetauscht werden. Führungskräfte auch! Doch selbst wenn das gemacht wird, ändert sich an der Sachlage nichts. Es bleiben die Probleme. Weil wir uns nicht geändert haben. Weil wir uns nicht einmal kennen.

2.5.4   Der psychologische Vertrag

Haben Sie einen Arbeitsvertrag? Wir hoffen ja. Von wann datiert dieser Vertrag? Von 1990 oder gar noch früher? Gilt dieser Vertrag heute noch? Finden Sie sich in diesem Vertrag wieder? Diese Fragen sind nicht unberechtigt. Denn: Jeder Mensch, der einmal einen Arbeitsvertrag unterschrieben hat, verknüpft mit diesem deutlich mehr als nur die Erwartung, dass das vereinbarte Gehalt pünktlich gezahlt wird und die Urlaubsansprüche auch durchgesetzt werden können. Eine Vielzahl wahrgenommener Erwartungen, Verpflichtungen und Forderungen „schwingen" mit. Beiläufig sozusagen. Oftmals bleibt dieser „2. Vertrag" unausgesprochen. Er wirkt aber – wenn auch implizit! Wir sprechen hier vom „psychologischen Vertrag" (vgl. auch ROUSSEAU, 1995).

INFOBOX

Der psychologische Vertrag

Der psychologische Vertrag zwischen Mitarbeitern und Organisationen beschreibt alle gegenseitigen, wahrgenommenen Erwartungen und Verpflichtungen, die über den juristischen Arbeitsvertrag hinausgehen.

Der psychologische Vertrag bezieht sich auf alle Erwartungen und Angebote von „Arbeitgebenden" (vertreten durch die Führungskraft) und „Arbeitnehmenden" (dem Mitarbeiter), selbst wenn diese bislang noch nicht Gegenstand der Diskussion waren. Und das kann eine ganze Menge sein! Neben den arbeitsrechtlichen Vertragsbestandteilen, wie Arbeitsinhalten, Arbeitszeit, Gehalt und Urlaub werden von beiden Seiten fortlaufend weitere Punkte geregelt. Das kann offen (z. B.

Abbildung 14: Zwei Verträge ... und was wir damit verbinden
[Quelle: Eigene Darstellung]

durch mündliche Absprachen) oder verdeckt (z. B. durch die Ableitung aus Verhaltensweisen und Normen) erfolgen. Es geht um Bereitschaft und Hoffnung. Der Arbeitnehmer ist bereit, Leistung, Loyalität, Zeit und sein Können zu geben und erhofft vom Arbeitgeber neben Lohn auch Arbeitsplatzsicherheit, Aufstiegschancen und Status. Der Arbeitgeber ist bereit, Anerkennung, Fortbildung und Arbeitsplatzsicherheit zu geben und erhofft Engagement, Ergebnisse und Ideen. Sie merken schon. Das ist eine komplexe Materie, in der viel „missverstanden" werden kann. Typische psychologische Vertragsbestandteile sind in Abbildung 14 dargestellt.

Organisationale Veränderungen erzwingen oftmals eine Enttäuschung oder gar einen Bruch des psychologischen Vertrages (vgl. auch ROBINSON & ROUSSEAU, 1994). Denken Sie an die ehemaligen Staatsbetriebe, die heute Aktiengesellschaften sind und in denen die Zeiten von „mittleren Laufbahnen" endgültig vorbei sind. Denken Sie an Karriereabbrüche aufgrund personeller oder örtlicher Veränderungen. Denken Sie an den radikalen Arbeitsplatzabbau der 90er Jahre. Die Formel „großes Unternehmen = sichere Jobs" wurde längst ad absurdum geführt. Auch kleinere Verletzungen psychologischer Verträge sind überall zu sehen. Stellvertretend für diese Verletzungen steht das Wort „früher". Früher gab es eine (gefühlte) hohe emotionale Bindung der Akteure, gab es das „Team" – heute gibt es „Business Units". Früher gab es langfristige, nicht terminierte Beschäftigungsverhältnisse – heute sind diese variabel und befristet. Früher gab es eine Unternehmensverantwortung für die Beschäftigung – heute lediglich die für eine hohe Arbeitsmarktfähigkeit. Die Liste ließe sich beliebig ergänzen. Nur das ist egal! Denn entscheidend ist, was in den einzelnen Verträgen „steht"! Und da kann es große Unterschiede zwischen den Mitarbeitern geben. Da „Vertragsbrüche" nur schwer zu vermeiden sind, gilt es zu messen, wie es um die Erwartungserfüllungen bestellt ist (siehe Abbildung 15) und vor allem, zu überlegen, welche Reaktionstendenzen

Abbildung 15: Erwartungs-Angebotsdifferenzen bezgl. psychologischer Vertragsinhalte aus Sicht von Mitarbeitern (Beispiel)
[Quelle: Eigene Untersuchung (N = 47)]

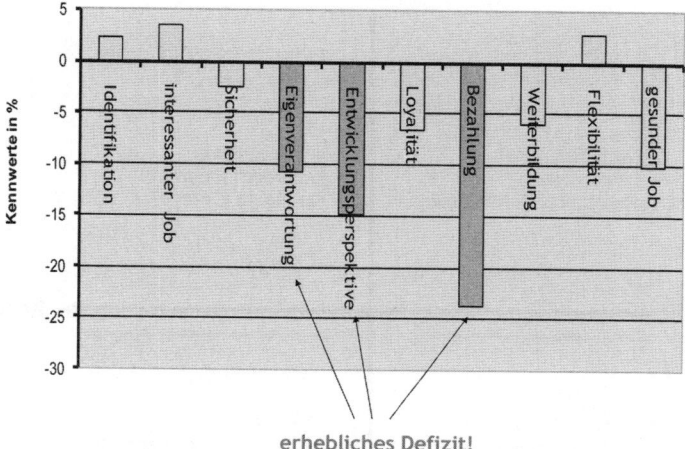

erhebliches Defizit!

Mitarbeiter zeigen, um diese Defizite zu kompensieren (siehe Abbildung 16) bzw. welche Handlungsstrategien führungsseitig bestehen, darauf angemessen zu reagieren (siehe nächste Infobox). Das ist ein verdammt langer Satz, aber eben auch die hohe Kunst des Führens.

Sie sehen in der Grafik, dass in diesem Unternehmen bzgl. der drei Vertragsbestandteile Bezahlung, Entwicklungsperspektiven und Eigenverantwortung erhebliche (signifikante) Abweichungen zum Idealzustand existieren. Die Ergebnisse sagen nichts über die absolute Ausprägung der Merkmale aus, sondern lediglich über die Passung. Es gibt auch „Überschüsse". So sind die befragten Mitarbeiter z. B. der Meinung, dass ihr Job interessanter ist, als sie das erwartet hätten. Doch bleiben wir bei den Defiziten. TURNLEY & & FELDMAN (1998) sind in einer Untersuchung der Frage nachgegangen, welche Verhaltenskonsequenzen bei psychologischen Vertragsbrüchen zu erwarten sind. Sie stellten fest, dass (abhängig vom Ausmaß der Vertragsbrüche signifikant mehr nachlässiges Arbeitsverhalten, weniger Engagement und höhere Fluktuation sichtbar sind.

Was können/müssen Führungskräfte tun, um diesen Tendenzen entgegenzuwirken? Gesund ist, wenn es Führungskräften gelingt, den Wandel und die damit einhergehenden Brüche der psychologischen Vertragsinhalte anzunehmen, zu verstehen und einen neuen psychologischen Vertrag wiederherzustellen. Das sind die Aufgaben der Führungskraft. Das ist gesunde Führung. Die nachfolgende Infobox gibt wichtige Handlungsstrategien zur Anpassung und Neuinterpretation psychologischer Verträge wieder.

Abbildung 16: Kompensationsmöglichkeiten bei verletzten psychologischen Verträgen
[Quelle: in Anlehnung an TURNLEY & & FELDMAN (1998)]

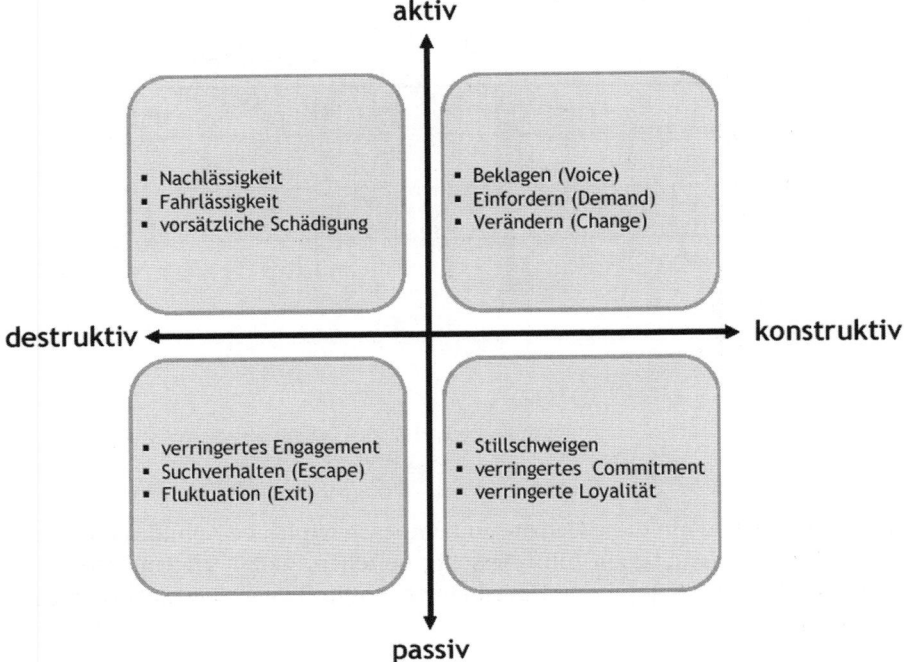

INFOBOX

Handlungsstrategien zur Neuinterpretation psychologischer Verträge

- Kenntnis über das Phänomen erlangen (Fortbildung)
- Kenntnis über die wechselseitigen Inhalte erlangen (Analyse)
- Änderungen der Vertragsinhalte legitimieren (Kultur)
- den alten Vertrag beenden (offene Kommunikation)
- den neuen (angepassten) Vertrag formulieren („Anpassungsgespräche")
- den neuen Vertrag implementieren (Ziele, Versprechen)

2.5.5 Faire Prozesse

Wenn es Ziel eines Unternehmens ist, eine Optimierung der Wertschöpfung unter ökonomischen, ökologischen und humanen Gesichtspunkten zu erreichen, so ist der sorgsame Umgang mit den Mitarbeitern nicht nur eine Frage ethisch begründeter Verantwortung. Für die Unternehmenspolitik werden Gesundheit und die dauerhafte Erhaltung der kreativen Leistungsfähigkeit der Beschäftigten zum elementaren Gestaltungsauftrag. Anders als im Fall der klassischen Produktionsfaktoren (Boden, Arbeit, Kapital) bildet menschliches Wissen und Engagement eine Ressource, auf die man nicht ohne weiteres Zugriff hat. Warum zögern aber Mitarbeiter so häufig, ihre Kreativität und Leistungsfähigkeit ganz einzubringen oder wenigstens an Veränderungen konstruktiv mitzuwirken? Oder anders gefragt: Wann sind Mitarbeiter am ehesten bereit, zu vertrauen und innovativ zu kooperieren. Selbst wenn die Zeiten unsicher und undurchschaubar sind?

Der Schlüssel zur Beantwortung dieser Frage ist Gerechtigkeit. Es gibt zwei Wege zur Gerechtigkeit. Der eine Weg beschreibt die verteilungsbezogene Facette. Wir sprechen auch von der ergebnisbezogenen oder auch *ausgleichenden* Seite der Gerechtigkeit. In ihr ist es egal, wie es zu einem Ergebnis gekommen ist. Es zählt einzig und allein das Ergebnis selbst. Ausgleichende Gerechtigkeit ist, den Mitarbeitern Mitteln zuzuweisen und wirtschaftliche Anreize zu setzen. So erhalten z. B. Mitarbeiter im öffentlichen Dienst (z. B. Stadtverwaltung) je nach Besoldungsgruppe) ein Grundgehalt und variable Gehaltsbestandteile, die sich aus Familienstand, Alter und leistungsorientierten Merkmalen zusammensetzen. Sie erhalten zudem eine Aufgabe, eine genau definierte Büroausstattung, vielleicht sogar mit einer genau festgelegten Anzahl an Besucherstühlen (ebenfalls je nach Besoldungsgruppe). Die nachvollziehbare Einstellung, die sich aus der Anwendung dieser klassischen Führungsinstrumenten entwickelt ist: „Ich erhalte, was mir zusteht." Die Folge ist, dass wahrscheinlich jeder das tun wird, was man ihm sagt, was man von ihm verlangt. Leistungsvorgaben werden erfüllt. Verändert sich die Lage, kommen z. B. neue Aufgaben hinzu, erreicht man schnell die Leistungsgrenze. Noch schlimmer ist es, wenn man jemandem etwas „wegnimmt". Einen Besucherstuhl etwa oder auch einen Kompetenzbereich. Nach dem Prinzip der ausgleichenden Gerechtigkeit kann es dann sein, dass der Mitarbeiter auch weniger engagiert arbeitet (passiv-destruktive Kompensation) oder sogar Toilettenpapier entwendet (aktiv-destruktive Kompensation). Hauptsache, es wurde ausgeglichen!

Was aber flößt Menschen nun genug Vertrauen in ein System ein, so dass sie Vorgaben und Anweisungen befolgen, ohne dazu gezwungen zu werden? Was ermöglicht es Menschen, z.T. schmerzliche Veränderungsprozesse aktiv und engagiert zu begleiten und sie nicht etwa zu unterminieren oder gar zu sabotieren? Antworten auf diese Frage gibt ein Blick in die menschliche Motivlage und die ist keineswegs nur auf das Ergebnis einer Handlung fixiert. Menschen brauchen zur Entfaltung ihrer vollen Leistungskraft ebenso einen fairen Zugang zum „Ergebnisentwicklungsprozess" – sie brauchen die zweite Seite der Gerechtigkeit, die *verlaufsbezogene*. Um diese zu erreichen, müssen mehrere Aspekte berücksichtigt werden.

INFOBOX

Aspekte der verlaufsbezogenen Gerechtigkeit

- Erklärung des Vorgehens
- Klarheit der Erwartungen
- Beteiligung
- Engagement

Abbildung 17: Faire Prozesse und Leistungspräsentation
[Quelle: in Anlehnung an CHAN KIM und MAUBORGNE (1997)]

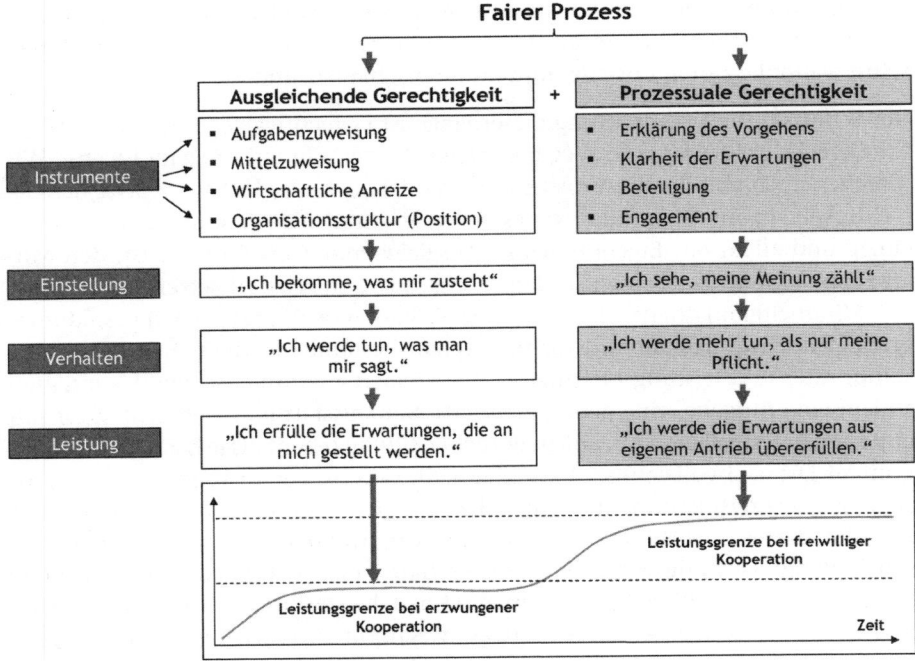

Beteiligte müssen verstehen, warum Entscheidungen getroffen wurden. Das ermöglicht, Vertrauen aufzubauen, selbst dann, wenn eigene Ideen unberücksichtigt bleiben. Diese *Erklärung des Vorgehens* dient auch als Rückkopplungsschleife für gemeinsames Lernen. Mitarbeiter brauchen auch *Klarheit über die Erwartungen*. Das erfordert, dass Führungskräfte die Spielregeln festlegen. Es ermöglicht den Beschäftigten, die Normen und zukünftigen Aufgaben besser einzuschätzen und definiert zugleich Verantwortlichkeiten. Die Klarheit gibt ihnen die notwendige Sicherheit, angstfrei, selbstvertraut und aktiv an die Herausforderungen der Arbeitswelt heranzugehen. Es ist zudem wichtig, die Beschäftigten in die sie betreffenden Entscheidungen mit einzubeziehen, sie zu beteiligen und zu ermuntern, eigene Vorschläge und Ideen einzubringen und deren Nutzen darzustellen. *Beteiligung* vermittelt Respekt und Akzeptanz für jeden einzelnen Mitarbeiter. Die drei genannten Punkte sind nur umzusetzen, wenn Führungskräfte selbst ein hohes *Engagement* an den Tag legen und sich nicht auf vermeintliche „Fachaufgaben" zurückziehen.

Es ist davon auszugehen, dass Mitarbeiter auf die Fairness von Prozessen mindestens genauso viel Wert legen, wie auf deren Ergebnisse! Sinnvoll ist die Einführung und Erhaltung von fairen Prozessen immer. Ganz besonders jedoch, wenn komplexe Veränderungsprozesse im Unternehmen zu bewältigen sind. Für Gesundheitsmanagement trifft dies eindeutig zu. Nur durch ein faires Zusammenspiel der Akteure kann echte Kooperation erzeugt und die individuelle Leistungsbereitschaft in Bezug auf die Ziele nachhaltig gesichert werden. Der Haken: Fairness braucht Aufmerksamkeit und die braucht Zeit! Zeit kostet. Als Faustregel können wir aus der Erfahrung festhalten, dass Führungskräfte, die nicht wenigstens 30 Minuten individualisierte Aufmerksamkeit je Mitarbeiter und Woche zeigen, ihre Führungsaufgaben nur unvollständig wahrnehmen können.

INFOBOX

Zusammenfassung: Warum Mitarbeiter faire Prozesse brauchen ...

Fairness entspricht einem grundlegenden menschlichen Bedürfnis. Menschen wollen die Gründe kennen lernen, die zu bestimmten wichtigen Entscheidungen führten. Menschen wollen in die sie betreffenden Veränderungsprozesse einbezogen werden. Menschen wollen wissen, welche Erwartungen man an sie stellt. Das gibt ihnen die notwendige Sicherheit, selbstgesteuert zu handeln. Menschen wollen direkt kommunizieren. Distanzierte Kommunikation (z. B. über Mails, Memos und Formulare) wirkt unecht und unpersönlich und damit wenig glaubwürdig.

Für das Verständnis von prozessualer Gerechtigkeit ist es auch wichtig zu wissen, was ein fairer Prozess nicht meint. So bedeutet er nicht, Entscheidungen ausschließlich per Konsens mit den Arbeitnehmern (oder ihren Vertretungen) zu treffen. Er bedeutet auch nicht, Demokratie in Betrieben einzuführen und Entscheidungen nach dem Mehrheitsprinzip herbeizuführen. Vielmehr eröffnet er jeder Idee eine Chance in der Entscheidungsfindung. Ihre Umsetzung ist dann einzig und allein abhängig von ihrem (unternehmerischen) Wert und ihrer Praktikabilität. Für das Erreichen fairer Prozesse wird nicht vorausgesetzt, dass Führungskräfte ihr Vorrecht auf Entscheidungen aufgeben!

Wird ein fairer Prozess erst als Reaktion auf Klagen, stille Verweigerung oder gar Rebellion seitens der Beschäftigten eingeführt, ist es meistens zu spät. Mitarbeiter haben dann oftmals Ansprüche, die über ein vernünftiges Maß hinausgehen. Sie verlangen nach vergeltender Gerechtigkeit und trachten nach Bestrafung. Der faire Prozess ist dann undurchführbar und ohnehin völlig unglaubwürdig.

2.5.6   Die psychischen Grundbedürfnisse

Gesunde Führung ist Führung, welche die Erfüllung der psychischen Grundbedürfnisse unterstützt. SCHMIDT & WEINREICH (2007) haben hierfür auf Basis einer Abhandlung von EPSTEIN (1991) ein eingängiges Modell zur Beschreibung der Wirkungsweise des psychischen Apparates vorgelegt.

Sie haben vier psychische Grundbedürfnisse herausgearbeitet:

1. das primäre psychische Bedürfnis nach Kontrolle und Vorhersage
2. das sekundäre psychische Bedürfnis nach Bindung

3. das sekundäre psychische Bedürfnis nach Selbstwert

4. das sekundäre psychische Bedürfnis nach Lustgewinn und Unlustvermeidung

Das menschliche Bedürfnis „Nummer 1" ist *Kontrolle*. Es wurde vielfach in der Literatur beschrieben und jeder kann dieses Bedürfnis an sich selbst wahrnehmen. Das Streben nach Macht, Sicherheit, Sinn, Neugier, Einsicht usw. ist nichts anderes als ein Ausdruck des Strebens nach Kontrolle. Das Bedürfnis ist evolutionär abzuleiten, denn es gibt eine einfache Navigationsregel, angemessen zu reagieren und damit besser zu überleben: „Erkenne die Zusammenhänge und Regeln". Mitarbeiter wollen wissen, was zu tun ist, wie sie erfolgreich sein können, ob ihre Jobs morgen noch existieren und sie möchten auf diese Entwicklungen Einfluss nehmen.

Menschen haben auch erkannt: Wann immer ein Artgenosse in meiner Nähe ist, verringert das die Wahrscheinlichkeit, selbst Opfer zu werden, erhöht das die Wahrscheinlichkeit einen geeigneten Partner zu finden und entlastet das durch potenzielle Arbeitsteilung. Daraus hat sich das Grundbedürfnis nach *Bindung* entwickelt. Mitarbeiter geben deshalb auch an, dass sie es schätzen, andere Mitarbeiter/innen um sich zu haben, zu denen sie Vertrauen haben, die sie verstehen und unterstützen.

Menschen speichern zwangsläufig Erfahrungen darüber, wie sie ihre Grundbedürfnisse nach Kontrolle und Bindung erfüllen konnten. Aus diesen bilden sie Erwartungen darüber, wie ihnen das in Zukunft gelingen kann – selbst dann, wenn sie aktuell in ihrer Bedürfnislage bedroht sind. Sie sagen sich z. B.: „O. K., jetzt verliere ich nächsten Monat meinen Job, aber das schaffe ich schon – ich bin ja nicht auf den Mund gefallen und kann auch fachlich eine ganze Menge. Da wird sich schon eine Alternative finden." Diese Erwartungshaltung lässt sich unter dem Begriff *Selbstwert* zusammenfassen. Selbstwert als Anzeiger des „alles-im-Griff-Habens" wurde in den letzten Jahren besonders kultiviert und kommt heute in Form reichhaltiger Symbolik daher. Ein toller Job, ein großes Auto, eine schicke Frau und talentierte Kinder. Mitarbeiter haben bei Job-Eintritt sehr unterschiedliche Selbstwertniveaus.

Die Erfüllung dieser Grundbedürfnisse lässt uns in den „grünen" Bereich kommen, also in jenen Bereich der emotional positiv besetzt ist. Man kann sich das vorstellen als eine Art „Manometer", das in jedem von uns verlässlich den Stand der Bedürfniserfüllung nach Kontrolle, Bindung und Selbstwert anzeigt. Deshalb nennen wir es auch das „Aktivierungsmanometer". Das Streben nach den „Grün-Bereichen", nach dem „guten Gefühl", dem „Kick", der „Entspannung", der „Liebe" etc. hat sich wiederum zu einem eigenständigen Grundbedürfnis entwickelt, nämlich dem, nach Lustgewinn und Unlustvermeidung.

Schauen wir uns die Arbeitswelt von heute an, dann erkennen wir, dass die psychischen Grundbedürfnisse der Menschen massiv bedroht sind. Kündigungswellen, Fusionen, (De-)Regulierungsbestrebungen, neue Produkte, Krisen, der Marktdruck, die Schweinegrippe etc. führen zu Arbeits- und Karriereabbrüchen, vermehrt Unsicherheit, erhöhten Arbeitsanforderungen, neuen Bezugspersonen, gebrochenen

Abbildung 18: Die psychischen Grundbedürfnisse
[Quelle: SCHMIDT & WEINREICH (2007)]

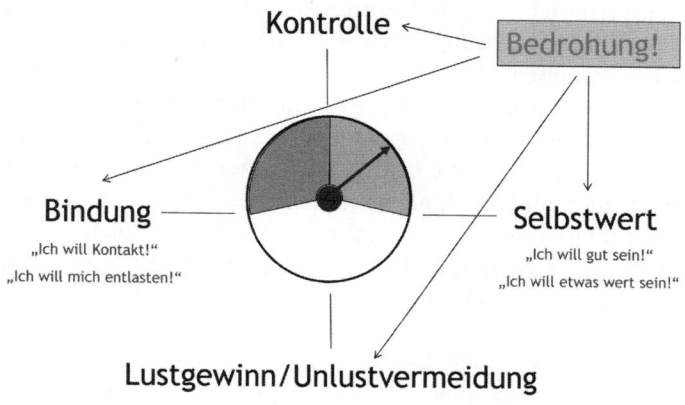

psychologischen Verträgen, erhöhten Mobilitätsanforderungen usw. Die multiplen Bedrohungen lassen uns häufiger und länger in den roten Bereich kommen (siehe auch Abbildung 18). In Zeiten dauerhafter „Restrukturierungen" entgleitet dem einzelnen Mitarbeiter der Einfluss auf sein Arbeitsleben (Kontrollverlust), jeder kümmert sich nur um sich selbst (Bindungsverlust), vielleicht wird er ja auch neu (niedriger) eingruppiert (Selbstwertverlust) oder vom Kundenberater vor Ort zum Call Center Agenten umgeschult (Lustverlust).

Jeder von uns trägt die Grundbedürfnisse in sich. Das hatten wir bereits festgestellt. Diese sind nur entwicklungsbedingt sehr unterschiedlich ausgeprägt. Es gibt (wie sollte es anders sein) vier Extremtypen.

INFOBOX

Persönlichkeitsakzentuierungen (gemäß der Grundbedürfnisse)

1. Kontrolle → Extrem: zwanghafte Persönlichkeit
2. Bindung → Extrem: abhängige Persönlichkeit
3. Selbstwert → Extrem: narzisstische Persönlichkeit
4. Lustgewinn/Unlustvermeidung → Extrem: hedonistische Persönlichkeit

Neben der Größe, dem Gewicht, den Fähigkeiten, Fertigkeiten, Erfahrungen und der sozialen Herkunft machen also auch diese Persönlichkeitsakzente jeden Menschen einzigartig! Jeden Mitarbeiter und jede Führungskraft. Gute Führung kann nur geschehen, wenn wir die Menschen in ihrer Gesamtheit, also auch hinsichtlich ihrer Persönlichkeitsmerkmale erkennen und angemessen darauf reagieren. Nur so können Führungskräfte die ihnen anvertrauten menschlichen Ressourcen optimal schöpfen.

Auch jede Führungskraft sollte wissen, wo seine Persönlichkeitsakzentuierung liegt. Es ist zu vermuten, dass die meisten Führungskräfte auf „Selbstwert" laden und dementsprechend besonders sensibel auf Selbstwert-Angriffe reagieren. Auch Führungskräfte brauchen Anerkennung und Erfolg! Für einen Finanzbuchhalter kann das ganz anders aussehen. Dem ist möglicherweise der Status egal, der will „seine Zahlen" im Griff haben. Der möchte sofort informiert werden, wenn es Änderungen gibt. Vielleicht ist einem Sozialarbeiter eher die Bindung wichtig. Er strebt zunächst einmal unabhängig vom Thema einen guten Kontakt mit seinem Gegenüber an und möchte „gut" und „vernetzt" sein. Es ist auch denkbar, dass ein Werbetexter vor allem „Spaß im Job" haben will und dennoch am liebsten in Teilzeit arbeitet, um „mehr vom Leben" zu haben.

INFOBOX

Gesunde Führung

Gesunde Führung ist Führung, welche die Erfüllung der psychischen Grundbedürfnisse der Mitarbeiter aktiv unterstützt.

Was es bedeutet, dauerhaft negativ aktiviert zu sein, beleuchten wir später noch näher. Die Befunde sind jedoch eindeutig. Früher oder später führt diese „Fehl-Aktivierung" zu resignativem oder aggressivem Verhalten. Beides ist nicht gesund, weder für die betroffenen Kollegen noch für das Umfeld.

Fassen wir zusammen:

1. Das Leistungsergebnis einer Organisation ist die Summe von Umsetzungsmaßnahmen.
2. Umsetzungsmaßnahmen sind nur steuerbar, wenn man sie aus der Unternehmenskultur, den Visionen und Zielen, sowie den vorhandenen Strukturen und den verwendeten Methoden verstehen und ableiten kann.
3. Gesundheit ist immer ein Teil der Unternehmenskultur.
4. Gesundheit sollte immer ein Teil der Unternehmensstrategie sein.
5. Die Strukturen und Methoden sollten auf ihre gesundheitlichen Auswirkungen hin überprüft werden.
6. Gesundheitswerte und das Gesundheitsverständnis drücken sich in der betrieblichen Gesundheitskultur aus.
7. Führungskräfte müssen vier Handlungsebenen im Blick haben: die Mitarbeiter, die Ziele, das Wirksystem und sich selbst.
8. Mitarbeiter und Führungskräfte schließen fortlaufend psychologische Verträge ab. In ihnen sind die gegenseitigen Erwartungen enthalten, die nicht Bestandteil der formal-juristischen Verträge sind.

9. Veränderungen erzwingen zwangsläufig psychologische Vertragsbrüche.
10. Die Herstellung eines neuen psychologischen Vertrages erhöht die Gesundheit und Leistung von Mitarbeitern und damit den Erfolg von Unternehmen.
11. Faire Prozesse sind die Summe aus ausgleichender und prozessualer Gerechtigkeit.
12. Ohne faire Prozesse keine Gesundheit und auch keine Leistung.
13. Führungskräfte müssen ihre Persönlichkeit und die ihrer Mitarbeiter auf der Basis der vier psychischen Grundbedürfnisse kennen.
14. Gesunde Führung ist Führung, welche die Erfüllung der psychischen Grundbedürfnisse der Mitarbeiter aktiv unterstützt.
15. Ohne den Bezug zu den individuellen Persönlichkeitsmerkmalen gibt es keine gute Gesundheit und keine optimale Leistung.
16. Gesunde Führung ist anspruchsvoll und komplex.
17. Führungskräfte müssen auf diese Aufgabe vorbereitet werden.

2.6 Recht

„Wer Recht erkennen will, muss zuvor in richtiger Weise gezweifelt haben."
(Aristoteles, 384–322 v. C.)

2.6.1 Europäische und internationale Rechtshintergründe

Arbeits- und Gesundheitsschutz sind Teil der europäischen Sozialpolitik. Sie sichern eine als gerecht und human empfundene Sozialordnung. Wie die Gesamtpolitik auch, unterliegt der Arbeits- und Gesundheitsschutz dem *Subsidiaritätsprinzip*. Ein schlimmes Wort für etwas eigentlich sehr einfaches. Es bedeutet, dass Eigenverantwortung immer vor kommunaler Verantwortung und diese wiederum vor staatlicher oder europäischer Verantwortung zu setzen ist. In der Rechtspraxis bedeutet das aber eher den gefühlt umgekehrten Weg:

- EU-Rahmenrichtlinien werden erlassen
- in nationale Gesetze umgesetzt
- mit Verordnungen, Richtlinien, Regeln und dergleichen untersetzt
- die Unternehmen beachten müssen oder
- durch uns Bürger/innen und Arbeitnehmer/innen eingehalten werden sollen

1989 wurde die *Rahmen-Richtlinie* des EWG-Rates 89/391 über die „Durchführung von Maßnahmen zur Verbesserung der Sicherheit und des Gesundheitsschutzes der Arbeitnehmer bei der Arbeit" (die sog. „EU-Arbeitsschutz-Richtlinie") verabschiedet. Im Vertrag von Maastricht (1992) haben die Mitgliedsstaaten zudem Fristen zur Umsetzung der Richtlinien in nationalstaatliche Gesetze vereinbart. Sichtbares Ergebnis dieser Entwicklung in Deutschland war das Arbeitsschutzgesetz (ArbSchG), das 1996 in Kraft trat. Auf EU-Ebene wurden zahlreiche weitere arbeits- und gesundheitsschutzrelevante *Einzel-Richtlinien* eingebracht, so z. B.:

Abbildung 19: EU-Richtlinien und deutsches Umsetzungsrecht

[Quelle: Eigene Darstellung]

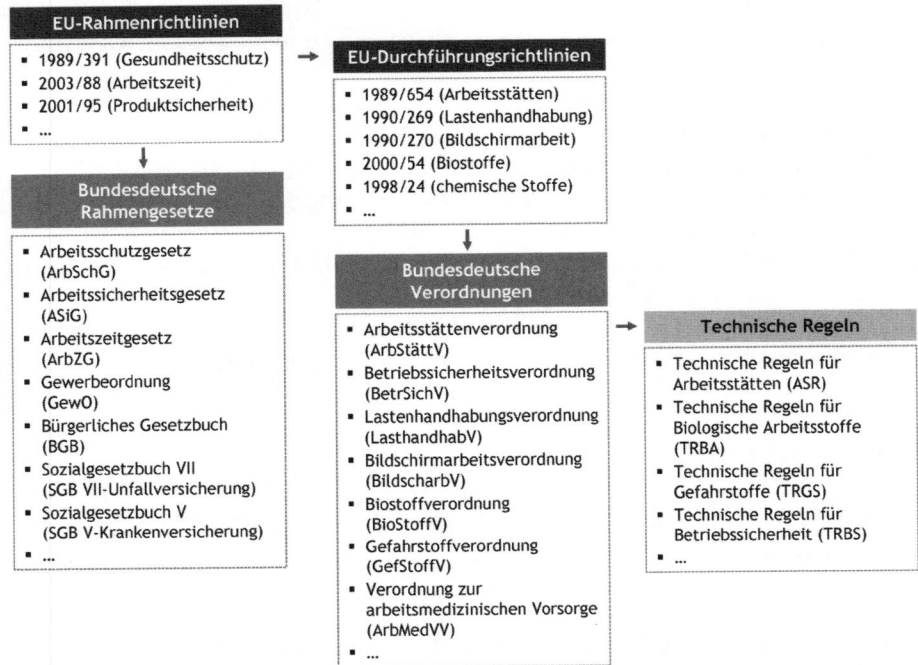

- die Richtlinie 2003/88/EG (zuvor 93/104) „Arbeitszeitgestaltung"
- die Richtlinie 2006/42/EG (zuvor 98/37) „Maschinensicherheit"
- die Richtlinie 2001/95/EG „Produktsicherheit"
- die Richtlinie 2009/104/EG (zuvor 89/655) „Arbeitsmittelbenutzung" [30]

Die EU-Einzelrichtlinien werden wiederum in nationale Leitgesetze und Verordnungen herunter gebrochen. Das Arbeitszeitgesetz (ArbZG) aus dem Jahr 1994, die Betriebssicherheitsverordnung (BetrSichV) aus dem Jahr 2002 oder auch das Geräte- und Produktsicherheitsgesetz (GPSG) aus dem Jahr 2004 wurden zu nationalen Rechtstexten durch Ableitung aus den eben genannten EU-Richtlinien. Die Abbildung 19 macht die Zusammenhänge zwischen den EU-Richtlinien und den deutschen Rechtsnormen deutlich.

Auch aus anderen internationalen Quellen können sich deutsche Rechtstexte speisen. So hat z. B. die Internationale Arbeitsorganisation (IAO) seit ihrer Gründung im Jahre 1919 eine ganze Reihe von Arbeitsnormen aufgebaut. Diese zunächst durch Experten sowie Arbeitgeber- und Arbeitnehmervertreter definierten Empfehlungen und Prinzipien bezgl. der Rechte und Normen in der Arbeitswelt können durch Ratifizierung der Mitgliedstaaten einen rechtsverbindlichen Charakter bekommen. Mit der Ratifizierung verpflichtet sich ein Land, das *Übereinkommen* in

---

30 Weitere arbeitsschutzrelevante EU-Durchführungsrichtlinien sind im Anhang zu finden.

seiner nationalen Gesetzgebung und Rechtsprechung umzusetzen und in regelmäßigen Abständen der IAO zu berichten. Nicht alle Übereinkommen wurden durch die EU-Staaten ratifiziert. Erwähnenswerte Übereinkommen sind u. a.:

- Übereinkommen Nr. 14 über den wöchentlichen Ruhetag in Betrieben (1921)
- Übereinkommen Nr. 155 über Arbeitsschutz und Arbeitsumwelt (1981)
- Übereinkommen Nr. 161 über die betriebsärztlichen Dienste (1985)
- Übereinkommen Nr. 170 über die Verwendung chemischer Stoffe (1990)
- Übereinkommen Nr. 187 über den Förderungsrahmen für den Arbeitsschutz (2006)

Selbstverpflichtungen können ebenfalls als internationales Rechtsgut interpretiert werden. Diese können zwar nationalstaatliche Defizite nicht kompensieren, aber sie fördern den Gedanken der Gesunderhaltung in verschiedenen Settings. Ein Meilenstein für die betriebliche Gesundheitsförderung in Europa war sicherlich die „Luxemburger Deklaration zur betrieblichen Gesundheitsförderung".[31] Diese wurde 1997 von allen damaligen Mitgliedern des Europäischen Netzwerkes für betriebliche Gesundheitsförderung verabschiedet. Inzwischen haben sich tausende weitere Betriebe in Europa dieser Selbstverpflichtung unterworfen. Auch die „Lissabonner Erklärung zur betrieblichen Gesundheitsförderung in kleinen und mittelständischen Unternehmen" ist in diesem Zusammenhang zu nennen.[32]

INFOBOX

Die europäischen und internationalen Einflussgrößen auf deutsche Rechtsnormen im Arbeitsschutz

- EU-Rahmenrichtlinien
- EU-Durchführungsrichtlinien (auch Einzel-Richtlinien)
- Übereinkommen der IAO
- diverse Selbstverpflichtungen (auch „Erklärungen" oder „Deklarationen")

2.6.2   Deutsche Rechtshintergründe

O. K. es gibt EU-Richtlinien. Was muss ein Gesundheitsmanager noch wissen, um gut beraten und rechtssicher handeln zu können? Stellen Sie sich nur die Situation eines unangemessenen, unkollegialen Verhaltens unter Mitarbeitern vor. Gerüchte über die Leistungsfähigkeit und sexuelle Präferenz des jeweils anderen werden in die Welt gesetzt. Haben wir es hier mit Mobbing zu tun? Ist das i. S. der üblen Nachrede nach § 186 StGB mit bis zu 2 Jahren Freiheitsentzug zu sanktionieren? Oder hat hier der Arbeitgeber seine Aufsichts- und Fürsorgepflicht nach § 618 BGB verletzt? Immerhin ist er dazu verpflichtet, die Beschäftigten vor Belästigungen durch andere oder Dritte, auf die er einen Einfluss hat, zu schützen. Kollidiert

---

31 Der Wortlaut der Luxemburger Deklaration ist dem Anhang zu entnehmen.
32 Der Wortlaut der Lissabonner Erklärung ist dem Anhang zu entnehmen.

das Verhalten zudem etwa mit dem § 3 (4) AGG (Verbot sexueller Belästigung) oder
gar mit den Artikeln 1 und 2 des GG (Würde und Persönlichkeitsrechte)? Sie sehen
– es ist nicht einfach, Sachverhalten das „richtige" Gesetz zuzuordnen. Zumeist
gibt es mehrere relevante Rechtstexte. Entlastend können wir zur Kenntnis nehmen, dass dies auch für Juristen nicht ohne weiteres möglich ist und deshalb auch
viele widersprüchliche Entscheidungen der Gerichte zu vernehmen sind.

Oder nehmen Sie den Wunsch vieler Beschäftigten, an absolut rauchfreien Arbeitsplätzen tätig zu werden. Nach § 5 (1) ArbStättV hat der Arbeitgeber die Pflicht,
Nichtraucher wirksam zu schützen und ein Rauchverbot zu erlassen. Ausschließlich auf freiwilliger Basis können Arbeitgeber den Rauchern zudem gesundheitsför-
dernde Maßnahmen, z. B. im Rahmen einer Suchtprävention anbieten. Verpflichten können sie jedoch niemanden. Das wäre wiederum ein Eingriff in die Persönlichkeitsrechte jedes Einzelnen.

Wir könnten jetzt beliebig viele Fallbeispiele generieren und juristisch beleuchten: Unterliegt die Ermittlung von Gefährdungen nach § 5 ArbSchG der betrieblichen Mitbestimmung? Kann man von Mitarbeitern verlangen, auch außerhalb der
Arbeitszeit für Ihre Gesundheit Sorge zu tragen und übermäßige Risiken zu vermeiden? Dürfen Mitarbeiter/innen Gewichte >31,5 kg handhaben? Müssen sich Betriebe tatsächlich nach dem ASiG arbeitssicherheitstechnisch und arbeitsmedizinisch betreuen lassen? Fest steht: Eine Vielzahl von Gesetzen begleiten uns, ohne
dass wir von diesen Kenntnis nehmen. Wir lösen diese Fragestellungen auch ohne
juristischen Beistand. Und das ist gut so. Trotzdem müssen wir uns fachlich mit si-
cherheits- und gesundheitsschutzrelevanten Gesetzen, Verordnungen, Vorschriften und Regeln auseinandersetzen.

INFOBOX

Wichtige arbeits- und gesundheitsschutzbezogene Gesetze

- Grundgesetz (GG)
- Arbeitsschutzgesetz (ArbSchG)
- Arbeitssicherheitsgesetz (ASiG)
- Betriebsverfassungsgesetz (BetrVG)
- Bürgerliches Gesetzbuch (BGB)
- Allgemeines Gleichbehandlungsgesetz (AGG)
- Entgeltfortzahlungsgesetz (EGFG)
- Strafgesetzbuch (StGB)
- Arbeitszeitgesetz (ArbZG)
- Jugendarbeitsschutzgesetz (JArbSchG)
- Sozialgesetzbücher V, VII und IX
- Bundesdatenschutzgesetz (BDSG)

Wir wollen die wichtigsten Gesetze für das betriebliche Gesundheitsschutzmanagement kurz beleuchten. Alle Gesetze, Verordnungen und Regelwerke haben ihre spezifischen „Adressaten". Für die o. g. lässt sich folgende Unterteilung vornehmen:

- Arbeitgeber: alle
- Arbeitnehmer-(Vertretungen): GG, ArbSchG, BetrVG, JArbSchG, SGB IX
- Unfallversicherungsträger: SGB VII
- Krankenversicherungsträger: SGB V

◆ Arbeitsschutzgesetz

Es gibt in der Bundesrepublik Deutschland ein Gesetz, das betriebliches Gesundheitsmanagement einfordert, jedoch ohne dass dies als Etikett auf diesem Gesetz drauf stehen würde. Es ist das bereits erwähnte und im Jahr 1996 in Kraft getretene *Arbeitsschutzgesetz* (ArbSchG). Sein Ziel ist es, die Sicherheit bei der Arbeit zu gewährleisten und die Gesundheit der Beschäftigten zu erhalten. Im § 2 (1) werden die Ziele noch einmal präzisiert. Es sind: a) die Verhütung von Unfällen bei der Arbeit, b) die Verhütung von arbeitsbedingten Gesundheitsgefahren und c) die Einbringung von Maßnahmen der menschengerechten Gestaltung der Arbeitswelt. Es gilt für alle Tätigkeiten und für jeden Erwerbstätigen. Das Gesetz brachte eine enorme Weiterentwicklung des Arbeits- und Gesundheitsschutzes mit neuen Rechten und Pflichten für Unternehmen und Arbeitnehmer. Das ArbSchG hat in vielen Bereichen die Gewerbeordnung (GewO) abgelöst und das Arbeitsschutzrecht neu geordnet. Das ArbSchG kann auch als das „Grundgesetz des Arbeitsschutzes" angesehen werden. Es baut sich aus fünf Abschnitten auf, wobei die Abschnitte 2 und 3 die bedeutsamsten für die Praxis sind (siehe auch Abbildung 20.)

Die §§ 3 und 4 verpflichten die Arbeitgeber dazu, eine „geeignete" Arbeitsschutzorganisation aufzubauen und zu betreiben. Zudem müssen die Arbeitgeber Mittel bereitstellen, um Maßnahmen einzuleiten und deren Erfolg zu messen. Man erkennt hier, dass alle Bestandteile für ein gutes Arbeitsschutz- und Gesundheitsmanagement bereits im Gesetz enthalten sind. Das Gesetz fordert daneben auch ausdrücklich, Gesundheitsgefährdungen zu ermitteln (§ 5) und diese zu dokumentieren (§ 6) und dabei die Mitarbeiter zu beteiligen. Im dritten Abschnitt werden die Arbeitnehmer dazu verpflichtet, im Rahmen ihrer Möglichkeiten und gemäß den ihnen gegebenen Unterweisungen für ihre Sicherheit und Gesundheit bei der Arbeit Sorge zu tragen (§ 15). Die Aktivitätsverpflichtung bezieht insbesondere die sach- und bestimmungsgemäße Verwendung von Arbeitsmitteln (§ 15 Abs. 2), sowie die Meldung unmittelbarer erheblicher Gefahren für Sicherheit und Gesundheit an den Arbeitgeber ein (§ 16). Die Beschäftigten können daneben dem Arbeitgeber jederzeit Vorschläge zu allen Fragen der Sicherheit und des Gesundheitsschutzes machen (§ 17). Das ArbSchG findet zwar erst langsam seine entsprechende Würdigung in der Wirtschaft, wird uns aber weiter in der Arbeit unterstützen.

Abbildung 20: Das Arbeitsschutzgesetz im Überblick

[Quelle: Eigene Darstellung]

Abschnitt 1	Abschnitt 2	Abschnitt 3	Abschnitt 4	Abschnitt 5
Allgemeines	Pflichten des Arbeitgebers	Pflichten und Rechte des Arbeitnehmers	Verordnungs-ermächtigungen	Schluss-bestimmungen
§ 1 Zielsetzung und Anwendung	§§ 3, 4 Grundpflichten des Arbeitgebers ▪ Organisation ▪ Budget ▪ Beteiligung ▪ Weiter-entwicklung ▪ Maßnahmen ▪ Erfolgsmessung	§ 15 Mitverantwortung für die eigene Sicherheit und Gesundheit	§ 18 Verordnungs-ermächtigungen	§ 21 Zuständige Behörden
§ 2 Begriffs-bestimmung		§ 16 Unterstützung des Arbeitgebers	§ 19 staatliche Verein-barungen	§ 22 Befugnisse
		§ 17 Rechte	§ 20 Regelungen öffentlicher Dienst	§ 23 Betriebliche Daten
	§§ 5, 6 Ermittlung von Gefährdungen & Dokumentation			§ 24 Verwaltungs-vorschriften
	§§ 7–14 Weitere Arbeit-geberpflichten ▪ Erste Hilfe ▪ Unter-weisungen			§ 25 Bußgeldvor-schriften
				§ 26 Strafvorschriften

◆ Allgemeines Gleichbehandlungsgesetz

Das *Allgemeine Gleichbehandlungsgesetz* (AGG) ist ein Gesetz zur Umsetzung diverser europäischer Richtlinien zur Verwirklichung des Grundsatzes der Gleichbehandlung. Es ist 2006 in Kraft getreten. Das AGG verbietet nicht grundsätzlich Diskriminierungen. Es verbietet aber Diskriminierungen, wenn diese auf bestimmten, im § 1 AGG genannten personenbezogenen Merkmalen beruhen. Diese sind:

1. die Rasse oder ethnische Herkunft
2. das Geschlecht
3. die Religion
4. eine Behinderung
5. das Alter und
6. die sexuelle Identität

Mit dem AGG erhalten die durch das Gesetz geschützten Personengruppen Rechtsansprüche gegenüber Arbeitgebern und/oder Privatpersonen, wenn diese sich in einer gesetzlich verbotenen Weise gegenüber dem/der Geschützten verhalten. Fraglich war lange, worauf sich die Zurücksetzung überhaupt beziehen kann. Wo kann also Ungleichbehandlung überall statt finden? Etwa auch im BGM? Schließlich müssen wir ja fachlich diskriminieren. Bereits bei der Suche und Auswahl von Zielgruppen machen wir das. Männer und Frauen, Jüngere und Ältere, Mitarbeiter und Mitarbeiterinnen mit Migrationshintergrund, Betriebsräte und Führungskräfte, Menschen mit Behinderung usw. Nicht für alle machen wir ja gleiche Angebote. Manche schließen wir sogar aus. Handeln wir da etwa nicht gesetzeskonform? Diese Frage markiert zugleich den Übergang zur Sachebene im Gesetz. Das AGG grenzt ein und bezieht sich im § 2 u. a. explizit auf folgende betriebliche „Zurücksetzungsfelder":

- den Zugang zur Erwerbstätigkeit
- den beruflichen Aufstieg
- Arbeitsentgelt und Entlassungsbedingungen[33]
- den Zugang zu Berufsberatung, Berufsbildung und berufliche Weiterbildung
- die Mitgliedschaft und Mitwirkung in Gewerkschaften
- die Belästigung i. S. v. Einschüchterungen, Anfeindungen und Entwürdigungen
- die sexuelle Belästigung

Damit nimmt die Arbeitswelt grundsätzlich einen großen Raum im AGG ein. Das ist schon eine Ansage, warum dieses Gesetz überhaupt eingebracht worden ist und wo die Politik insbesondere Diskriminierung verortet. Die §§ 6 bis 18 AGG regeln dann auch die Rechte der Beschäftigten gegenüber ihren Arbeitgebern. Um die Eingangs gestellte Frage zu beantworten: Ja, wir handeln gesetzeskonform, wenn wir ein Gesundheitsprogramm für Auszubildende den Mitarbeitern in der Altersteilzeit vorenthalten. Begründung: Die berufliche Weiterbildung stellt zweifelsfrei eine durch das AGG definierte Sachebene dar. Wir handeln jedoch nicht dergestalt, dass ältere Beschäftigte von diesem Programm nur aus Gründen ihres Lebensalters *ausgeschlossen* werden, sondern wir handeln in der Logik, dass ein gesundheitspädagogisches Projekt für Azubis eben nur diese *einschließen* kann. Das Alter spielt hier keine Rolle.

Zu beachten ist abschließend, dass sowohl die unmittelbaren als auch mittelbaren Benachteiligungen durch das AGG sanktionierbar sind. Die Betroffenen können die Beseitigung der Beeinträchtigung, Schadenersatz oder Schmerzensgeld einfordern. Das hat zu großen Befürchtungen in der Arbeitswelt geführt. Von Millionenklagen gingen die Arbeitgeberverbände aus. Viele Unternehmer waren stark verunsichert, was sie noch tun dürfen und was nicht. Heute können wir sagen, dass diese Befürchtungen unbegründet waren. Die Klageflut blieb aus. Das Gesetz hat aber das Bewusstsein für die Beachtung der Regeln der Gleichbehandlung in der Arbeitswelt gestärkt.

---

33 Das AGG wurde in diesem Punkt frühzeitig geändert. Problematisch war, dass bei Kündigungen die Gleichbehandlung nach dem Merkmal „Alter" aufgehoben wurde. Begründet wurde dies damit, dass laut Kündigungsschutzgesetz (KSchG) das Alter als Auswahlkriterium im Rahmen der Sozialauswahl ohnehin zu berücksichtigen ist. Die Ausnahmen wurden jedoch gestrichen und festgesetzt, dass das Gesetz auf Kündigungen grundsätzlich keine sachbezogene Anwendung mehr findet. Für Kündigungen sollen also ausschließlich die Bestimmungen zum allgemeinen und besonderen Kündigungsschutz gemäß § 1 KSchG gelten.

◆ **Berufsgenossenschaftliches Vorschriften- und Regelwerk**

Neben den für alle Arbeitgeber verbindlichen Gesetzesgrundlagen regeln auch die
Unfallversicherungsträger die Organisation des Arbeitsschutzes im Betrieb. Das be-
rufsgenossenschaftliche Vorschriften- und Regelwerk (BGVR) mit seinen Verzeich-
nissen zu berufsgenossenschaftlichen Vorschriften (BGV), Regeln (BGR), Informationen (BGI) und Grundsätzen (BGG) ergänzen und präzisieren die staatlichen Gesetze und Verordnungen mit einem hohen Branchenbezug.

◆ **Betriebsverfassungsgesetz**

Betriebliches Gesundheitsmanagement wird nur dann nachhaltige Erfolge erzielen, wenn es gelingt, die Interessenvertreter der Arbeitnehmerschaft vom ersten
Tag an mit einzubeziehen. Möglich ist dies z. B. über den Abschluss von Betriebs-
vereinbarungen, welche die Ziele, strukturelle Organisation und Verantwortlichkeiten regeln. Sie stellen gewissermaßen die Rechtsklammer zwischen den Arbeitgeberpflichten zu Gesundheitsschutzmaßnahmen und den Reklamations- und
Mitwirkungsrechten der Arbeitnehmervertreter aus dem *Betriebsverfassungsgesetz*
(BetrVG) dar. Zu nennen sind in diesem Zusammenhang der § 80 (Allgemeine Aufgaben), § 84 (Beschwerderecht), die §§ 87 und 91 (Mitbestimmungsrechte), der § 89
(Arbeitsschutz) sowie der § 90 (Unterrichtungs- und Beratungsrechte). Das BetrVG
ist bewusst weit gefasst und enthält zumeist generalisierende Formulierungen.
Hierdurch hat der Gesetzgeber Spielraum für die Spezifik der betrieblichen Situation gelassen und die betriebliche Mitbestimmung nach § 87 (1) indirekt aufge-
wertet.

◆ **Sozialgesetzbuch VII**

Das *Sozialgesetzbuch VII* ist das Gesetzbuch für die Unfallversicherungsträger (Unfallkassen und Berufsgenossenschaften). Diese haben drei Aufgaben: Prävention,
Rehabilitation und Entschädigung. Der traditionelle Auftrag der Unfallversicherungsträger (UV) erstreckte sich lange Zeit auf die Verhütung von Arbeitsunfällen und Berufserkrankungen. Zu diesem Zweck wurden dann auch eine Reihe ver-
bindlicher Vorschriften und Regeln erlassen und im BGVR fixiert. Die Diskussion
um den Zusammenhang von Arbeit und Krankheit war viele Jahre durch Kategorien, wie „Arbeitsunfälle" und „Berufskrankheiten" geprägt. Berufskrankheiten
sind als Anhang der Berufskrankheitenverordnung (BKV) aufgelistet. Die daran
geknüpften Leistungsansprüche sind dementsprechend auch das Produkt sozial-
politischer Kompromisse, auf keinen Fall aber ein valides Raster zur Erfassung pathogener Einflüsse der Arbeitswelt auf den Menschen. Für die Anerkennung einer
Berufskrankheit ist ein strenger, meist isolierter Kausalnachweis erforderlich. Die
übergroße Mehrzahl der Erkrankungen, die bei Erwerbstätigen auftreten, sind aber
durch vielfältige Einflüsse aus der Arbeitswelt und dem Privatleben verursacht –
und hier setzt ja auch der Settinggedanke der Gesundheitsförderung an. Der Gesetzgeber reagierte bereits 1973 mit dem Erlass des *Arbeitssicherheitsgesetzes* (ASiG).
In ihm fand der Begriff „arbeitsbedingte Erkrankungen" Eingang in das Arbeits-

schutzrecht. Eine Definition dessen, was darunter zu verstehen ist, enthält das Gesetz allerdings nicht. Den (relativ unbestimmten) arbeitsbedingten Erkrankungen stehen auf der Ursachenseite die (gleichermaßen unbestimmten) „arbeitsbedingten Gesundheitsgefahren" gegenüber. Mit dem Einordnungsgesetz von 1996 und weiteren Novellierungen haben die Unfallversicherungträger eine beträchtliche Ausweitung ihrer Aufgabenstellung erhalten.

Bereits der § 1 SGB VII (1) fordert nun von den UV *„mit allen geeigneten Mitteln Arbeitsunfälle und Berufskrankheiten sowie arbeitsbedingte Gesundheitsgefahren zu verhüten …"*. Was in diesem Zusammenhang „geeignete Mittel" sind erläutert das Gesetz nicht. Im § 14 werden die Grundsätze der Prävention beschrieben. So werden die UV nach § 14 (1) aufgefordert, den Ursachen von arbeitsbedingten Gefahren für Leben und Gesundheit nachzugehen.[34] Der § 14 (2) SGB VII fordert von den UV bei der Verhütung arbeitsbedingter Gesundheitsgefahren mit den Krankenkassen zusammenzuarbeiten. Prävention ist also eine Gemeinschaftsaufgabe von Unfall- und Krankenversicherung.[35] Im § 14 (3) wird festgesetzt, dass die UV auch an der Entwicklung, Umsetzung und Fortschreibung der gemeinsamen deutschen Arbeitsschutzstrategie (GDA)[36] teilzunehmen haben.

◆ **Sozialgesetzbuch V**

Das *Sozialgesetzbuch V* ist das Gesetzbuch für die gesetzliche Krankenversicherung (GKV). Entsprechend dem deutschen Dualismus im Arbeitsschutz wurden mit dem ArbSchG auch die Aufgaben für die gesetzliche Krankenversicherung (GKV) angepasst. Für die Krankenkassen kam die Ausrichtung des ArbSchG nicht überraschend. Sie engagierten sich schon früh in diesem Bereich und bekamen bereits 1989 im § 20 SGB V einen generellen und umfassenden Auftrag zur Gesundheitsförderung. Man sprach in der Gesundheitsszene euphorisch von einem gesundheitspolitischen Paradigmenwechsel und hoffte auf eine deutliche Ausweitung des Handlungsspielraumes. Neben vielen positiven, wissenschaftlich fundierten und überprüften Projekten stellte sich jedoch auch bald heraus, dass es noch große Defizite hinsichtlich der Integration und Qualität der Angebote gab. Vor allem die nachdrückliche Einbringung standespolitischer Interessen der Ärzteschaft führte zu einer deutlich abgespeckten Fassung des § 20 SGB V im Zuge des Beitragsentlastungsgesetzes von 1996. In ihm wurde der Auftrag der Krankenkassen auf die Mit-

---

34 Die Verpflichtung zur Ermittlung von Ursache–Wirkungsbeziehungen war für die Unfallversicherungen in diesem Umfang völlig neu und bereitet auch heute noch erhebliche Probleme in der Umsetzung.

35 Die Zusammenarbeit ist in der Praxis nicht einfach umzusetzen. Aus mehreren Kooperationsprojekten wurde mit der „Initiative Gesundheit und Arbeit" (IGA) schließlich eine beständige Plattform mit festen Kontaktstellen hervorgebracht.

36 Die Gemeinsame Deutsche Arbeitsschutzstrategie (GDA) wird von Bund, Ländern, Sozialpartnern und Unfallversicherungsträgern getragen. Ziel ihrer Zusammenarbeit ist es, die Sicherheit und Gesundheit der Beschäftigten durch einen präventiv ausgerichteten und systematisch wahrgenommenen Arbeitsschutz zu verbessern und zu fördern. Die GDA beansprucht derzeit erhebliche Ressourcen in den UV.

wirkung bei der Erkundung und Analyse gesundheitlicher Gefährdungen einge-
grenzt.

Mit einer erneuten Novellierungen des § 20 SGB V können die Krankenversicherungen heute wieder aktiv die Prävention und Selbsthilfe unterstützen, jedoch
nur, wenn diese prioritären Handlungsfeldern folgen und hinsichtlich Zielgruppen, Zugangswegen, Inhalten und Methodik den Empfehlungen der Spitzenver-
bände der GKV folgen. Zudem sind die Unterstützungsleistungen auf derzeit maximal € 2,74 je Versicherten und Jahr begrenzt.

Der § 20 a SGB V ermöglicht den Krankenkassen, explizit im Handlungsfeld der
betrieblichen Gesundheitsförderung aktiv zu werden. Absatz 1 betont die Ermitt-
lungsaufgaben von Risiken und Gesundheitspotenzialen im Betrieb (Analyse). Absatz 2 fordert, hierbei mit der UV zusammenzuarbeiten und Arbeitsgemeinschaf-
ten zu bilden. Der § 20 b SGB V fordert die Krankenkassen auf, bei der Verhütung
arbeitsbedingter Gesundheitsgefahren mit den Trägern der gesetzlichen Unfallversicherung eng zusammenarbeiten und diese über ihre gewonnenen Erkenntnisse
zu Zusammenhängen zwischen Erkrankungen und Arbeitsbedingungen zu unter-
richten.

◆ **Sozialgesetzbuch IX**

Das *Sozialgesetzbuch IX* enthält die Vorschriften für die Rehabilitation und Teilhabe
behinderter Menschen. Bedeutsamkeit erlangte das SGB IX in der betrieblichen
Welt zuletzt durch die Novellierung des § 84 (2). In ihm heißt es: *„Sind Beschäftigte
innerhalb eines Jahres länger als sechs Wochen ununterbrochen oder wiederholt arbeitsunfähig, klärt der Arbeitgeber …, wie die Arbeitsunfähigkeit möglichst überwunden werden und mit welchen Leistungen oder Hilfen erneuter Arbeitsunfähigkeit vorgebeugt und
der Arbeitsplatz erhalten werden kann."* Dieser Passus stellt nichts anderes dar, als die
erstmalige gesetzliche Legitimation des betrieblichen Fehlzeitenmanagements, jedoch zunächst beschränkt auf langzeiterkrankte Mitarbeiter. Wir sagen deshalb
„zunächst", weil es nicht auszuschließen ist, dass das Gesetz später auch auf weniger lange Erkrankungen ausgedehnt wird. Der Ansatz firmiert unter dem Begriff
des „betrieblichen Eingliederungsmanagements" (BEM). Im § 84 (3) wird darauf
hingewiesen, dass die Rehabilitationsträger und die Integrationsämter Arbeitgeber, die ein betriebliches Eingliederungsmanagement einführen, durch Prämien
oder einen Bonus fördern können.

INFOBOX

Zusammenfassung:
Wichtige Rechtstexte für Gesundheitsmanager/innen

- Richtlinie 89/391 EWG (EU Arbeitsschutz – Rahmenrichtlinie)
- ArbSchG §§ 3–14 (Arbeitgeberpflichten)
- ArbSchG §§ 15–17 (Arbeitnehmerpflichten)
- ASiG § 3 (arbeitsmedizinische und sicherheitstechnische Betreuung)
- BetrVG §§ 80, 87, 89, 90 und 91 (Reklamations- & Mitwirkungsrechte)
- BGB § 618 (Arbeitgeberpflichten zum Schutz der Gesundheit)
- BGV A1 (Grundsätze der Prävention)
- BGV A2 (sicherheitstechnische und arbeitsmedizinische Betreuung)
- AGG § 2 (Anwendungsbereiche)
- SGB V §§ 20 a, 20 b (Prävention, betriebliche Gesundheitsförderung)
- SGB VII §§ 1, 14 (Prävention)
- SGB IX § 84 (2) Eingliederungsmanagement

Spezialwissen

2.7   Gesundheit

„Reich ist, wer keine Schulden hat, glücklich, wer ohne Krankheit lebt."
(unbekannt)

2.7.1   Das statische Gesundheitsverständnis

Gesundheit muss definiert werden. Keine Frage. Dies ist unerlässlich, will man mit Angeboten der (betrieblichen) Gesundheitsförderung an Menschen herantreten. Um es aber gleich vorweg zu nehmen: *Die* Definition von „Gesundheit" gibt es nicht. Die Bedeutungszuweisung und Abgrenzung ist abhängig von politischen Präferenzen, gesellschaftlichen Entwicklungen, wissenschaftlichen Erkenntnissen, religiösen Grundüberzeugungen und individuellen Erfahrungen. Die sprachhistorische Wurzel von Gesundheit liegt im altdeutschen „gesunt", was so viel wie „schnell", „stark", „kräftig" bedeuten kann. Alles Dinge, die man im täglichen Überlebenskampf gut gebrauchen konnte. Trotzdem: Es gibt derzeit wohl ca. 7 Mrd. Gesundheitsdefinitionen – vielleicht auch ein paar mehr. Fragen wir doch mal die Leute auf der Straße, was sie denken, was „Gesundheit" ist und woran man erkennen kann, dass man „gesund" ist. Erstaunliche Ideen werden da geäußert. Achtung: nicht repräsentativ!

Abbildung 21: Die drei Gesundheitsdimensionen nach WHO
[Quelle: Eigene Darstellung in Anlehnung an WHO (1946)]

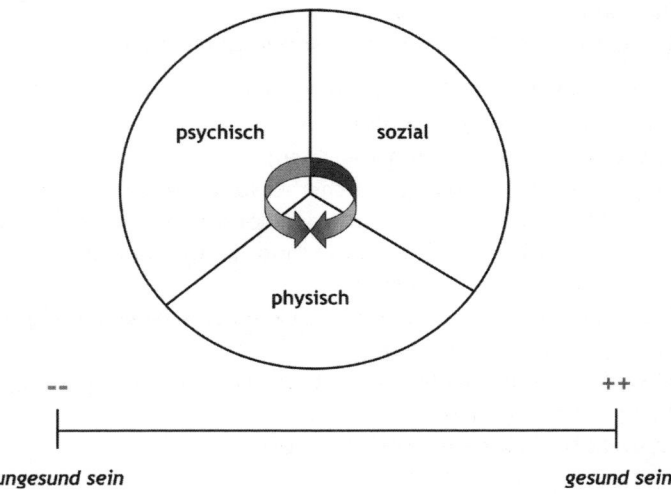

- *„Gesund ist, wer nicht rumhartzt*[37] *... ich meine auch tagsüber."*
  (Schülerin, Berlin, 15 Jahre).

- *„Gesund bin ich, wenn ich in meiner Mitte Ruhe, wenn ich mit mir selbst im Reinen bin und voll hinter mir stehe."*
  (Student, Köln, 25 Jahre)

- *„Also Gesundheit spüre ich, wenn ich mich wohl fühle, keine Sorgen habe, Arbeit habe ... ja vor allem Arbeit habe und mir keine Sorgen machen muss um die Arbeit. Arbeit ist das Wichtigste."*
  (Näherin, Chemnitz, 51 Jahre)

Um Ordnung ins System rein zu bringen, können wir uns zunächst an der häufig zitierten Definition der Weltgesundheitsorganisation (WHO) ausrichten. Sie wurde bereits in der Verfassung der WHO am 22. Juli 1946 fixiert:

INFOBOX

Gesundheitsdefinition der WHO (1946)

Gesundheit ist der Zustand des vollständigen körperlichen, geistigen und sozialen Wohlbefindens und nicht nur das Freisein von Krankheit und Gebrechen.

---

37 Meint „sinnlos rumhängen". Wird auf Peter Hartz zurückgeführt und spielt auf die Harz IV Gesetze an.

Abbildung 22: Ausprägung der Gesundheitsdimensionen zu einem Zeitpunkt x
[Quelle: Eigene Darstellung in Anlehnung an WHO (1946)]

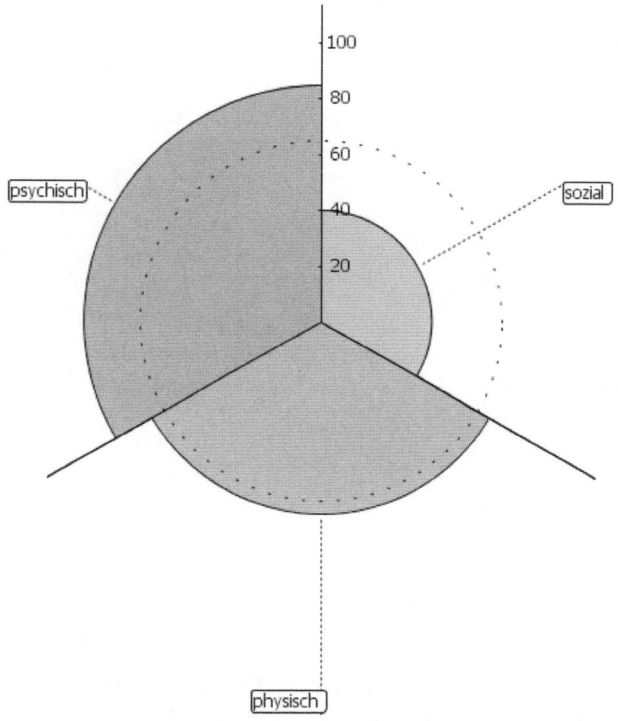

Abbildung 22: Ausprägung der Gesundheitsdimensionen zu einem Zeitpunkt x
[Quelle: Eigene Darstellung in Anlehnung an WHO (1946)]

In dieser Definition drücken sich noch die Ideen der Aufklärung aus, die ja davon ausgingen, dass perfekte Gesundheit machbar ist, wenn auch nur als Utopie. In ihr kommt auch zum Ausdruck, dass Gesundheit als mehrdimensionales Konstrukt aufgefasst werden muss. Um genau zu sein, als 3-D-Konstrukt. Dabei stehen die drei Dimensionen Körper, Psyche und soziales Umfeld zunächst gleichberechtigt nebeneinander. Sprachlich hat sich der Begriff vom „biopsychosozialen" Gesundheitsmodell durchgesetzt. Der Zustand, in dem ich mich befinde, variiert auf einer Achse von „gesund sein" bis „ungesund sein".

Es ist nun aber davon auszugehen, dass im Tageserleben immer irgendeine Dimension auf irgendeine Art und Weise beeinträchtigt ist. Mal ist es ein Infekt oder Rückenschmerz (Körper), mal eine Antriebsschwäche (Psyche), ein weiteres Mal ein Kollege, der lästert (soziales Umfeld). Grafisch könnte man Gesundheit in diesem Verständnis vorzugsweise als eine Torte darstellen, welche 3 gleich große Tortenstücke enthält, die zu einem Zeitpunkt x immer eine Ausprägung von: Optimum (100 %) minus Beeinträchtigung (Abweichungsweg von 100 %) haben. Die Abbildung 22 verdeutlicht dies noch einmal.

Abbildung 23: Gewichtung und Ausprägung der Gesundheitsdimensionen nach plötzlichen Ereignissen (hier Unfall)
[Quelle: Eigene Darstellung]

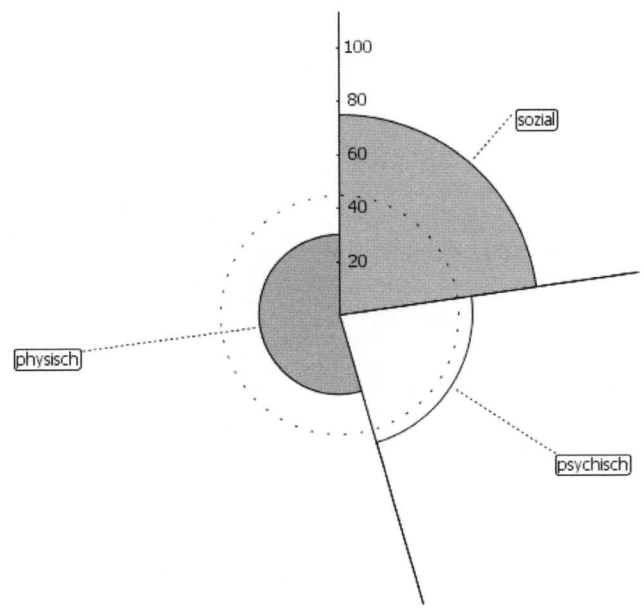

Rechnerisch könnte man jetzt den Gesundheitszustand einfach ermitteln. Man berechnet lediglich die Abweichungswege für jede Dimension von 100 (Optimum) und dividiert das Ganze dann durch 3. Nun stellt sich aber die Frage, ob wirklich alle drei Tortenstücke in unserer Wahrnehmung zu jedem Zeitpunkt gleich groß sind. BLAXTER (1990) referiert z.B. eine interessante Untersuchung aus England über die subjektiven Bestimmungsstücke für Gesundheit. Klar auf Platz 1 ist die Assoziation mit „well-being" (Wohlbefinden). Gesundheit wird also offensichtlich subjektiv besonders intensiv über die psycho-emotionale Komponente wahrgenommen. Addiert man weitere ähnliche gelagerte Assoziationen wie „Drive" (Lebensenergie) und „Fortitude" (innere Stärke) dazu kommt man schon auf annähernd 65 % der Gesamtantworten. Das bedeutet also, dass wir die „Tortenstücke" unterschiedlich gewichten müssen, um näher an der Wahrnehmung unserer Zielgruppe dran zu sein.

Denken wir in einem ersten Beispiel an jemanden, der gerade verunfallt ist und sich dabei eine Fraktur im Unterschenkel und mehrere Prellungen zugezogen hat. Es ist zu erwarten, dass die Fokussierung auf den physischen Anteil der Gesundheit schlagartig zunimmt. Dessen Bedeutung als Tortenstück nimmt zu. Zugleich nimmt dessen aktuelle Bewertung schlagartig ab. Der Gesundheitsstatus sinkt rapide. In der Phase der Rekonvaleszenz wird der Betroffene (hoffentlich) sekundäre

Abbildung 24: Gewichtung und Ausprägung der Gesundheitsdimensionen nach plötzlichen Ereignissen (hier Todesfall)

[Quelle: Eigene Darstellung]

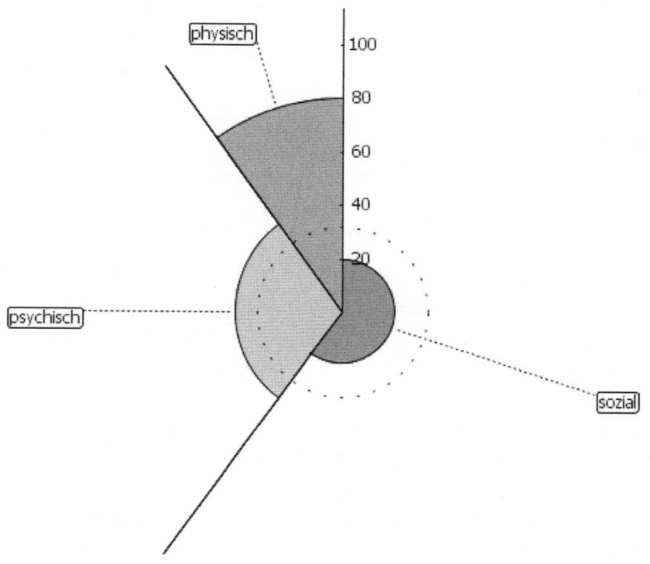

Gesundheitsgewinne auf der sozialen Ebene (Zuwendung) und der psychischen Ebene (Erholung durch erzwungene Auszeit) einfahren können und so seinen Gesundheitszustand wieder stabilisieren.

Oder denken Sie an einen Menschen, der aktuell den Verlust einer geliebten Person zu beklagen hat. Dieser Mensch trauert. Es ist anzunehmen, dass die Fokussierung auf den psychischen und sozialen Anteil der Gesundheit schlagartig zunimmt. Die Person ist stark beeinträchtigt in ihrer Befindlichkeit. Dennoch muss der soziale Gesundheitsanteil nicht zwangsweise gleichermaßen absinken. In Zeiten der Trauer rücken die Menschen auch näher zusammen, suchen und finden Halt und unterstützen sich gegenseitig.

Wir können also festhalten: Die Gesundheitsdimensionen sind zu jedem beliebigen Zeitpunkt unterschiedlich stark in der Wahrnehmung des Menschen präsent.

Gesundheit ist etwas sehr Flüchtiges, etwas sehr Veränderliches. Sie ist nicht festzuhalten und entzieht sich auch schnell wieder unserer bewussten Wahrnehmung. Oftmals spüren wir die gesundheitliche Beeinträchtigung erst, wenn wir Verluste anzumelden haben. Zudem sind die drei Dimensionen nicht unabhängig voneinander. Wer sich das Bein bricht (Körper), hat auch schlechtere Laune (Psyche), weil er nicht zum Training gehen kann (soziales Umfeld). Auf jeden Fall ist die „07.00 Uhr Gesundheit" nicht mit der „14.00 Uhr Gesundheit" vergleich-

Abbildung 25: Circadiane Veränderung des persönlichen Gesundheitszustandes
[Quelle: Eigene Darstellung]

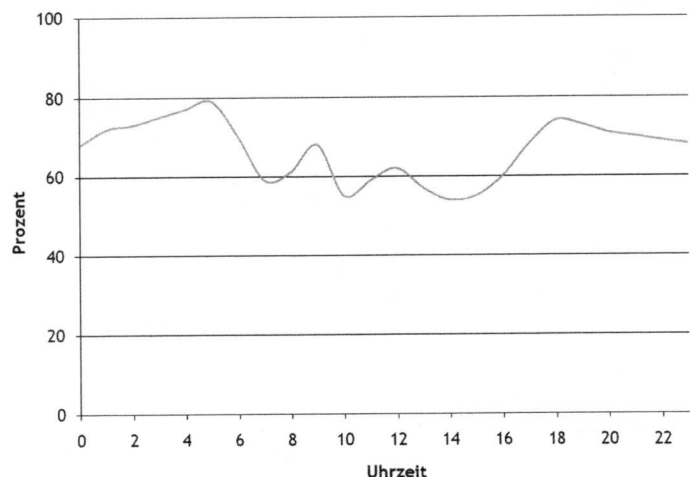

bar und erst recht nicht identisch. Dies schon deshalb nicht, weil wir auch psy-
cho-physiologische Schwankungen im Tagesverlauf aufweisen. Würde man einen
Menschen über einen Tag fortlaufend über seinen aktuellen Gesundheitszustand
befragen, dann könnte bei einem Tag, an dem nichts Außergewöhnliches passiert,
ein Verlauf rauskommen, wie er in Abbildung 25 dargestellt ist.

Trotz der Veränderlichkeit der Werte und des Befindens haben diese Ideen etwas
Statisches. Ein Zustand wird „erreicht" und danach ein weiterer. Blaxter hat in sei-
ner Untersuchung aber auch herausgefunden, dass sich immerhin fast 25 % der
Antworten auf etwas ganz anderes beziehen ließen als auf Befinden (Status). Diese
Antworten konnten der funktionalen Leistungsfähigkeit zugeordnet werden.
Motto: Ich bin gesund, wenn ich meine Arbeits- und Lebensaufgaben bewältigen
kann. Nicht wenige Menschen haben also offensichtlich eine ganz einfache, weil
implizite Gesundheitsdefinition: „Ja ich kann!"

Dieses „Ja, ich kann!" ist aufs Engste mit der Lebenswelt, den Zielvorstellungen,
Voraussetzungen und Entwicklungsperspektiven der Menschen verbunden. Eine
Beeinträchtigung des Gesundheitszustands resultiert immer dann, wenn jemand
seine Anforderungen in einem oder sogar mehreren Lebensbereichen nicht erfüllen kann (vgl. auch HURRELMANN et. al., 2004). Man kann hier von einem dynamischen Gesundheitsverständnis sprechen.

Vorteil dieser Idee ist es, das Streben nach „mehr" zugunsten des Strebens nach
„besser" aufgeben zu können.

2.7.2   Das dynamische Gesundheitsverständnis

Also: Geben wir den Begriff „Zustand" zugunsten des Begriffs „Prozess" auf! Was können wir dann entdecken? Wir können zum Einen erkennen, dass es nicht mehr um die Erreichung eines optimalen „Gesundheitszustandes" geht, sondern um die Sicherstellung eines gleichbleibend hohen „Gesundheitserlebens". Wir können auch entdecken, dass sich Gesundheit in dieser Logik prima entwickeln kann und zwar als Beziehungsmuster zwischen den Lebensweisen (Verhalten) und Lebensumwelten (Situationen). Wir können des Weiteren erkennen, dass sich neue Gesundheitsdimensionen zu den bisherigen „Big 3" hinzugesellen. Jetzt kann es auch um „Selbstbestimmung", „Umweltkontrolle" und „persönliche Weiterentwicklung" gehen. Der Kerngedanke des dynamischen Gesundheitsmodells ist jedoch die Anforderungsbewältigung. Damit haben wir eine neue Gesundheitsdefinition:

INFOBOX

Dynamische Gesundheitsdefinition

Gesund ist, wer seine lebensbezogenen Anforderungen bewältigen kann.

Grundidee dieser Vorstellung ist, dass das Gesundheitserleben insbesondere davon abhängt, inwieweit es einer Person mit Hilfe der ihr zur Verfügung stehenden Ressourcen gelingt, die anfallenden Lebensanforderungen zu bewältigen. Jeder Mensch erstellt fortlaufend und implizit „Erfolgsbilanzen". Fällt die Bilanz positiv aus, ist das mit Wohlbefinden (positiver Aktivierung) assoziiert – fällt sie negativ aus, ist mit Unlust, Unwohlsein, Frustration o.ä. (auf jeden Fall mit negativer Aktivierung) zu rechnen. Dauerhafte negative Aktivierung öffnet das Tor in Richtung Krankheit.

Anforderungen und Ressourcen lassen sich in diesem Modell als Gesamtheit der Lebensbedingungen der privaten, gesellschaftlichen und arbeitsbezogenen Welt verstehen. Damit ist der Anforderungsgedanke jedoch auch sehr weit aufgefächert. Er lässt sich, der besseren Übersicht halber, in eine interne und eine externe Dimension unterteilen.

Externe Anforderungen sind z. B. die greifbaren Umgebungsbedingungen (Wohnverhältnisse, Witterung, Umweltgifte, Viren, Lärm, Schichtarbeit) und die Umgebungspersonen (Partner, Kinder, Chef, Kollegen, Kunden). *Interne Anforderungen* sind bedingt durch genetische Dispositionen (Regenerationsfähigkeit, Immunisierbarkeit, Grundbedürfnisse), physische Merkmale (Physiognomie) und soziale Aspekte (verinnerlichte Normen und Werte).

Für die Ressourcen ist die gleiche Unterteilung möglich. *Externe Ressourcen* sind außerhalb der Person liegende, zur Verfügung stehende sozio-materielle Bedingungen, wie gesunde Umwelt, gesunde Nahrung, Verfügbarkeit eines Gesundheitssys-

Abbildung 26: Gesundheit als relationales Verhältnis
[Quelle: Eigene Darstellung]

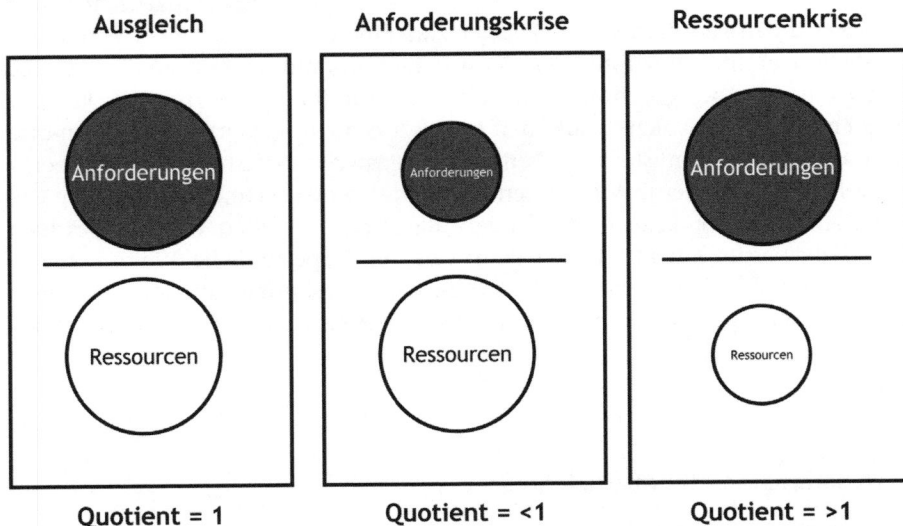

tems, technische Schutzvorrichtungen, soziale Unterstützung, gesicherte Partner-schaften, Geld, aufmerksame Chefs usw. *Interne Ressourcen* können sein: Wissen, Fä-higkeiten und Fertigkeiten, ein starkes Immunsystem, gute physische Kondition, psychische Stärke (Resistenz, Resilienz) aber auch habituelles Gesundheitsverhalten.

Das eben dargestellte bilanzierende Modell (Plus/Minus) hat jedoch einen spezifi-schen Nachteil: Es schafft potenziell einen negativen Gesundheitszustand, näm-lich immer dann, wenn die Anforderungen größer sind als die zur Verfügung ste-henden Ressourcen. Negative Gesundheitszustände gibt es nun aber mal nicht. Um das Problem aufzulösen, die beiden Aspekte jedoch beibehalten zu können, ist es angebracht, aus einem bilanzierenden ein relationales Modell zu machen. Die beiden Aspekte „Anforderungen" und „Ressourcen" werden nun in einen Bruch gebracht. Anforderungen stellen den „Zähler" dar – „Ressourcen" den „Nenner". Ein besonders positives Gesundheitserleben wird erreicht, wenn „Zähler" (Anfor-derungen) und Nenner(Ressourcen) einen „Gesundheitsquotienten" von annä-hernd 1 ergeben. Dabei ist es zunächst unerheblich auf welchem Anforderungs-niveau sich das Ganze abspielt. Entscheidend ist, dass die Ressourcen mit den An-forderungen Schritt halten können. Ich befinde mich dann im Zustand der „Aus-geglichenheit".

Bsp.1: Ein Mensch ist multiplen bakteriellen und virologischen Anforderungen ausgesetzt – verfügt aber über eine intakte Immunabwehr. Er ist ausgeglichen und bleibt gesund.

Bsp. 2: Ein Mensch verliert seinen Arbeitsplatz und ist anwachsender Unsicher-heit bezgl. seiner weiteren beruflichen Entwicklung ausgesetzt. Er verfügt jedoch über ausreichend Optimismus, die Situation zu bewältigen, eine hervorragende

Beschäftigungsfähigkeit (Qualifikation) und über ausreichende soziale Beziehungen, um rasch wieder in eine neue Anstellung zu kommen. Er ist ausgeglichen und bleibt gesund.

Betreibt man nun z. B. ausgehend von einem ausgeglichenen Status Strategien der Anforderungsabsenkung, behält aber die Leistungsvoraussetzungen bei, dann sinkt der Quotient auf < 1. Die Betroffenen entwickeln einen Ressourcenüberschuss und fühlen sich unterfordert. Sie befinden sich in einer „Anforderungskrise". Sie können mehr, als von ihnen abverlangt wird. Dieser Zustand ist insbesondere in der Arbeitswelt nicht selten. Wir haben des Öfteren in unseren Untersuchungen dieses chronische Unterforderungssyndrom gemessen. Die Mitarbeiter sind dann gelangweilt, gesättigt und latent aggressiv. Sie laufen Gefahr, in das Erlebnis eines „Boreouts" zu geraten. Oftmals beginnt das Problem bereits in der Personalauswahl. Hier wird nach „High-Potentials" gefahndet, obwohl das Qualifikationspotenzial der angebotenen Jobs nie und nimmer mit den Leistungsvoraussetzungen dieser Bewerbergruppe mithalten kann.

Steigen jedoch die Anforderungen, ohne das die Leistungsvoraussetzungen adäquat mitkommen, so steigt der Quotient auf > 1. Die Betroffenen entwickeln ein Ressourcendefizit und fühlen sich überfordert. Sie befinden sich in einer „Ressourcenkrise". Diesen Zustand kann man derzeit ebenfalls für einen nicht unerheblichen Teil der erwerbstätigen Bevölkerung reklamieren. Chronisches Überforderungserleben wirkt sich stark negativ auf das Gesundheitserleben aus, führt zu Irritation, Gereiztheit, Befindlichkeitsstörungen und zu immerwährenden Bemühungen, das Defizit auszugleichen. Betroffene neigen dazu, in das Erlebnis chronischer Erschöpfung und ggf. in das eines „Burnouts" zu geraten.

Es gibt ausreichend Möglichkeiten, gesund zu bleiben. Das „Band" der Gesunderhaltung durchzieht ein breites Spektrum an Anforderungs-Ressourcen-Relationen. Die Wahrscheinlichkeit, gesund und damit im Ausgleich zu bleiben ist deutlich höher, als jene, in eine „Krise" zu rutschen. Das erklärt auch, warum die meisten Menschen sagen, sie seien gesund. Deutlich wird dies noch mal anhand der Abbildung 27.

2.7.3 Das normative Gesundheitsverständnis

Neben dem statischen und dem dynamischen gibt es noch ein drittes Gesundheitsverständnis, das für angehende Gesundheitsmanager/innen von nicht unerheblichem Interesse ist. Es gibt nämlich auch ein normatives und wirtschaftliches Verständnis von Gesundheit. Aus dem Sozialversicherungsrecht ist klar abzuleiten: Gesund ist, wer arbeits- und erwerbsfähig ist. Gesundheit kann also auch durch eine abweichungszentrierte Brille gesehen werden. Menschen sind z. B. immer dann gesund, wenn sie auch arbeitsfähig sind, zum Vereinstraining erscheinen, Freunde besuchen, wenn sie eingeladen werden usw. PARSONS (1967) etwa definiert: *„Gesundheit ist ein Zustand optimaler Leistungsfähigkeit eines Individuums, für die wirksame Erfüllung der Rollen und Aufgaben für die es sozialisiert worden ist."*

Abbildung 27: Verschiedene Anforderungs-Ressourcen-Relationen
[Quelle: Eigene Darstellung]

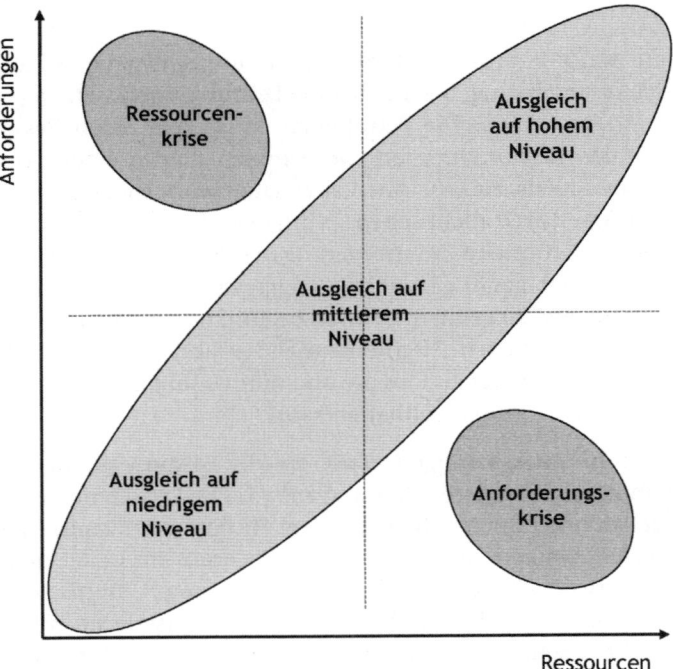

In dieser Definition spiegeln sich die komplexen Anforderungen an die Lebensbe-wältigung von Menschen wider. Dennoch, so schlicht und ergreifend diese Defini-tion ist, so präsent ist sie in der täglichen Wahrnehmung von Menschen. Deshalb:

INFOBOX

Normative Gesundheitsdefinition

Gesund ist, wer seine Rollen und Aufgaben erfüllen kann.

Was nehmen wir aus diesem Exkurs mit? Egal, wie Sie persönlich Gesundheit sehen. Die drei dargestellten Gesundheitsverständnisse existieren nebeneinan-der und wirken zeitgleich. Auf unser Denken, auf unsere Gefühle, auf unser Han-deln.

2.7.4   Einflussgrößen auf Gesundheit

Alle Einwirkungen von außen und innen haben Einfluss auf die Gesundheit. Lei-der. Um der Beliebigkeit zu entgehen, kann man die Einflussgrößen zunächst in Hauptkategorien stecken. Zu nennen sind hier:

Abbildung 28: Einflussgrößen auf die Gesundheit
[Quelle: Eigene Darstellung]

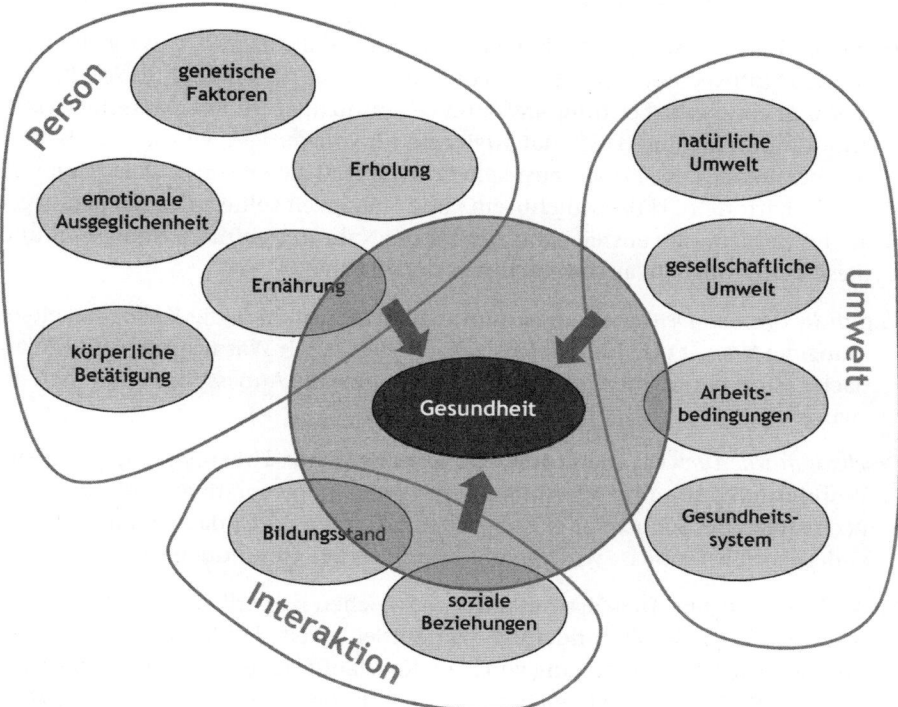

1. Person
2. Umwelt
3. Interaktion

Nachgewiesenen Einfluss auf die Gesundheit haben z. B.: genetische Faktoren, Ernährung, die natürliche Umwelt, die gesellschaftliche Umwelt, körperliche Betätigung, Erholung, emotionale Ausgeglichenheit, soziale Beziehungen, Arbeitsanforderungen und Arbeitsbedingungen, der Bildungsstand und das Gesundheitssystem. Es ist weder hilfreich, noch zielführend hier sämtliche Erkenntnisse der Zusammenhangsforschung dieser Einflussgrößen auf die Gesundheit zusammenzutragen. Deshalb wollen wir es auch im Folgenden bei Stichpunkten lassen.

Genetische Faktoren: „Gute" Gene – „schlechte" Gene? Heute tritt jeden Tag eine Vielzahl von Nachrichten in die Welt, die Gesundheit und Krankheit mit genetischen Faktoren in Verbindung bringen. So ist der Alkoholismus möglicherweise genetisch mit determiniert.[38] Degenerierte Bandscheiben sind möglicher-

---

38 www.stern.de/.../alkoholismus-forscher-alkoholismus-wahrscheinlich-auch-genetisch-bedingt- 510882.html

weise genetisch determiniert.[39] Es ist anzunehmen, dass *die Lebensspanne nicht unwesentlich von genetischen Faktoren abhängt. Leben ist schließlich kontrollierte Zellteilung. Diese Diskussion ist ebenfalls bereits in der Tagespresse angekommen.*[40]

Ernährung: Es ist unzweifelhaft, dass eine gesunde Ernährung die Basis für einen gesunden Stoffwechsel und dieser wiederum die Basis für Vitalität, Ausgeglichenheit und eine hohe Leistungskraft und Lebensqualität ist. Die Deutsche Gesellschaft für Ernährung (DGE) hat 10 Regeln für vollwertiges, vitalstoffreiches Essen herausgegeben. Neben ausreichend frischer Kost (frisches Obst, Gemüse, Milch, Kartoffeln, Hülsenfrüchte etc.) und Flüssigkeit sollte z. B. auch darauf geachtet werden, sich ausreichend Zeit für die Nahrungsaufnahme zu lassen und diese wenn möglich, auch gemeinsam organisieren.[41]

Natürliche Umwelt: Denken Sie an die Luftqualität (Feinstaub!), die Verfügbarkeit an sauberem Wasser und nährstoffhaltigen Böden. Auch Wärme und Licht (Polarnacht!) sind natürliche Einflussfaktoren auf uns, die Anpassungsreaktionen erzwingen.

Gesellschaftliche Umwelt: Die Kultur, die fortschreitende Urbanisierung, moderne Wohnunterkünfte und Wohnraumkonzepte (intergeneratives Wohnen!), der Rechtsstaat, der Schutz vor existenziellen Gefahren durch das Militär und viele andere soziale Einflüsse wirken auf uns und unsere Gesundheit.

Körperliche Betätigung: Die Zusammenhänge zwischen körperlicher Betätigung und Leistungsfähigkeit, Verhinderung von Fettleibigkeit, Förderung der intellektuellen Kapazität, Vorbeugung von Herz-Kreislauf-Erkrankungen usw. sind vielfach belegt. Es gilt jedoch auch hierbei, den Exzess zu verhindern.[42] Hinweise für eine ausgeglichene körperliche Betätigung geben auch die WHO und die EU. So hat die EU-Arbeitsgruppe „Sport & Gesundheit" im Jahr 2008 Leitlinien für körperliche Aktivität herausgegeben. Empfehlung: Mind. 30 Minuten mäßig intensive Bewegung an 5 Tagen pro Woche oder mind. 20 Minuten intensive körperliche Betätigung an 3 Tagen pro Woche.[43]

Erholung: Der Takt wiederholt nur – Rhythmus erneuert! Der natürliche Wechsel von Anspannung und Entspannung stabilisiert und vitalisiert. Ausreichend Schlaf, Entspannung und Muse erneuern und sind notwendig für ein ausgeglichenes Leben. Diese Erneuerungsfähigkeit ist jedoch bei nicht wenigen Menschen in den letzten Jahren verloren gegangen. Wir selbst haben in einem INQA-geförderten Projekt[44] das Gesundheitsverhalten von Unternehmensberatern beleuchtet und festgestellt, dass insbesondere deren Erholungsfähigkeit defizitär war. Trifft dieser Mangel an Erholung auf hohe Ansprüche und An-

---

39 www.medizin-aspekte.de/09/09/idw_news/333033.html
40 www.tagesspiegel.de/magazin/wissen/gesundheit/art300,2066241
41 www.dge.de/modules.php?name=Content&pa=showpage&pid=15
42 www.eufic.org/page/de/gesundheit-lebensstil/korperliche-betatigung/
43 http://ec.europa.eu/sport/library/doc/c1/pa_guidelines_4th_consolidated_draft_de.pdf
44 INQA = „Initiative Neue Qualität der Arbeit" (http://www.inqa.de)

strengungsbereitschaften, dann kann ein chronisches Erholungsdefizit angehäuft werden, welches wiederum in einem Erschöpfungssyndrom enden kann. Sie können sich auch einmal selbst testen.[45]

Emotionale Ausgeglichenheit: Die psycho-emotionale Gesundheit ist das Kernstück der Gesamtgesundheit. Vielfältige „Angriffe" auf den emotionalen Haushalt eines Menschen finden statt. Sie erzeugen „Rot-Gefühle", wie Angst, Scham, Zorn, Unsicherheit, Hilflosigkeit usw. Die Kontrolle und Zurückführung dieser Gefühlszustände ist essentiell für die Aufrechterhaltung der Gesundheit.

Soziale Beziehungen: Immer wieder machen auch Sie die Erfahrung, dass wenn Sie einen Menschen in Ihrer Nähe haben, dem Sie vertrauen, sich auch Ihr Gesundheitsempfinden verbessert. Gute und verlässliche Beziehungen in der Familie, im Freundeskreis und in der Arbeitswelt wirken stresslindernd, ermöglichen Verantwortungsübergabe, verringern Gefahren, verbessern die Ergebnisse.

Arbeitsanforderungen und Arbeitsbedingungen: Denken Sie an die Ausführungs- und Umgebungsbedingungen von Arbeit (z. B. Hitze, Dämpfe), denken Sie an die Aufgaben- und Ablaufgestaltung von Tätigkeiten, denken Sie an das kollegiale Miteinander und an Führung. Arbeitssysteme bergen eine Vielzahl salutogener aber auch pathogener Aspekte für Gesundheit, auf die wir noch in besonderer Ausführlichkeit eingehen werden.

Bildungsstand: Man kann es so ausdrücken: Bildung schafft Arbeit, schafft Gesundheit. Wie aus einer Vielzahl sozialepidemiologischer Studien hervorgeht, haben Bevölkerungsgruppen mit hohem Bildungsstand auch einen hohen sozialen Status. Dieser korreliert in allen Lebensphasen mit deutlich besserer subjektiver Gesundheit. Männer und Frauen praktizieren z. B. auch umso häufiger gesundheitsförderliche und umso seltener gesundheitsriskante Verhaltensmuster, je höher ihr Bildungsabschluss ist. Bildung ist ein hochwirksamer Protektivfaktor für Gesundheit.

Gesundheitssystem: Ein Gesundheitssystem setzt sich aus den Leistungserbringern (z. B. Ärzte, Apotheker, Pflegepersonal, Krankenhäuser) und den Leistungsnehmern (z. B. Patienten, Klienten, Versicherte) zusammen. Die Qualität der Versorgung und die Verfügbarkeit der Versorgungsleistungen sind wichtige Indikatoren für Gesundheit. Das deutsche Gesundheitssystem ist zwar teuer aber auch leistungsfähig und zudem flächendeckend verfügbar.

2.7.5 Pathogenese

Wir haben bisher viel über „Gesundheit" gesprochen. Was aber kennzeichnet den Zustand des Gegenteils von Gesundheit? Was kennzeichnet den Zustand der „Nicht-Gesundheit", des „ungesund Seins", der „Krankheit"? Die Medizinsoziologie und Medizinphilosophie (vgl. auch BOORSE, 1977) hat hierfür in den letz-

---

45 https://cconsult.info/selbst-tests/erholung/

ten Jahrzehnten eine 3-teilige Differenzierung durchgesetzt. Im Einzelnen können unterschieden werden:

Krankheit im Sinne von *Disease*: Hier steht die biomedizinische Beobachtung und Diagnostik im Vordergrund. Ziel ist es, veränderte (abnorme) Zustände und Funktionalitäten im menschlichen Organismus zu identifizieren – die sog. Krankheitsbilder oder auch Krankheitssyndrome. Diese können entsprechend klassifiziert werden. Dies geschieht über die „International Classification of Diseases" (ICD) in ihrer jeweils aktuellsten Fassung (derzeit Vol. 10). Auf Ihrem Krankenschein steht dann z. B. „A70" (eine Infektionen durch Chlamydia psittaci), F40.1 (eine soziale Phobie) oder auch „H10" (das wäre eine Konjunktivitis).

Krankheit im Sinne von *Illness*: Jetzt sind Sie wirklich krank! „Illness" liegt nämlich nur dann vor, wenn die „Disease" (Ihre Abnormität) Sie so schwer beeinträchtigt, dass Sie unfähig sind, Ihren Aufgaben nachzugehen und einen Behandlungswunsch entwickeln. Der Begriff ist also subjektiv äußerst wertgeladen. Er entspringt Ihren eigenen Selbstbeobachtungen und Zuschreibungen. Sie haben die Definitionsmacht über den Punkt, an dem aus „Disease" „Illness" wird. Sie sagen ja selbst, dass Sie mit Ihrer „H10" erst mal nicht arbeiten können. Jetzt haben Sie auch einen Entschuldigungsgrund für ansonsten kritikwürdiges Verhalten. Jetzt sind Sie nicht nur krank, sondern arbeitsunfähig erkrankt und in Behandlung.

Krankheit im Sinne von *Sickness*: Hier steht nicht die individuelle, sondern die kollektive Zuschreibung im Vordergrund. Was ist schon krank und was noch gesund? Auch in den gesellschaftlichen Verhältnissen. Das ist nicht nur eine Frage Ihrer persönlichen Einstellung. Hier definieren auch die Medien gehörig mit.

Unser Krankheitsverständnis war lange geprägt von der Idee, dass Krankheit eine Folge gestörter somatischer Prozesse ist. Die klassische *Pathogenese* beruht deshalb auch auf einem biomedizinischen Krankheitsverständnis und stützt sich auf die Grundannahme, dass jede Krankheit spezifische Ursachen, spezifische Symptome und einen spezifischen Verlauf hat. Die Ursachen können als „Pathogene" oder auch als „Risikofaktoren" bezeichnet werden. Pathogene sind vermutete oder empirisch gesicherte negative Einflüsse auf den Gesundheitszustand einer Person. Pathogene können sein: Gendefekte, Noxen, Bakterien, Viren, Risikoverhalten, Arbeitsbelastungen und soziale Stressoren. Da Krankheiten selten auf eine Ursache zurückgeführt werden konnten, wurde das „multifaktorielle" Modell eingeführt. Ziel der Gesundheitsforschung in diesem Denkmuster ist es, die spezifischen Ursachen (auch Auslöser) zu identifizieren (Diagnostik), die Krankheit zu klassifizieren und die Personen auf Grundlage der diagnostischen Erkenntnisse einer wirksamen Behandlung (Therapie) zu unterziehen. Im Idealfall können mit der Therapie die Pathogene vollständig beseitigt werden.

Prävention ist im pathogenetischen Verständnis ebenfalls möglich. Hier gilt es, die vermuteten und/oder nachgewiesenen Risikofaktoren möglichst zu vermeiden oder deren Dosis herabzusetzen. Die pathogenetische Präventionsforschung hat große Erfolge zu verzeichnen. Arbeitsplatzgrenzwerte (AGW) würde es nicht geben ohne diese Forschung. Hinweise zur Vermeidung von „Risikoverhaltensweisen" ebenso wenig.

Trotzdem: Die pathogenetische Orientierung ist in der Regel sehr teuer. Sie bringt Menschen und Politiker dazu, sich auf spezifische diagnostizierbare Erkrankungen und/oder auf die Prävention eben dieser zu konzentrieren und mit hohem Aufwand gegenzusteuern. Als Klassiker können die Epidemien im letzten Jahrzehnt herangezogen werden: SARS, Vogelgrippe und Schweinegrippe. Mit jedem Zyklus nimmt der Aufwand zur Kontrolle der Risiken exponentiell zu. Am Ende werden die Massen hypersensibilisiert und danach Millionen von Impfdosen vernichtet. Das liegt sozusagen in der Idee der Pathogenese veranlagt.

2.7.6 Salutogenese

ANTONOVSKY (1979, 1987) hat als einer der ersten auf Schwächen des pathogenetischen Modells hingewiesen. Zwar sei es gelungen, eine Vielzahl von Risikofaktoren zu identifizieren, aber dieser Weg führe zu einer eingeschränkten Sichtweise. Er entwickelte daraufhin den Komplementär zur Pathogenese – die *Salutogenese*.

Ausgangspunkt seiner Überlegungen waren zwei gleichwertige Fragen: Aus welchen

Gründen bekommt jemand eine ganz spezifische Krankheit? Und wie kommt es dazu, dass manche Personen trotz ungünstiger Bedingungen ihre Gesundheit bewahren? Die salutogenetische Forschung beschäftigt sich seitdem intensiv mit den gesunderhaltenden oder auch „protektiven" Faktoren. Die Forschung hat u. a. folgende Protektivfaktoren bestätigt:

- Gesundheits- und Vorsorgeverhalten
- Intelligenz und geistige Flexibilität
- die Verfügung über materielle Ressourcen
- soziale Unterstützung in multiplen sozialen Netzwerken
- die aktive Teilnahme an Entscheidungs- und Kontrollprozessen
- die „Sinnfälligkeit" des eigenen Handelns

Diese, als „Widerstandsressourcen" gekennzeichneten Faktoren gilt es aufzubauen, zu sichern und weiterzuentwickeln. Sie sind für den Erhalt physischer und psychischer Gesundheit mitentscheidend. Sie ermöglichen den Aufbau eines Kohärenzgefühls (Sense of Coherence, SOC). Das Kohärenzgefühl ist das Kernstück der salutogenetischen Theorie und setzt sich aus 3 Komponenten zusammen:

1. dem Gefühl von Verstehbarkeit (Sense of Comprehensibility)
2. dem Gefühl von Handhabbarkeit (Sense of Manageability) und
3. dem Gefühl von Sinnhaftigkeit (Sense of Meaningfulness),

Verstehbarkeit meint die Fähigkeit von Menschen, Umweltreize als geordnete, konsistente und strukturierte Informationen in Wissen verarbeiten zu können.

Handhabbarkeit meint, geeignete Voraussetzungen zur Bewältigung kritischer Anforderungen zur Verfügung zu haben, etwas tun und bewirken zu können.

Sinnhaftigkeit meint, in der Lage zu sein, den Dingen eine Bedeutung zumessen zu können und als emotional anregend zu empfinden.

Wer einen hohen SOC-Wert besitzt, hat ein erhöhtes Vertrauen in die Abläufe des Lebens, verarbeitet kritische Ereignisse besser und ist weniger aktiviert. Kurz: Er lebt gesünder und damit (wahrscheinlich) auch länger.

Antonovsky unterstützt die bereits skizzierte Idee, dass der Mensch weder gesund noch krank ist, sondern mehr oder weniger gesund oder eben auch mehr oder weniger krank. Das alles jedenfalls auf einem mehrdimensionalen Kontinuum. Aber die eigentliche Errungenschaft seines Wirkens war die Revision der Idee, dass z. B. Risikofaktoren (Stressoren) immer negativ wirken müssen. Sie sind sicherlich potenziell schädigend – aber eben nicht zwangsläufig. In welche Richtung sie wirken, hängt vom Bedingungsgefüge ab. Das Gleiche gilt übrigens für Ressourcen. Auch diese müssen nicht zwangsläufig positiv wirken. Denken Sie nur an einen handlungsunsicheren Mitarbeiter, dem plötzlich mehr Gestaltungsspielraum in der Handhabung seiner Abläufe zugestanden werden soll. Wirkt sich das positiv auf diesen Mitarbeiter aus? Antonovsky empfiehlt stattdessen, sich mit der „aktiven Adaptation" an die Bedingungen zu befassen. In der gesundheitspsychologischen Welt hat sich hierfür der Begriff des „Copings" durchgesetzt.

Halten wir fest: Die pathogene Sichtweise und die salutogene Sichtweise sind zwei Seiten ein und derselben Medaille. Sie ergänzen sich gegenseitig.

Die pathogene Perspektive beinhaltet einen therapeutisch-korrigierenden, die salutogene einen präventiv-stabilisierenden Ansatz. Jede Gesundheitsmaßnahme lässt sich nun einer der beiden Seiten von der Grundausrichtung zuordnen. Differenziert man zudem in die unterschiedlichen Settings der Maßnahmen, dann ergibt sich eine Matrix, wie sie in Abbildung 29 dargestellt ist.

2.7.7   Salutogenese und Pathogenese in der Arbeitswissenschaft

Im Rahmen der Arbeitswissenschaften, der Arbeitsmedizin und des Arbeitsschutzes orientieren sich pathogenetische Modelle und Ansätze an der Leitfrage: „Was macht bei der (betrieblichen) Arbeit krank bzw. verletzt?" Das grundsätzliche Streben muss also sein, arbeitsbedingte Gefährdungen für die Gesundheit zu identifizieren, damit Krankheits- und Unfallrisiken abgebaut und potentielle Schädigungen der Gesundheit durch Arbeitsbelastungen und Unfallgefahren vermieden oder zumindest verringert werden können. Beispiele für die pathogenetische Perspektive in der Arbeitswelt sind z. B. das Berufskrankheiten-Modell, die Dosis-Wirkungs-Vorstellungen aber auch das Belastungs-Beanspruchungs-Modell und einige Stress-Modelle, die wir im Folgenden Kapitel noch näher erläutern werden. Die Korrektur und die prospektive Prävention arbeitsbedingter Gefährdungen sind die Leitlinien des „klassischen" Arbeits- und Gesundheitsschutz. Dieser ist überaus er-

Abbildung 29: Taxonomie von Gesundheitsmaßnahmen
[Quelle: Eigene Darstellung]

	individuell	organisational	gesellschaftlich
„pathogen" orientiert (therapeutisch-korrigierend)	z. B. Verabreichung von Medikamenten, Operationen, Entzug, Psychotherapie, Führen von Personalgesprächen nach Fehlzeiten	z. B. Fehlzeiten-management (FZM), betriebliches Eingliederungs-management (BEN)	z. B. Einführung von Karenztagen in der Entgeltfortzahlung, Kennzeichnungspflicht auf Zigaretten oder Alkoholika, Werbe-verbote, Arbeitsschutz-verordnungen, Grenz-werte
„salutogen" orientiert (präventiv-stabilisie-rend)	z. B. Impfung, persönliches Bewegungsprogramm unter Begleitung eines Coaches, Beratung zur Fortentwicklung persönlicher Interessen, Beratung zur gesunden Ernährung	z. B. betriebliches Gesundheitsmanage-ment (BGM) mit all seinen Facetten (Stresstrainings, Betriebssport, Arbeits- und Prozessgestaltung)	z. B. Bonus-Program-men der GKV bei Inanspruchnahme von Präventionsleistungen, Steuerbefreiung für betriebliche Gesund-heitsleistungen

folgreich gewesen, was wir z. B. an der Entwicklung der Unfallzahlen erkennen können. Pathogenetische Ansätze besitzen auch weiterhin hohe erkenntnistheoretische und praktische Werte, in dem sie nach den Ursachen von gesundheitlichen Risiken bei der Arbeit fragen und weil sie Identifizierung und Kontrolle bestimmbarer Störgrößen und negativer Einflussfaktoren ermöglichen.

Als Ergänzung dieser Perspektive ist der salutogenetische Ansatz einzuordnen. Er löst also nicht den pathogenetischen ab, sondern erweitert diesen. Er fragt nämlich nun auch noch nach den gesundheitsstiftenden Faktoren der Arbeit und kehrt damit die Richtung der Hypothesenbildung um. Die Leitfrage lautet nun: „Warum und wie können Menschen trotz hoher Arbeitsanforderungen und widriger Umgebungsbedingungen gesund bleiben?" Mit dieser Leitfrage ist auch ein anderes analytisches Setting verknüpft. Dieses muss das Vorkommen und die Ausprägung von Gesundheitspotenzialen in der Arbeitswelt erkennen und darstellen. Es haben sich in den letzten Jahren eine Reihe interessanter arbeitswissenschaftlicher Konzepte entwickelt, die sich genau mit diesen salutogenetischen Fragestellungen beschäftigen. Sie zielen z. B. auf die Erfassung der Qualität der Arbeit (vgl. auch SCHULTE-TUS, 2001), den Ausbau von beruflichen Kompetenzen sowie die Lernförderlichkeit von Arbeitsplätzen (vgl. z. B. FRIELING et al. 2006) ab.

2.8   Prävention

„Gesund ist man erst, wenn man wieder alles tun kann, was einem schadet."
(Karl Kraus, Publizist, 1874 bis 1936)

2.8.1   Prävention und Gesundheitsförderung

Gibt es einen Unterschied zwischen Prävention und Gesundheitsförderung? Diese Frage ist von großer Bedeutung, denn die beiden Begriffe stehen oftmals nebeneinander und suggerieren, dass „Prävention" eher „gesundheitsrisikominimierender" und Gesundheitsförderung eher „gesundheitspotenzialerhöhender" Natur wäre. Damit steht Prävention eher in der pathogenen und Gesundheitsförderung eher in der salutogenen Ecke.

HAFEN (2004) stellt sich die Frage, ob die Förderung der Gesundheit überhaupt ohne den Umweg über gesundheitsrisikominimierende Faktoren möglich ist und stellt fest: *„Reine Gesundheitsförderung ist nicht möglich."* Er macht deutlich, dass der Ausgangspunkt für präventive und gesundheitsförderliche Bemühungen immer ein bereits erkanntes oder manifestes Problem ist. Warum soll man Arbeitsplatzgrenzwerte einhalten? Warum soll jemand einen Ernährungskurs belegen? Oder an einem Stressbewältigungsseminar teilnehmen? Oder sich impfen lassen? Oder einfach nur langsamer Auto fahren. Es geht immer um die Minimierung von Risiken, auf dem „Gesundheit/Krankheit-Kontinuum" in Richtung Krankheit abzurutschen. Dabei ist es unerheblich, wann und wo diese Maßnahmen ansetzen. O.k.: Vordergründig fragt Prävention „Wie kann ich verhindern, dass ich krank werde?" und Gesundheitsförderung „Was kann ich dazu beitragen, mich gesund zu erhalten?". Diese beiden Fragen verfolgen aber das gleiche Ziel. Insofern können diese beiden Begriffe auch synonym verwendet werden. Da der Begriff der Prävention umfassender ist, wollen wir diesen verwenden.

Der Präventionsbegriff kann untergliedert werden in:

- Primärprävention
- Sekundärprävention und
- Tertiärprävention

Alle drei Präventionsfacetten wollen die Lebens- und Arbeitsqualität von Menschen positiv beeinflussen. Der Unterschied der Begrifflichkeiten liegt im Zeitpunkt des Eingriffs, im Betrachtungswinkel, der Zielstellung und in der Herangehensweise (Abbildung 30).

Die Begriffe sind nicht besonders unterscheidungsstark. Dennoch sind einige Forscher der Meinung, dass es auch noch „primordiale Prävention" gibt, also Prävention, die ohne erkennbare Risikogruppen auskommt und quasi einen vollständigen ökologischen Ansatz der Verbesserung und Vervollkommnung verfolgt. Wir sind hier anderer Meinung, weil Aktivierung immer zielgerichtet entsteht und

Abbildung 30: Übersicht über Präventionsansätze
[Quelle: Eigene Darstellung]

	Primärprävention	Sekundärprävention	Tertiärprevention
Interventionszeitpunkt	bei erkennbaren Risikofaktoren *vor* Eintritt von Defiziten und Beeinträchtigungen	*frühzeitig* bei bereits manifesten Defiziten und Beeinträchtigungen	*bei und nach* akuten Defiziten und Beeinträchtigungen
Interventionsrichtung	vorbeugend/ stabilisierend/ aufbauend/ regulierend	steuernd/ korrigierend/ mindernd	kompensierend/ (neu) orientierend
Zielgruppe	alle/ Risikogruppen	„Patienten"	Rehabilitanden/ Rekonvaleszenten
Zielsetzung	Kontrolle der Risikofaktoren/ Ausbau der Widerstandskraft	Kontrolle des Störungsverlaufs/ minimierung der potenziellen Schäden	Minimierung der manifesten Schäden/ Perspektivbildung

auch immer auf die Kontrolle von als unsicher erlebten Zuständen hinausläuft. Insofern ist dieser Begriff überflüssig.

Wenn wir über Prävention sprechen, dann sollte uns auch der Betrachtungsgegenstand, die Systemebene klar sein. Setzen wir am Individuum oder gleich am ganzen Arbeitssystem an? Wer ist der „Risikoträger" oder gleichsam der „Patient" bzw. „Rehabilitand"? Der Einzelne? Eine Gruppe? Ein Unternehmen oder gar das gesamte Land? Entsprechend dieser Präventionszielgruppen werden dann auch die Methoden ausgerollt. Individuelles Gesundheitsmanagement versus kollektives Gesundheitsmanagement. Die vielfach vorgenommene Unterscheidung in „Verhalten" und „Verhältnisse" als Präventionsschwerpunkte führt u. E. nach in die falsche Richtung. Sie entkoppelt diese beiden Systemelemente und ignoriert deren Dialektik. Besser eignet sich eine Differenzierung in Systemebenen, wobei wir explizit Bezug auf das betriebliche Setting nehmen wollen:

- Individuum (Mikro-Ebene)
- Arbeitsgruppe (Meso-Ebene)
- Unternehmen (Makro-Ebene)
- Gesellschaft (Supra-Ebene)[46]

Hieraus ergibt sich erneut eine Präventionsmatrix (siehe auch Abbildung 31). Beispiele für die Primärprävention auf der *Individualebene* wären dann z. B. das tägliche Zähneputzen (außerbetriebliches Setting) aber auch das allgemeine Bewegungsverhalten und die grundsätzliche Schaffung ergonomischer Arbeitsplätze (betriebliches Setting). Sekundärprävention auf der Individualebene würde z. B.

---

46 Zugleich das Umgebungssystem aus der betrieblichen Perspektive.

die Aufnahme von besonders vitaminhaltigen Nahrungsmitteln oder sogar Nahrungsergänzungsmitteln bei einer beginnenden Erkältung darstellen. Auch die Teilnahme an einem Seminar „Stress-out: Komplexe Aufgaben gelassen bewältigen" kann dieser Kategorie zugeschlagen werden, aber nur dann, wenn der Teilnehmer bereits Defizite im Arbeitsverhalten und der persönlichen Stressregulation verspürt. Die Schaffung eines leidensgerechten Arbeitsplatzes nach erfolgreicher betrieblicher Wiedereingliederung ist der Kategorie Tertiärprävention auf der Individualebene zuzuordnen. Dieser schafft nämlich die notwendigen Leistungsperspektiven nach einer langen Erkrankung und verhindert zugleich das Risiko, erneut in diesen Zustand zu geraten. Analog zur Individualebene können die Präventionsansätze auch der Arbeitsgruppe zugeordnet werden. Primärprävention auf der *Ebene der Arbeitsgruppe* entspräche dann z.B. die Aushandlung von Verhaltensregeln in Konfliktfällen zwischen den Gruppenmitgliedern. Konfliktmediation wäre Sekundärprävention auf der Ebene der Arbeitsgruppe und Maßnahmen der beruflichen Neuorientierung für umgesetzte Mitarbeiter/innen würden der Tertiärprävention zugeordnet werden können.

Probieren Sie es einmal selbst und ergänzen die Ansätze bezüglich der Ebenen „Unternehmen" und „Gesellschaft"! Wo findet sich die „Abwrackprämie" wieder, wo der Rettungsfonds für „notleidende" Banken? Wichtig: Strengere Finanzregeln nach einem Banken-Crash können als erneute primärpräventive Maßnahme verstanden werden. Hier wird sehr schön deutlich, dass das auch eine Frage des Lernens bzgl. der Lebensrisiken ist.

Betrachtet man die dargestellten Präventionsansätze in Abbildung 31 etwas genauer wird deutlich, dass wir bezgl. unseres Präventionsverständnisses weggehen von der Fokussierung auf Gesundheit und Krankheit und meinen, dass es im betrieblichen Setting vor allem um die Verhinderung eines Systemleistungsabfalls geht. Dabei spielen gesundheitliche Aspekte eine wesentliche Rolle, aber eben nicht die alleinige. Sozial-kommunikative, führungsbezogene, bildungsbezogene, ausstattungsbezogene Merkmale müssen ebenso in das Präventionsdenken und -handeln einbezogen werden.

Die tradierten Vorstellungen von annähernd kostenfreier Verhinderung sind zudem falsche Vorstellungen. Deshalb kollidiert die Investitionsneigung in betriebliche Prävention auch bisher so stark mit den eigentlich notwendigen Vorsorgeaufwendungen. Mit der Zunahme erlebter potenzieller Kontrollverluste (z.B. durch De-Motivation, Fehlleistungen und Krankheit) steigt jedoch auch die Bereitschaft, signifikant in die Verhinderung dieser Phänomene zu investieren. Das gilt für jeden Einzelnen, aber eben auch für Betriebe. Um Betriebe bei dieser Entwicklung zu unterstützen, ist es notwendig, ihnen noch bessere Instrumente zur Messung ihrer eigenen Präventionsleistung in die Hand zu geben. Das gesundheitsbezogene Kennzahlensystem wird zum jährlichen Tool und damit auch schrittweise messgenauer. Kontinuierliche Feststellungen in Bezug auf die aktuelle Lage des Systems werden zukünftig vorgenommen werden. Die Entwicklung der betrieblichen Prävention wird in Richtung der Unterstützung von schlüssi-

Abbildung 31: Präventionsansätze auf verschiedenen Ebenen
[Quelle: Eigene Darstellung]

Systemebene	Beispiele für Primärprävention	Beispiele für Sekundärprävention	Beispiele für Tertiärprävention
Individuum	tägliches Zähneputzen/ vitalstoffreiche Ernährung/ Bewegungsverhalten am Arbeitsplatz/ ausreichende Erholung Vorsorge-Untersuchungen	Ruhe bei Erkrankungen/ Arzt-Compliance/ Aufnahme von Vital-präparaten bei Erkältung/ Nachhilfe in der Schule	Lipidhemmer bei kardio-vaskulären Erkrankungen/ Bewegungstraining nach Schlaganfall/ leidensgerechter Arbeitplatz nach Wiedereingliederung
Arbeitsgruppe	Regelung von Pausenzeiten/ Aufstellen von Verhaltens-regeln für Konfliktfälle/ Einrichtung eines „Kummerkastens"	Konfliktmediation/ Optimierung der Schichtplanung bei Erholungsdefiziten/ Veränderung von Abläu-fen bei Überforderung	berufliche Qualifizierung und Neuorientierung nach Outplacement
Unterhemen	Pandemieplan/ Management-Systeme (Arbeitsschutz, Umwelt, Gesundheit)/ Gesundheitskampagnen	Qualifizierung überforderter Mitarbeiter/ Restrukturierung defizi-tärer Geschäftsbereiche/ Fehlzeiten-Monitoring	Sozialplan bei Arbeitsplatzabbau
Gesellschaft	Impfkampagnen/ AIDS-Aufklärung/ Gesundheitsbildung in Schulen/ Hochwasserschutz/ Verteidigung	CO_2 Emissionshandel in der Klimadebatte/ Ganztagsschulen in der Bildungsdebatte/ Elterngeld in der Demografiedebatte	„Abwrackprämien" und „Rettungsfonds" in der Wirtschaftskrise/ Zwangsisolierngen von Personen bei einer Pandemie

gen Maßnahmen gehen, welche das Leistungsverhalten des Gesamtsystems positiv beeinflussen.

Für Individualstörungen gibt es das ICD-10. Was uns fehlt, ist eine analoge Diag-nostik von Störungen in Betrieben. Das ist eine riesige Herausforderung, weil die Arbeitssysteme ungleich komplexer sind. Wirkungsvolle betriebliche Prävention braucht aber ein solches Klassifikationssystem, weil dann besser entgegengewirkt und auch fachübergreifend besser kommuniziert werden kann. Viele Defizite wer-den erst jetzt[47] richtig in den Betrieben wahrnehmbar und sie wirken sich aus: auf die Befindlichkeit, auf die Leistungskraft, auf die Systemleistung insgesamt. Aber Vorsicht! Es geht darum, Unternehmensstörungen besser erkennen und einord-nen zu können. Es geht nicht darum, Unternehmen zu pathologisieren. Das ist ge-fährlich.

---

47 „Jetzt" meint 2010. Das erste Jahr mit einer Netto-Abnahme des verfügbaren erwerbsbezoge-nen Arbeitskräftepotenzials seit den 60er Jahren.

2.8.2   Prävention und Konstruktivismus

Klar ist: Präventive Maßnahmen geben (erstrebenswerte) Ideen vor. Sind diese einmal im Ohr – sind sie auch im Kopf. Ideen sind im Kopf. Konstrukte sind im Kopf. Stellen Sie sich einfach mal vor, Sie werden in einer Mitarbeiterbefragung nach dem Führungsverhalten Ihres Chefs gefragt. Früher haben Sie da vielleicht nicht so intensiv darüber nachgedacht, aber jetzt, wo Sie in den Items sehen, welches Verhalten Führungskräfte so an den Tag legen sollten, spüren Sie: Ihr Chef ist weit weg von diesem Optimum! Durch anschließende betriebliche Diskussionsrunden wurde Ihnen auch gewahr, wie laut es in der Produktionshalle ist und wie zugig. Sie beginnen sich Sorgen um Ihre Gesundheit zu machen und drängen auf Veränderung dieses (jetzt nicht mehr akzeptablen) Zustands. Zudem wird Ihnen nach einem „Kurz-Input" eines Experten zur Arbeitszeitgestaltung klar, dass das bisherige Schichtsystem für Sie (eher früher als später) zu gewichtigen Erholungsdefiziten führen wird.

Der Konstruktivismus postuliert, dass menschliches Erleben und Lernen Konstruktionsprozessen unterworfen ist, die durch sinnesphysiologische, neuronale (Kognition, Emotion, Gedächtnis) und soziale Prozesse beeinflusst werden. Seine Kernthese besagt, dass Individuen eine Repräsentation der Welt schaffen, die einzigartig ist. Anders ausgedrückt: Die Welt ist nichts – die Abbildung der Welt ist alles! Dann stellt sich aber auch folgende Frage: *Wer definiert eigentlich Gesundheit?* Was meinen Sie? Sie selbst? Ihr Partner? Die Medien? Die „Konstruktgeber" sind vielfältig und wirken unterschiedlich stark. Eine kleine Auflistung der Einflussgrößen auf die gesundheitsbezogene Denk- und Wahrnehmungswelt von Menschen findet sich in Abbildung 32.

2.8.3   Methoden der Gesundheitsprävention

Wie mache ich Prävention? In der Literatur finden sich vielfältige Beispiele, die auf vier Begriffe herunter gebrochen werden können:

1. Aufklärung
2. Beratung
3. Bildung und
4. Erziehung

1 | Gesundheitsaufklärung

Es kursiert der Begriff der *Gesundheitsaufklärung*. Er verfolgt den Gedanken, den Menschen über die Entstehung und die Möglichkeiten der Vermeidung von Krankheiten aufzuklären. Gesundheitsaufklärung bedeutet, die Menschen im öffentlichen Raum mit Informationen über gesundheitliche Themen zu versorgen. Die Zielgruppe ist also die breite Bevölkerung und das Medium der Verbreitung des Wissens sind Massenmedien. Die Bundeszentrale für gesundheitliche Aufklärung (BzGA) übernimmt z. B. in Deutschland diese Aufgabe im Rahmen ihrer AIDS-Kampagnen. Auch die Berufsgenossenschaften haben in den letzten Jahren verstärkt Kampagnen an den Start gebracht. Zu nennen sind hier die erste gemeinsame Kampagne zum Thema „Stolpern, Rutschen und Stürzen"[48] und die aktuelle Kampagne, zum Thema „Haut".[49]

2 | Gesundheitsberatung

Es kursiert der Begriff der *Gesundheitsberatung*. Gesundheitsberatung findet in kleineren Einheiten (z. B. im Einzel- und Gruppensetting) statt. Die Zielgruppe ist also hier spezifischer gefasst. Menschen mit einem spezifischen Bedarf an gesundheitlicher Beratung werden angesprochen. Das Ziel ist es, diese Menschen zu befähigen bei der Entscheidung über eine Inanspruchnahme von Gesundheitsleistungen mitzuwirken. Allgemeiner formuliert, sie dazu zu befähigen bei der Umsetzung ihrer Gesundheitsbedürfnisse mitzuwirken. Beispiele hierfür sind angebotene Gesundheitskurse von Krankenkassen oder auch Firmenseminare zu gesundheitsrelevanten Themen.

3 | Gesundheitsbildung

Es kursiert der Begriff der *Gesundheitsbildung*. Gesundheitsbildung umfasst alle Aktivitäten in Einrichtungen der Erwachsenenbildung. Die Aktivitäten sind zumeist verhaltensorientiert. Ähnlich der Gesundheitsberatung wird das Ziel verfolgt, Einstellungen, Kompetenzen und Fertigkeiten zur Selbstentfaltung von gesundheitsbewusstem Verhalten zu vermittelten und Handlungsmöglichkeiten aufzuzeigen. Im Vordergrund stehen Motivation, Kompetenzentwicklung und der Ausbau von Selbstwirksamkeitserwartungen. Zielgruppe ist die Erwachsenenwelt vom Auszubildenden bis zum Altersübergänger. Eigenschaften und Merkmale der Gesundheitsbildung sind die freiwillige Teilnahme und ein teilnehmerzentriertes, selbstbestimmtes und soziales Lernen, dem meist ein dialogisches Verhältnis zwischen Lehrendem und Lernendem zugrunde liegt. Ein Beispiel für Gesundheitsbildung ist das Programm Azubifit®.[50]

4 | Gesundheitserziehung

Es kursiert der Begriff der *Gesundheitserziehung*. Inhaltlich kommt dieser Begriff dem der Gesundheitsbildung sehr nahe. Nur fokussiert er stärker auf die Zielgruppe Kinder und Jugendliche. Dementsprechend finden die Aktivitäten auch in Einrichtungen der Erziehung (z. B. Kindergarten, Schule, Ausbildung) sowie in der Familie statt. Gesundheitserziehung braucht ein klares Abhängigkeitsverhältnis zwischen Erzieher und Erzogenem. Im Vordergrund steht der Einsatz von pädagogischen Maßnahmen, um risikoreiches Gesundheitsverhalten zu vermeiden. Kind- und jugendgerecht werden Einstellungen, Kompetenzen und Fertigkeiten zur Selbstent-

---

48 www.fasi.de/uploads/36/.../d028_v002_aktion-sicherer-auftritt.pdf
49 www.deinehaut-bg.de/
50 http://azubifit.com/

Abbildung 32: Gesundheitsbezogene Konstruktgeber
[Quelle: Eigene Darstellung]

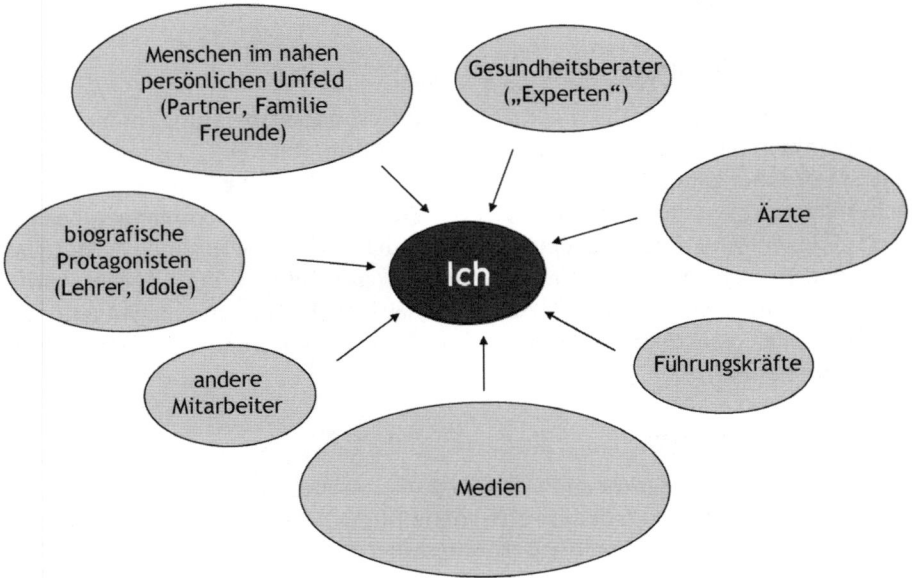

faltung und zur Förderung von gesundheitsbewusstem Verhalten vermittelt. Ein Beispiel hierfür ist das Programm „Klasse 2000".[51]

2.8.4   Risiken und Grenzen der Gesundheitsprävention

Präventionsmaßnahmen sind immer auch Eingriffe in den Menschen. Wie alles im Leben ist auch ein an sich positives „Eingriffs-Angebot" durchaus mit Risiken verbunden. Auf diese Risiken wollen wir hier eingehen.

Gesundheitsangebote sind nicht für alle Personengruppen gleichermaßen geeignet. Es gibt Personen, für die intensive Gesundheits- und Reflexionsarbeit eher *kontraindiziert* sind. Zwanghaft und/oder hypochondrisch akzentuierte Teilnehmer/innen an Gesundheitsprogrammen (z. B. Kurse, Check-up's, Seminare) laufen z. B. Gefahr, bereits bestehende Aufmerksamkeiten und Fixierungen gegenüber „Auffälligkeiten" und „Abweichungen" noch weiter zu betonen. Damit können veranlagte oder bereits existente Symptome zusätzlich aktualisiert und die Lebensqualität beeinträchtigt werden. Diese Personen laufen auch Gefahr, dem Gesundheits- oder Krankheitsthema eine unangemessene Stellung in ihrem Lebensvollzug beizumessen.

Zum selbstkritischen Umgang eines „Gesundheitsförderers" gehört es auch, die Gesundheitsangebote nicht ideologisch zu überfrachten. Gesundheit darf nicht

---

51 http://www.klasse2000.de/

zum *Selbstzweck* oder gar zum Fetisch werden. Die Gleichsetzung von Gesundheit und deren Attributen (schön, fit, integriert, kommunikativ, belastbar, mobil, durchsetzungsstark, ausgeglichen) mit den ultimativen Erfolgsvoraussetzungen für persönliches Lebensglück sollte unterbleiben. Die anderen, unausweichlich dazugehörigen Aspekte von Misserfolg, Krankheit, Leiden, Behinderung und Tod sollten integraler Bestandteil von Gesundheitsangeboten werden. Nicht wenige Menschen sind nämlich genau mit der Bewältigung dieser Lebenssituationen schlicht überfordert. Zudem werden bereits geringfüge Abweichungen vom Idealbild in einen krankheitswertigen Kontext gesetzt. Schiefe Zähne und etwas Bauchfett sind dann schnell auch „Karrierekiller" oder „toxisch".

Zur ideologischen Überfrachtung gehört auch die Suggestion, dass Gesundheit „gesteigert" werden könne, ja müsse, um den heutigen Erfordernissen gerecht zu werden. Entgleisungen und z.T. auch Exzesse dieser *Steigerungslogik* sind bereits in der Gesundheitsgesellschaft sichtbar. Die Pharma-, Fitness- und Schönheitsindustrie leistet dieser Tendenz leider mit ungebrochenem Ehrgeiz Vorschub. Viagra® ist ja nicht deshalb ein Verkaufsschlager, weil so viele Menschen ihre erektilen Dysfunktionen erkannt haben, sondern, weil damit „mehr" Potenz möglich scheint.

Gesundheit darf zudem nicht zur *moralischen Kategorie* erhoben werden. Das würde schlicht bedeuten, dass nur gesunde Menschen auch „gute" Menschen sein können. Ungesunde, behinderte, kognitiv schwächere und undisziplinierte Menschen wären in dieser Logik schnell am Rande des „Schlechten" oder sogar „Bösen". Hier würde dann auch auf brutale Art und Weise der Selbstwert von Menschen angegriffen, die nicht „on-top" der gesellschaftlichen Gesundheitspyramide stehen – und das sind die meisten.

Wir sollten uns letztlich auch radikal von der *Utopie* eines grundsätzlich beschwerdefreien Lebens verabschieden und dementsprechend auch vermeiden, unsere Gesundheitsangebote als funktionale „Erfüllungsgehilfen" auf dem Weg in diese Zustände zu deklarieren. Nicht wenige Anbieter machen aber genau das. Mehr noch: Sie simplifizieren diese Zusammenhänge zusätzlich. „Lauf' dich gesund!", „Simplify your Life!" und „Die Glücksdiät!" sind zwar eingängige Sprüche, suggerieren aber eben auch genau einen Zusammenhang, der so nicht existiert. Wir wollen damit nicht sagen, dass es keine positiven Zusammenhänge zwischen gesundheitsbewussten Verhaltensweisen und einer positiven Lebenseinstellung und hohen Lebensqualität geben würde. Nur ist dieser Zusammenhang eben nicht funktionaler Natur.

Das Leben ist so oder so „lebensgefährlich".

2.9   Arbeit und Gesundheit

„Arbeit hat für mich etwas Faszinierendes. Ich kann stundenlang davorsitzen und sie anschauen."

(Jerome K. Jerome, engl. Autor und Essayist, 1859 bis 1927)

In den letzten Jahren wurde eine Reihe von Modellen entwickelt, die den Zusammenhang von Arbeit und Gesundheit konzeptualisieren. Zu ihnen zählen:

- das Belastungs-Beanspruchungs-Konzept
- das Anforderungs-Kontroll-Modell
- das Gratifikations-Krisen-Modell
- Stressmodelle
- das Modell der Arbeitsbewältigung

Gemeinsam ist allen Konzepten, dass sie sich mit den Gefährdungspotenzialen von Arbeitsanforderungen, Arbeitsinhalten und Arbeitsbedingungen auseinandersetzen. Die Modelle sind nicht unabhängig voneinander zu sehen. Vielmehr stehen sie für eine Entwicklungslinie. Nachdem man zunächst der Frage nachgegangen war, welche Anforderungskonfigurationen einen negativen Effekt auf die Gesundheit haben können, erweiterte man später den Horizont und schaute auch nach Rahmenbedingungen und individuellen Voraussetzungen, die kompensatorische Funktionen übernehmen konnten. Dabei ist es zu bedeutenden konzeptionellen Erweiterungen gekommen. Gesundheitsmanager/innen sollten diese Modelle kennen und mit ihnen arbeiten können. Wir wollen deshalb alle fünf Modelle kurz erläutern und in einen schlüssigen Handlungszusammenhang bringen.

2.9.1   Das Belastungs-Beanspruchungs-Konzept

Das Belastungs-Beanspruchungs-Konzept stellte bis in die 90er Jahre den leitenden theoretischen Entwurf der Zusammenhangsanalyse von menschlicher Arbeit und Gesundheit bzw. Krankheit dar (vgl. hierzu ROHMERT & RUTENFRANZ, 1975, LUCZAK & ROHMERT, 1997). Während unter „Belastung" praktisch alle Anforderungen an den Menschen verstanden werden, die sich aus der Arbeitstätigkeit, dem Arbeitsablauf und den Umgebungseinflüssen ergeben, ist mit „Beanspruchung" v.a. die durch die individuellen Eigenschaften des Menschen geprägten Reaktionen auf die einwirkenden Belastungen gemeint. Dauerhafte Belastungen führen zu dauerhaften Beanspruchungen und diese können ihrerseits mit negativen „Beanspruchungsfolgen" verknüpft sein. Um die Kontrolle und Zurückführung von negativen Beanspruchungsfolgen (z.B. Fehler, Destruktion, Fehlzeiten, Unfälle ...) geht es vor allem den Unternehmern. Die Abgrenzung von Belastung und Beanspruchung hat den Vorteil, dass zwischen den „Ursachen" (den Arbeitseinflüssen i.S. der Belastungen) und den „Wirkungen" (also dem Erleben dieser Einflüsse durch die arbeitende Person i.S. der Beanspruchung) unterschieden wird.

Werden Ursache und Wirkung erkannt, können zielgerichtete Strategien zur Optimierung der Beanspruchung entwickelt werden.

Das Problem des Konzepts liegt darin, dass praktisch alle äußeren Reize als Belastungen zu bezeichnen sind und alle beliebigen Reaktionen des Menschen auf diese Reize den Beanspruchungen bzw. den Beanspruchungsfolgen zuzuordnen wären.[52] Probleme bereiten der Beanspruchungsforschung auch, dass Menschen unter-schiedlich auf ähnliche oder gleiche Belastungen reagieren. Je nach Alter, genetischer Disposition, physischer Konstitution, intellektuellen Leistungsvoraussetzungen, Einstellungen, Trainingseffekten und entwicklungsbedingten Vulnerabilitäten, (um nur einige zu nennen) werden die Beanspruchungen aus gleichen Belastungen über die Individuen variieren. Da hilft es auch nicht, Belastungen vielfältig zu kategorisieren (z. B. Stäube, Gase, Lärm, Vibrationen, extreme Temperaturen und Temperaturwechsel, ungenügende Beleuchtung, Blendungen, radioaktive oder andere Strahlung, Heben und Tragen schwerer Gegenstände, das erzwungene Verharren in ergonomisch ungünstigen Positionen, die Aufnahme und Verarbeitung von unvollständigen bzw. widersprüchlichen Informationen usw.). Entscheidend für die Wirkung auf den Menschen sind die Belastungsdauer und -höhe.[53] Prinzipiell können alle physiologischen Systeme (isoliert oder simultan, sequenziell oder parallel) beansprucht werden.[54] Ob und wann es zu gesundheitlichen Beeinträchtigungen kommt, hängt von der Wechselwirkung äußerer Belastungen und individueller Leistungsvoraussetzungen ab. Die Kernidee des Konzepts ist in Abbildung 33 noch einmal aufgeführt.

Kritische Anmerkungen zur Vernachlässigung von arbeitsplatzbedingten Ressourcen bzw. Handlungs- und Wertorientierungen der Beschäftigten führten schließlich zu einer Weiterentwicklung des Konzepts.

2.9.2   Das Anforderungs-Kontroll-Modell

Das Demand-Control-Modell (DCM) von Robert Karasek und Töres Theorell (vgl. auch KARASEK, 1979; KARASEK & THEORELL, 1990) ist das weltweit mit Abstand am besten untersuchte Modell zur Entstehung von arbeitsbedingten Erkrankungen durch psychische Belastungen am Arbeitsplatz. Die besondere Stärke des Modells liegt in seiner Einfachheit. Die zentrale Botschaft lautet: Je höher eine Per-

---

52 Das zeigt sich z. B. in der Norm DIN EN ISO 10075 (Psychische Belastungen). In ihr werden psychische Belastungen definiert als „die Gesamtheit aller erfassbaren Einflüsse, die von außen auf den Menschen zukommen und psychisch auf ihn wirken". Na prima! Da sind wir wirklich wieder schlauer geworden.

53 Für viele toxische Stoffe ist es in den letzten Jahren z. B. gelungen, aus der Dauer und Intensität der Exposition sog. zeitabhängige „Arbeitsplatzgrenzwerte" (AGW) abzuleiten. Gleiches gilt für die Definition innerer Belastungsgrenzen, d. h. maximal zulässiger Organkonzentrationen sog. „Biologischer Grenzwerte" (BGW).

54 Informationsverarbeitende Bildschirmtätigkeiten werden z. B. vorwiegend das optische und akustische Sinnesorgansystem sowie das Zentralnervensystem beanspruchen. Das ständige Sitzen beansprucht zudem das Muskel–Skelett-System.

Abbildung 33: Grundidee des Belastungs-Beanspruchungs-Konzepts
[Quelle: in Anlehnung an LUCZAK & ROHMERT, 1997]

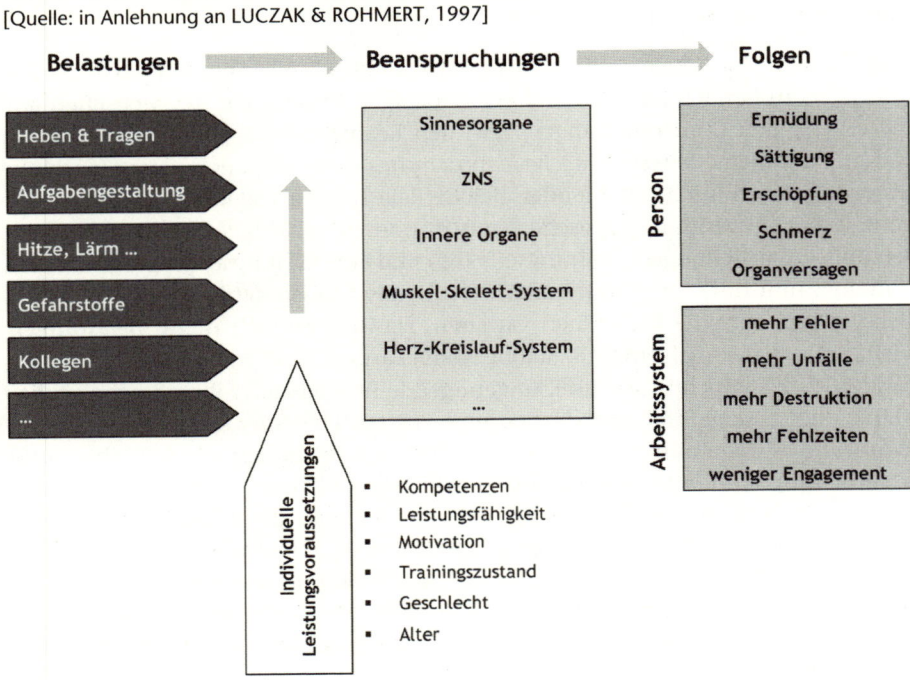

son die Arbeitsanforderungen (Demand) einschätzt und je geringer sie ihren Einfluss auf die Gestaltung und Erfüllung der Anforderungen wahrnimmt (Control), desto mehr Stress empfindet sie und umso mehr Gesundheitsbeschwerden werden entwickelt. Nicht die Arbeitsanforderungen (Belastungen) an sich sind also das gesundheitliche Problem, sondern das Missverhältnis von Anforderungen (z. B. Zeitknappheit, Unsicherheit, komplexe Arbeitsaufgaben, Verantwortung) und Kontrollierbarkeit (z. B. Handlungsspielraum, Einsatz persönlicher Fähigkeiten und Fertigkeiten, Macht).

„High-Strain" konnte eindeutig als Risikobereich für psychische Störungen, Herz-Kreislauf-Erkrankungen und Schmerzsyndrome identifiziert werden.[55] Später wurde das DCM noch um die Komponente „soziale Unterstützung" (z. B. durch Mitarbeiter, Führungskräfte, Freunde, Partner) ergänzt. Bindungsperspektiven stellen jedoch streng genommen auch nur Derivate von Kontrolle dar.

Die gute Nachricht des Modells ist, dass unangenehme und hohe Anforderungen (z. B. übermäßige Arbeitszeiten, Konflikte, Zeitdruck) auf hohem Niveau kompensiert werden können. Dabei ist „Control" der Schlüssel für Aktivität und Gesund-

---

55 Das Modell wurde vielfach bestätigt. Die umfangreichste Untersuchung (N 10.000) ging als „Whitehall-II-Studie" in die Literatur ein. Die Aussagen können also als evident bezeichnet werden.

Abbildung 34: Zustände nach dem Demand-Control-Modell
[Quelle: KARASEK (1979)]

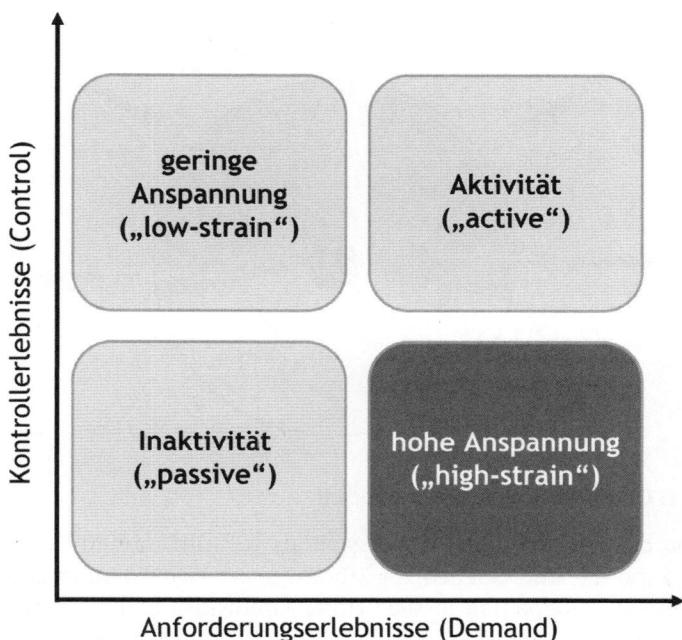

heit. „Control" ist die bedeutsamste aller psychischen Ressourcen. Kontrollerlebnisse haben unterschiedlichste Quellen:

- intern (z. B. Wissen, Fähigkeiten, Fertigkeiten, Kreativität …)
- extern (z. B. Entscheidungsspielräume, Aufgabenvielfalt, Wiederholungen, Vollmachten, Beteiligung, Technologie …)

Ungünstiger fällt die Prognose aus, wenn der innere Leitspruch folgendermaßen lautet: „Nicht ich kontrolliere die Arbeit, sondern die Arbeit kontrolliert mich!". Hohe Arbeitsanforderungen bei zugleich geringen Kontrollerlebnissen generieren nämlich hohe Anspannung (Aktivierung). Die Aktivierung kann am einfachsten mit Hilfe der Idee des „Aktivierungsmanometers" dargestellt werden. Manometer messen ja bekanntlich Druck. Der Druck, den das Aktivierungsmanometer anzeigt, ist jener im Zentralnervensystem (siehe dazu Abbildung 35).

Eine dauerhaft hohe Aktivierung ist für Menschen mit einer Reihe von Nachteilen verbunden, die alle gemeinhin eng mit dem Begriff „Krankheit" assoziiert sind. Zu ihnen zählen: eine unmittelbare Beeinträchtigung des Wohlbefindens (angezeigt durch das Vorhandensein negativer Emotionen wie Angst, Hoffnungslosigkeit, Wut etc.), muskuläre Dauerspannung, gastrointestinale und sexuelle Funktionsstörungen, Erschöpfungszustände, Schmerzsyndrome und Infektionsanfälligkeit.

Abbildung 35: Das Aktivierungsmanometer
[Quelle: SCHMIDT & WEINREICH (2007)]

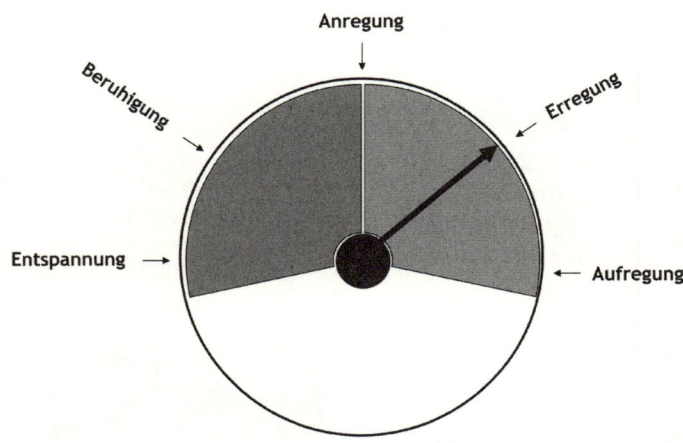

2.9.3   Das Gratifikations-Krisen-Modell

Viele Ressourcen können in der Arbeitswelt als „Gratifikationen" aufgefasst werden. Gratifikationen sind Quellen zur Erhöhung der Widerstandskraft gegenüber gesundheitsgefährdenden Einflüssen. Hohe Gratifikationen bedeuten zugleich einen hohen Erfüllungsgrad der psychischen Grundbedürfnisse. Das Gratifikations-Krisen-Modell (vgl. auch SIEGRIST, 1996) bringt nun zwei Aspekte zueinander, die sich die Waage halten sollten: Mühe, Aufwand, Anstrengung auf der einen (Effort) und Belohnung, Honorierung, Dank (Reward) auf der anderen Seite. Nicht selten stehen beide Seiten jedoch in einem Missverhältnis zuungunsten des Rewards. In diesem Fall spricht man von einer Dysbalance (Effort-Reward-Imbalance) oder auch von einer „Gratifikationskrise". Kurzum: Nicht wenige Mitarbeiter erleben eine hohe Verausgabung bei zugleich niedriger Belohnung. Und genau dieser Zustand ist toxisch!

Die Verausgabung resultiert sowohl aus äußeren Vorgaben (Aufgaben, Überstunden, Kundenverpflichtungen) als auch aus der inneren Wertestruktur des Mitarbeiters (Selbstverpflichtungen, Leistungsanspruch). Mit der Verausgabung ist immer die Erwartung verbunden, einen „fairen" Ausgleich zu bekommen.

Die Wirksamkeit der Gratifikationen ist abhängig von der Persönlichkeitsakzentuierung des betroffenen Mitarbeiters, wie wir sie bereits im Kapitel Führung angesprochen haben (kontrollassoziiert, bindungsassoziiert, selbstwertassoziiert, lustassoziiert). Die dauerhaft gesunde Bewältigung kritischer Arbeitsaufgaben ist also nur möglich, wenn die Mitarbeiter ihre psychischen Grundbedürfnisse erfüllen können. Das setzt voraus, dass ich die innere Akzentuierung des Mitarbeiters kenne.

Es gibt also auch nicht *die* Gratifikation. Nicht jeder springt gleichermaßen auf Job-Sicherheit (Kontrolle), Geld (Kontrolle und Selbstwert), Aufmerksamkeit (Bindung), Status und Anerkennung (Selbstwert), Spaß am Tun (Lustgewinn) und Per-

Abbildung 36: Das Effort-Reward-Modell
[Quelle: in Anlehnung an SIEGRIST (1996)]

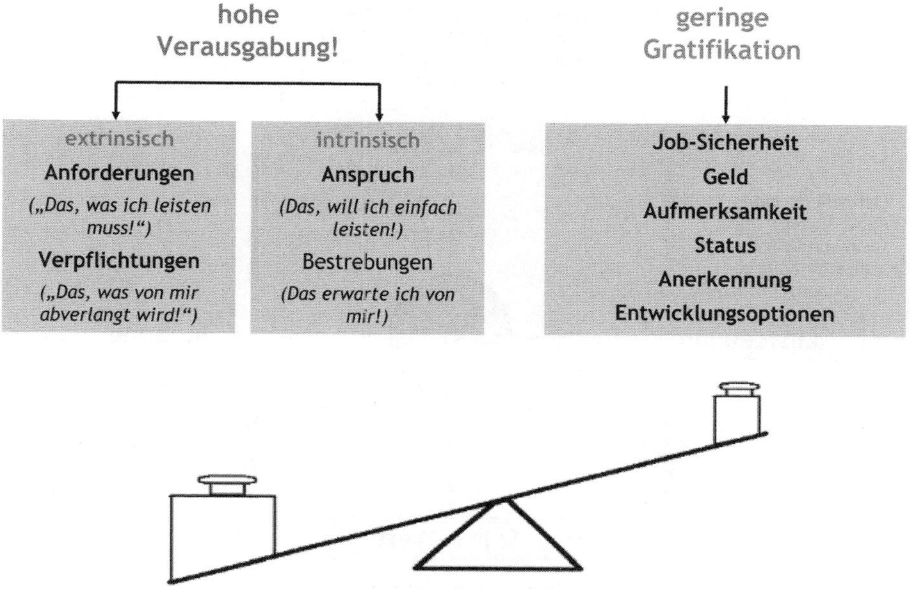

hohe
Verausgabung!

geringe
Gratifikation

extrinsisch	intrinsisch	Job-Sicherheit
Anforderungen	**Anspruch**	**Geld**
(„Das, was ich leisten muss!")	*(Das, will ich einfach leisten!)*	**Aufmerksamkeit**
Verpflichtungen	**Bestrebungen**	**Status**
(„Das, was von mir abverlangt wird!")	*(Das erwarte ich von mir!)*	**Anerkennung**
		Entwicklungsoptionen

spektivbildung (Kontrolle) an. Die wesentliche Gesundheitsaufgabe der Führungskräfte wird in den kommenden Jahren sein, die Mitarbeiter wieder stärker in ihrer Gesamtheit zu erkennen und ihnen das zu geben, was sie brauchen. Denn: Nur aus Erkennung kann (An-)Erkennung erwachsen!

Wichtig ist in diesem Zusammenhang noch, die „Navigationsregeln" für den Supertanker mit den sechs Buchstaben (M E N S C H) zu liefern. Wird ein Grundbedürfnis aktuell frustriert oder zumindest bedroht, und lenkt die Nadel im Aktivierungsmanometer auf „rot" aus, dann gibt es zwei Möglichkeiten, wieder in den „grünen" Bereich zurückzukommen:

1. ich stelle das bedrohte Grundbedürfnis selbst wieder her oder
2. ich kompensiere auf anderen Grundbedürfnissen[56]

---

56 Diesen Mechanismus können wir in der Praxis sehr schön beobachten. Steigt die Elbe über die Ufer (Achtung: das Kontrollbedürfnis ist bedroht!), dann beginnen wir zunächst einmal das Haus abzudichten, Barrieren vor der Haustür aufzustellen und Sandsäcke zu schleppen (Alternative 1: Wiederherstellung). Reicht das nicht aus, bzw. gelingt es uns nicht, die Situation zu kontrollieren, dann aktivieren wir weitere Bindungsoptionen (Helfer) und versuchen das gemeinsam. Ungeahnte Kompensationskräfte werden freigesetzt. Ist die Gefahr gebannt (Pegelstand sinkt wieder), dann lösen sich auch die temporären Bindungen wieder und jeder geht seiner Wege.

Abbildung 37: Die vier psychischen Grundbedürfnisse des Menschen
[Quelle: SCHMIDT & WEINREICH (2007)]

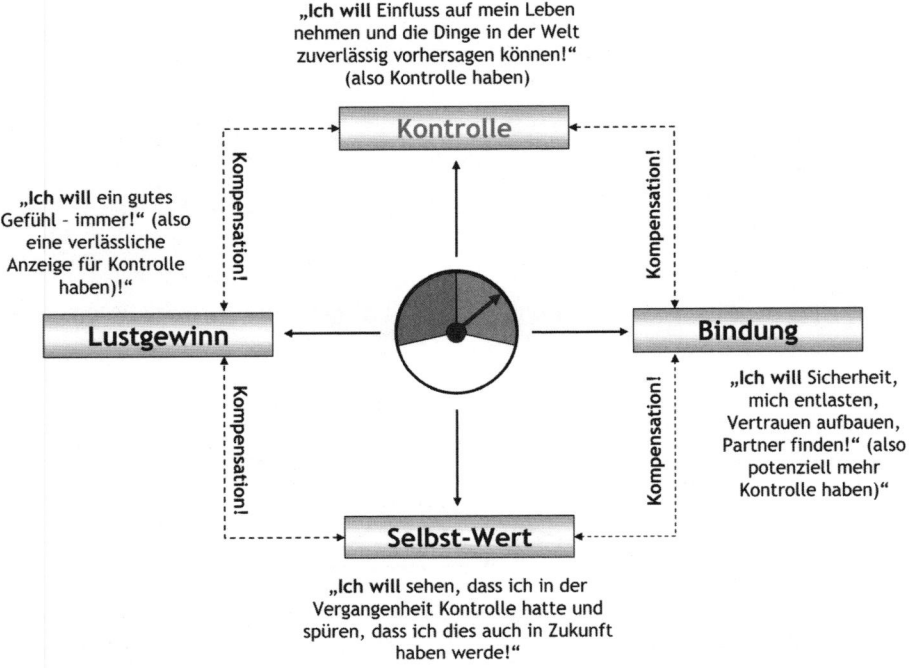

```
                    „Ich will Einfluss auf mein Leben
                     nehmen und die Dinge in der Welt
                     zuverlässig vorhersagen können!"
                         (also Kontrolle haben)
```

Kontrolle

„Ich will ein gutes
Gefühl – immer!" (also
eine verlässliche
Anzeige für Kontrolle
haben)!"

Kompensation!

Kompensation!

Lustgewinn

Bindung

Kompensation!

Kompensation!

„Ich will Sicherheit,
mich entlasten,
Vertrauen aufbauen,
Partner finden!" (also
potenziell mehr
Kontrolle haben)"

Selbst-Wert

„Ich will sehen, dass ich in der
Vergangenheit Kontrolle hatte und
spüren, dass ich dies auch in Zukunft
haben werde!"

INFOBOX

Was tun in Gratifikationskrisen?

Wenn Sie schuften und sich engagieren, aber niemanden interessiert das und Sie werden obendrein schlecht bezahlt, was können Sie dann tun? Sie können zunächst einmal versuchen, ihren Beitrag abzusenken, d. h. die Verausgabung zu verringern und die Waage wieder ins Lot zu bringen (primäre Stresslinderung). Geht das nicht, können Sie versuchen „ihre" Gratifikation einzufordern (Wiederherstellungsalternative). Geht das ebenfalls nicht, können Sie versuchen, sich zu entlasten und z. B. gemeinsam mit Kollegen über Ihren Chef herziehen (Kompensation auf Bindung). Sie können aber auch versuchen, durch innere Formeln Ihren Selbstwert zu stärken („Dieser Chef hat es einfach nicht drauf! Die Firma wird schon sehen, was sie davon hat, wenn ich kündige!"). Dabei können Sie zusätzlich Suchverhalten nach besseren Alternativen einleiten, um sich selbst gegenüber glaubhaft zu bleiben. Ist Ihnen dieser Weg versperrt, können Sie versuchen, sich auf die Dinge zu konzentrieren, die Ihnen Spaß machen (Kompensation auf Lustgewinn) und jene zu vermeiden, die Ihnen bisher eher ungute Gefühle beschert haben. Sie können aber auch einfach nur die Turnschuhe binden und Joggen gehen, vorausgesetzt, das macht Ihnen auch wirklich Spaß.

Mitarbeiter unterscheiden sich hinsichtlich ihres „Kompensationsarsenals". Je mehr Optionen ein Mitarbeiter hat, umso aktivierungsangemessener (d. h. letztlich gesünder) kann er agieren. Die Vielfalt an Kompensationsmöglichkeiten ist ein Indikator für die individuelle Gesundheitskompetenz.

2.9.4 Stressmodelle

Wir hatten bereits festgestellt: Stress = Aktivierung. Kurzzeitige Aktivierung ist kein Problem, so lange sie nicht weit über das normale Erleben hinausgeht (Trauma). Dauerhafte Aktivierung ist ein Problem, da mit ihr eine Reihe negativer gesundheitlicher Begleiterscheinungen assoziiert ist. Die weit verzweigten Stressmodelle nehmen sich nun den dynamischen Interaktionsprozessen zwischen den Anforderungen einer Situation und dem denkenden und handelnden Individuum an. Die Weiterentwicklung bezgl. der bisher dargestellten Modelle bezieht sich dabei besonders auf die Beschreibung und Erklärung sog. „moderierender Variablen" bei der Entstehung von Stresszuständen (Aktivierungszuständen). Die bedeutsamste Moderatorvariable ist das Denken und Lernen. So ist für LAZARUS (1991) die subjektive Bewertung einer Anforderungssituation (z. B. Chef lädt zum Mitarbeitergespräch ein) entscheidend für das Erleben und auch die Auslenkung der Aktivierung. Dieser Reiz muss erst einmal den sinnesphysiologischen und kognitiven Filter passieren. Danach „fragen" wir uns: a) mit welchen Ergebnissen wird so ein Gespräch verbunden sein? und b) hatten wir schon mal so eine Situation und habe ich die eigentlich ganz gut im Griff gehabt?[57] Für ihn durchlaufen also die potenziellen Stressoren zuerst einmal zwei Bewertungsschritte. Eine x-beliebige Situation daraufhin wird beurteilt, ob sie:

1. Bedrohungs- oder Verlustcharakter trägt (Konsequenzerwartung) und ob ihr
2. durch den Einsatz eigener Kompetenzen und Fähigkeiten adäquat begegnet werden kann (Kompetenzerwartung)

Im Zuge der Auseinandersetzung mit der Umwelt und innerpsychischer Veränderungen können Situationen auch gänzlich neu bewertet werden. Zudem sind ständig Lernprozesse aktiv („Coping"), so dass mit neu erworbenen Kompetenzen auch netto Anpassungsleistungen (Akkommodation) vollbracht werden können. Es bleibt aber beim Grundsatz: Immer, wenn sich eine Diskrepanz zwischen wahrgenommener Bedeutung und den Möglichkeiten der Anforderungsbewältigung bildet, entsteht Stress.

Die Aktivierung kann sich auf drei Ebenen ausdrücken:

- auf der physiologischen Ebene (z. B. Anspannung, erhöhte Herzfrequenz, erhöhter Cortisolspiegel)

---

57 Diese Prozesse laufen in der Realität hochautonom und extrem schnell ab. Wir spüren zumeist nur die emotionale Seite der Aktivierung (z. B. „grün" Freude, Stolz oder auch „rot" Furcht, Scham).

Abbildung 38: Transaktionales Stressmodell
[Quelle: in Anlehnung an LAZARUS & FOLKMAN (1984)]

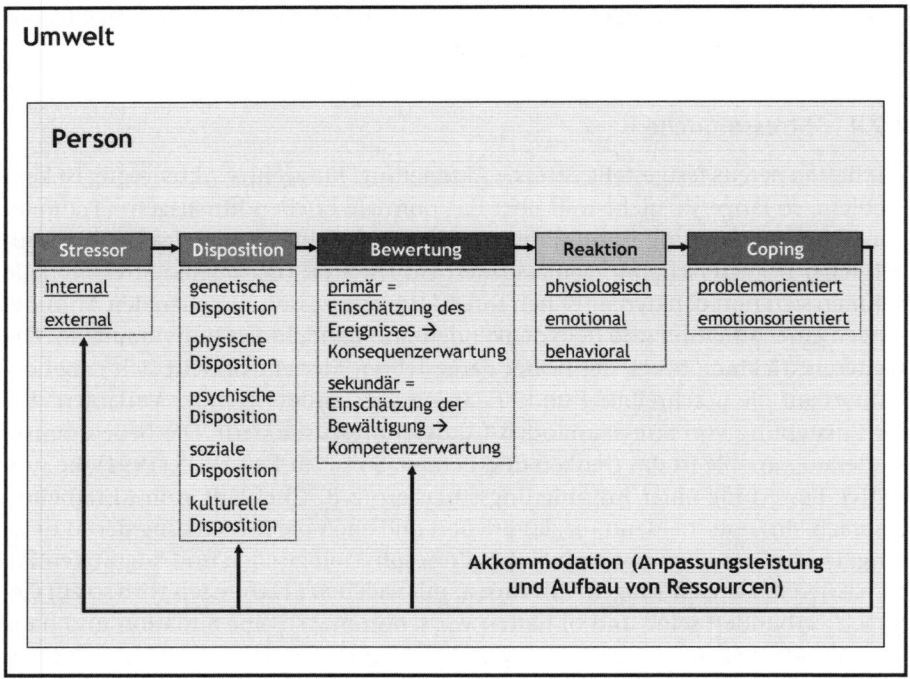

- auf der emotionalen Ebene (z. B. „rot" → Furcht, Angst, Panik, Ärger, Wut, Zorn, Hass, Neid oder auch „grün" → Freude, Stolz, Glück)
- auf der Verhaltensebene (z. B. Angriff, Rückzug, Isolation, Kooperation)

Dieses Stressmodell ist sehr plausibel, hat allerdings den Nachteil, dass es einer Messung nur schwer zugänglich ist, da ihre Betonung auf subjektiven Bewertungsprozessen liegt.

Ausgehend von den transaktionalen Gedanken wird in den heutigen Stresskonzepten primär das Ungleichgewicht zwischen Anforderungen („Belastungen", „Stressoren") und den zur Verfügung stehenden Bewältigungsmöglichkeiten („Ressourcen", „Puffer") thematisiert (vgl. auch SEMMER, 1997). Dabei wurden umfangreichste Listen potenzieller Belastungen und Ressourcen vorgelegt (vgl. z. B. HACKER, 1998). Während die Wirkungen von Belastungen (Stressoren) recht gut belegt werden konnten, bleibt die exakte Struktur und insbesondere die Funktionen von Ressourcen in der arbeitspsychologischen Forschung jedoch ein bisher nicht gelöstes Problem (siehe z. B. DUCKI, 1998). So wird etwa das Vorhandensein bestimmter Arbeitsmerkmale (Handlungsspielräume, Partizipation) zwar als Ressource eingeschätzt. Was bewirkt aber das Fehlen dieser Merkmale? Ist das dann eine „wertneutrale Belastung" oder gar nur eine „Rahmenbedingung"? Wahrscheinlich macht es sogar nur Sinn, die Idee der Ressourcen weiter zu verfolgen,

Abbildung 39: Belastungs-Puffer-Modell
[Quelle: in Anlehnung an VBG (2004)]

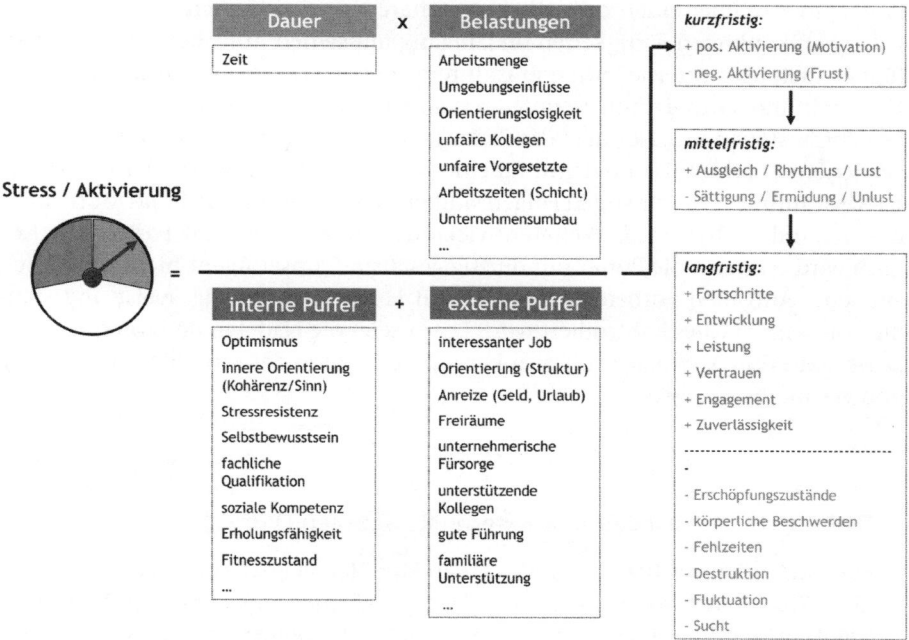

wenn sie in einen unmittelbaren Zusammenhang zu bestehenden Anforderungen gebracht werden können.[58]

Einen sehr spannenden Ansatz liefert hier die relationale Gegenüberstellung von Belastungen und Ressourcen in einem Bruch, wie wir ihn bereits im Kapitel „Gesundheit" ausgeführt haben. Im „Zähler" finden sich alle arbeitsbezogenen Belastungen.

Nehmen Sie mal einen Call Center Agenten und summieren Sie alle potenziellen Stressoren (z. B. Emotionsarbeit im Kundenkontakt, Hintergrundgeräusche, partialisierte Tätigkeiten, ständiges Sitzen). Das kann man schon mal einen Tag machen. Multipliziert man nun die Stressoren mit der Dauer unter diesen, dann erhält man ein „Belastungsprodukt", das ganz schön erklecklich ist, wenn wir voraussetzen, dass der Mitarbeiter eine 40h-Woche hat. Da würden Sie sicher sagen, „um Gottes Willen – bloß nicht!" Nun arbeiten aber über 250.000 Beschäftigte in dieser Bran-

---

58 Bisher wird noch davon ausgegangen, dass es zwei Typen von Puffern gibt. Die einen haben einen allgemeinen, langfristigen gesundheitsschützenden Charakter (z. B. guter Fitnesszustand, ausgewogene Ernährung, Erholungsfähigkeit, gute soziale Vernetzung). D.h. sie wirken unabhängig von der aktuellen Belastungskonfiguration. Von diesen sind die situationsspezifischen Ressourcen abzugrenzen, die ihre stresslindernde Wirkung nur in Gegenwart konkreter Anforderungen entwickeln (z. B. gute Arbeitsmittel, ausreichend Gehalt und Status, Mitwirkungsmöglichkeiten, Freiräume).

che. Warum nur? Weil sie den Belastungen auch etwas entgegenzusetzen haben – ihre internen und externen Puffer! Unser Agent verfügt über eine Reihe interner Puffer, so z. B. über einen ordentlichen Kohärenzsinn und auch über eine ganze Palette an konkreten Fertigkeiten im Umgang mit seinen Aufgaben. Daneben verfügt er auch über externe Puffer. Er ist interessiert an seinem Job, bezieht ein gutes Fixgehalt und kann es zum Teamleiter oder sogar zum Qualitätssicherer bringen. Die Puffer stehen im „Nenner" des Bruchs. Ein Quotient nahe 1 steht für ein ausgeglichenes Verhältnis und damit für eine positive Aktivierung. Das hatten wir bereits erwähnt. Die kurzfristigen Folgen sind primär Lustempfinden und Motivation und sekundär Rhythmus, Weiterentwicklung, Engagement und Fortschritt. Kritisch wird es, wenn die Puffer nur dürftig gesät sind, unser Agent nicht ordentlich auf seine Aufgaben vorbereitet wurde, er mit Hungerlöhnen abgespeist und ständig von seinem Chef kontrolliert wird. Dann zeigt die Nadel in den roten Bereich. Dann hat unser Mann Stress. Dann kann er seinen Job definitiv nicht nachhaltig und gesund bewältigen.

INFOBOX

Diskutierte arbeitsbezogene externe Ressourcen (Puffer)

Aufgabenvielfalt, vollständige Tätigkeitsstruktur, Handlungs- bzw. Tätigkeitsspielraum, Qualifikationspotenzial der Tätigkeit, Partizipationsmöglichkeiten, Zeitelastizität, soziale Unterstützung durch Vorgesetzte, Kolleginnen und Kollegen, Partner und Familie, positives Sozial- und Arbeitsklima

INFOBOX

Diskutierte interne Ressourcen (Puffer)

Kontrollüberzeugungen, Kohärenzerleben, Optimismus, Kontaktfähigkeit, Wissen, Kompetenz, Selbstwirksamkeitserleben, habitualisierte Handlungsmuster (für Problem- und Notfälle), Fähigkeit zur Nutzung externer Ressourcen (z. B. Selbstbewusstsein, Kommunikationsfähigkeit)

INFOBOX

Diskutierte arbeitsbezogene Belastungen (Stressoren)

Arbeitssituation

zu geringe/hohe quantitative Anforderungen, zu geringe/hohe qualitative Anforderungen, Zeit- und Termindruck, hohe Verantwortung, unklare Aufgabenübertra-
gung, widersprüchliche Anweisungen, Informationsmangel mangelnde Hardware,
mangelnde Software, ungeeignete Werkzeuge, geringe Bewegungsflächen (physische Einengung), hohe soziale Dichte, Isolation, unvollständige und partialisierte
Tätigkeiten, Informationsüberlastung, unerwartete Unterbrechungen (Störungen),
zu wenig kontrollierte Unterbrechungen (Pausen), Lärm, mechanische Schwingun-
gen, Kälte, Hitze, toxische Stoffe, Arbeitsklima & Betriebsklima, ständiger Wechsel
der Mitarbeiter & des Aufgabenfeldes, strukturelle Veränderungen im Unternehmen mangelnder sozialer Rückhalt, zwischenmenschliche Konflikte und (sexuelle)
Gewalt, Konkurrenzverhalten unter den Mitarbeitern, Mobbing,

Arbeitsperson

Angst vor Aufgaben, Angst vor Misserfolg, Angst vor Kritik und Sanktionen, ineffi-
ziente Handlungsstile, fehlende fachliche Eignung, mangelnde Berufserfahrung,
geringe praktische Unterstützung durch die Familie, Probleme durch die Berufs-
tätigkeit beider Partner, familiäre Konflikte

2.9.5 Arbeitsbewältigungsfähigkeit

Das Konzept der „Arbeitsbewältigungsfähigkeit" ist u. E. die derzeit handlungs-
freundlichste Idee für die betriebliche Gesundheitsarbeit. Es nimmt viele Facetten
des Belastungs-Beanspruchungs-Konzeptes und div. Stress- und Ressourcenmo-
delle auf. Zunächst einmal ist „Arbeitsbewältigungsfähigkeit" ein deutsches Wort-
ungetüm, das entstanden ist, weil man für das im Englischen durchaus eingängige Wort der ,Workability' einfach keine griffigere Übersetzung ins Deutsche hat.

INFOBOX

Arbeitsbewältigungsfähigkeit (Definition)

Die Arbeitsbewältigungsfähigkeit ist die Summe und Güte aller Faktoren, die eine
Person in einer bestimmten Situation in die Lage versetzen, eine gestellte Aufgabe
mit Blick auf das eigene Befinden zu bewältigen.
(ILMARINEN & TEMPEL, 2002)

ILLMARINEN (2005) unterscheidet geringfügig zwischen „Arbeitsfähigkeit" und
„Arbeitsbewältigungsfähigkeit". „Arbeitsfähigkeit" ist für ihn nur die Fähigkeit

eines Menschen, eine gegebene Arbeit zu einem bestimmten Zeitpunkt zu bewältigen. Er spielt damit auf das normative Verständnis von Gesundheit an, wie es bereits von PARSONS (1967, 1981) skizziert wurde. Arbeitsbewältigungsfähigkeit (ABF) ist also ein Tick mehr als Arbeitsfähigkeit, da nun auch noch eine Nachhaltigkeitskomponente eingebracht wird (… mit Blick auf das eigene Befinden …). Mit dem Fokus auf Arbeitsfähigkeit liegen wir auch im BGM richtig. Unternehmen haben nämlich definitiv kein originäres Interesse daran, die Gesundheit von Mitarbeiter/innen zu erhalten. Demnach ist betriebliches „Gesundheitsmanagement" auch nur ein Klischee. Das Streben nach Gesundheit ist immer in einem funktionalen Zusammenhang zum Erhalt der Arbeitsfähigkeit (systemintrinsisches Motiv) oder zur Erfüllung gesetzlicher Vorgaben (systemextrinsisches Motiv) zu sehen. Gesundheit erzeugt Arbeitsfähigkeit, erzeugt Leistungspotenzial. Dieses Leistungspotenzial kann dann – abhängig vom Marktgeschehen in echte Leistung umgesetzt werden. Insofern sind auch alle begrifflichen Versuche, das Thema zu kaschieren zum Scheitern verurteilt. Politisch inkorrekt müsste man also eher von „Arbeitsfähigkeitsmanagement", „Arbeitsbewältigungsfähigkeitsmanagement" oder noch einfacher von „Betrieblichem Leistungsmanagement" (BLM) sprechen.

Die ABF hat nur bedingt etwas mit der individuellen Leistungsfähigkeit oder dem aktuellen Leistungsoutput zu tun. Eine gute ABF tritt bei Personen auf, die eine gute Passung zwischen persönlichen gesundheitlichen Möglichkeiten und den gestellten Arbeitsanforderungen aufweisen. Eine Nicht-Passung führt zu kritischen Bewältigungssituationen und diese können mittelfristig zu einem gesundheitlichen Schaden oder sogar zur Berufsunfähigkeit führen. Die Arbeitsbewältigungsfähigkeit eines Menschen beschreibt also grundsätzlich einmal nur dessen *Potenzial*, eine bestimmte Aufgabe im Arbeitsleben zu einem gegebenen Zeitpunkt zu bewältigen.

Die Arbeitsbewältigungsfähigkeit (‚Workability') ist nicht zu verwechseln mit dem der „Beschäftigungsfähigkeit" („Employability"). Diese zielt eher auf gesellschaftliche und politische Aspekte ab, um Menschen zu befähigen an Erwerbsarbeit teilzuhaben und im Arbeitsmarkt zu interagieren (vgl. hierzu z. B. SPECK, 2004). Eine hohe Arbeitsbewältigungsfähigkeit ist jedoch zweifellos eine überaus wichtige Vorfeldvoraussetzung, um beschäftigungsfähig zu sein.

Die Idee der Arbeitsbewältigungsfähigkeit[59] ist so simpel wie stichhaltig. ILLMARINEN & TEMPEL (2002) konzeptualisieren die Idee eines „Hauses der Arbeitsfähigkeit", um auf die Eckpfeiler der Arbeitsbewältigung und ihre gegenseitigen Abhängigkeiten hinzuweisen. Dabei unterscheiden sie insgesamt vier „Stockwerke":

- Erdgeschoss: funktionelle Gesundheitskapazität (i. S. der psychophysischen Leistungsvoraussetzungen) *Gesundheit*
- erster Stock: berufsspezifische Kompetenz (i. S. von Kenntnissen und ausreichender fachlicher, methodischer und sozialkommunikativer Kompetenzen) *Kompetenz, Wissen, Qualifikation*

---

59 Im Folgenden zur besseren Lesbarkeit nur noch „Arbeitsbewältigung" oder „Arbeitsfähigkeit".

Abbildung 40: Nachhaltige Arbeitsbewältigung (Säulenmodell)
[Quelle: Eigene Darstellung in Anlehnung an ILMARINEN & TEMPEL (2002)]

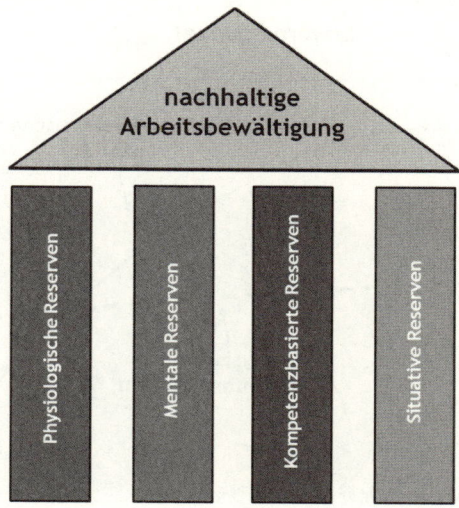

- zweiter Stock: die persönlichen Werte (i. S. der Einstellungen, Grundbedürfnisse und Motive)
- im dritten Stock befinden sich die äußeren Einflüsse der Arbeit (i. S. der Arbeitsanforderungen, der Arbeitsumgebung, Arbeitsorganisation und Führung)
- das Dach stellt die Arbeitsfähigkeit selbst dar

Die unten liegenden Stockwerke wirken auf die darüber liegenden. Werte prägen z. B. die die Arbeitskultur aber auch den eigenen Antrieb, z. B. dazu zu lernen oder etwas für die eigene Gesundheit zu tun. Wir greifen die Idee des Hauses auf und bilden eine ähnliche Metapher, nämlich die eines „Säulenmodells", welche das Dach der gesunden und nachhaltigen Arbeitsbewältigung tragen (siehe Abbildung 40).

Das Dach „lastet" auf den Säulen. Im Dach enthalten ist auch der Anforderungsbezug der Arbeitstätigkeiten. Dieser beinhaltet:

- physische und physiologische Anforderungen
- psycho-mentale Anforderungen
- kompetenzbasierte Anforderungen und
- situative Anforderungen

Nehmen wir z. B. eine Mitarbeiterin in einem Distributions- und Warenlager. Diese ist 45 Jahre jung, hat zwei Kinder im Alter von 15 und 7 Jahren und lebt getrennt von ihrem Partner in einem Alleinverdienerhaushalt. Ihre Aufgabe ist es, zumeist in der Nacht, unterschiedlich schwere und sperrige Waren anzuheben, zu transportieren, wieder abzulegen und die Einlagerung bzw. den Versand online zu dokumentieren. Dabei muss sie Lasten bis ca. 30kg manuell handhaben. Es ist klar, dass die physischen Anforderungen an die Kraft, Kraftausdauer und Beweglichkeit erheblich sind. Kann unsere Mitarbeiterin diese Anforderungen bewältigen?

Abbildung 41: Physische Kapazitäten – Anforderungen – Reserven
[Quelle: Eigene Darstellung in Anlehnung an TOUMI et al. (2001)]

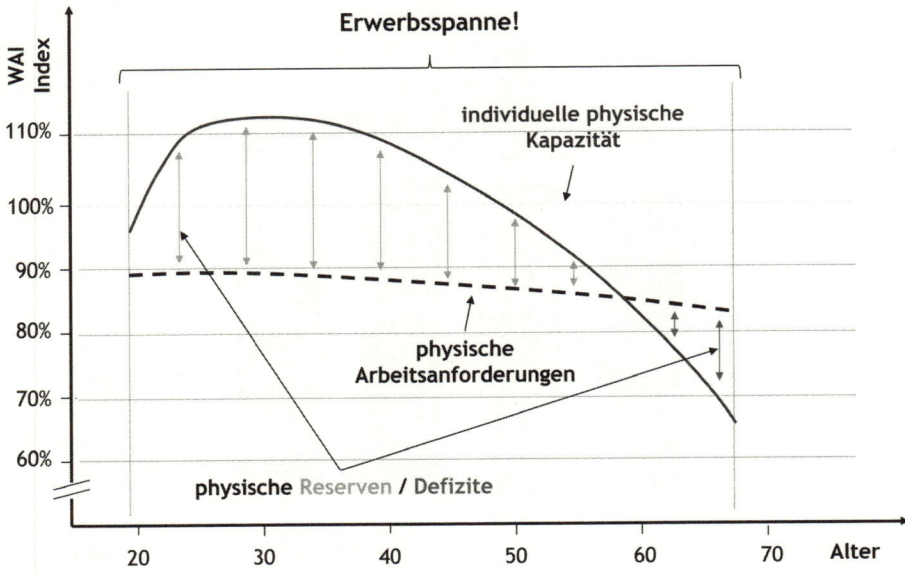

Hat sie die entsprechende physische Kapazität? Ist sie fit? Gibt es da noch Reserven?

Die Reserven sind der Schlüssel zum Verständnis nachhaltig gesunder Arbeitsbewältigung. Sie berechnen sich aus der Differenz von individueller Kapazität und den Anforderungen (siehe auch Abbildung 41). Ist die Differenz positiv, spricht man von „Reserven", wird sie negativ haben wir „Defizite". Im Zuge der natürlichen Gewebealterung (Muskelquerschnitt nimmt ab, Beweglichkeit verringert sich) ist bei unserer Mitarbeiterin definitiv mit Einbußen in der individuellen Kapazität zu rechnen. Doch auch der Anforderungsbezug variiert über die Zeit. Im Unternehmen gibt es nämlich eine Vereinbarung, dass Frauen >50 Jahre nur noch Lasten bis maximal 25kg handhaben müssen. Der Anforderungsbezug ist also leicht rückläufig. Die Frage der Arbeitsfähigkeit ist also niemals global zu beantworten. Über die Reserven können lediglich die Mitarbeiter selbst Auskunft geben (vgl. z.B. HASSELHORN & FREUDE, 2007). Es bleibt zu hoffen, dass unsere Mitarbeiterin ausreichend Vorsorge betreibt und insbesondere körperliche Aktivitäten unter dem Fokus Kraft & Beweglichkeit vorantreibt, um ausreichend Reserven zu sichern. Doch selbst, wenn unsere Mitarbeiterin fleißig ins Fitnessstudio geht, auf rückengerechtes Heben und Tragen achtet und mit dem Fahrrad in den Job fährt, kann es trotzdem sein, dass sie ihren Job nicht packt.

Denkbar sind nämlich auch Defizite in den drei anderen Säulen der Arbeitsbewältigung. So ist z.B. die mentale Säule deutlich volatiler als die physische (siehe Abbildung 42). Wie ist die Mitarbeiterin psychisch drauf? Ist sie optimistisch ge-

Abbildung 42: Mentale Kapazitäten – Anforderungen – Reserven
[Quelle: Eigene Darstellung in Anlehnung an TOUMI et al. (2001)]

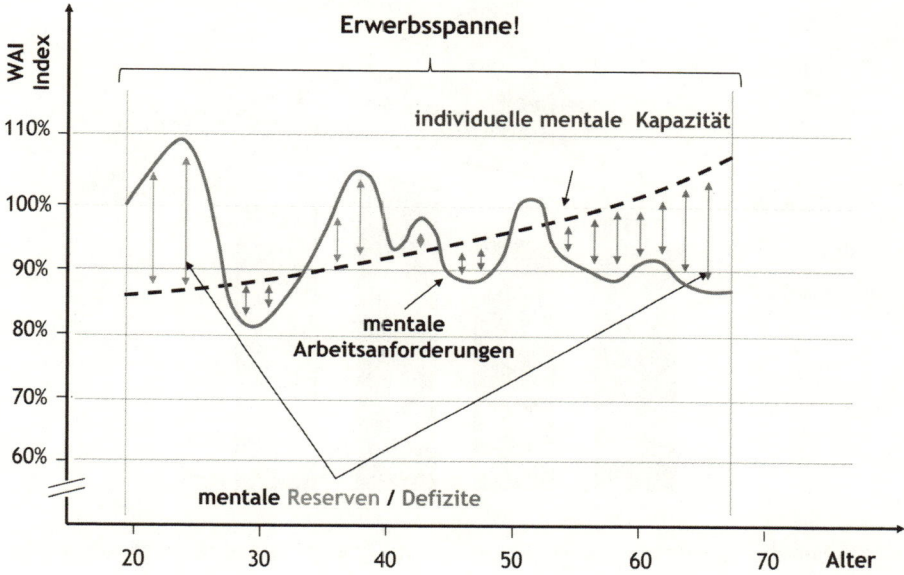

nug, den Job trotz Doppelbelastung auch weiterhin zu packen? Besitzt sie ausreichend Selbstbewusstsein, um ihre Bedürfnisse beim Arbeitgeber anzumelden? Ist sie stressresistent genug, um im Zuge der Arbeitsverdichtung auch weiterhin mit „Null-Fehler-Quote" zu arbeiten?

Die Fragen nach den Reserven sind nicht losgelöst voneinander zu beantworten. Es kommt vielmehr darauf an, die Mitarbeiter hinsichtlich aller vier Säulen zu verstehen. Herrscht genug Zeitelastizität, um die Versorgung der Kinder sicherzustellen (situative Reserve)? Verfügt die Mitarbeiterin über das notwendige technische und ablauforganisatorische Wissen (kompetenzbasierte Reserve)? Arbeitsunfähigkeiten sind immer das Resultat von Defiziten in einer oder gar mehreren Säulen. Zunächst bilden sich nur kleine Risse in den Säulen, die retuschiert werden können. Schnell können sich diese Risse jedoch zu strukturellen Defiziten in der Statik entwickeln. Das Dach lagert dann nicht mehr stabil auf den Säulen.

Die „Säulen" der Arbeitsbewältigung sind gleichermaßen die Handlungsfelder der Prävention. Für die Erfassung der Arbeitsbewältigung wurde durch TOUMI et al. (1998) der Work-Ability-Index (WAI) geschaffen und umfangreich validiert. Dieser beinhaltet die Erfassung:

- der aktuellen Arbeitsfähigkeit bezogen auf die physischen und psychischen Anforderungen der Arbeit
- die aktuelle Arbeitsfähigkeit bezogen auf die beste jemals erreichte Arbeitsfähigkeit
- die aktuelle Zahl ärztlich diagnostizierter Krankheiten

Abbildung 43: Strukturell beeinträchtigte Arbeitsbewältigung
[Quelle: Eigene Darstellung in Anlehnung an ILMARINEN & TEMPEL (2002)]

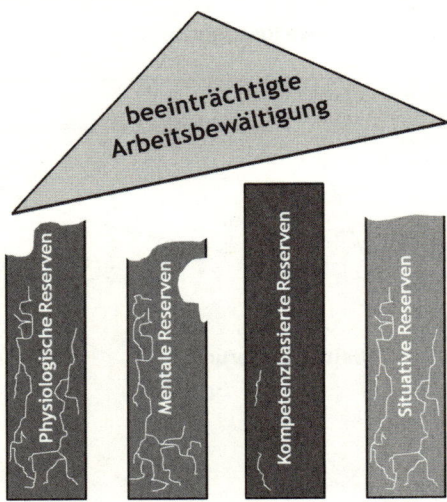

- das bereits eingetretene Ausmaß von Arbeitseinschränkungen aufgrund von Erkrankungen und Verletzungen
- die krankheitsbedingten Ausfallzeiten während der letzten 12 Monate
- die Einschätzung der Arbeitsfähigkeit in den kommenden 2 Jahren sowie
- mentale Ressourcen und Befindlichkeiten

Der Wertebereich variiert zwischen minimal 7 und maximal 49 erreichbaren Punkten. In Längsschnittstudien konnte gezeigt werden, dass mit Hilfe des WAI recht gut Vorhersagen bezgl. eines vorzeitigen Berufsausstieges gemacht werden können.

INFOBOX

WAI-Ergebnisse und Schutzziele

7–27 Punkte: „kritisch" → Schutzziel Arbeitsfähigkeit wiederherstellen
8–36 Punkte: „mäßig" → Schutzziel Arbeitsfähigkeit verbessern
37–43 Punkte: „gut" → Schutzziel Arbeitsfähigkeit unterstützen
44–49 Punkte: „sehr gut" → Schutzziel Arbeitsfähigkeit erhalten

Damit ist der WAI ein durchaus veritables Instrument, wenn man den Einzelfall in den Fokus nehmen möchte. Beratungsangebote für das Einzelfall-Coaching jenseits des betrieblichen Eingliederungsmanagement wurden erprobt (vgl. auch GEISSLER-GRUBER, GEISSLER & FREVEL, 2007). Bedingt eignet sich der WAI auch für die Erfassung der betrieblichen Gesamtlage. Er kann zwar in keiner Weise andere Analyseinstrumente ersetzen, da er kein dezidiertes Abbild über die be-

Abbildung 44: WAI-Ergebnisse verteilt über das Merkmal „Alter" in der XY AG
[Quelle: In Anlehnung an TOUMI et al. (1998)]

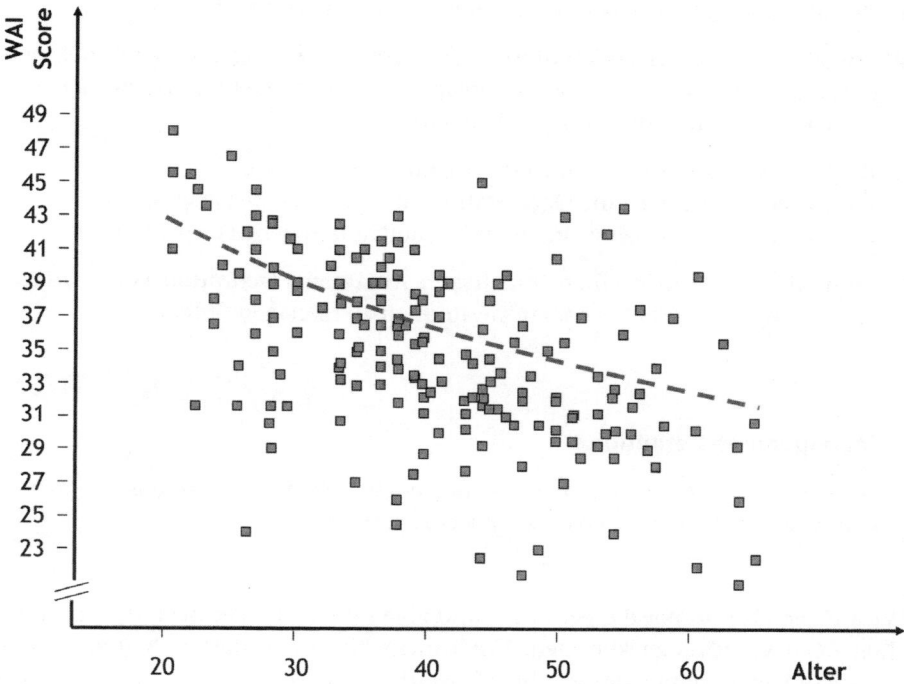

triebliche Anforderungs- und Ressourcenstruktur liefert. Anhaltspunkte für das Ausmaß des Risikos vorzeitiger Berufsaustritte liefert er aber allemal (siehe Abbildung 44).

2.10 Management

„Management ist die Kunst, drei Leute dazu zu bringen, die Arbeit von drei Leuten zu verrichten."

(William C. Faulkner, amerik. Schriftsteller, 1897 bis 1962)

2.10.1 Management und Managementzyklus

Es gibt eine Unmenge an Literatur zum Thema „Management" und noch viel mehr Meinungen zu dem, was Management eigentlich ausmacht, und wie es „gut", „besser", „optimal" gestaltet werden kann. Eine mithin konsensfähige Definition von Management gibt es jedoch nicht. Das liegt daran, dass nicht eindeutig abzugrenzen ist, worauf sich der Begriff „Management" beziehen soll. Drei Betrachtungsperspektiven bieten sich an:

- die *personale* Perspektive (das Management i. S. der handelnden Akteure)
- die *ablaufbezogene* Perspektive (i. S. von Planung und Organisation)
- die *aufbaubezogene* Perspektive (i. S. der Unternehmung als Struktur)

Wir wollen in unserer Abhandlung Management vorrangig in Unternehmen untersuchen und Unternehmen als „Organisationen" betrachten. Doch auch hier haben wir die Dreiteilung der Begrifflichkeit:

- das Unternehmen *wird* organisiert (personale Perspektive)
- das Unternehmen *hat* eine Organisation (ablaufbezogene Perspektive)
- das Unternehmen *ist* eine Organisation (aufbaubezogene Perspektive)

Nähern wir uns deshalb einem nützlichen Ansatz zur Definition von Management, der unser späteres Vorhaben, Gesundheit zu managen unterstützt:

INFOBOX

Management-Definition I

Management ist ein Komplex von Steuerungsaufgaben, die in Arbeitssystemen von verschiedenen Akteuren erbracht werden müssen.

Wir nutzen also primär die personale und ablaufbezogene Perspektive, um in Sachen BGM vorwärts zu kommen. Noch nicht klar ist in dieser Definition, *warum* diese Steuerungsaufgaben erbracht werden müssen. Alle Steuerungsaktivitäten müssen der Logik folgen, *Ziele* zu erreichen. Management brauchen wir immer dann, wenn die Beschäftigten diese Ziele *allein nicht* erreichen können. Gesundheitsmanagement brauchen wir also auch nur dann, wenn die Mitarbeiter/innen die gesundheitsbezogenen Ziele *allein nicht* erreichen können. Und Risiko-, Finanz-, Technologie-, Informations-, Synergie-, Change-, Content-, Case-, Prozess-, Qualitäts-, Umwelt-, Immobilien- „und-so-weiter-Management" brauchen wir auch nur dann, wenn die „Gemanagten" ihre oder unsere Ziele *allein nicht* erreichen können. Sie brauchen also Hilfe. Das ist die psychologische Dimension von Management. Der Management-Visionär Peter. F. Drucker (1909–2005) hat diese Dimension schon früh erkannt und stellte fest: *„Management drückt den Glauben an die Kontrolle menschlichen Lebens in Organisationen aus."* (vgl. auch DRUCKER, 1954).

INFOBOX

Management-Definition II

Management ist ein geplant-strukturierter und koordinierter Prozess zur Herstellung von Kontrolle in Arbeitssystemen.

Abbildung 45: Der PDCA-Zyklus
[Quelle: Deming (1982)]

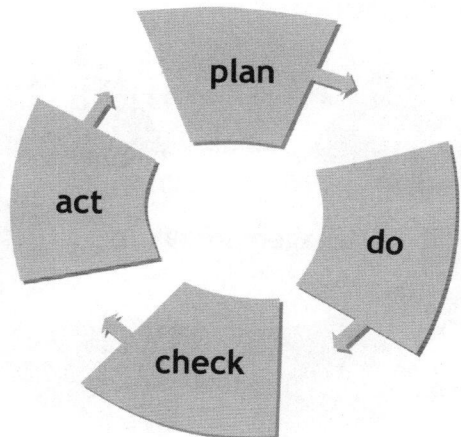

Setzen wir also fest, dass Mitarbeiter/innen alleine noch keine effizient und effektiv arbeitende Organisation darstellen, herstellen und aufrechterhalten können, so brauchen wir Unternehmens-Management. Es bedarf nach SCHEIN (1980): a) der koordinierten Leistung, b) gemeinsamer Ziele, c) einer sinnvollen Arbeitsteilung und d) hierarchischer Strukturen und formaler Autorität.

Der amerikanische Physiker William E. Deming (1900–1993) beschreibt einen iterativen Managementprozess, der sich aus vier Phasen speist:

- Plan (Planen)
- Do (Erproben)
- Check (Prüfen)
- Act (Umsetzen)

Er ist als „PDCA-Zyklus" in die Literatur eingegangen (vgl. auch DEMING, 1982). Der PDCA-Zyklus (siehe auch Abbildung 45) wurde ursprünglich als Systematik zur kontinuierlichen Verbesserung vorgestellt – lässt sich aber auch sehr schön als Maßstab zur Unterscheidung von planlosem und planvollem Handeln heranziehen. *Plan* umfasst die Analyse der Situation und das Erkennen von Defiziten, Verbesserungsnotwendigkeiten und -potenzialen. Plan beinhaltet auch die Konzeption von Handlungsoptionen. *Do* steht zunächst für das Ausprobieren der Optionen, mit einfachen Mitteln (die sog. „Pilotierung"). Mit der *Check*-Komponente werden die Erprobungsergebnisse sorgfältig geprüft und bewertet. Fallen diese positiv aus, werden die Handlungsoptionen als Standard freigegeben. Mit dem *Act* werden die (neuen) Standards für den Regelbetrieb freigegeben. Act ist oftmals mit erheblichen Investitionen in die Neugestaltung von Arbeitsplätzen, Arbeitsabläufen und Kommunikationsregeln verbunden.

Mit dem PDCA-Zyklus haben wir auch das ablauforganisatorische Leitmodell im betrieblichen Gesundheits-*Management*. Dieses kann jetzt noch weiter ausdifferen-

Abbildung 46: Managementzyklus

[Quelle: Eigene Darstellung in Anlehnung an Institut für Arbeit und Gesundheit (IAG). Ausbildungsmaterial zur Fachkraft für Arbeitssicherheit]

ziert und auf das Handlungsfeld angepasst werden. Dabei werden die einzelnen Handlungsschritte eines Gesundheits-Managers bereits deutlicher (siehe dazu Abbildung 46).

Der Handlungszyklus setzt sich aus insgesamt sieben Schritten zusammen:

1. Definition der Systemziele (Plan)
2. Systemanalyse (Plan)
3. Systembewertung (Plan)
4. Ableitung und Auswahl von Interventionen (Plan)
5. Umsetzung von Interventionen (Do)
6. Bewertung von Interventionen (Check)
7. Anpassung und Standardisierung (Act)

Auf alle Handlungsschritte werden wir im weiteren Verlauf intensiv eingehen. Sie sind der methodische Gradmesser, um echtes BGM von irgendwelchen Gesundheitsmaßnahmen unterscheiden zu können.

2.10.2 Das Unternehmen als Organisation

Unternehmen können als Organisationen[60] begriffen werden. Organisationen sind nach BÜSCHGES & ENDRUWEIT (2002) *„Ein von bestimmten Personen gegründetes, zur Verwirklichung spezifischer Zwecke, planmäßig geschaffenes, hierarchisches, mit Ressourcen ausgestattetes, relativ dauerhaftes und strukturiertes … Aggregat arbeitsteilig interagierender Personen, das über wenigstens ein Entscheidungs- und Kontrollzentrum verfügt, welches die zur Erreichung des Organisationszweckes notwendige Kooperation zwischen den Akteuren steuert …".* Hoppla, das stimmt zwar – ist aber doch sehr

---

60 Zur Vertiefung empfehlen wir KIESER & WALGENBACH (2003).

Abbildung 47: Organigramm
[Quelle: Eigene Darstellung]

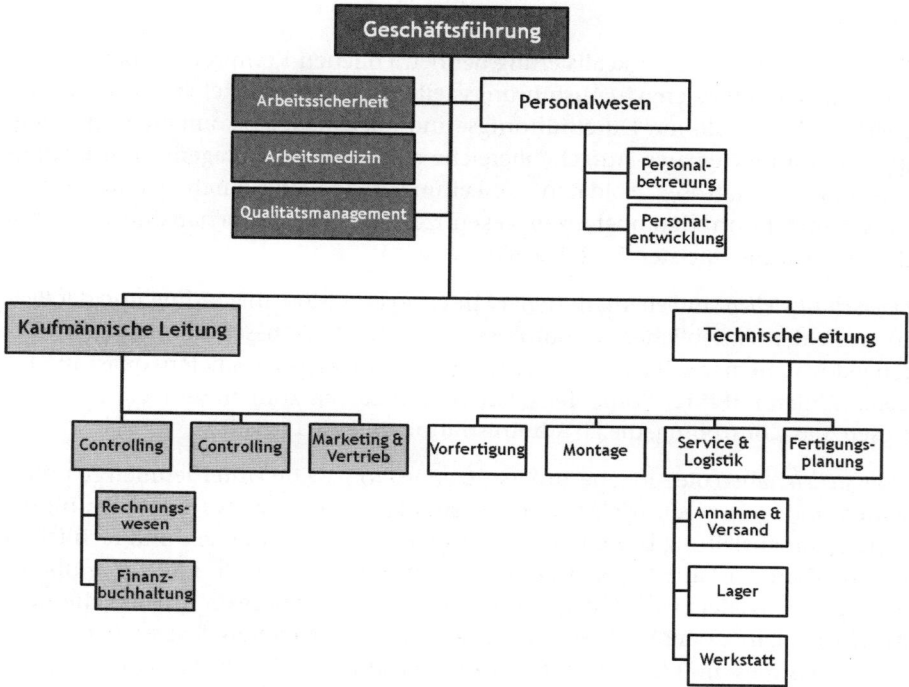

schwer verdaulich. Für das Verständnis von Unternehmen als Organisationen bieten sich deshalb eher zwei eingängigere Merkmale an:

- die Aufbauorganisation und
- die Ablauforganisation

◆ **Aufbauorganisation**

Die *Aufbauorganisation* regelt die Aufteilung der Aufgaben im Unternehmen auf verschiedene Stellen. Stellen sind die kleinsten Einheiten der Aufbauorganisation. Die Aufbauorganisation legt für jede Stelle Aufgaben, Verantwortlichkeiten und Kompetenzen fest. Diese finden sich in der Stellenbeschreibung. Aufgaben, Verantwortlichkeiten und Kompetenzen sollten sich gegenseitig ergänzen, ansonsten kann der Stelleninhaber nicht erfolgreich agieren. Stellen lassen sich Instanzen zuordnen. Sie markieren die Position der Stelle in der Organisationsstruktur. Es lassen sich drei Instanzen unterscheiden, die jeweils unterschiedliche Funktionen inne haben:

- Linienfunktionen
- Querschnittsfunktionen und
- Stabsfunktionen.

Das Ergebnis der Aufbauorganisation ist die formale Organisationsstruktur des Unternehmens. Sie kann in einem *Organigramm* erfasst werden (siehe Abbildung 47).

Linienstellen sind mit der Realisierung der betrieblichen Kernprozesse betraut und lassen sich differenzieren in Ausführungsstellen und Leitungsstellen. Ausführungsstellen haben i. d. R. nur Durchführungs- und Entscheidungskompetenzen bezüglich ihrer unmittelbaren Aufgabenbereiche (z. B. Monteure, Lageristen, Lastkraftwagenfahrer, Matrosen, Soldaten ...). Leitungsstellen sind durch erweiterte Weisungs- und Kontrollkompetenzen gekennzeichnet (z. B. Geschäftsführung, Produktionsleitung, Meister, Kapitäne, Offiziere ...).

Querschnittstellen sind ebenfalls in der Linienorganisation angeordnet und der Realisierung der betrieblichen Kernprozesse zugeordnet. Sie besetzen und verantworten jedoch Themengebiete über mehrere Linien hinweg. Sie beliefern quasi alle anderen Linien mit ihrer Kompetenz. Querschnittstellen können sein: das Personalwesen, das Controlling, die IT-Administration und die Logistik.

Stabsstellen haben die Aufgabe, unterstützende Prozesse im Unternehmen zu unterhalten und weiterzuentwickeln. Am ehesten kann man sie als Hilfsstellen für die Unternehmensleitung begreifen. Sie entstehen aus der zeitlichen und fachlichen Begrenztheit der Führung oder per Gesetz. Qualitäts-, Umwelt oder Gesundheitsmanager wären der ersten Kategorie zuzuordnen – Fachkräfte für Arbeitssicherheit, Arbeitsmediziner oder Strahlenschutzbeauftragte der letzteren. Stabsstellen haben keine Weisungs- und Kontrollbefugnisse. Sie wurden in den letzten Jahren massiv in den Unternehmen aufgebaut.

◆ **Ablauforganisation**

Die *Ablauforganisation* legt die Art und Weise der Erfüllung der Aufgaben sowie Formen der Kontrolle fest. Sie regelt die zeitlich-logische Reihenfolge der Aufgabenwahrnehmung über alle Stelleninhaber. Sie hat Prozesscharakter. Sie legt fest:

- wer
- mit wem
- wie
- wann
- mit was
- wo und
- in welcher Form

zusammenzuarbeiten hat. Die Zusammenarbeit bezieht sich auf die konkrete Ausführung der Arbeitstätigkeiten genauso, wie auf die Kommunikation und Dokumentation. Die Ablauforganisation ist also die strukturierte Prozessbeschreibung zur Aufgabenerfüllung in Unternehmen. Die Festlegung der Abläufe hat einen veränderlichen, dynamischen Charakter. Als Instrumente zur Erfassung der Ablauforganisation eignen sich Prozessbeschreibungen, Prozesslandkarten, Verfahrensbeschreibungen und Entscheidungsbäume. Eine gute Ablauforganisation gibt den

Organisationsmitgliedern Kontrollerlebnisse und führt in der Regel auch zu gleichmäßigeren und besseren Arbeitsergebnissen.

Zur besseren Unterscheidung und vor allem zur besseren Einordnung der Vielzahl von Betriebsprozessen kann man eine Dreiteilung vornehmen. Es lassen sich differenzieren:

- Kernprozesse
- Steuerungsprozesse
- Unterstützungsprozesse

Es ist nicht immer leicht, diese Prozessarten sauber zu trennen. Die *Kernprozesse* stehen aber zumeist in unmittelbarem Zusammenhang zu den Kundenbedürfnissen, also zu den Dienstleistungen oder Produkten. Der Kernprozess in einem Industriebetrieb sieht anders aus, als der in einer Unternehmensberatung. Alle, unmittelbar notwendigen Prozessschritte zur Erstellung der Dienstleistung oder zur Herstellung des Produktes werden dem Kernprozess zugeschlagen. Der Kernprozess wird zumeist durch Linienstelleninhaber umgesetzt.

Die *Steuerungsprozesse* koordinieren die Kernprozesse. Sie geben die Richtung, das Tempo und die Grenzen der Kernprozesse vor. Typische Steuerungsprozesse sind z. B. sämtliche operativen und strategischen Führungsprozesse sowie das Controlling. Das Top-Management gibt die Richtung vor. Der „Businessplan" bestimmt, ob Kurzarbeit angesagt ist oder ein neues Produkt-Modell eingeführt wird.

„Das Management steht für eine freundliche Übernahme nicht zur Verfügung."
(Josef Ackermann, Bankier, geb. 1948)

Den *Unterstützungsprozessen* werden alle Prozesse zugeordnet, die selbst keinen direkten Kundennutzen erzeugen. Sie haben indirekten Nutzen, in dem sie die Ausführung der Kernprozesse stützen und optimieren. Typische Beispiele für Unterstützungsprozesse sind: das Personalwesen, die IT-Administration, der technische Service, die Instandhaltung, aber auch das Gesundheitswesen. Ein Gesundheitsmanager, der BGM betreibt, bewegt sich in einem Unterstützungsprozess. Unterstützungsprozesse werden zumeist durch Stabsstelleninhaber vorangetrieben. Da unterstützende Prozesse i.d.R. nicht existenziell wichtig für die Leistungserstellung sind, können und werden sie durch die Unternehmen nicht selten ausgelagert. Beispiel: die Lohnbuchhaltung in Rumänien, der externe Arbeitsmediziner, ein externes IT-Systemhaus. In großen Unternehmen werden die Träger der Unterstützungsprozesse nicht nur ausgelagert, sondern z.T. auch als eigenständige Dienstleister in den Gesamtmarkt geschickt. Beispiele: Fortbildungs-Akademien großer Automobilkonzerne, die betriebliche Sozialberatung eines großen Telekommunikationskonzerns, der IT-Service eines städtischen Versorgers. Die Bedeutung der unterstützenden Prozesse hat in den letzten Jahren zugenommen. Das führt nicht selten zu Konflikten zwischen Linien- und Stabsstelleninhabern. Neben Unklarheiten in den Kompetenzzuschreibungen gibt es auch handfeste Schnittstel-

Abbildung 48: Unternehmensprozesse
[Quelle: Eigene Darstellung]

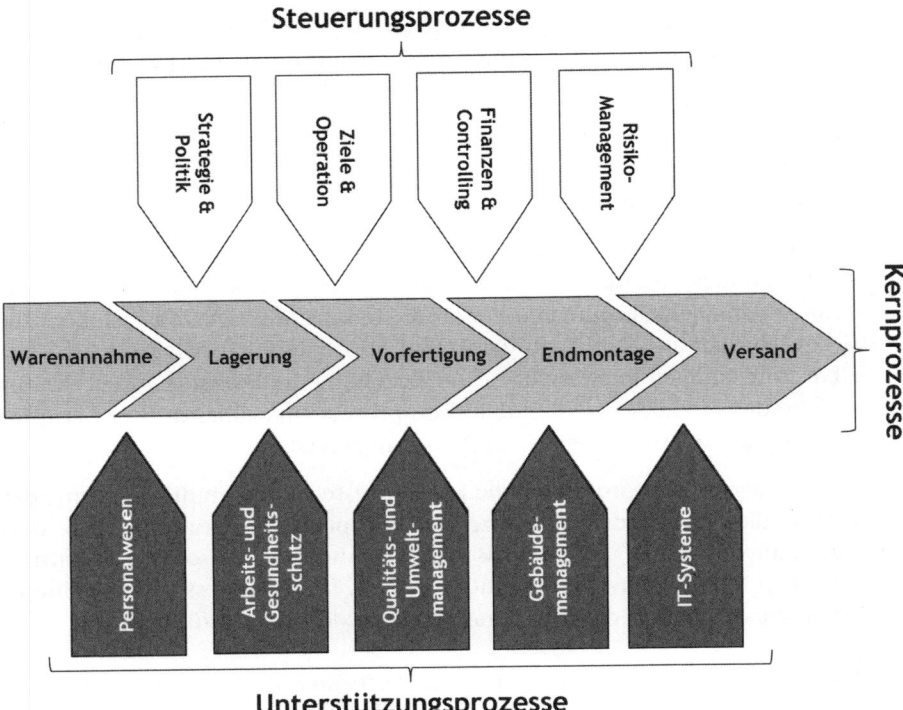

lenprobleme. Beispiel: Die Personalabteilung erachtet ein Trainingsprogramm zur Verbesserung der Kommunikationsfähigkeit und Beziehungsgestaltung von Meistern zu ihren Mitarbeitern als dringend angezeigt und erhält für dieses Vorhaben auch die Unterstützung der Leitung. Die Meister selbst sind wenig begeistert von diesem Vorhaben und machen nur zögerlich oder gar nicht mit.

2.11   Betriebliches Gesundheitsmanagement (BGM)

„Was nicht von selbst geht, geht immer schief."
(Johannes v. Müller, Schweizer Historiker, 1752 bis 1809).

Wir hatten die Grundidee zum Thema „Management" im vorangegangenen Kapitel herausgearbeitet: Planen, Erproben, Prüfen und Umsetzen und das beim beständigen Strukturieren und Koordinieren der betrieblichen Aufbau- und Ablauforganisation. Nun wollen wir diese Grundidee auf die sicherheits- und gesundheitsschutzbezogenen Aspekte übertragen. Dabei werden uns viele Begriffe, die derzeit unter dem Schlagwort „Management" zu finden sind, begegnen. Wir werden diese aufgreifen, definieren, abgrenzen und deutlich machen, auf welche wir

Abbildung 49: Langfristige Entwicklung von gesundheitsbezogenen Indikatoren
[Quellen: Statistisches Bundesamt, BKK Bundesverband, AOK Bundesverband, GALLUP, MANPOWER]

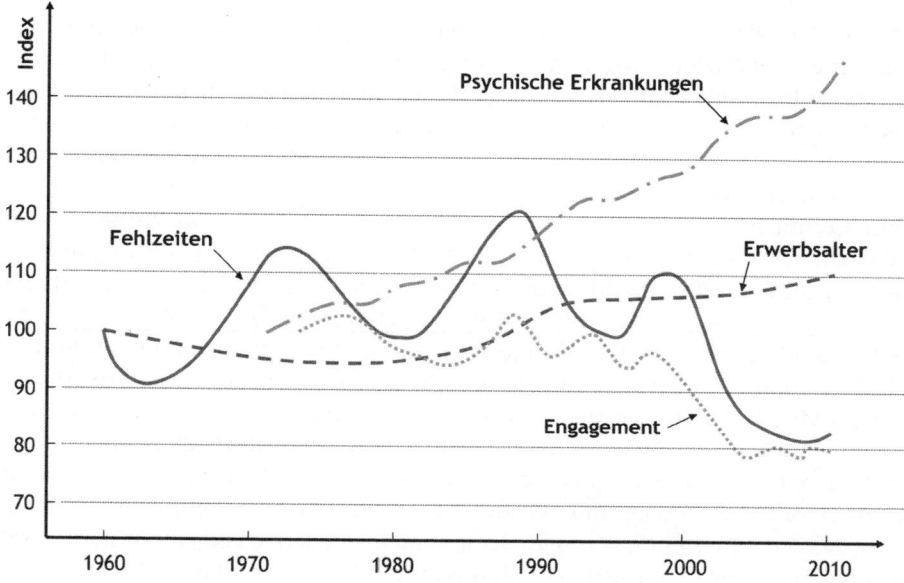

verzichten können, um die Klarheit in der Kommunikation zu diesen Themen aufrechtzuerhalten.

Womit beschäftigen Sie sich eigentlich in Ihrer beruflichen Praxis? Mit dem klassischen Arbeitsschutz? Mit betrieblicher Gesundheitsförderung? Oder doch mit etwas „Höherwertigem", sagen wir mal dem betrieblichem Arbeitsschutz-, Fehlzeiten-, Eingliederungs-, Gesundheits-, Demografie-, Change-, Diversity-, Age-, Prozess-, Qualitäts-, Umwelt-, Corporate-Social-Responsibility-, Multi-Matrix-MANAGEMENT? Vielleicht gehören Sie ja aber auch bereits zu all jenen, die es längst aufgegeben haben zu verstehen, was hinter diesen Begriffen steckt und denen das auch ziemlich egal ist – denn: Es zählt, was wirkt und vor allem, was rauskommt! Und zum Verständnis, was man gerade so im Unternehmen macht, reichen ohnehin zwei Begriffe aus, nämlich Personalentwicklung und Organisationsentwicklung. Wir jedenfalls gehören zu jenen, die sich schon Gedanken machen, was so im „Management-Markt" kursiert. Wir gehören aber auch genauso zu jenen, die das Dickicht für sich lichten möchten und selbst auch den Überblick brauchen, um sinnvoll beraten zu können. Sie können sich deshalb in diesem Kapitel mit uns auf „Tour" begeben.

2.11.1 Zur aktuellen Lage oder: Brauchen wir überhaupt BGM?

Wir haben uns im Zuge unserer Buchrecherchen die Mühe gemacht, gesundheitsbezogene Kernindikatoren aus verschiedenen Quellen zusammenzutragen, um einmal einen Überblick über die langfristigen Entwicklungslinien zu bekommen.

Dabei ging es uns nicht, um die Stelle hinter dem Komma, sondern darum, ein „Gefühl" für die Gesamtlage zu bekommen (siehe Abbildung 49).

Was stellen wir fest? Wir befinden uns aktuell in einer Phase historisch niedriger Fehlzeiten bei zugleich historisch niedrigen Engagement-Werten. Die Ursachen für dieses Phänomen sind vielschichtig. Zudem bestehen zwischen den Unternehmen erhebliche Unterschiede. In nicht wenigen Betrieben finden wir nämlich bereits seit einigen Jahren eher chronisch erhöhte Fehlzeiten, z.T. sogar im zweistelligen Bereich. Die Fehlzeiten korrelieren zudem nicht mit der Entwicklung des durchschnittlichen Erwerbsalters. Der stärkste Makro-Prädiktor zur Vorhersage der Fehlzeiten ist und bleibt die gesamtwirtschaftliche Lage. Je unsicherer/ungünstiger die Gesamtlage, umso niedriger die Fehlzeiten. Das sehen wir sehr schön anhand der letzten Krisen („Ölkrise" 1972–1978, „Nachwendekrise" 1994–1998, „nach-dot.com-allgemeine-Wirtschafts-und-Finanzkrise" seit 2002). Das durchschnittliche Erwerbsalter ist seit 1960 um etwas mehr als 10 % gestiegen. Das ist nicht sonderlich viel, bedenkt man die Volatilität anderer Indikatoren. Eine sprunghafte weitere Erhöhung des Erwerbsalters ist jedoch für die Jahre 2010–2025 zu erwarten. Wir sehen dennoch in der politischen Diskussion ein viel zu starkes Gewicht auf dem Faktor „Alter". Da kommt es leider u. E. zu einer Dramatisierung und Politisierung des demografischen Wandels, der ja auch in den letzten 60 Jahren stattgefunden hat, den aber keiner wirklich interessant fand. Geschätzt knapp 75 % der Jobs in Deutschland weisen zudem keine oder maximal ein alterskritisches Element in ihrem Tätigkeitsspektrum auf.[61] Das gilt selbst für einen Großteil der Jobs in Industriebetrieben. Wir glauben eher, dass ein anderes Merkmal des beständigen demografischen Wandels uns in den nächsten Jahren zu schaffen machen wird, nämlich der mentale Wandel, den die Menschen durchgemacht haben. Menschen im aktuellen Altersbereich „55+" glauben nicht mehr an sich und ihre Leistungskraft. Sie lehnen eine Erhöhung des Renteneintrittsalters kategorisch ab und können sich nur schwer vorstellen, die gesetzten Zielmarken zu erreichen. Diesen Sachverhalt dokumentiert auch das niedrige Niveau der Erwerbsarbeit bei den > 55jährigen Belegschaften von nur ca. 38 % (Abbildung 50).

Woher sollen die „Älteren" auch den Optimismus hernehmen? Immerhin haben sie ja in den letzten 15 Jahren gesehen, wie sich die Betriebe auf Kosten der Solidargemeinschaft radikal von den älteren Belegschaftsanteilen getrennt haben. Die Botschaft war klar: „Bist du 55, bist du alt – bist zu raus!". Wir haben in unserer Praxis etliche Betriebe kennengelernt, die (ausgehandelt mit dem BR) einen Stichtag gesetzt und anhand dieses Kriteriums sämtliche betroffene Mitarbeiter „sozialverträglich" zur Ruhe gesetzt haben. Was also soll in den Köpfen der verbleibenden Truppenteile vor sich gehen? Was denken die „Überlebenden"? Wie viel Energe-

---

61 Alterskritische Anforderungen sind Tätigkeitsmerkmale, die negativ mit den natürlichen physiologischen Alterungsprozessen (z. B. abnehmende sinnesphysiologische Kapazität, abnehmendes Lungenvolumen, Verringerung des Muskelquerschnitts ...) korreliert sind. Die wichtigsten alterskritischen Tätigkeitsmerkmale sind: a) schwere dynamische Arbeit, b) dauerhafte einseitige Haltearbeit, c) Daueraufmerksamkeitserfordernisse und d) Schichtarbeit, v. a. Nacht- und Wechselschichten.

Abbildung 50: Anteil der > 55jährigen an der Erwerbsbevölkerung
[Quelle: OECD (abgedruckt in: Der Spiegel 17/2004)]

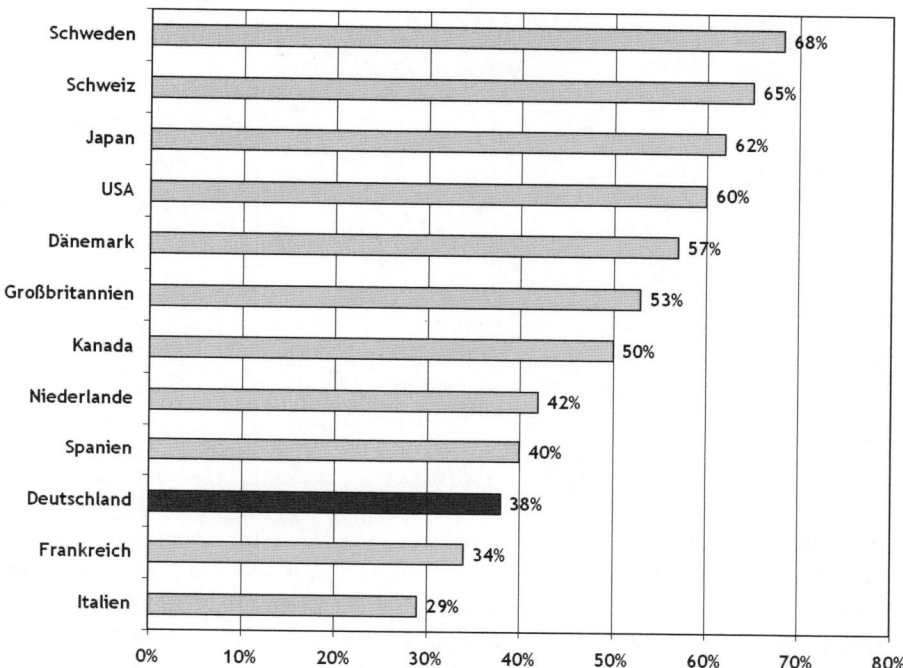

tisierung könnten Sie da noch aufbringen, wenn Sie Ähnliches erlebt hätten? Uns jedenfalls überraschen die niedrigen Engagement-Werte der letzten Jahre keineswegs.

Neben der fatalen betrieblichen „Sozialpolitik" der vergangenen Jahre können noch zwei weitere mentale Risiken angeführt werden. Zum einen wurde auf der Bilanzpressekonferenz der Deutschen Bank 2005 ein bis dato angenommenes „Agreement" zwischen Arbeitnehmern und Betriebseigentümern in Deutschland aufs massivste gebrochen. Erinnern Sie sich? Der Vorstandvorsitzende der Deutschen Bank, Josef Ackermann, kündigte trotz Rekordgewinns den Abbau von bis zu 6.400 Stellen an und begründete dies auch ganz offen mit den Ansprüchen auf nachhaltigen Ertrag für die Aktionäre, den er ansonsten gefährdet sehe. Der bis dahin gültige psychologische Vertrag *„Ich (Mitarbeiter) halte mich in Sachen Lohnforderungen zurück und bekomme von dir (Eigentümer/Management) dafür die Gewähr, dass du alles tun wirst, um meinen Job zu erhalten"* wurde gebrochen. Alle Beschäftigten wussten nun, dass ihnen auch dieser, zumindest indirekte Kontrollhebel, aus der Hand gerissen worden ist. Das hat sich tief ins kollektive Bewusstsein eingebrannt. Verstehen Sie uns nicht falsch. Wir machen hier keine Tarif- und Sozialpolitik. Unser Thema ist die betriebliche Gesundheitspolitik. Diese ist jedoch in ihrer mentalen Dimension enorm von diesen Ereignissen beeinflusst worden. Was hier geschehen ist, lässt sich nicht trefflicher als mit gelernter Hilflosigkeit umschreiben

Abbildung 51: Entwicklung von Anforderungen und Leistungsvoraussetzungen
[Quelle: Eigene Darstellung]

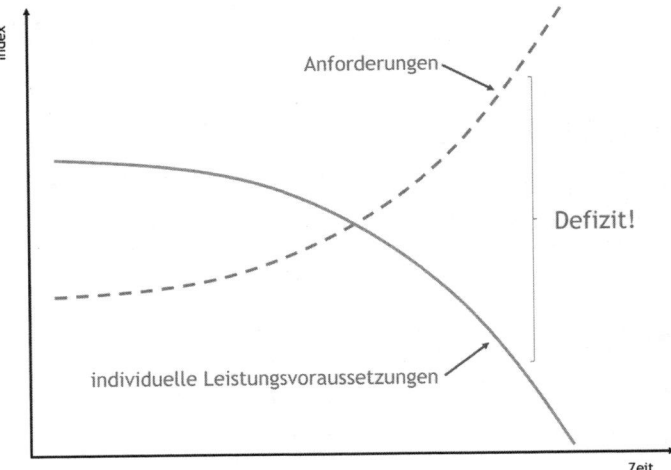

(vgl. auch SELIGMAN, 1979). Dieses Selbstverständnis fehlender Selbstwirksamkeitserwartungen sitzt im Kopf vieler Beschäftigten. Was wir in den Betrieben jetzt brauchen, ist deshalb eine mentale Erneuerung der Belegschaft und eine Neuformulierung der psychologischen und intergenerativen Verträge. Was wir brauchen, ist ein „Vertrauensprogramm" zwischen Management und Belegschaft. Das Theraband wird uns genauso wenig retten, wie der Wasserspender, der Obstkorb oder der Gesundheitstag zur vitalstoffreichen Vollwertkost. Das ist alles wichtig und schadet in der Regel auch niemanden, es hilft uns aber nicht, die drängenden Probleme in den Griff zu bekommen.

Legt man nun noch die Produktivitätsentwicklung in der deutschen Wirtschaft auf die Entwicklung der psychischen Erkrankungen, dann erhalten wir eine sehr hohe Korrelation. Damit wollen wir keine ursächliche Beziehung zwischen den gestiegenen Arbeitsanforderungen und den psychischen Erkrankungen herstellen, aber eben doch eine Beziehung. Viele Betriebe haben sich zwar technisch, strukturell und prozessual erneuert. Die mentale Erneuerung blieb jedoch zumeist aus. Das muss jetzt nachgeholt werden. Aufgrund der fehlenden Erneuerung befinden wir uns derzeit in einer erheblichen psychosozialen Gesundheitskrise, die sich nicht nur auf das betriebliche Setting erstreckt. Es ist anzunehmen, dass wir uns in der fundamentalsten psychischen Ressourcenkrise befinden, die wir je erlebt haben. Viele Beschäftigte erleben bereits heute, dass sie den beruflichen Anforderungen nicht mehr gerecht werden können. Nicht wenige sind bereits dekompensiert. Während die Arbeitsanforderungen kontinuierlich gestiegen sind, haben sich die individuellen und kollektiven Leistungsvoraussetzungen („Puffer") nicht gleichermaßen mitentwickelt (siehe auch Abbildung 51). Die Folgen sind ein erhöhtes Risiko für Leistungseinbußen und Anpassungsstörungen.

Abbildung 52: Kritische Personalthemen in der Zukunft
[Quelle: leicht verändert nach BCG/WFPMA[62]]

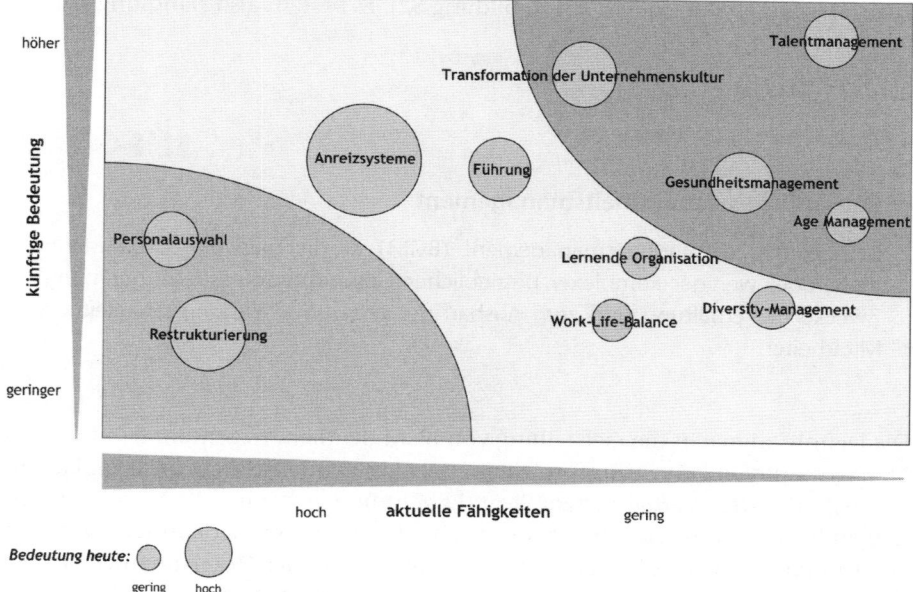

Um noch eine Zahl in den Ring zu werfen: die jüngsten Daten des Bundesgesundheitssurveys weisen eine 12-Monates-Prävalenz für psychische Störungen von knapp 31 % aus (vgl. auch JACOBI, KLOSE & WITTCHEN, 2004). Das geht nicht alles zu Lasten der Arbeitswelt – das ist klar. Eine Reihe weiterer Gründe wird angeführt (z. B. Multimorbidität, Diagnosefähigkeit, gestiegene Selbstaufmerksamkeit etc.). Dennoch: die Zahlen sind alarmierend.

Die Gesundheitskrise ist alleinig mit Methoden der betrieblichen Gesundheitsarbeit also auch nicht zu überwinden. Hier stoßen wir an die Grenzen der von uns vorgestellten Ansätze. Denn: die Gesundheitskrise ist nur eine von vielen, die wir derzeit erleben. Schlägt man die Tageszeitung von heute auf, dann lesen wir folgende krisenbezogenen Schlüsselwörter: „Wirtschaftskrise", „Finanzkrise", „Ressourcenkrise", „ökologischen Krise" und „soziale Krise". Einige wähnen sich bezüglich dieser multiplen Krise bereits im Übergangsbereich zu einem „Kapitalismus 3.0" (vgl. auch BARNES, 2008).

Insofern ist die Frage (BGM ja oder nein?), mit einem klaren „ja" zu beantworten. Es muss aber deutlich stärker auf die mentale Säule der Arbeitsbewältigung hin ausgerichtet werden, als das bisher der Fall war.

Eine Befragung der Boston Consulting Group bei Personalmanagern bestätigt diese Aussage. Sie zeigt deutlich, dass Gesundheitsthemen in der Wahrnehmung der Personalmanager/innen sehr wohl angekommen sind und in Zukunft z.T. sogar noch an Bedeutung gewinnen werden. Die aktuelle Befähigung, Gesundheitsmanagement und andere assoziierte Themen, wie Transformation der Unternehmenskultur, Age- und Diversity-Management auch umsetzen zu können wird zudem eher kritisch eingeschätzt (siehe auch Abbildung 52). Es besteht also Handlungsbedarf.

2.11.2 Was ist BGM?

INFOBOX

Betriebliches Gesundheitsmanagement

Betriebliches Gesundheitsmanagement (BGM) ist die planvolle Organisation mehr oder weniger komplexer betrieblicher Gesundheitsdienstleistungen zum Zwecke der Erhaltung und zum Ausbau der Arbeitsbewältigungsfähigkeit der Mitarbeiter.

Die Definition macht die Zielstellung von BGM deutlich. Es geht im BGM um das Management von Präventionsprojekten. Dabei ist es unerheblich, ob der Fokus auf „Verhalten" oder „Verhältnissen" liegt. Es geht immer darum, die Mitarbeiter/innen zu befähigen, ihren Job gut und nachhaltig ausführen zu können. Dabei ist BGM immer explizit. BGM ist zudem als ein spezifischer Unterstützungsprozess charakterisiert, der – zumeist von Fachstellen gesteuert – auf „Gesundheit" hin ausgerichtet ist. Das reicht vom Krankenkassen-co-finanzierten Gesundheitstag (wenig komplex) bis zur Implementierung von langjährigen Halteprogrammen für ältere Mitarbeiter/innen inklusive Arbeitsgestaltungsmaßnahmen sowie deren wirtschaftlichkeitsbezogenen Evaluation (hoch komplex).

Es ist egal, wie komplex die Gesundheitsmaßnahmen sind, die eingebracht werden sollen. Sie sind immer nur dann einem „echten" BGM zuzuordnen, wenn sich bei der Abwicklung die sechs Grundbausteine des BGM wiederfinden lassen (siehe auch Abbildung 53). Diese stellen den primären Regelkreislauf des BGM dar.

„Gutes" BGM wird begleitet durch umfangreiche Maßnahmen der internen und externen Kommunikation. Aber Vorsicht! Auch mit dem größten denkbaren Aufwand, mit Aufstellern und Flyern, mit Firmenfitness und „gesunder-Rücken"-Kampagnen, mit Schrittzählern und Anti-Stress-Seminaren oder auch mit Führungskräfte-Check-up's, und Gesundheitsgutscheinen kann BGM immer nur einen eher bescheidenen Teil der Systemleistung beeinflussen. Signifikante Zuwächse sind dadurch nicht zu erwarten. Das geht nur mit einer neuen Qualität der Gesundheitsarbeit, die wir später noch mit „gesundem Management" kennzeichnen wollen. Das geht nur, wenn es uns gelingt, in die betrieblichen Kernprozesse vorzudringen.

---

62 Die vollständige Studie kann unter: http://www.bcg.de/documents/file5735.pdf eingesehen werden. Es handelt sich um einen weltweiten Web-Survey bei ca. 4.700 Personalmanager/innen, die nach bedeutenden HR-Themen im Jahr 2015 befragt wurden.

Abbildung 53: Grundbausteine eines BGM
[Quelle: Eigene Darstellung]

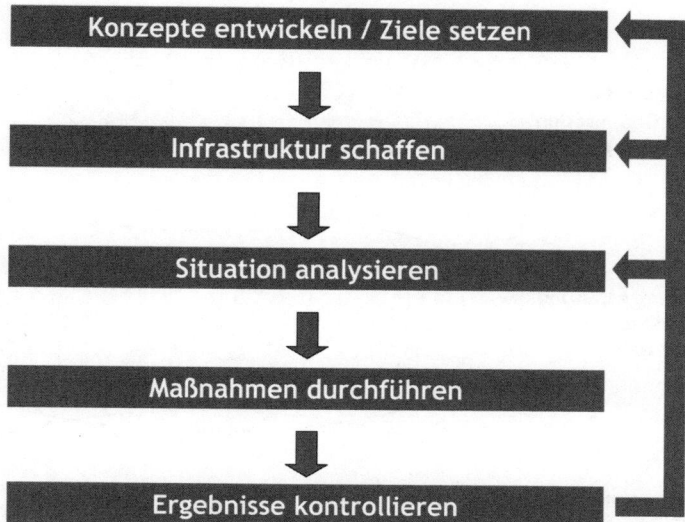

Wann immer Sie in Sachen Sicherheit und Gesundheit betrieblich etwas nach vorn bringen wollen, stehen Ihnen grundsätzlich drei Handlungsoptionen zur Verfügung (siehe auch Abbildung 54):

1. Ansatz an den individuellen Leistungsvoraussetzungen der Mitarbeiter/innen
2. Ansatz an der Arbeitssystemgestaltung
3. Ansatz an der betrieblichen Organisation

Die dargestellten Handlungsansätze stehen gleichberechtigt nebeneinander. Die Optimierung der Organisation ist weder besser noch schlechter als die Gestaltung von Arbeitssystemen oder die Erhöhung individueller Kompetenzen. Im Gegenteil: Die Aspekte ergänzen sich zu einem integrierten Handlungsansatz. Wir empfehlen deshalb, alle Ebenen gleichzeitig im Blick zu haben und die Bedingungen parallel zu verbessern. Über die Verbesserung der personalen, der Arbeits- und Organisationsbedingungen wird eine Verbesserung des Gesundheitszustandes und damit verknüpft auch eine Verbesserung der Arbeitsbewältigung angestrebt. Eine gute Arbeitsbewältigung ist ein exponierter Treiber für zielorientiertes und stabiles Arbeitsverhalten (siehe auch Abbildung 55).

Aus taktischen Gründen ist der Einstieg in das BGM über ein „leicht verdauliches Präventionspräparat" zu befürworten. Denkbar ist hier z.B. die Platzierung eines gesundheitsbezogenen Personalentwicklungsangebotes (Seminar „Trotz Stress gesund bleiben", „Ausgleichskompetenz fördern durch Mikropausen" o.ä.). Unabhängig davon sollten Sie immer eine Grundstrategie bei der Einführung von BGM vor Augen haben. Als Richtschnur können die Handlungsschritte des Managementzyklus hergenommen werden (siehe auch Tabelle 1).

Abbildung 54: Handlungsansätze für mehr Sicherheit und Gesundheit im Betrieb
[Quelle: Eigene Darstellung]

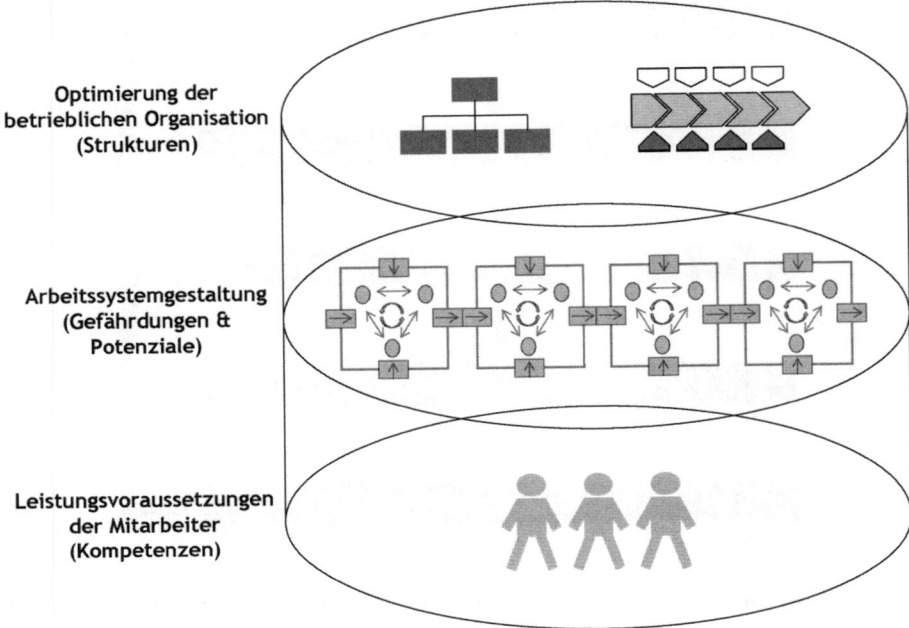

Bei der Einführung von BGM ist zudem eine Prozessstrategie zu wählen. Es stehen fünf Optionen zur Verfügung (siehe auch Abbildung 56):

1. top-down-Strategie
2. bottom-up-Strategie
3. bipolare Strategie
4. Keil-Strategie
5. multi-Nucleus-Strategie

Wir haben mit allen Prozessstrategien Erfolge und Misserfolge gehabt. Jede Strategie hat ihre spezifischen Chancen und Risiken (siehe auch Tabelle 2). Die top-down-Strategie bietet sich an, wenn Sie in einem Unternehmen sind, das a) akuten Handlungsdruck hat, b) eine starke hierarchische Prägung besitzt und c) bei dem das mittlere Management entscheidungsschwach und daher auf Impulse „von oben" angewiesen ist. Die bottom-up-Strategie ist zu empfehlen, wenn Sie keinen unmittelbaren Handlungsdruck haben und die Dinge reifen lassen können bzw. diese Strategie Erstmaligkeitscharakter hat. Die bipolare Strategie ist für BGM eher kritisch zu sehen, da sie die primären Träger des Veränderungsprozesses (das mittlere Management) sehr stark unter Druck setzt. Die Keil-Strategie ist sinnvoll, wenn sich das Unternehmen in erheblichen Restrukturierungsphasen (z. B. Fusionen) befindet und Abbrüche vermieden werden sollen. Die multiple-Nucleus-Strategie schließlich ist dann vorteilhaft, wenn Sie experimentieren wollen, eine große

Abbildung 55: Primäre Handlungsfelder des BGM

[Quelle: Eigene Darstellung]

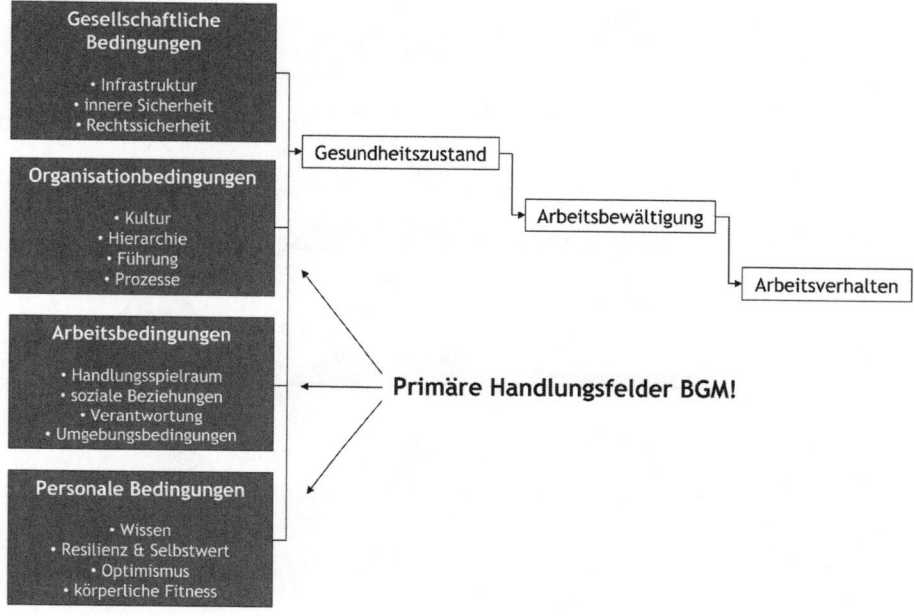

Tabelle 1: Handlungsschritte im BGM

[Quelle: Eigene Darstellung]

Handlungsschritt	Inhalte
Vorbereitung	■ Konzepte & Denkmodelle ■ Recherche, bisherige Befunde, Praxisbeispiele ■ aktuelle betriebliche Situation, derzeitige Kultur ■ verfügbare Experten
Zielbildung	■ Grundkonzeption (Strategie) ■ Zieldefinition (Vision, Grob- und Feinziele) ■ Feststellung der verfügbaren Ressourcen (Zeit, Geld, Personal)
Analyse	■ Lagebeschreibung (z. B. Personalstruktur, Gesundheitsstand) ■ Anforderungsbezug (Zukunft) ■ quantitative und qualitative Analysen inkl. Befundverdichtung
Beurteilung	■ Stärken-Schwächen-Profil (Problemdarstellung und Risikoformulierung) ■ Pfadmodelle ■ Ableitung von Handlungsanlässen
Interventionsplanung und Umsetzung	■ Infrastruktur (Personal, Projektsteuerung, Kommunikationswege, Handlungsplanung) ■ Projektdesign inkl. prospektiver Evaluation ■ Handlungsalternativen (Plan B) ■ Risikobeurteilung der Handlungsoptionen (Barrieren) ■ Umsetzung der Maßnahmen (inkl. Prozessbegleitung, Qualitätssicherung)
Evaluation	■ retrospektive Evaluation mit Zielbezug ■ ökonomische Evaluation
Handlungsanpassung	■ Bezug zu Punkten 1–5

Abbildung 56: Prozessstrategien in der Organisationsentwicklung
[Quelle: GOERKE (1981)]

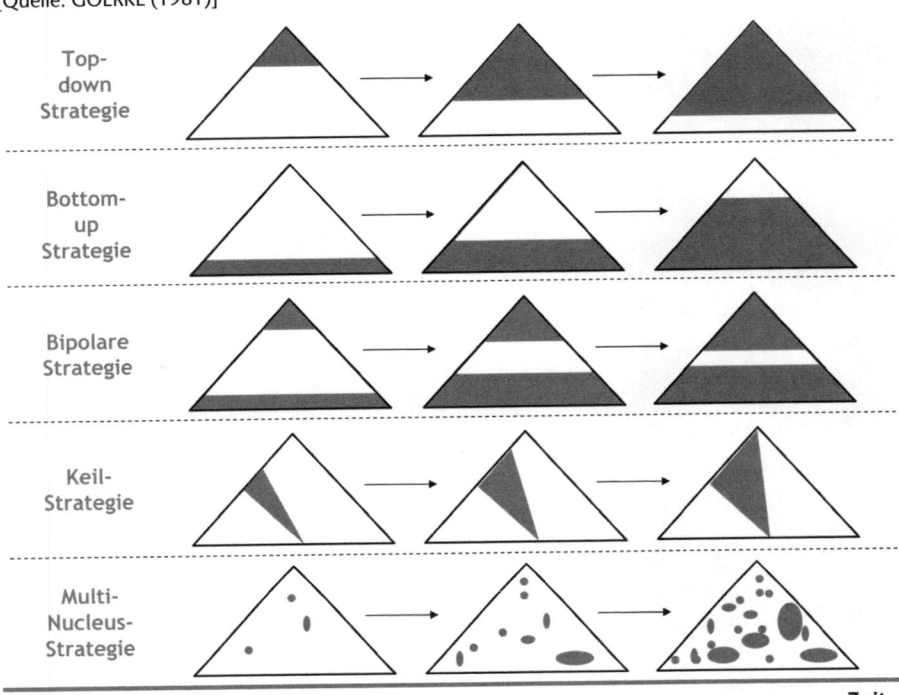

Vielfalt zu behandelnder Probleme existiert oder Sie einfach nur beginnen wollen und bisher (noch) nicht alle überzeugen konnten.

Der Katalog von Maßnahmen des BGM ist in den letzten Jahren stetig gewachsen. Wir beobachten jedoch auch, dass die Maßnahmen oft ad hoc, d. h. „auf Anfrage", oder ohne erkennbare innere strategische Ausrichtung eingebracht werden. Der Enthusiasmus zum „großen Entwurf" der 80er und 90er Jahre ist heute einem Realismus der „kleinen Schritte" gewichen. Wir unterscheiden die Maßnahmen im BGM hinsichtlich ihrer Richtungspfeile in der Aufbauorganisation. Es gibt „horizontale" und „vertikale" Maßnahmen (siehe auch Abbildung 57). Horizontale Maßnahmen werden allen Mitarbeitern angeboten (z. B. Rückenschule, Stresskurs, Nordic Walking, Business Yoga …). Vertikale Maßnahmen sind zielgruppenspezifisch. Die Zielgruppen müssen zunächst identifiziert werden. Als Zielgruppen können z. B. in Betracht kommen: Auszubildende, Führungskräfte, Verwaltungsmitarbeiter, Altersübergänger, Frauen, Männer etc. Horizontale Maßnahmen sind schnell verfügbar, brauchen keine vorhergehende Analyse und sind i. d. R. auch nützlich. Nachteile: Es kommen nur diejenigen, die ohnehin bereits aufmerksam sind, es gibt große Streuverluste und der Ansatz hat nur wenig Schlagkraft in der kulturellen Entwicklung. Vertikale Maßnahmen haben einen deutlich höheren Planungsvorlauf, sind aber auch treff-

Tabelle 2: Merkmale von Prozessstrategien
[Quelle: Eigene Anmerkungen in Anlehnung an GOERKE (1981)]

	top-down Strategie	bottom-up Strategie	bipolare Strategie	Keil-Strategie	multiple Nucleus-Strategie
Start & Entwick-lungsweg	von der Spitze der Organi-sation nach „unten", d.h. in alle Ebenen (Mitarbeiter)	von der Ba-sis der Organi-sation nach „oben", d.h. bis zum Top-Management	von der Spitze und der Ba-sis gleichzeitig in Richtung „Mitte" (mitt-leres Manage-ment)	vom mittleren Management ausgehend in zwei Rich-tungen: nach „oben" und nach „unten"	von gleichzeitig verschiedenen Bereichen in andere Bereiche aller Ebenen
++ Chancen	gute Prozesssteuer-ung & hohes Tempo durch gutes Commit-ment des Top-Managements	besondere Beachtung der Bedürfnisse der unteren Hierar-chieebenen, hohe Akzeptanz in der Breite	schnelle Ver-breitung der Ideen, Risiko-streuung, „Druck" von zwei Seiten auf die mittlere Führungsebene	Risikominimie-rung bei wech-selnder Füh-rungsspitze, Ansatz an den wichtigen operativen Füh-rungsstrukturen	Behandlung unterschied-lichster The-men, maximale Risikostreuung, weniger Unruhe und Misstrauen durch Begren-zung
-- Risiken	das Top-Mana-gement kann die eigenen Ambitionen nicht nach „unten" vermitteln, dadurch Miss-trauen und Blockade der unteren Hierar-chieebenen	untere Hierar-chieebene kann die eigenen Be-dürfnisse nicht nach „oben" vermitteln, dadurch Abwer-tung und Blo-ckade im mitt-leren Manage-ment	Diskrepanz zwi-schen oberen und unteren Ebenen in den Erwartungen an die Ergebnisse des Prozesses, dadurch Miss-verständnisse, Konflikte und Blockaden	keine ultima-tive Legitima-tion durch das Top-Manage-ment, Angst der Informierten und Eingeweih-ten, die Ideen in beide Seiten weiterzugeben, dadurch Pro-zessabbrüche	keine überge-ordnete Strate-gie erkennbar, ungenügende Koordination und Abstim-mung, dadurch Diffusion und Ermüdungsten-denzen, Über-forderungser-leben, „Insel-lösungen"

genauer und wirksamer. Horizontale und vertikale Maßnahmen ergänzen sich gegenseitig.

Neben dem primären Handlungsansatz (Organisation, Arbeitssystemgestaltung, persönliche Leistungsvoraussetzungen) und der Grundausrichtung können die BGM-Maßnahmen auch einer der vier Säulen der Arbeitsbewältigung zugeordnet werden (siehe auch Tabelle 3). Ein Stressimpfungsprogramm bezgl. Überfallsze-narien für Bankangestellte ist demnach ein vertikales Angebot zum Ausbau der persönlichen mentalen Leistungsreserven. Werden jetzt noch technische Ein-richtungen etabliert (Notfallrufsystem, verdeckte Fluchtwege usw.), erweitert sich das Angebot auf die Ebene der Arbeitssystemgestaltung. Ein Nichtraucherkurs ist dementsprechend als horizontales Angebot zum Ausbau der physiologischen Leis-tungsreserven gekennzeichnet.

Abbildung 57: Ausrichtung betrieblicher Gesundheitsmaßnahmen
[Quelle: Eigene Darstellung]

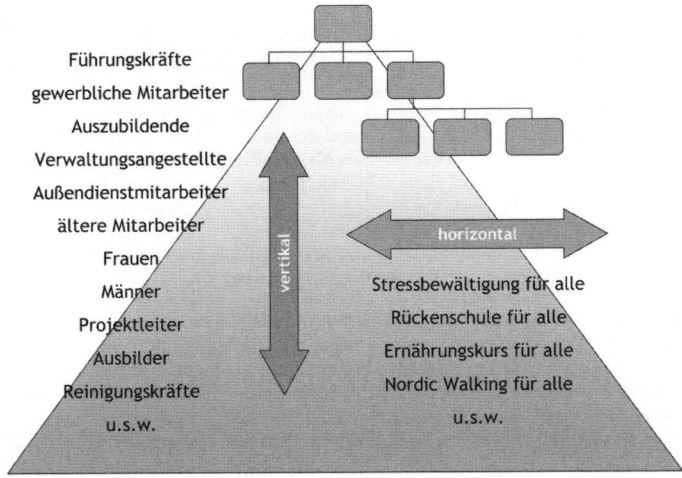

Tabelle 3: Maßnahmenkatalog BGM (Auszug)
[Quelle: Eigene Darstellung]

Maßnahmen	Inhalte
… zum Ausbau der physiologische Reserven	■ betriebliche Aktionstage (Bewegung, Rücken, Ernährung, Sucht) ■ Betriebssportangebote und Kursprogramme ■ bessere Ernährungsangebote im betrieblichen Raum (Kantinenessen) ■ Nichtraucherkurse ■ betriebliche Intensivprogramme der Sekundärprävention („Job-Reha")
… zum Ausbau der mentalen Reserven	■ betriebliche Aktionstage (Stress, Work-Life-Balance) ■ Vermittlung von Orientierung (Sinn) und Optimismus durch die Führung ■ gedankliche Durchdringung von Krisenszenarien („Stressimpfung") ■ Schaffung von Selbstwerterleben (dezentes Lob, berufliches Fortkommen) ■ Schaffung von Kontrollerlebnissen (Ideenworkshops, Kommunikation) ■ Kurz-Seminare (z. B. Stressbewältigung, Entspannungstechniken)
… zum Ausbau der fachlichen Reserven	■ fachliche Aus- und Fortbildung über die gesamte Lebensarbeitszeit ■ über-fachliche Fortbildung (z. B. Kommunikation, Projektmanagement) ■ Programme zur beruflichen Neuorientierung
… zum Ausbau der situativen Reserven	■ Arbeitsplatz (Ordnung und Sauberkeit, Umgebungsbedingungen, Ergonomie, Arbeitssicherheit) ■ Arbeitsprozess (klare Aufgabenstellung, Freiheitsgrade, Vollständigkeit) ■ Führung (Fairness, Selbstwertunterstützung) ■ Unterstützungsprozesse (Sozialberatung, Suchtberatung) ■ angemessene Entlohnung ■ Zeitelastizität und Auszeiten ermöglichen (Elternzeit, Teilzeit, Gleitzeit, Sabbaticals) ■ „Stress-Frühwarnsystem"

2.11.3 Die 10 größten Irrtümer im BGM

Es gibt mehr als 10 Missverständnisse rund um das Thema „betriebliches Gesundheitsmanagement". Das liegt weitestgehend daran, dass zwar in den letzten Jahren viel betriebliches Engagement im Feld der betrieblichen Gesundheitsarbeit entwickelt wurde, jedoch zu wenig auf die theoretischen und methodischen Aspekte geachtet und noch viel weniger unabhängige innerbetriebliche Transferforschung betrieben wurde. In der langjährigen Praxis als betriebliche Gesundheitsmanager sind uns folgende 10 Aussagen immer wieder begegnet, die wir eindeutig als Irrtümer kennzeichnen können:

INFOBOX

Die 10 größten Irrtümer über BGM

1. BGM ist für alle gut!
2. BGM kann jeder!
3. BGM funktioniert immer, wenn es nur „richtig" gemacht wird!
4. BGM senkt die Fehlzeiten!
5. BGM ist ein Projekt!
6. BGM ist ein eigenständiger Ansatz!
7. BGM hat praktisch immer einen positiven Return-on-Investment!
8. BGM erzeugt schnell Erfolge!
9. BGM hat keine Norm!
10. BGM ist letztlich eine einfache Lösung!

---

1. Irrtum: BGM ist für alle gut!

BGM wird gemeinhin unterstellt, dass es „win-win"-Situationen erzeugt. Irgendwie gewinnen alle, wenn man nur endlich mit der Gesundheitsarbeit beginnen würde. Komisch nur, dass so oft Widerstände gegenüber den betrieblichen Gesundheitsvorhaben bestehen. Warum machen nicht alle mit? Führungskräfte, Betriebsräte, Mitarbeiter? Warum haben so viele Akteure Vorbehalte? Vielleicht weil sie das eigentliche Anliegen und die Vorteile einfach nur nicht „richtig" verstanden haben? Nein! Führungskräfte sehen z. B. mit Recht Kontrollverluste und Zielkonflikte, wenn z. B. Angebote einer verstärkten „Partizipation" gemacht und gesundheitsbezogene Projekte auf deren Kostenstelle organisiert werden, ohne dass ein enger direkter Beitrag zu deren eigentlichen Zielvorgaben ersichtlich ist. Die oftmals direkten BGM-Kommunikations- und Analysestrategien kollidieren zudem nicht selten mit den Ideen der Meinungsführerschaft von Betriebsräten zur „Befindlichkeit" der Mitarbeiterschaft. Mitarbeitern wurde letztlich in der Vergangenheit schon oft erzählt, dass Projekte Vorteile für sie hätten, was sich im Nachhinein als Trugschluss erwiesen hat. Begriffe wie „kontinuierlicher Verbesserungsprozess" (KVP), „Ideenwerkstatt" oder „Analyse" sind nicht selten erheblich negativ belegt, um nicht zu sagen verbraucht.

2. Irrtum: BGM kann jeder!

Was braucht man eigentlich, um BGM zu machen? Neben kompetenten personellen Trägern auch eine gewisse unternehmenskulturelle Reifung und eine gute
betriebliche Infrastruktur. Dazu zählen schnelle Kommunikationswege, entschei-
dungsmächtige Gremien und ausreichende Ressourcen. Insbesondere an die personellen Träger (z. B. Personalverantwortliche, Betriebsräte, betriebliche Gesundheitsmanager) werden hohe Anforderungen an deren fachliche, methodische, soziale und kommunikative Fertigkeiten gestellt. Zudem brauchen sie neben einer
guten Grundausbildung auch Erfahrungen im betrieblichen Transfer – insbesondere im Umgang mit Widerständen. Diese fehlen jedoch nicht selten. So kommt
BGM oftmals rasch an Abbruchlinien oder verbleibt auf der Ebene gesundheitszen-
trierter Personalentwicklungsmaßnahmen.

3. Irrtum: BGM funktioniert immer, wenn es nur „richtig" gemacht wird!

Wir haben bereits vor etlichen Jahren „Leitfäden" für die Umsetzung von betrieblichem Gesundheitsmanagement veröffentlicht (vgl. auch WEIGL & WEINREICH,
2002). Diese sind auch soweit methodisch in Ordnung. Dennoch kann es vorkommen, dass die Methoden nicht funktionieren. Herrscht z. B. ein zu großes Misstrauen zwischen Mitarbeitern und Führungsmannschaft, wird es schwer sein, neue
Ideen und Managementansätze einzubringen. Egal mit welchen Methoden. Sollen
zudem auch noch jene Führungskräfte auf einmal salutogene Konzepte tragen, die
bisher auf Repression und Eskalation gesetzt haben, fehlt die Glaubwürdigkeit bereits im Ansatz. Gab es in der Vergangenheit Verstöße im Umgang mit sensiblen
Daten wird eine noch so fundierte Analysestrategie nicht umzusetzen sein. Auch
das Handling von BGM über das klassische Projektmanagement stößt in der „rea-
len" Welt immer wieder an seine Grenzen. Zu viele Rückkopplungen und multiple
Interessen im System lassen die „Projektablaufpläne" einfach nicht durch. Egal mit
welchem Puffer. Es gibt auch nicht *die* Form der Steuerung von BGM. Sie können
sich anstrengen und einen „Arbeitskreis Gesundheit" gründen. Doch möglicherweise ist der schon tot, bevor Sie das überhaupt mitbekommen haben. Da wird in
Ihrem (paritätisch besetzten) Gremium noch über die Grundsätze diskutiert, der-
weil „nebenan" über intakte informelle Strukturen (Mittwochs-jour fix der Abteilungsleiter) die Post abgeht und Entscheidungen über Zielrichtungen und Budgets
getroffen werden. Dem „Rohrkrepierer" folgt dann von einigen Beteiligten zumeist
noch, das „ich wusste es ja".

4. Irrtum: BGM senkt die Fehlzeiten!

Wir haben in den letzten 15 Jahren viele BGM-Projekte durchgeführt. Am Anfang
waren wir auch davon überzeugt, dass unser Ansatz dazu beiträgt, die Fehlzeiten zu
senken. Früh haben wir jedoch feststellen müssen, dass dies nicht so ist und auch
nicht so sein muss. BGM hat eine ganz andere Intention – einen ganz anderen Fokus. Es geht im BGM nämlich gar nicht um die 3, 4 oder 10 % derjenigen, denen aktuell die Substanz fehlt, am Leistungserstellungsprozess teilzunehmen. Es geht nicht

um die Menschen, die aktuell krank oder verletzt sind. In diesen Momenten greift BGM gar nicht. Es geht vielmehr um die Erhaltung und den Ausbau der Leistungssubstanz insgesamt. Diese muss in der Analyse gemessen und in Bezug zu den heutigen und zukünftigen Anforderungen gesetzt werden. Die Leistungssubstanz (auch „Leistungspotenzial") wird durch das Wechselspiel zwischen Leistungsträger (Mitarbeiter) und Leistungsumgebung (Kultur, Arbeitsorganisation, Arbeitsmittel, Aufgaben …) bestimmt. BGM kann zunächst nur auf jene Mitarbeiter abgestellt sein, die im Job sind und die es auch weiterhin bleiben sollen. Und zwar möglichst lange.

5. Irrtum: BGM ist ein Projekt!

BGM wird in Projektform eingebracht und fortentwickelt – keine Frage. Nicht umsonst wird dem Thema „Projektmanagement" auch in diesem Buch ein nicht unbeträchtlicher Stellenwert eingeräumt. BGM ist in der Endkonsequenz jedoch aus den Projektstrukturen zu befreien und hat Eingang in die betrieblichen Kernprozesse zu finden. Gesundheitsarbeit ist Tagesgeschäft! Gutes BGM erkennt man im Übrigen daran, dass dort nicht mehr das Label „BGM" drauf steht. Es ist sozusagen aus der expliziten Projektarbeit in die implizit ablaufenden Strukturen der Führung und Selbstführung überführt worden. Die Projektform ist wohl eine tolerable Form des Einstiegs in das Thema. Nur Vorsicht! Lassen Sie sich nicht von „Piloten" täuschen. Ein beliebtes Spiel, um ein unliebsames Thema abzuwürgen. Wer z. B. „gesunde Führung" in einem Unternehmen mit > 500 Führungskräften an einer „Pilotstichprobe" (N = 10) erproben will, der hat bereits den ersten Fehler als Gesundheitsmanager/in gemacht. Der ist nicht wirklich konsequent. Signifikante Pilotprojekte müssen mind. 10 % der Grundgesamtheit erreichen. Ansonsten laufen sie Gefahr nicht ernst genommen zu werden. Es fehlt dann einfach an Reichweite.

6. Irrtum: BGM ist ein eigenständiger Ansatz!

Nicht selten rufen uns Unternehmen an und wollen „jetzt auch" Gesundheitsmanagement einführen. Das freut uns natürlich – nur sind diese Anfragen eigentlich überflüssig, denn die Betriebe haben längst ein BGM! Und zwar seit dem das Unternehmen besteht. Nur eben herrschte dann offensichtlich bisher kein Bewusstsein für das, was man eigentlich getan hat. Das ist heute leider immer noch zu oft so. Personalauswahl (z. B. Tauglichkeitsuntersuchungen, Eignungsdiagnostik), Personalentwicklung (z. B. GMP's[63], fachliche Fortbildung, Seminare zur Steigerung der Kommunikationsfähigkeiten), ja selbst Tarifpolitik[64] können als Beiträge zum betrieblichen Gesundheitsmanagement verstanden werden. Sie werden nur nicht als solche wahrgenommen und erst recht nicht aufeinander bezogen.

---

63 GMP = General Management Programm.
64 Die Verhandlungen sind Ausdruck der Optimierung der Anreizgestaltung als Gegengewicht zu den Verausgabungsanforderungen.

7. Irrtum: BGM hat praktisch immer einen positiven Return-on-Investment!

Abnehmende Unfall- und Fehlzeitenquoten markieren eindrucksvoll das Präventionsdilemma aufgrund sinkender Nutzwerte, wenn man „Ersparnisse" als „Return" der Investitionen her nimmt. Unter dieser Perspektive ist bei den aktuellen Arbeitsunfähigkeitszahlen jeder BGM-Ansatz bereits im Vorfeld mit einem negativen Return-on-Investment (RoI) besetzt. Die Kosten für komplexe Arbeitsschutz- und Gesundheitsmaßnahmen steigen jedoch, je weiter wir uns dem Optimum annähern wollen. Die Perspektiven auf einen „Return" sind zudem sehr unterschiedlich. Shareholder (Eigentümer, Geschäftsführung) und Stakeholder (weitere Führungskräfte, Betriebsräte, Mitarbeiter/innen) haben sehr unterschiedliche Auffassungen darüber, was „rauskommen" soll. Die Frage ist nun, auf welchen „Return" das Investment bezogen werden soll. Am höchsten sind die Erfolgsaussichten auf einen positiven RoI immer dann, wenn die Investitionen auf die unmittelbaren Leistungsziele der Belegschaft bezogen werden.

8. Irrtum: BGM erzeugt schnell Erfolge!

Die Einführung eines BGM in den Betrieb dauert je nach betrieblichen Rahmenbedingungen, wie Größe und Unternehmenskultur ca. 12–24 Monate. Die nachhaltige Sicherung weitere 3–5 Jahre. Belastbare Ergebnismessungen zu Verbesserungen der unmittelbaren Leistungsindikatoren sind bereits nach 6–12 Monaten möglich. Bezüge zu höherrangigen Zielwirkungen können jedoch frühestens nach 4–5 Jahren hergestellt werden. Der Ausweg wird bei vielen Unternehmen aufgrund dieses Zeit-Problems dann auch in nicht analysegestützten und auch nicht evaluierbaren Einzelmaßnahmen gesucht, die den Vorteil haben, schnell verfügbar und umsetzbar zu sein.

9. Irrtum: BGM hat keine Norm!

Es ist richtig, dass es für BGM keine Norm i. S. einer DIN gibt. Für das Qualitätsmanagement haben wir die DIN EN ISO 9001 ff., für das Umweltmanagement die DIN EN ISO 14001 und für den Arbeitsschutz mit der DIN 18001 (OHSAS) immerhin eine Quasi-Norm. Das heißt aber nicht, dass BGM der Beliebigkeit ausgesetzt ist. Es gibt sehr wohl normative Eckpfeiler für ein BGM. Diese beziehen sich auf die Voraussetzungen (theoretische Modelle, Ressourcen, Infrastruktur), die verwendeten Methoden und Instrumente in den Handlungsschritten (Zielbildung, Analyse, Intervention, Evaluation) und die Ablauforganisation (Verantwortlichkeiten etc.). Anspruch dieses Buches ist es, die normativen Eckpfeiler zu benennen und auszuführen.

10. Irrtum: BGM ist letztlich eine einfache Lösung!

Nicht nur im BGM herrschen derzeit Tendenzen der Vereinfachung (Simplifizierung). Beispielgebend möchten wir solche Aussagen wie, „Iss' Dich gesund!" oder „Lauf' Dich gesund!" anführen. Mitarbeitern werden Tipps mit auf den Weg gegeben, wie „Sei Dein eigener Gesundheitscoach!" oder „Sage auch mal ‚nein'!" Man kann aber natürlich die strukturellen Probleme des Lebens weder „wegessen" noch

„weglaufen" noch „wegentspannen". Dafür sind die wechselseitigen Abhängigkeiten im Arbeitssystem einfach zu komplex. Das Handling der Komplexität stellt die Akteure vor große Herausforderungen. Wem es nicht gelingt, mit Wahrscheinlichkeiten umzugehen, der wird auch keinen Erfolg im BGM haben. Wer alles „richtig" machen will, der macht bereits etwas falsch.

2.11.4 Ultrakurzer Abriss der bisherigen Geschichte des BGM

INFOBOX

Ultrakurzer Abriss der aktuellen Problemlage des BGM

- am Anfang stand die Sicherstellung der Passung von Arbeitern und Umgebungsbedingungen ohne, dass diese Passung explizit gefördert worden wäre (z. B. kleine Menschen im Bergbau, große beim Militär)
- dann Konzentration auf Verhütung von Unfällen
- dann Gesundheitsförderung mit Menschen off-the-Job („Rückenschule")
- dann Gesundheit an den Arbeitsplatz gebracht (der Rücken allein ist es nicht, Ideen von Ergonomie, gesund bleiben im Job, Humanisierung der Arbeitswelt)
- dann Verhaltensprävention & Verhältnisprävention
- dann stärkere Einbindung von Mitarbeitern/Betroffenen (Partizipation)
- dann immer bessere Quantifizierung des Problemausmaßes und der Problemdichte durch Analysen (Professionalisierung der Analyse)
- dann umfangreiche Projektsteuerung der Maßnahmen (Projektmanagement)
- dann Begriffsbildung „Gesundheitsmanagement" (Gesundheitsmanagement als separater abgrenzbarer Unterstützungsprozess inkl. der Integration von festen Stabsstellen in die Aufbauorganisation (Gesundheitsmanager im Betrieb)
- dann Zusammenführung bereits bestehender Managementansätze (Arbeitsschutz-, Qualitäts- und Umweltmanagement) zu einem „integrierten Managementsystem"
- dann stärkere Frage nach dem Output (Evaluation und Wirtschaftlichkeitsrechnungen)
- dann stärkerer Appell an die Eigenverantwortung von Mitarbeitern (Inanspruchnahme von Gesundheitsleistungen, eigene Vorsorge)
- heute Erreichung neuer Grenzen (kein Verständnis für das Gesamtsystem, Überforderung externer Experten, mangelhafte Selbststeuerung der Unternehmen, mangelnde Kompetenz von Führungskräften, mangelnde Regulationskompetenzen von Mitarbeitern, zu viel „political correctness" zu wenig eigener Drive)

2.11.5 Weitere Evolution des BGM: Gesundes Management

Was ist die Zukunft des BGM? Oder besser: Wo müssen wir hinkommen? Zunächst muss versucht werden, Gesundheit in das allgemeine betriebliche Management zu integrieren. Das betrifft die Aufbauorganisation genauso, wie die Ablauforganisation. Gesundes Management (GM) ist „Tagwerk", ist tägliche Beziehungs- und

Aufgabengestaltung. Gesundes Management ist der beständige Abgleich von Anforderungen und Leistungsvoraussetzungen. Gesundes Management ist tägliche Kompetenzentwicklung der Mitarbeiter und deren Befähigung, ihren Job zu packen. Gesundes Management ist auch die kontinuierliche Fortentwicklung einer Gesundheitskultur im Unternehmen. Das ist der große Unterschied zwischen GM und BGM. BGM ist oftmals desintegriert und liegt in den Stabsstellen und bei Experten, welche betriebliche Gesundheitsprojekte organisieren. Bisher ist das Gesundheitsthema also noch viel zu sehr auf die fachlichen Experten (z. B. Arbeitsmediziner, Sicherheitsfachkräfte, Gesundheitsmanager/innen, Ergonomie-Berater, Arbeitspsychologen …) hin ausgerichtet. Substanziell nach vorne kommen wir jedoch nur, wenn es uns gelingt, Gesundheit in die betrieblichen Führungsstrukturen zu verlagern. Anders ausgedrückt: Gesundes Management ist dadurch gekennzeichnet, dass es aus den Unterstützungsprozessen in die betrieblichen Kernprozesse vorstößt. Das bedeutet nicht, dass wir in Zukunft auf das BGM verzichten wollen – keinesfalls! Wir verzichten ja auch nicht auf Arbeitssicherheit oder Qualitätsmanagement als Unterstützungsprozesse, nur weil diese nicht mehr auf der Projektagenda ganz oben stehen. Das bedeutet auch nicht, dass die bisherigen fachlichen Träger in Zukunft entbehrlich werden. Wir brauchen sie weiterhin, z. B. als Ideengeber und als Umsetzer. Aber: Während z. B. die Qualitätssicherung längst zum Bestandteil der Führungsarbeit geworden ist, verharrt Gesundheit nach wie vor zumeist in Projektform und wartet darauf „erkannt" zu werden. Es muss einfach gelingen, Gesundheit in die Kernprozesse zu integrieren. Ohne diesen Vorstoß in die Kernprozesse kann die Systemleistung nicht adäquat gesteigert werden und bleibt Gesundheit das, was es derzeit ist: „ganz nett" und „schön zu haben".

Mit der anstehenden Integration in die Ablauforganisation der Kernprozesse wird Gesundheit also nicht mehr separat „gefördert", sondern wird impliziter Bestandteil jeder Handlungssituation. Der „gesunde transaktionale Prozess" zwischen organisationalen Rahmenbedingungen (Arbeitssituation) und persönlichem Verhalten (Handlung) wird für alle Systemmitglieder zum eigenständigen Ziel. Gesundheit rückt von den hinteren Plätzen auf die Top-Positionen in den Wirkungsketten der Manager-Mindsets. Gesundheit wird von der abhängigen zur unabhängigen Variable in der Statistik. Gesundheit wird also in der zukünftigen kausalen Logik nicht mehr das Ergebnis guter Arbeits- und Lebensbedingungen, sondern integraler Bestandteil, ja sogar die Voraussetzung für ein „gutes" Arbeitsleben sein. Sie stellt dann eine entscheidende leistungs- und erfolgsförderliche Voraussetzung dar und darum geht es schließlich – um Systemleistung.

Es gibt z. B. überhaupt keinen vernünftigen Grund anzunehmen, dass die Sicherstellung einer hohen Prozessqualität zwar integraler Bestandteil der Führungsleistungen sein soll, die Sicherstellung einer hohen Beziehungsqualität und Arbeitsbewältigung jedoch nicht. Es gibt auch keinen vernünftigen Grund anzunehmen, dass Mitarbeiter methodische und fachliche Kompetenzen erwerben sollen, gesundheitsbezogene jedoch nicht. Das ist „2-Klassen-Logik" und führt in die Sackgasse.

Abbildung 58: Vier-Faktoren-Modell der themenzentrierten Interaktion
[Quelle: COHN (1975)]

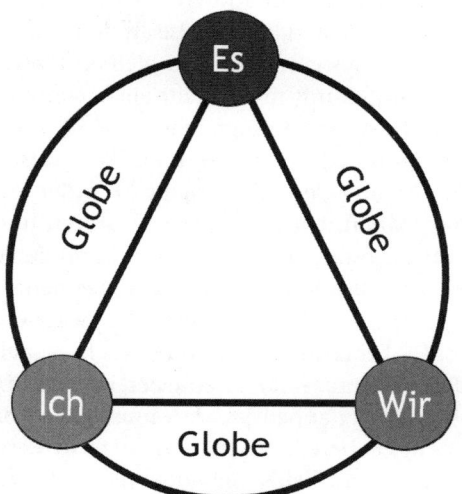

INFOBOX

Gesundes Management

Gesundes Management (GM) ist der alltägliche transaktionale Prozess zur Sicherstellung einer optimalen Passung zwischen betrieblichen Rahmenbedingungen und persönlichem Verhalten und Erleben zum Zwecke der Erhaltung und zum Ausbau der Arbeitsbewältigungsfähigkeit der Mitarbeiter.

Wer kommt für GM Adressat in Frage? Wir sehen drei Personengruppen:

- Führungskräfte
- Mitarbeiter
- (interne und externe) Experten

Führungskräfte müssen heute planen, Ziele formulieren, Abläufe organisieren und beobachten, sowie Ergebnisse kontrollieren und zurückmelden. Das ist eine sehr komplexe, interaktive und dynamische Aufgabe. Es geht um das „Es" (vgl. auch COHN, 1975). Im Zeitalter des GM vergrößert sich das Aufgabenspektrum um drei weitere Aspekte (siehe auch Abbildung 58). Neben dem produktiven „Es" (Leistungsoutput) geht es dann auch um:

1. ein gesundes „Ich" (gesunder Manager)
2. ein gesundes „Wir" (gesunde Beziehung) und
3. ein gesundes strukturelles und kulturelles Umfeld („Globe")

Führungskräfte müssen noch selbstaufmerksamer und achtsamer werden und ihre persönlichen Ressourcen erkennen, schonen und weiterentwickeln, um gesund zu bleiben (Ich). Sie müssen „sensorisch" sein für ihre Mitarbeiter, müssen erkennen, ob die Mitarbeiter beeinträchtigt sind und vor allem warum. Das setzt eine Beziehungsqualität (Wir) voraus, die möglichst nahe an den Status „natürlicher" Beziehungen heranreicht. Arbeitssysteme sind und bleiben zweckgebundene Systeme auf Zeit. Jedoch wird es in Zukunft nicht mehr ausreichen, formale Kommunikation mit Mitarbeitern zu betreiben. Erfolgreiche Führungskräfte müssen ihre Kommunikation vielmehr emotionalisieren. Kommunikation ist der „Superklebstoff" zur erfolgreichen Bewältigung der zukünftigen Anforderungen. Es geht darum, sich selbst gesund zu erhalten, andere gesund zu führen und die Rahmenbedingungen (Globe) gesund zu gestalten. Viele Wortschöpfungen der letzten Jahre versuchen diese Kernidee auszudrücken: „Mind-Management", „Mind-Balancing", „Mind-Regulation", „Health Quality Management", „sozialenergetisches Management", „Körperfitness", „Lebensordnung" oder auch „Total-Management". Die Frage drängt sich auf, ob Führungskräfte heute bereits in der Lage sind, diese Komplexität zu beherrschen. Wir glauben ja! Man muss ihnen das nur ermöglichen. Haben Führungskräfte heute bereits ausreichend externe Ressourcen, die sie auch in Anspruch nehmen können? Haben sie Supervision, Beratung und Coaching? Haben Führungskräfte heute bereits angemessene Führungsspannen, um die notwendige Aufmerksamkeit auch zu entwickeln? Ist in den heutigen einschlägigen Stellenbeschreibungen bereits Führung so verankert, wie wir das eben beschrieben haben? Können Sie diese Fragen mit „ja" beantworten, dann sind Sie heute bereits in der Lage, wirklich gesunde Arbeitssysteme zu erzeugen. Dann sind Sie in der Lage nicht nur schnell, sicher und günstig, sondern auch gesund zu produzieren.

Mitarbeiter müssen ihre persönlichen Gesundheitskompetenzen deutlich ausbauen. Sie müssen in die Lage versetzt werden, ihre Befindlichkeit auszudrücken und individualisierte Handlungsstrategien zum Erhalt ihrer Arbeitsbewältigungsfähigkeit zu durchdenken und angstfrei zu diskutieren. GM bringt da einen neuen Anforderungsbezug für Mitarbeiter/innen in Sachen Aufmerksamkeit, Selbstverantwortung und Kommunikationsfähigkeit. Es gilt die gleiche Frage zu stellen, wie im vorigen Absatz: Haben wir heute bereits Mitarbeiter, die nicht nur schnell und günstig arbeiten können, sondern auch gesund? Mitarbeiter, die achtsam mit sich umgehen, eine Leistungs- und Vorsorgementalität zugleich internalisiert haben, die selbstbewusst auftreten und trotzdem ihre Rolle angemessen ausfüllen können? Der langfristige Rahmen einer BGM-Strategie sollte vor allem Maßnahmen enthalten, die auf die Entwicklung der eben beschriebenen Gesundheitskompetenzen hin ausgerichtet ist.

Interne und externe Experten sind als Begleiter und Beförderer dieser Entwicklung unerlässlich. Sie analysieren den Status quo, initiieren und sichern die kulturellen Veränderungsprozesse, sind Ansprechpartner für Führungskräfte und Mitarbeiter und entwickeln einen „Blick über den Tellerrand" hinaus. Dies setzt besonders hohe qualifikatorische und sozial-kommunikative Kompetenzen für diese Personengruppe voraus. Betriebe, die sich verändern wollen, suchen nach Experten, die viele Rollen in sich vereinen können: Analytiker, Projektmanager, Trainer, persönlicher Coach. Nicht zuletzt deshalb haben wir die Ausbildung zum Gesundheitsmanager im Betrieb weiter professionalisiert (siehe auch Kapitel 5 „Kompetenz-box"). Experten allein können jedoch kein „krankes" Arbeitssystem wieder „gesund" machen. Dazu ist ihre Reichweite zu begrenzt und die Wirksamkeit im Alltagshandeln zu sehr eingeschränkt.

Grundsätzlich kann in jedem Unternehmen GM gemacht werden. Nicht jedes Unternehmen ist jedoch bereits kulturell so „gereift", dass dies auch für die praktische Umsetzung gilt. Wir haben z.B. Betriebe kennengelernt, in denen das Gesundheitsthema nicht dynamisch und kooperativ ausgestaltet wird, sondern eher juristisch. Diese Betriebe sind von jahrelanger z.T. zermürbender Auseinandersetzung zwischen der Führung und den Arbeitnehmervertretungen geprägt. Alles muss „rechtssicher" gestaltet und dokumentiert werden und es dürfen keine „Fehler" gemacht werden. Diese Betriebe haben den Treibstoff in der Beziehungsgestaltung für Leistung und Kreativität bereits verloren. Statt Vertrauen und Optimismus herrschen Misstrauen, Resignation und subtile oder gar offene Verweigerung. Gesundes Management setzt aber ein erhebliches Maß an Verständnis[65] bei Führungskräften und Mitarbeitern voraus. Beide Seiten müssen verstehen, dass sie verknüpfte und abhängige Systemelemente in einem und demselben Arbeitssystem darstellen. Beide Seiten müssen daran glauben, dass das Arbeitssystem beherrschbar ist. Ansonsten können sich kein organisationaler Optimismus und auch keine individuelle Resilienz entwickeln. Beide Seiten müssen die Idee der Arbeitsbewältigungsfähigkeit (ABF) verinnerlichen und die eigenen Verantwortungsanteile für eine gute ABF erkennen.[66] Je besser die ABF aller Systemmitglieder, umso gesünder das Arbeitssystem selbst. Beide Seiten haben also ihre Verantwortung. So steht es auch im Arbeitsschutzgesetz (ArbSchG). Nur wird das nicht immer erkannt und manchmal, trotz Erkenntnis, aus betriebspolitischen Gründen nicht so verfolgt.

Meine Damen und Herren, das ist die Grundidee und der Anspruch, den GM an seine Träger stellt. Das ist der gesundheitsbezogene Anspruch in der Arbeitswelt von morgen!

---

65 Wir meinen hier das Verständnis i.S. von ‚Begreifen' (engl. Comprehension).
66 Mitarbeiter/innen müssen z.B. lernen, ihre persönlichen arbeitsbezogenen Risiken und Ressourcen besser einzuschätzen. Sie müssen deshalb zukünftig überschaubare und anwendungssichere Analyseinstrumente zur Verfügung gestellt bekommen, um sich selbst besser steuern zu können. Der Anspruch von gestern, nämlich dass ein Experte vorbeikommt, misst und beruhigt, reicht dann nicht mehr aus. Diese Entwicklung kann man auch als „gesundheitsbezogene Emanzipation des Einzelnen" verstehen. Ich (Arbeitgeber) ermögliche es dir (Mitarbeiter) in den gesetzten Grenzen des Arbeitssystems leistungsfähig und gesund zu bleiben. Ich (Arbeitgeber) bin zuständig für die strukturelle Seite der „ABF-Medaille". Dir (Mitarbeiter) obliegt es, das angelegte Potenzial auszuschöpfen, Angebote in Anspruch zu nehmen und notwendige Veränderungen umzusetzen. Du (Mitarbeiter) bist für die prozessuale Seite verantwortlich. Das ist die Qualität der Arbeitsbeziehung von morgen!

2.11.6 Betriebliches Fehlzeitenmanagement

Nicht selten sind hohe Fehlzeiten der Anlass, ein „Gesundheitsprojekt" zu lancieren. Das führt schnell zu begrifflichen Irritationen. Deshalb empfehlen wir, das Kind gleich beim Namen zu nennen. Das betriebliche Fehlzeitenmanagement (BFM) ist symptomatisch fokussiert. Es konzentriert sich auf das Handling einer festgestellten Norm-Abweichung, nämlich auf betriebliche Arbeitsunfähigkeiten.

INFOBOX

Betriebliches Fehlzeitenmanagement

Betriebliches Fehlzeitenmanagement (BFM) ist die Organisation mehr oder weniger komplexer betrieblicher Aktivitäten zur Erfassung und Rückführung von Fehlzeiten. BFM kann mit der Wiederherstellung verloren gegangener Arbeitsbewältigungsfähigkeit der Mitarbeiter/innen einhergehen.

Im Idealfall werden die Fehlzeiten im Betrieb zunächst ermittelt und analysiert. Dies kann z. B. durch eine Fehlzeitenstrukturanalyse (FZSA) geschehen, d. h. man definiert Strukturmerkmale (z. B. Arbeitsbereich, Alter, Geschlecht, Bildungsstand, Beschäftigungsstatus, Steuerklasse, Dauer der Beschäftigung usw.) und vergleicht danach alle ermittelten Fehlzeiten bezgl. Häufigkeit, Dauer und Gesamtumfang über diese Strukturmerkmale. Über eine Fehlzeitenstrukturanalyse erhält man Aussagen zum Umfang und zur inneren Gestalt des Problems im Gesamtsystem. Überprüfen Sie das bitte bei sich selbst: Wie hoch sind die Fehlzeiten insgesamt? Wie hoch ist der Anteil an Kurzfehlzeiten (>4 Tage)? Wie hoch ist der Anteil der Mitarbeiter, die in den letzten 3 Jahren überhaupt keine Fehlzeiten aufwiesen (Kategorie „strong")? Wie viele Mitarbeiter/innen hatten mehr als 6 Fehlzeiten im Betrachtungszeitraum (Kategorie „weak")? Welche Tätigkeitsgruppe „produziert" einen Großteil der festgestellten Fehlzeiten?[67] Wie verlaufen die Fehlzeiten im Jahres-, Monats- und Wochenverlauf? Jede Fehlzeitenstrukturanalyse hat ihre Erkenntnisgrenze erreicht, wenn es um die Ursachen für Fehlzeiten geht. Um weitere Informationen bezgl. der individuellen Problematiken zu erhalten, muss man die Analyse im zweiten Schritt auf einzelne Personen herunter brechen. Auf der individuellen Ebene geht es dann um die Beantwortung von Fragestellungen wie:

- Was verhindert mich, nachhaltig meinem Job nachzugehen?
- Was brauche ich, um genügend Reserven zu erarbeiten, meinen Job wieder zu packen?

---

67 Es reicht nicht aus, die Fehlzeiten allein nach Organisationseinheiten (OE) zu untersuchen. Was soll dabei das diskriminierende Merkmal sein? Der Chef? Die Unterscheidung in OE's macht dann Sinn, wenn es zugleich auch Unterschiede bezgl. der Tätigkeitsprofile gibt (z. B. dynamische körperliche Arbeit in der Produktion vs. kommunikative und Emotionsarbeit im Vertrieb) gibt.

Abbildung 59: Analysegestütztes Fehlzeitenmanagement
[Quelle: Eigene Darstellung]

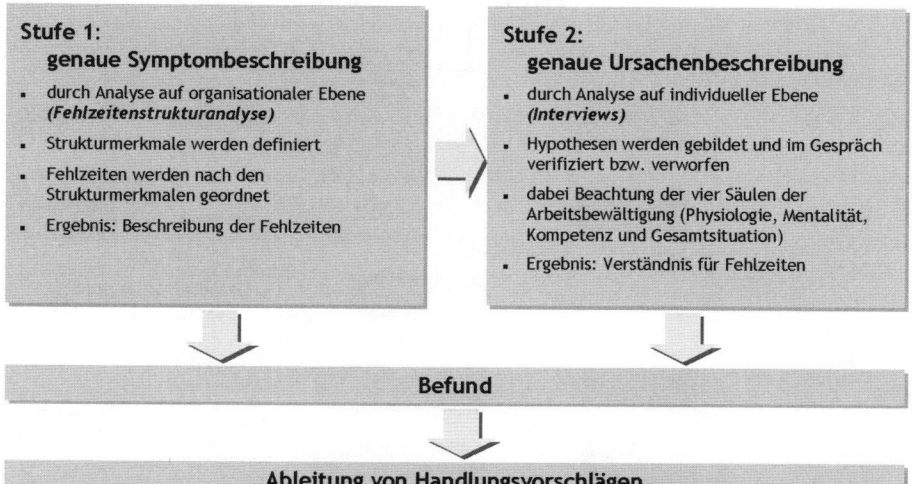

Diese qualitativen Interviews sollten von geschulten externen Beratern durchgeführt werden. Es kann so einerseits untersucht werden, ob sich über mehrere Mitarbeiter arbeitsbezogene oder personale Merkmalskonstellationen zur Vorhersage von Fehlzeiten ergeben. Andererseits können in diesen Interviews bereits Ideen und Hinweise erarbeitet werden, um die Situation zu verbessern. Der Interviewer hat dann eine Doppelfunktion. Er wird zum Coach für die Betroffenen Mitarbeiter, der sie bei der Wiedererlangung und Sicherung ihrer Arbeitsbewältigungsfähigkeit unterstützt. Bei der Weitergabe von Informationen an die Leitung ist strengstens auf den Datenschutz zu achten und das Design so zu wählen, dass personenbeziehbare Informationen nicht abzuleiten sind (siehe auch Abbildung 59).

Häufig unterbleibt jedoch eine fundierte Analyse und es wird sofort losgelegt. Es werden neue Kräfte etabliert (zumeist eskalativ untersetzte Gesprächsmodelle), um die Fehlzeiten direkt anzugehen. Dieses Vorgehen ist zwar atheoretisch aber dennoch beliebt. Der Grund hierfür ist die Einfachheit einer Idee. SPIES & BEIGEL (1996) haben ein Buch vorgelegt, das eine ebenso klare wie falsche Botschaft enthielt. „Führst du nur die richtigen Gespräche, dann senkst du Deine Fehlzeiten!" Die Autoren führten ein eskalatives Gesprächsmodell aus und gaben an, damit bei OPEL unglaubliche Effekte auf die Fehlzeiten erzielt zu haben. Die Ausführungen unterstanden jedoch nicht der Nachhaltigkeitsprüfung und erst recht keiner theoretischen Überprüfung. Dennoch griff der Mechanismus, der immer greift, wenn es darum geht, Probleme in den Griff zu bekommen: „Hast du eine einfa-

Abbildung 60: Eskalatives Fehlzeitenmanagement

[Quelle: unbekannt]

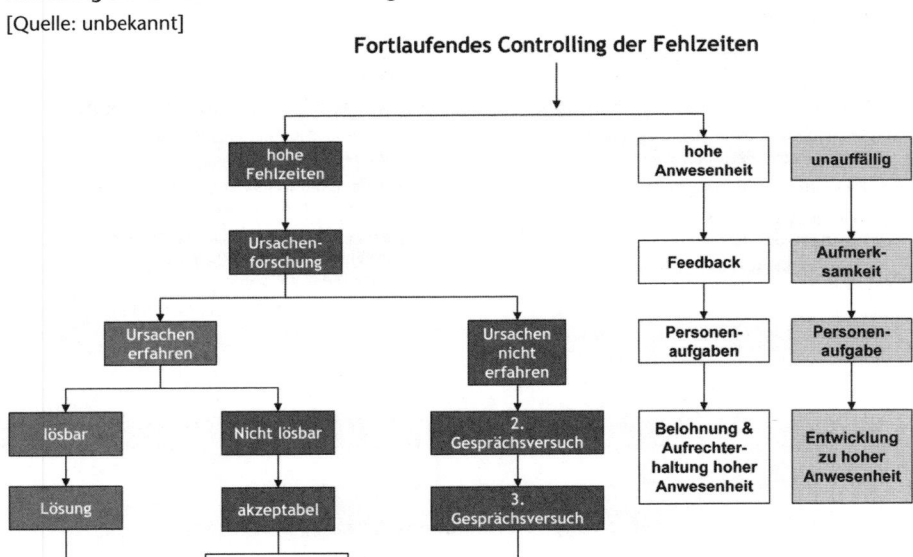

che Methode zur Lösung komplexer Probleme, dann nutze sie!" Genau so war es dann auch. Praktisch alle Großbetriebe und eine Vielzahl der Unternehmen aus der „zweiten Reihe" führten die Methode ein (siehe auch Abbildung 60).

Denken Sie an die Führungskräfte, die das umsetzen mussten. Führungskräfte wollen „gut" sein und alles „richtig" machen. Sie wurden also geschult, die „richtigen" Gespräche „richtig" zu führen. Sie stellten aber auch fest, dass der propagierte Mechanismus systemisch zu kurz greift. Die Verbindung zwischen anlassbezogenem Gespräch und Senkung der Fehlzeiten war eigentlich nicht zu begründen. Selbst in den noch positiv gefärbten Gesprächen (z. B. „Rückkehrgespräche", „fürsorgliche Mitarbeitergespräche") kam nicht wirklich viel Erkenntnisgewinn für die Führungskräfte rüber. „Gibt es arbeitsbedingte Hintergründe für Ihre Fehlzeiten?" Könnten Sie diese Frage korrekt beantworten? Zudem wird aus der Mitarbeiterperspektive jeder Gesprächsanlass, der unmittelbar mit den eigenen Fehlzeiten verbunden ist, instinktiv abgelehnt. Das macht auch Sinn, denn: Ist der Anlass eine Normabweichung, dann wird dieses Verhalten psychisch zwangsläufig zur Schuld erhoben. Da kann man nichts machen. Das ist so. Es gibt auch eine rollenbezogene Barriere in diesem Setting. Führungskräfte sind aufgrund der Machtverhältnisse nicht gerade prädisponiert, mit ihren Mitarbeitern anlassbezogene Gespräche über die Ursachen für Fehlzeiten zu führen. Dafür ist die Asymmetrie zu groß und das Vertrauen in die positive Absicht echter Unterstützung zu gering. Auch

Führungskräfte lehnen diese Art formaler Gespräche oft ab, versuchen sie zu umgehen oder abzuwerten, um die Beziehung zu ihren Mitarbeitern nicht noch stärker zu gefährden.

Auch wenn es die Intention war, eine Drohkulisse aufzubauen, kann diese aufgrund persönlicher Lernerfahrungen der Mitarbeiter, juristischer Fortbildung der Betriebsräte und Sättigungseffekten nicht lange aufrecht erhalten werden. Nach spätestens 12 Monaten ist es den Mitarbeitern egal, ob sie zum Gespräch „geladen" werden. Wenn ihr Gesamtsystem defizitär ist, wirkt auch eine weitere Eskalation nicht sonderlich aktivierend. Reaktanz ist jedoch immer möglich. Folglich wurde durch die Einführung dieser Gesprächssysteme viel Vertrauen in der Belegschaft vernichtet. Die Rückmeldungen, die wir heute bekommen deuten dann auch darauf hin, dass ein Großteil der einführenden Betriebe mit den Ergebnissen unzufrieden ist. Einige haben sich bereits von der Methode verabschiedet, andere schaffen das aus eigener Kraft (noch) nicht. Grundsätzlich befürworten wir, dass Führungskräfte mit ihren Mitarbeitern auch über deren Fehlzeiten sprechen. Als wesentliche Erfolgsvoraussetzungen konnten wir jedoch identifizieren:

- großes Vertrauen zwischen Belegschaft und Management
- keine unmittelbaren anlassbezogenen Gespräche
- keine formalen Gespräche, d. h. hoher Freiheitsgrad in der Führung
- keine Fragen nach den Ursachen, sondern eher nach den notwendigen Voraussetzungen, im Job gesund zu bleiben

Erfolge können dann erzielt werden, wenn wir der „natürlichen" Kommunikation mit dem Mitarbeiter möglichst nahe kommen und dieser glaubt, dass es tatsächlich um die Sicherstellung seiner Arbeitsfähigkeit geht. Sicher, Sie können jetzt sagen „im Nachhinein ist man immer schlauer", oder „wer kritisiert muss auch eine bessere Alternative anbieten können".

Die Alternative zum beschriebenen Vorgehen liegt in der strikten Loslösung des Fehlzeitenmanagements aus dem „Schuldkontext". Dies ist sehr schwer möglich. Die Fehlzeiten allein dürfen dabei nicht mehr der Anlass für führungsseitige Aufmerksamkeit sein. Fehlzeiten sind ein Bestandteil unter vielen, wenn es darum geht, den Mitarbeiter zu erkennen. Ein „gutes" BFM ist also immer einzelfallorientiert und umfasst die fortlaufende Betrachtung einer möglichst großen Anzahl von Einflussgrößen, nicht nur in Bezug zum Fehlzeitengeschehen. Die Erfassung der Fehlzeiten und ihre Auswertung sind dabei unerlässlich, sollten aber „minimal invasiv" oder auch „nebenbei" erfolgen. Es muss vermieden werden, dass die Fehlzeiten eine Bedeutung erlangen, die ihnen gar nicht zusteht. Es muss zudem definiert werden, welche Fehlzeitenquote realistischer Weise maximal erreicht werden und mit welchen Fehlzeiten der Betrieb noch „leben" kann, d. h. wo die Toleranzschwelle liegt.

2.11.7 Betriebliches Eingliederungsmanagement

Krankheit, Unfall, physische und psychische Überforderung, chronische Schmerzen – die Liste der Gründe für andauernde oder wiederholte Arbeitsunfähigkeit ist lang. Für den Mitarbeiter droht der Verlust des Arbeitsplatzes, Stagnation in der Arbeitslosigkeit bis hin zum sozialen Abstieg. Der Arbeitgeber verliert oft langjährige Arbeitnehmer/innen, deren know-how und Engagement. Außerdem hat er hohe Kosten infolge des Ausfalls des Beschäftigten zu tragen. Neben Aspekten wie "Job-Rotation", "Job-Enrichment" und "Job-Enlargement" spielt heute Weiterbeschäftigung und Aufrechterhaltung des Beschäftigungsverhältnisses ("Job-Retention") eine zunehmende Rolle. Hierauf hat der Gesetzgeber reagiert und im Jahre 2004 den Arbeitgeber nach § 84 Abs. 2 SGB IX verpflichtet, jedem Arbeitnehmer, welcher länger als sechs Wochen in 365 Tagen arbeitsunfähig ist, ein Angebot zur betriebliches Wiedereingliederung zu machen. Dadurch sollen Beschäftigungsverhältnisse auf lange Dauer gewährleistet und "Job-Retention" ermöglicht werden. Gemäß § 84 Abs. 3 SGB IX können die Rehabilitationsträger und die Integrationsämter Arbeitgeber, die ein BEM einführen, fördern. BEM ist im Ansatz eine sehr moderne und gesetzlich geforderte Form des Fehlzeitenmanagements. Die Ziele des BEM gehen weit über die Überwindung von Arbeitsunfähigkeiten hinaus. Wir stellen das BEM an dieser Stelle nur kurz vor. Weitergehende Informationen finden sich z. B. bei HETZEL, FLACH & MOZDZANOWSKI (2007) und im Internet.[68]

INFOBOX

Betriebliches Eingliederungsmanagement

Betriebliches Eingliederungsmanagement (BEM) umfasst alle Aktivitäten und Maßnahmen zur Überwindung der aktuellen und zur Vermeidung erneuter Arbeitsbewältigungsunfähigkeiten von Mitarbeiter/innen im Einzelfall.

INFOBOX

§ 84 Abs. 2 SGB IX

„Sind Beschäftigte innerhalb eines Jahres länger als sechs Wochen ununterbrochen oder wiederholt arbeitsunfähig, klärt der Arbeitgeber mit der zuständigen Interessenvertretung im Sinne des § 93, bei schwerbehinderten Menschen außerdem mit der Schwerbehindertenvertretung, mit Zustimmung und Beteiligung der betroffenen Person die Möglichkeiten, wie die Arbeitsunfähigkeit möglichst überwunden werden und mit welchen Leistungen oder Hilfen erneuter Arbeitsunfähigkeit vorgebeugt und der Arbeitsplatz erhalten werden kann (betriebliches Eingliederungsmanagement)."

---

68 Eine informative Seite zum BEM inklusive vieler nützlicher Dokumente zum Download findet sich z. B. auf http://www.zbfs.bayern.de/integrationsamt/eingliederungsmanagement/index.html.

Für die Umsetzung eines BEM gelten die gleichen prozessualen Anforderungen, wie für das BGM. Es ist bereits in der Planung zu überlegen, wie BEM in die betriebliche Aufbau- und Ablauforganisation zu integrieren ist. So wird häufig die Prozesssteuerung der Einzelfälle in die Hände von „Case-Managern" gelegt. Diese unterliegen zumeist der Schweigepflicht und steuern den Fall vom Erstkontakt bis zum Abschluss. Der Abschluss eines BEM-Verfahrens sieht zwei Ausgänge vor. Entweder gelingt eine erfolgreiche Wiedereingliederung oder es wird der nachhaltige Misserfolg festgestellt. Im letzteren Fall wird danach versucht, eine für beide Seiten akzeptable Trennungsperspektive zu entwickeln. Die betriebliche Gesamtsteuerung erfolgt oft in sog. „Integrationsteams". Hierbei handelt es sich um einen Steuerkreis, welcher sich in vorgegebenen Abständen zur Planung und Verlaufskontrolle von BEM-Aktivitäten trifft. Vertreter können Personalreferenten, Betriebs- bzw. Personalräte, die Schwerbehindertenvertretung, Mitglieder der Unternehmensleitung, Betriebsärzte, sowie Fachkräfte für Arbeitssicherheit sein. Weiterhin können auch Externe jederzeit als Helfer in Konzeption und Umsetzung unterstützend einbezogen werden.[69]

Die Grundlage für ein erfolgreiches BEM bildet zumeist eine Betriebsvereinbarung (BV). In ihr werden alle wesentlichen Schritte des BEM-Prozesses, alle Verantwortlichkeiten und Regeln definiert.

Es gilt dann zunächst, alle Mitarbeiter/innen über das BEM-Angebot, die Gesetzeslage, Inhalte der BV, Datenschutzaspekte und das Handeln der Case-Manager (manchmal auch „BEM-Berater") zu informieren. Mitarbeiter, welche über ihre Vorteile durch BEM aufgeklärt worden sind, nehmen das Angebot in der Regel gerne an. Die Teilnahme ist jedoch grundsätzlich freiwillig.

Der Datenschutz ist immer zu gewährleisten. Der § 84 Abs. 2 Satz 3 SGB IX schreibt ausdrücklich vor, dass der betroffene Mitarbeiter auf Art und Umfang der erhobenen Daten hinzuweisen ist. Bei den gesundheitsbezogenen Daten handelt es sich nach § 3 Abs. 9 Bundesdatenschutzgesetz (BDSG) um personenbezogene Daten besonderer Art. Nach § 4a Abs. 3 BDSG muss sich bei der Erhebung, Verarbeitung oder Nutzung eben dieser Daten die Einwilligung ausdrücklich darauf beziehen. Zudem dürfen die erhobenen Daten nur im Rahmen des BEM verwendet werden und müssen im Anschluss gelöscht werden.

Sind die Integrationspunkte von BEM in die Aufbauorganisation geklärt, müssen die genauen Abläufe definiert werden. Es hat es sich in der Praxis als sinnvoll erwiesen, den Ablauf in einer Prozessbeschreibung festzuhalten. Nach der Feststellung der Arbeitsbewältigungsunfähigkeit von mehr als 42 Tagen erfolgt häufig der Erstkontakt zum betroffenen Mitarbeiter. Ziel ist es, dem Betroffenen die Aufmerksamkeit des Betriebs zu signalisieren, sowie erste Informationen über BEM zu vermitteln und das Interesse sowie die Motivation des Mitarbeiters abzuklären. Stimmt

---

69 Weitere externe Partner stellen z. B. Unfallversicherungsträger, Krankenkassen, Rentenversicherungsträger, Haus- und Fachärzte, Therapeuten und Integrationsämter bzw. -fachdienste dar.

Abbildung 61: Typischer BEM-Prozess
[Quelle: Eigene Darstellung]

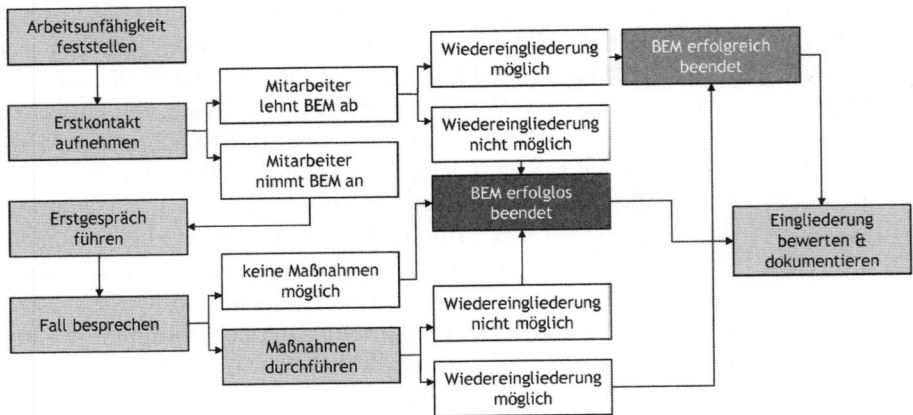

der Mitarbeiter dem BEM-Prozess zu, wird ein Erstgespräch angeboten. Dieser erste persönliche Kontakt dient der Herstellung einer Vertrauensbasis ebenso, wie der Aufnahme erster Daten und der Unterzeichnung der Vereinbarung zum BEM zwischen Unternehmen, betroffenem Mitarbeiter und ggf. dem BEM-Berater. Im weiteren Verlauf des Prozesses werden Daten erhoben, die den Erfolg des BEM-Prozesses fördern und weitere Gespräche geführt. Dies stellt die Grundlage dar, um im Anschluss Maßnahmen zur Wiederherstellung der Arbeitsbewältigungsfähigkeit zu definieren und diese praktisch zu erproben. Abschließend erfolgt die Evaluation, um den Grad der Zielerreichung zu bestimmen und Verbesserungsmöglichkeiten festzuhalten (siehe auch Abbildung 61). Natürlich sollte jeder BEM-Prozess in seinen Grundzügen an der Prozessbeschreibung festhalten. Dennoch muss jedem Beteiligten klar sein, dass jeder BEM-Fall individuell gehandhabt werden muss, um den bestmöglichen Nutzen für alle Mitarbeiter zu gewährleisten.

Grundsätzlich kann jedes Unternehmen unabhängig von seiner Größe einen BEM-Prozess in die Unternehmensstrategie implementieren. Elementar ist der Wille zu BEM. Die Beweggründe „pro BEM" können sehr heterogen sein: demografischer Druck aufgrund einer steigenden Zahl von Langzeiterkrankten, Wunsch nach Gesetzeskonformität, Kostenreduktion für Fehlzeiten und Trennungen, Sicherung von Erfahrungswissen, Imagegewinne etc. Im BEM sind Prävention und Rehabilitation eng miteinander verbunden. Deshalb sehen wir BEM auch nicht als isoliertes Instrument zur Integration von Menschen mit gesundheitlichen Einschränkungen, sondern als ein Bestandteil der betrieblichen Gesundheitskultur.

2.11.8 Zusammenfassung

Das Handlungsfeld der betrieblichen Gesundheitsarbeit ist sehr komplex. Wir empfehlen einen „Doppelfokus" als strategische Grundausrichtung (siehe auch Abbildung 62).

Abbildung 62: Doppelfokus: Betriebliche Gesundheits- und Fehlzeitenpolitik
[Quelle: Eigene Darstellung]

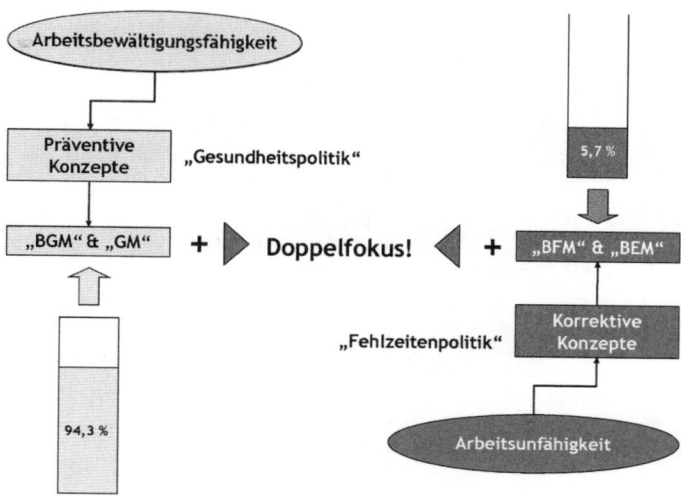

Eine vollständige betriebliche Gesamtpolitik beinhaltet sowohl die vorgestellten präventiven Konzepte der Erhaltung und des Ausbaus der Arbeitsbewältigungsfähigkeit (BGM & GM) als auch korrektive Ansätze zur Wiederherstellung eben dieser (BFM & BEM). Das Hauptaugenmerk sollte auf der präventiven Seite liegen, da hier der größte Zuwachs bzw. Verlust an Systemleistung zu erwarten ist.

Die wesentliche Aufgabe der Gesundheitspolitik ist es, die Arbeitsbewältigung der Mitarbeiter zu sichern und auszubauen. Die Aufgabe der Fehlzeitenpolitik ist es,

Abbildung 63: Kernaufgaben der betrieblichen Gesundheitspolitik
[Quelle: Eigene Darstellung]

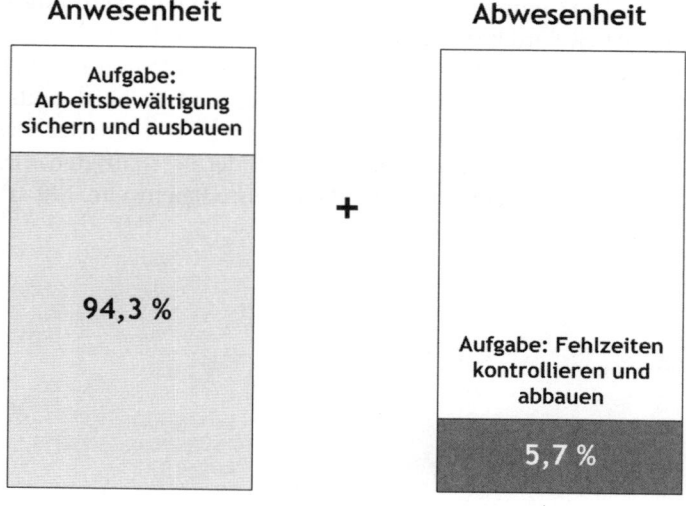

Abbildung 64: Einordnung gesundheitsbezogener Managementansätze
[Quelle: Eigene Darstellung]

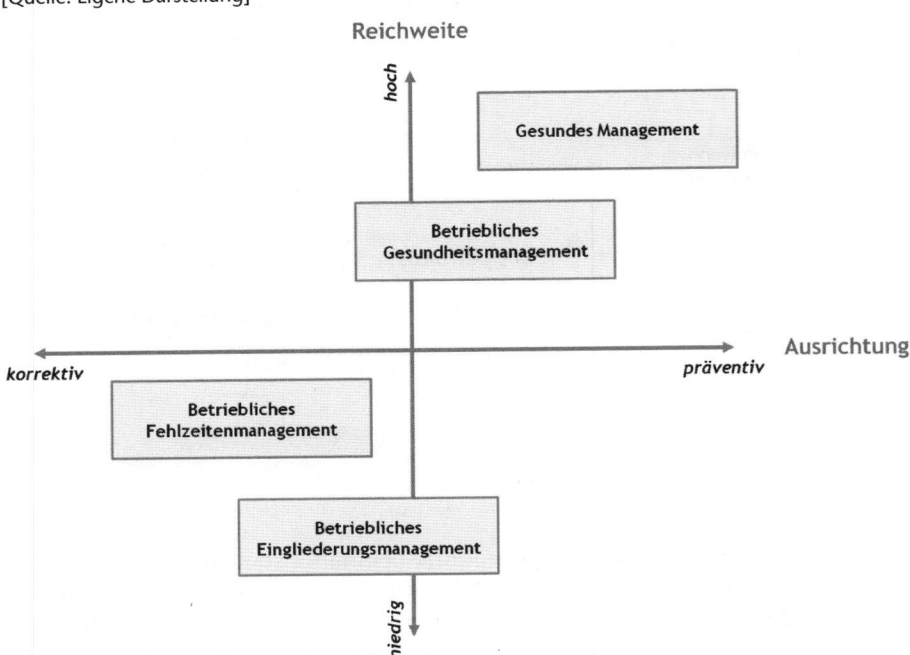

die Fehlzeiten zu kontrollieren, die Arbeitsbewältigungsunfähigkeiten zu überwinden und deren Wiederauftreten zu verhindern (siehe auch Abbildung 63).

Alle vier vorgestellten Managementansätze haben also ihren berechtigten Stellenwert in einer Gesamtkonzeption. Trägt man die Ansätze auf zwei Achsen zur Ausrichtung und Reichweite ab, so erkennt man, dass sie das Gesamtspektrum weitestgehend abdecken (siehe auch Abbildung 64). BEM hat die geringste Reichweite und eine tendenziell korrektive Ausrichtung – jedoch mit präventiven Anteilen. BFM ist ausschließlich korrektiv. Da jedoch alle auftretenden Fehlzeiten behandelt werden können, ist die Reichweite höher als die des BEM. BGM ist tendenziell präventiv – jedoch mit einigen korrektiven Anteilen untersetzt. Mit den Gestaltungsmaßnahmen erreichen wir bereits einen Großteil der Beschäftigten. GM schließlich ist ausschließlich präventiv und hat die höchste Reichweite. Mit GM werden potenziell alle Beschäftigten erfasst.

2.12   Systeme

„Never touch a running System!"

(unbekannt)

2.12.1   Einführungen in das systemische Denken

Ein Ansatz, welcher „Systemleistung" durch betriebliches Gesundheitsmanagement erzeugen will, sollte sich auch mit der Systemtheorie beschäftigen und in Folge dieser Beschäftigung ein schlüssiges Systemverständnis entwickeln und dieses Verständnis wiederum auf den zentralen Betrachtungsgegenstand umsetzen können. Im Zuge der Beschäftigung sollten die genutzten Begriffe sauber abgegrenzt und wieder miteinander in Beziehung gesetzt werden.

Zudem müssen vor dem Hintergrund eines rasanten Wandels in der Gesellschaft, in den internationalen Beziehungen, in den Unternehmen selbst, in der Politik und in jedem Einzelnen die Denkmuster des Managements verändert werden. Kausale Überlegungen werden von wahrscheinlichkeitstheoretischen abgelöst. Das ist für viele nur schwer zu akzeptieren, aber notwendig. Wir werden in Zukunft die Entwicklungen überhaupt nur annähernd vorhersagen und damit gezielt beeinflussen können, wenn es uns gelingt, in die tieferen Verständnisebenen von Arbeitssystemen vorzudringen.

Deshalb möchten wir die Leser an dieser Stelle auch in den systemischen Denkansatz („Mindset") mitnehmen – jedoch den Ausflug deutlich abkürzen und uns auf das Wesentliche, d.h. auf das, was „gebraucht" wird reduzieren. Glauben Sie uns, es lohnt sich!

Die Systemtheorie hat in etwa folgenden Mindset: Die Welt ist sehr komplex-kompliziert, nur schwer vorherseh- und damit nur schwer steuerbar. Alles ist mit Allem verbunden. Wir (Menschen) haben mit der Vielfalt der Verbindungen so unsere Probleme.

WIENER (1948) war der erste, der die „Kybernetik" (Steuerungslehre) als Begriff einführte. Er zeigte auf, dass technische, biologische und soziale Systeme in ihrer Grundstruktur ähnlichen Regelungs- und Steuerungsvorgängen folgen. Er führte auch den Begriff „Regelkreis" ein. Die allgemeine Systemtheorie und Kybernetik wurden seit den 50er Jahren von immer mehr Wissenschaftlern verschiedenster Fachrichtungen aufgegriffen. Parallel zur Physik wurden neue Erklärungsmodelle für die Existenz, Stabilität und Entwicklung von Systemen – fernab der Grundsätze der Thermodynamik entwickelt. Auf großes Interesse stießen z.B. MEADOWS et al. (1972, 2008) mit ihrem Buch über die „Grenzen des Wachstums". Auf der Grundlage der Methoden zur Feststellung der „Systemdynamik" von FORRESTER (1972) berechneten die Autoren Entwicklungspfade („Szenarien") der Weltgesellschaft und verdeutlichten damit in anschaulicher Weise die prinzipielle Begrenzung der industriellen Entwicklung. In Folge der kontroversen gesellschaftlichen Diskus-

sion, der Annahmen und Szenarien wurde vielen Menschen erstmals die Verantwortung für eine nachhaltige, gesunde und umweltverträgliche Entwicklung bewusst. Das Thema ist heute aktueller denn je. Eine schöne Synthese des systemischen Verständnisses bieten auch CAPRA (1982, 1998) und SCHULDT (2003).

ASHBY (1956) erkannte, dass ein System, welches ein anderes System steuert, desto
mehr Störungen im Steuerungsprozess ausgleichen kann, je größer seine eigene
„Handlungsvarietät" ist. Der Begriff ist etwas sperrig. Unter Handlungsvarietät versteht man den (wachsenden) Vorrat an Wirk-, Handlungs- und Kommunikationsmöglichkeiten eines (Steuerungs-)Systems. Er formulierte demzufolge auch das
„Gesetz der erforderlichen Varietät" (auch als „Ashby's Law" bekannt): Je größer
die Varietät eines Systems, desto mehr kann es die Varietät seiner Umwelt durch
Steuerung vermindern.

INFOBOX

Ashby's Gesetze

1. Nur Varietät kann Varietät absorbieren.
2. Varietät ist eine Kennzahl für die Komplexität eines Systems.
3. Die Dynamik und Komplexität eines steuernden Systems muss der Varietät
   des zu steuernden Systems zumindest ebenbürtig sein, um effektiv lenken zu
   können.

Eine radikalere Formulierung dieses Gesetzes könnte lauten: Die Varietät des Steue-
rungssystems muss mindestens so groß sein, wie die Varietät der auftretenden Störungen im zu steuernden System, damit es die Steuerung überhaupt ausführen
kann. Noch einfacher gesagt: Wenn Ihnen ein Berater mitteilt, dass er für komplexe Probleme einfache Lösungen hat, dann können sie ihn getrost wieder nach
Hause schicken. Die Komplexität der Probleme erzwingt für deren Steuerung und
Zurückführung auch ein hohes Maß an Komplexität der Problemlösungsmetho-
den! Deshalb ist dieses Buch auch (ziemlich) dick geworden.

In Deutschland wird vor allem LUHMANN (1985, 2008) um seine Verdienste zur
Fortentwicklung der Systemtheorie zitiert. Er beschäftigte sich intensiv mit sozialen Systemen. Dabei stellte er fest, dass Systeme nicht „an sich" da sind oder „aufgebaut" sind, sondern sich erst durch „Operationen" (Handlung) erschaffen und
von der Umwelt abgrenzen bzw. unterscheiden. Es ist also das System selbst, das
eine Unterscheidung von seiner Umwelt durch sein Operieren ermöglicht. Einfacher: Erst nachdem sich 11 Männer das rote Vereinstrikot angezogen haben, auf
dem Fußballplatz stehen und gegen die „Blauen" spielen, wird der Welt bewusst,
dass da eine Mannschaft (ein System) auf dem Platz steht, welches sich „gegen"
andere abgrenzt. Für ihn sind soziale Systeme primär Systeme, die Kommunikatio-
nen erzeugen.

Abbildung 65: Aufbauelemente eines Systems
[Quelle: Eigene Darstellung]

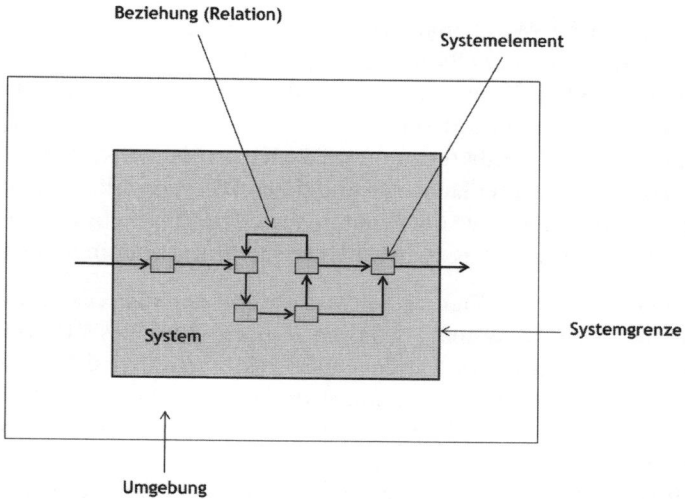

2.12.2 Systeme und Systembegriffe

Sucht man in der Literatur nach Beschreibungen für Systeme, dann findet man z. B. Ausführungen, ähnlich wie diese: Ein System ist ein nach Prinzipien geordnetes Ganzes. Oder auch: Systeme stellen einen geschlossenen, in sich gegliederten (strukturierten) und damit (zumindest gedanklich) geordneten Teil der Wirklichkeit mit bestimmten Funktionen dar. Um diese Aussage plastischer zu gestalten, wollen wir die Bestimmungsstücke und Funktionalitäten von Systemen etwas näher erläutern.

Jedes System besteht aus *Elementen*, die zueinander in *Beziehung* stehen. Die Beziehungen kann man auch „Relationen" nennen. Zumeist haben die Beziehungen einen *wechselseitigen* Charakter. Zwischen den Elementen kann auf der Beziehungsebene ein reger Austausch von Stoffen, Energien oder Informationen stattfinden. Aus der Wechselseitigkeit der Beziehungen wird schließlich ein operativer Zusammenhang – eine *Struktur*. Systeme organisieren und erhalten sich also durch operierende Strukturen. Eine Struktur bezeichnet folglich das Muster der Systemelemente und ihrer Beziehungsgeflechte, durch die ein System entsteht, funktioniert und sich erhält bzw. fortentwickelt. Systeme lassen sich zudem durch definierte *Systemgrenzen* von ihrer Umwelt (also den übrigen Systemen) abgrenzen. Die modellhafte Abgrenzung von Systemen durch festgesetzte Systemgrenzen ist deshalb zweckmäßig, weil die kognitiven Fähigkeiten des Menschen zur Reflektion aller möglichen Zusammenhänge und Wechselwirkungen begrenzt sind.

Systeme treten auch in Wechselwirkung zu anderen Systemen. Insofern kann man die Wechselwirkungen zwischen den Systemelementen auch „innere Relation" und die Interaktion des Gesamtsystems zu anderen Systemen eine „äußere Relation" nennen.

Systeme sind nicht mit Wirklichkeit zu verwechseln – Systeme bieten sich jedoch als hervorragendes Denkmodell zur Erfassung der Wirklichkeit oder zumindest von isolierten Teilen der Realität an. Die Frage ist also nicht, ob das Modell an sich richtig oder falsch ist, sondern nurmehr, ob es zweckmäßig und hilfreich für das „managen" der Realität ist. Die Abgrenzung von Systemen, das willkürliche Herausgreifen und Betrachten einzelner Elemente und deren Wechselwirkungen untereinander ist ebenfalls nicht „richtig" oder „falsch", sondern nur mehr oder weniger angemessen bzgl. der jeweils interessanten Untersuchungszusammenhänge.

Bei Systemen unterscheidet man die *Makroebene* von der *Mikroebene*. Auf der Makroebene befindet sich das System als Ganzes (z. B. ein Auto, das fährt oder ein Musikstück, das aufgeführt wird). Auf der Mikroebene befinden sich die Systemelemente (z. B. die Autobatterie, die gerade Strom liefert, oder eine Note, die gerade gespielt wird oder auch nur auf dem Notenblatt des Dirigenten vermerkt ist). Die Wechselwirkungen der Elemente auf der Mikroebene (z. B. Batterie liefert Strom für die Zündimpulse des Anlassers) bestimmen die Eigenschaften des Gesamtsystems auf der Makroebene (hier: das Auto springt an). Die Wechselwirkungen auf der Mikroebene bilden zugleich den strukturellen Rahmen für das Gesamtsystem. Oftmals lassen sich jedoch erst auf der Makroebene Beobachtungen machen, die aus dem Verhalten der Elemente auf der Mikroebene (noch) nicht erklärbar sind. Die gehörte Melodie (hier: „das Ganze") ist halt doch mehr, als die Summe seiner Teile (hier jede einzeln gespielte Note des Stückes).

Systeme sind i. d. R. ihrerseits wiederum selbst nur Teile eines ganzen Sets von Systemen. Es lassen sich *übergeordnete Systeme* von *Subsystemen* unterscheiden. Beispielgebend können wir eine einzelne Person als Subsystem einer Familie, diese wiederum als Subsystem einer kommunalen Gemeinschaft und diese letztlich als Subsystem einer ganzen Gesellschaft verstehen. Die Beziehungsstruktur von Systemen lässt sich *horizontal* (z. B. mehrere Familiensysteme nebeneinander, Kunden-Lieferanten-Systeme o. ä.) und vertikal (Auto – Fahrgastzelle – Armaturenbrett – Anzeigeinstrumente oder umgekehrt) gliedern.

Um „Ordnung" in der Vielfalt der Systeme zu erzeugen, lassen sich diese nach verschiedenen Kriterien unterteilen. Die gebräuchlichsten sind:

- *natürliche Systeme* (z. B. Planetensysteme, Klimasysteme, Ökosysteme, soziale Systeme, biologische Systeme) vs. *künstliche Systeme* (alle möglichen technischen Systeme wie z. B. Bremssystem, Computersystem, aber auch Finanzverteilungssysteme)
- *offene Systeme* (d. h. Systeme, die in Austauschbeziehungen mit anderen Systemen hinsichtlich Energie, Materie und Information stehen) vs. *geschlossene Systeme* (also Systeme, die sich in einer Art Gleichgewichtszustand befinden und keine Austauschbeziehungen mit anderen Systemen unterhalten).

Manchmal wird auch die Unterscheidung in:

- *soziale Systeme* (sind dadurch gekennzeichnet, dass lediglich Beziehungen zwischen Menschen auftreten)
- *technische Systeme* (sind dadurch gekennzeichnet, dass lediglich Beziehungen zwischen Maschinen oder Maschinenteilen auftreten) und
- *sozio-technische Systeme* (sind dadurch gekennzeichnet, dass Beziehungen zwischen Menschen, zwischen Maschinen und zwischen Menschen und Maschinen auftreten) vorgenommen.

Systeme haben zudem *Eigenschaften*. Das Erkennen und Zuordnen dieser Eigenschaften ist für den Diagnostiker von großer Bedeutung. Die wichtigsten System-Eigenschaften sind:

- *Komplexität* (ist gekennzeichnet durch die Art und die Anzahl der Elemente, sowie die Art und die Dichte der Wechselbeziehungen zwischen den Elementen)
- *Dynamik* (ist gekennzeichnet durch die Höhe und Geschwindigkeit von Veränderungen auf der Mikroebene)
- *Determiniertheit* (ist gekennzeichnet durch den Grad der „Vorbestimmtheit" von Zustandsveränderungen i. S. v. „wahrscheinlich" oder „zwingend")
- *Stabilität* (betrachtet die Reaktion des Systems auf der Makroebene bei Einwirkungen von außen i. S. v. „stabil", „labil" oder „indifferent")
- *Autonomie* (kennzeichnet die Unabhängigkeit gegenüber Steuerungsimpulsen von außen – regelt sich quasi selbst)
- *Adaptivität* (kennzeichnet die Fähigkeit, sich den Umweltbedingungen anzupassen)

Diese Begriffe werden in der Übertragung auf das von uns betrachtete Kernsystem noch Bedeutsamkeit erlangen. Wir betrachten jetzt das „Arbeitssystem".

2.12.3 Arbeitssysteme

Arbeitssysteme stellen Systeme dar, die der Erfüllung eines zweckgebundenen (zielbezogenen) Arbeitsauftrages dienen. Arbeitssysteme sind als sozio-technische Systeme einzuordnen. Zur Veranschaulichung der Gestalt und Gestaltung von Arbeitssystemen lehnen wir uns an das Arbeitssystem-Modell der international geltenden Norm DIN EN ISO 6385:2004 „Grundsätze der Ergonomie für die Gestaltung von Arbeitssystemen" und den Arbeitssystembegriff nach REFA (2002) an und erweitern dieses, wo sinnvoll.[70]

Die Abbildung 66 zeigt, dass Arbeitssysteme durch folgende acht Systemelemente beschrieben werden können:

1. Eingabe
2. Arbeitsaufgabe
3. Mensch

---

70 So haben wir z. B. das Systemelement „Arbeitsstätte" in unser Modell aufgenommen, das so in den REFA-Definitionen nicht explizit enthalten ist. Es macht aber Sinn, es ausdrücklich aufzuführen, da hier eine Reihe gesundheitsbezogener Maßnahmen ansetzen können.

Abbildung 66: Aufbauelemente eines Arbeitssystems
[Quelle: Eigene Darstellung in Anlehnung an REFA (2002)]

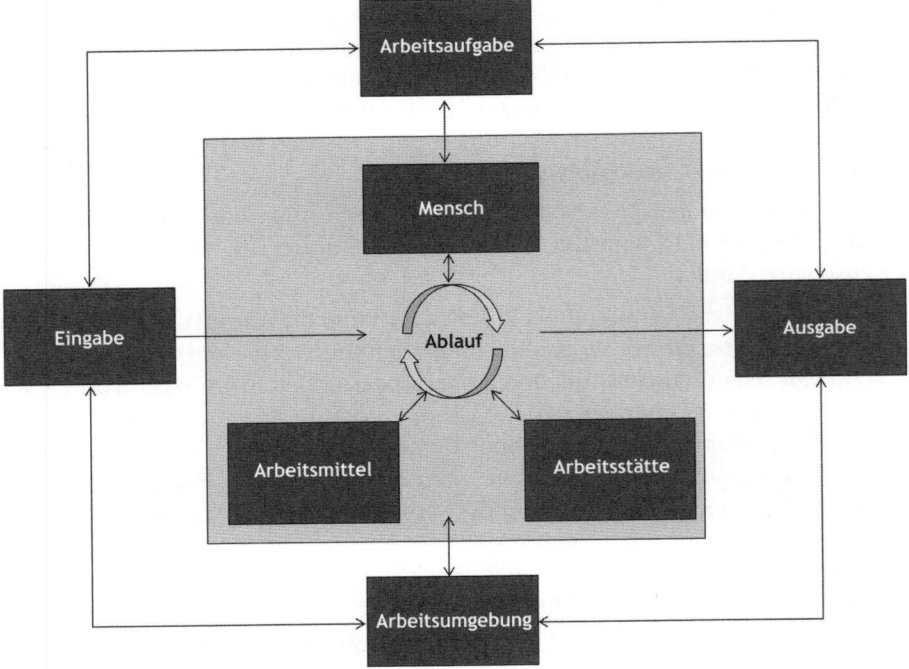

4. Arbeitsmittel
5. Arbeitsstätte
6. Arbeitsablauf
7. Arbeitsumgebung
8. Ausgabe

◆ **Eingabe**

Die *Eingabe* eines Arbeitssystems besteht im Allgemeinen aus Rohmaterialien, Stoffen, Informationen und Energien (z. B. thermische Energie, elektrische Energie), die bezüglich der gestellten Arbeitsaufgabe zielgerichtet verändert oder verwendet werden. Bei der Analyse von Arbeitssystemen werden oft nicht alle Eingaben genannt (z. B. Luftsauerstoff bei Schweißarbeitsplätzen), sondern nur die expliziten Eingaben.

◆ **Arbeitsaufgabe**

Arbeitsaufgaben beschreiben alle Soll-Leistungen, die sich aus den Unternehmenszielen ableiten lassen und die über die Arbeitsabläufe realisiert werden müssen. Eine Arbeitsaufgabe ist eine explizite oder implizite Aufforderung an Menschen, Tätigkeiten auszuüben, die der Zielerreichung dienen. Arbeitsaufgaben kennzeichnen den Zweck des Arbeitssystems. Arbeitsaufgaben setzen sich aus verschiedenen Komponenten zusammen:

- Art
- Menge
- Qualität
- Zeit
- Ort

Es gibt in den Extremen hoch aggregierte (z. B. Businesssoftware für die Industrie entwickeln) und detaillierte Arbeitsaufgaben (z. B. bestimmte Daten in eine Datenbank eingeben).

◆ Mensch

Der *Mensch* (auch als „Arbeitsperson" bezeichnet) ist der oder sind die Personen, die den Arbeitsablauf steuern oder selbst vornehmen. Der Mensch wird als „Erfüller" einer Arbeitsaufgabe, einschließlich der hierzu erforderlichen Dispositionen, Fähigkeiten und Fertigkeiten sowie der nötigen Leistungsvoraussetzungen beschrieben. Der Mensch bestimmt als aktiv handelndes Subjekt in außerordentlich ausgeprägter Art und Weise das Zusammenwirken der Elemente und damit auch die Leistung im Arbeitssystem.

◆ Arbeitsmittel

Arbeitsmittel sind alle instrumentellen und stofflichen Komponenten, die der arbeitende Mensch zur Planung, Vorbereitung, Durchführung und Prüfung von Arbeitsprozessen benötigt und einsetzt. Arbeitsmittel sind z. B.:

- Planungsunterlagen
- Informationstechnik (Hardware)
- informationsverarbeitende Programme (Software)
- Maschinen, Werkzeuge und oder andere Vorrichtungen

◆ Arbeitsablauf

Der *Arbeitsablauf* (auch „Handlungskette" oder „Prozess") ist das zentrale verbindende Element im Arbeitssystem. Er beschreibt das unmittelbare räumliche und zeitliche Zusammenwirken von Mensch, Arbeitsmittel und Arbeitsplatz, durch das die Eingabe gemäß der Arbeitsaufgabe in die Ausgabe überführt wird.

◆ Arbeitsumgebung

Alle nicht durch die vorhergehenden sechs Systemelemente beschriebenen Einflüsse werden als „Umgebungseinflüsse" bezeichnet. Die *Arbeitsumgebung* beschreibt sowohl die physikalische (z. B. Lärm, Stäube, Gase, Dämpfe, Beleuchtung, Temperatur, Luftgeschwindigkeit etc.) als auch die soziale Umwelt (z. B. Kollegenverhalten, Unternehmenswerte und -kultur, Betriebsklima usw.).

Abbildung 67: Betrachtungsebenen des Arbeitssystems
[Quelle: Eigene Darstellung]

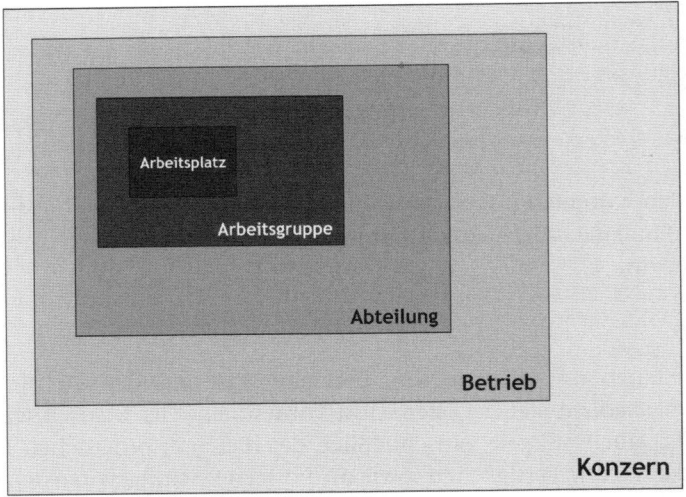

◆ **Ausgabe**

Die Ausgabe eines Arbeitssystems besteht im Allgemeinen aus Arbeitsgegenstän-
den (z. B. Produkten), Informationen (z. B. Dienstleistungen) Energien und Stoffen, die gemäß den Arbeitsaufgaben in den Arbeitsabläufen zielgerichtet (d. h. gewollt) verändert wurden oder ungewollt anfallen (z. B. Emissionen, Abfälle). Die
Ausgabe enthält also alle gewollten oder ungewollten Ergebnisse der Operationen
im Arbeitssystem.

2.12.3.1 Arbeitssystemebenen

Arbeitssysteme können auf sehr unterschiedlichen Ebenen betrachtet werden
(siehe auch Abbildung 67).

Das kleinste zu betrachtende Arbeitssystem ist der einzelne Arbeitsplatz. Diesen
können wir auch als *Mikro-Arbeitssystem* kennzeichnen (z. B. Büroarbeitsplatz,
Schweißarbeitsplatz, Fahrerarbeitsplatz). Um Sicherheit und Gesundheit zu schaffen, ist es manchmal sinnvoll, nur Teile des Mikro-Arbeitssystems in ihren Wechselwirkungen zu betrachten. Immer eingeschlossen in der Betrachtung muss dabei jedoch das Systemelement Mensch sein. Beispielgebend können hier angeführt werden: der Einzug von Material an einer Presse, kurzfristige Änderungen der
Arbeitsaufgabe oder Arbeitsabläufe, sowie die Einstellung eines neuen Kollegen.

Arbeitsgruppen oder ganze Abteilungen kann man als *Meso-Arbeitssystem* bezeichnen (z. B. ein Abschnitt in der Fertigungslinie, Abteilung Schadenabwicklung in
einer Versicherung, Planungsgruppe im Ingenieurbau).

Noch größere Einheiten (z. B. ganze Betriebsstandorte und das Gesamtunternehmen) können als *Makro-Arbeitssystem* gekennzeichnet werden. Die Größe eines Arbeitssystems wird primär durch die Definition der Arbeitsaufgaben bestimmt (z. B. „Laserschweißen von Aluminiumteilen" im Mikro-Arbeitssystem vs. „Flugzeuge bauen" im Makro-Arbeitssystem).

Tendenziell gilt: Je kleiner die gewählte Auflösung (Betrachtung), umso größer die Dynamik und Determiniertheit und umso geringer die Komplexität, Autonomie, Adaptivität und Stabilität.

Im Zuge gesundheitsschutzbezogener Interventionen empfiehlt sich also, zuvor zu klären, auf welcher Systemebene die Interventionen ansetzen sollen. Geht es um die Veränderung der Unternehmenskultur (Makro-Arbeitssystemebene), die Optimierung des Workflows und der Beziehungsgestaltung auf Abteilungsebene (Meso-Arbeitssystemebene) oder um ergonomisch verbesserte Werkzeuge, die Anschaffung einer neuen Software bzw. eine gesundheitsorientierte Fortbildung (Mikro-Arbeitssystemebene)? Auch die projektbezogenen Ziele sollten sich auf die betrachtete Systemebene beziehen. Wenn das nicht geschieht, dann riskiert man Erfolglosigkeit.

Als Beispiel für ein systemtheoretisch schlecht formuliertes Verhältnis von Vorhaben und Ziel wollen wir folgendes ausführen: Führungskräfte sollen ein Kommunikationsseminar zur Vorbereitung auf das Führen von Fehlzeitengesprächen besuchen (Interventionsansatz Mikro-Arbeitssystemebene). Das Ziel der Maßnahme ist die Senkung der Fehlzeitenquote im Unternehmen. Das ist kein adäquates Ziel. Das setzt auf der Ebene des Gesamtsystems an. Ein adäquates Ziel wäre: Ergebnis der Maßnahme soll sein, ein standardisiertes Gespräch qualitätsgesichert und positiv führen zu können.

2.12.3.2 Arbeitssystemtypen

Für das bessere Verständnis der Arbeitswelt macht es Sinn, eine kleine Typologie von Arbeitssystemen zu schaffen. Wir wollen zwei Kriterien in den Vordergrund schieben:

- Beweglichkeit (ortsgebunden vs. ortsveränderlich)
- Menge (Einzelarbeit vs. Gruppenarbeit)

Ein Differenzierungsmerkmal ist die „Beweglichkeit" des Menschen und seiner Arbeitsmittel gegenüber ihrer Umwelt. So sind *ortsgebundene* (stationäre) Arbeitssysteme dadurch gekennzeichnet, dass die Elemente (einschließlich Mensch) an einem festen Platz ihre Arbeitsaufgabe erfüllen (z. B. Werftarbeiter im Trockendock, Unfallchirurg in der Klinik, Investmentbanker in seinem Bankhochhaus). Demgegenüber stehen die *ortsveränderlichen* Arbeitssysteme, die dadurch gekennzeichnet sind, dass der Mensch und die genutzten Arbeitsmittel oder auch Arbeitsplätze beweglich sind und dem Arbeitsgegenstand sozusagen „folgen". Beispiele hierfür sind Vertriebsmitarbeiter, Unternehmensberater, „Gelbe Engel" des ADAC).

Ein weiteres Unterscheidungskriterium ist die „Menge abhängiger Arbeitspersonen" im betrachteten System. Je nachdem, wie viele Menschen an wie vielen Stellen mit oder ohne Arbeitsmittel ein Arbeitssystem bilden, unterscheidet man zwischen Einzelarbeit und Gruppenarbeit. Bei der *Einzelarbeit* werden die Arbeitsaufgabe und alle daraus resultierenden Handlungen durch eine einzige Arbeitsperson durchgeführt (z.B. Lastkraftwagenfahrer fährt seinen LKW, Lehrer unterrichtet seine Klasse). Demgegenüber steht die *Gruppenarbeit*, bei der die Arbeitsaufgabe teilweise oder ganz durch mehrere Arbeitspersonen gleichzeitig ausgeführt wird (z.B. Soldaten im Kampfeinsatz, Monteure einer Arbeitsgruppe am taktgebundenen Montageband, Operationsteam).

2.12.3.3 Arbeitssystemleistung

Die Gesamtleistung von Arbeitssystemen ergibt sich aus dem Zusammenwirken der Einzelleistungen des Menschen und der technischen und organisatorischen Strukturen innerhalb des Systems. Dabei entspricht die Arbeitssystemleistung zumeist der Summe der ausgabebezogenen Zielwirkungen. Die Zielwirkungen können quantitativer (z.B. Umsatz, Neukunden, Anzahl der Mitglieder ...) und qualitativer (z.B. Kundenzufriedenheit, Pünktlichkeit, Liefertreue ...) Natur sein. Die Arbeitssystemleistung orientiert sich also vorrangig am Zweck, an der Idee des Arbeitssystems. Nur über diese zweckbezogene Anbindung legitimiert sich überhaupt erst das Handeln. Es gilt aber immer: Ohne Zweck, keine zweckbezogenen Ziele, keine Leistung.

Die Arbeitssystemleistung kann folgendermaßen definiert werden:

$$\text{Leistung}_{Asys} = \frac{\text{Ausgabe}}{\text{Zeit}}$$

oder auch:

$$\text{Leistung}_{Asys} = \frac{\text{Arbeitsergebnisse}}{\text{Zeit}}$$

Die Leistung ist also abhängig von der Definition der Ausgabe bzw. den gewünschten (zielorientierten) Ergebnissen und dem gewählten Zeitintervall. Eine Arbeitssystemleistung lässt sich z.B. mengenbezogen ausdrücken. Für eine Papierfabrik könnte die Arbeitssystemleistung sein:

$$\text{Leistung}_{Papierfabrik} = \frac{\text{Papierausstoß}}{h}$$

Der Papierausstoß kann zudem qualitative Parameter beinhalten. Mit solchen Maßen können schnell Abweichungen in der Systemleistung erkannt und dementsprechend gegengesteuert werden. Dabei kann untersucht werden, welche Systemelemente ursächlich für den Leistungsabfall sind. In unserem Fall könnten dies z. B. Defizite in einzelnen Systemelementen sein (z. B. Steuerungselektronik defekt). Es könnte aber auch Wechselwirkungen zwischen einzelnen Systemelementen betreffen (z. B. Unfall eines Menschen an einer Walze und in Folge dessen Abschalten der gesamten Papiermaschine).

Als weitere Indikatoren für Arbeitssystemleistung können genannt werden:

- Automobilunternehmen: fehlerfreie (Qualität) Autostückzahlen (Quantität) je Schicht, Monat, Jahr
- Versicherung: Anzahl der Neukunden/Neuumsatz im Jahr
- Krankenhaus: durchschnittliche Verweildauer von Patienten bezogen auf die maximal zulässige Verweildauer entsprechend der GKV-Fallpauschalen in % (Ziel 100 %)
- Krankenhaus: Anteil der Entlassungs-/Verlegungsründe „gegen ärztlichen Rat" im Jahr (Ziel: < 1 %)
- Hotel: durchschnittlicher Auslastungsgrad, bezogenen auf die Bettenkapazität (Ziel 100 %), oder auch durchschnittliche Verweildauer der Gäste (Ziel: möglichst viele Tage) oder durchschnittlicher Übernachtungspreis (Ziel: höherer Preis)[71] in einem Jahr
- Grünflächenamt: gemähte Fläche des Stadtparks je Woche
- Schule in privater Trägerschaft: Anteil der Schüler, die im Schuljahr zum Abitur geführt worden sind (Ziel: möglichst viele)[72]
- Hauptschule in öffentlicher Trägerschaft: Abbrecherquote im Schuljahr (Ziel: möglichst gering)
- Straßen-Assistance: Anteil der regulierten Pannen je Straßenwachtfahrer und Schicht

Ein Kriterium für Systemleistung, das bisher wenig beachtet und dementsprechend auch noch nicht operationalisiert wurde, ist die Widerstandsfähigkeit des Systems selbst. Komplexe Arbeitssysteme müssen heute innere und äußere Spannungen und Verwerfungen kompensieren können. Dies ist ein hohes Gut. Nehmen wir nur die aktuelle Wirtschafts- und Finanzkrise her. Diese wird vorübergehen – keine Frage, aber: Was machen die höher qualifizierten Belegschaftsanteile, wenn sie auf Kurzarbeit gesetzt werden? Machen sie Urlaub? Fortbildung? Nein! Sie leiten inten-

---

71 In den genannten Arbeitssystemleistungen sind bereits viele qualitative Voraussetzungen enthalten, wie Gästezufriedenheit, Angebotsqualität des Restaurants („Gault Millau Sterne"), Vielfalt und Größe des Wellness-Bereichs etc. Die qualitativen Parameter haben Vorfeldfunktion und sind demnach auch keine leistungsbezogenen Primärziele. Auch interne Ziele, wie die Mitarbeiterzufriedenheit oder der Gesundheitszustand der Belegschaft sind keine Primärziele. Sie besitzen aber einen Wert in der Erreichung der höherrangigen Unternehmensziele und sind deshalb erstrebenswert.

72 Hier wäre ein qualitativer Parameter z. B. die Elternzufriedenheit (möglichst hoch) oder auch das Schulgeld (möglichst niedrig).

sive Suchprozesse ein und orientieren sich ggf. auch kurzfristig neu. Fangen Sie so ein Phänomen über Ihre bisherigen Maßnahmen des BGM ein? Mit einem Teambuilding-Seminar? Oder einer Betriebsteilversammlung?

2.13   Integriertes Denk- und Beratungsmodell (IDBM)

„Wir leben in einer Zeit vollkommener Mittel und verworrener Ziele.“

(Albert Einstein, Physiker, 1879–1955)

Wir haben in den vorhergehenden Kapiteln das notwendige, wissensbezogene Rüstzeug für Gesundheitsmanager/innen dargestellt. Wir können es nicht ändern: Das Thema ist komplex und nicht immer widerspruchsfrei. Umso wichtiger ist es, eine verbindende Theorie, ein integriertes Denkmodell, für BGM zu entwerfen. Ziel des integrierten Denkmodells ist es, die Beratungspraxis zu verbessern, indem wir die Begriffe vereinheitlichen, die Vielfalt des Wissens auf die Kernideen reduzieren, die wichtigsten Zusammenhänge ordnen, Gesundheit systemisch einordnen und damit die Argumentationslogik verbessern und die Argumentationsstärke erhöhen. Kurt Lewin (1890–1947), der bedeutende Pionier der Sozialpsychologie, hat es auf den Punkt gebracht: *„Es gibt nichts Besseres für die Praxis als eine gute Theorie.“* Das wollen wir wörtlich nehmen und eine brauchbare Theorie für die Praxis des betrieblichen Gesundheitsmanagements entwerfen. Hierfür greifen wir auf Essenzen der bereits dargestellten Theorien zurück, fügen sie zusammen und ergänzen diese, wo es notwendig ist. Schließlich wollen wir ein einheitliches Denkmodell für Systemleistung *durch* betriebliches Gesundheitsmanagement herausarbeiten. Wir wollen auch deshalb ein einheitliches Verständnis für das Handeln im betrieblichen Gesundheitsmanagement, damit dieses eindeutig, überprüfbar und überbetrieblich kommunizierbar wird. Wir beabsichtigen hier keine Norm aufzustellen, wohl aber ein normatives Verständnis zu entwickeln. Warum wollen wir das?

1. Es gibt noch keine Theorie für das betriebliche Gesundheitsmanagement. Bisher werden Theorien aus der Arbeitswissenschaft, der Soziologie, der Psychologie, der Medizin, der Neurophysiologie, Volkswirtschaft, Pädagogik, Sportwissenschaft und Betriebswirtschaftslehre herangezogen.[73]
2. Es gibt noch kein allgemein verbindliches, normatives Verständnis für das Handeln im betrieblichen Gesundheitsmanagement.

Um es vorweg zu nehmen. Wir haben uns in den letzten 15 Jahren intensiv mit der Wissensbildung im Schwerpunktfeld und in angrenzenden Themenfeldern beschäftigt. Hierbei ist uns aufgefallen, dass die Abhandlungen zum betrieblichen Gesundheitsmanagement oftmals auf die Theoriebildung in sehr unterschiedlichen

---

73 Diese Theorien werden auch weiterhin ihre Berechtigung und Gültigkeit besitzen. Es ist nicht unser Anspruch, diese Theorien zu ersetzen.

Wissensdisziplinen rekurrieren. Ein mithin einheitliches Theorieverständnis kann derzeit nicht konstatiert werden. Es war uns aber wichtig, einen in sich schlüssigen und zudem versteh-, anwend-, kommunizier- und überprüfbaren theoretischen Entwurf über die gesundheitlichen Wirkungen in Arbeitssystemen vorzulegen.

2.13.1 Wirkungen

Wir unterscheiden drei zentrale Wirkungsbegriffe in unserem Denkmodell:

1. Einwirkungen
2. Auswirkungen
3. Rückwirkungen

◆ **Einwirkungen**

INFOBOX

Einwirkungen

Einwirkungen sind alle wirksamen Einflüsse auf die System-elemente.

Bereits in der Definition wird deutlich: Es gibt eine große Menge potenzieller Einwirkungen auf Arbeitssysteme. Einwirkungen können z. B. sein: Wind, Hitze, UV-Strahlung, Informationen aus TV-Nachrichten, Terroranschläge irgendwo auf der Welt, Viren, chronischer Personalmangel, anstehende Veränderungsprozesse, Lasten, die gehandhabt werden müssen, ungeduldige Kunden, kranke Kinder usw. Es fällt nicht leicht, eine Taxonomie der Einwirkungen zu entwickeln, weil die Vielfalt so groß ist. Wir versuchen es trotzdem.

Einwirkungen können unterschiedlichste *Qualitäten* haben. Sie z. B. können physikalischer, chemischer, biologischer, psychischer und sozial-kommunikativer Natur sein. Der *Ort* der Entstehung kann variieren. Es gibt arbeitssystemimmanente (sog. innere) Einwirkungen (z. B. Restrukturierungsprozesse) und äußerere Einwirkungen (z. B. Finanz- und Wirtschaftskrise). Einwirkungen unterscheiden sich hinsichtlich Ihrer *Dauer*. Die Einwirkungen können kurz- oder langzeitig auftreten. Die *Intensität* der Einwirkungen kann variieren von „sehr schwach" bis „sehr stark". Es gibt *bewusste und unbewusste* Einwirkungen. Ein Beispiel für bewusste Einwirkungen sind betriebliche Zielsysteme mit all ihren Facetten, wie quantitativen und qualitativen Kriterien zur Bewertung von Arbeitsleistungen und anhängigen Zielvereinbarungsgesprächen.[74] Unbewusste Einwirkungen können z. B. Noxen sein, die nicht wahrnehmbar aber trotzdem giftig sind (z. B. Kohlenmonoxid, Inf-

---

74 Zielvereinbarungssysteme sind nicht selten bewusst eingebrachte Antworten auf negative Rückwirkungen, wie Verantwortungsdiffusion, fehlendes Erfolgsbewusstsein und Leistungsabfälle einzelner Mitarbeiter oder Mitarbeitergruppen.

raschall, Strahlung). Wir sprechen bei bewusst eingebrachten Einwirkungen auch von „kontrollierten Einwirkungen". Einwirkungen variieren also hinsichtlich:

- ihrer Qualität
- dem Ort ihrer Entstehung
- ihrer Intensität
- ihrer Dauer
- ihrem Grad der Bewusstheit

Einwirkungen sind in unserer Terminologie synonym zu setzen mit solchen Begriffen wie „Stressoren", „Belastungen", „Ressourcen", „Kräften", „Faktoren" oder ähnliches. Diese Begriffe können deshalb zukünftig entfallen.

In einschlägigen Konzepten der Arbeits- und Gesundheitswissenschaft haben Einwirkungen (i. S. von Belastungen und/oder Ressourcen) bereits a priori eine negative/positive Konnotation. Wir denken zu Unrecht. Jede Einwirkungen kann sowohl positiv (+) als auch negativ (–) wirken. Die „+"/„–" Natur kann jedoch nicht per se und unabhängig gesetzt werden.[75] Belastungen sind nicht an sich negativ und Ressourcen nicht an sich positiv. Die positive oder negative Natur von Einwirkungen erschließt sich erst viel später und zwar im Verständnis der noch zu definierenden „Rückwirkungen" im System. Erst Aufgrund der Bewertung von Rückwirkungen kann der positive oder negative Gehalt einer Einwirkung erkannt werden.

Einwirkungen erzwingen immer eine plötzliche Antwort in den Systemelementen. Sie erzeugen Auswirkungen!

◆ **Auswirkungen**

INFOBOX

Auswirkungen

Auswirkungen stellen alle unmittelbaren Antworten der Systemelemente auf die Einwirkungen dar.

Auswirkungen haben in unserem Modell ausschließlich initialen Charakter. Auswirkungen sind in allen Systemelementen denkbar, also auch den unbelebten. Auswirkungen in Folge von Einwirkungen treten auf:

---

75 Mitarbeiter können z. B. „zu viel" Zeit (Ressource) haben. Die Folge kann Langeweile sein. Sie können auch zu viel Geld (Ressource) besitzen/verwalten und damit ggf. nicht mehr richtig umgehen können. Sie können Überstunden machen (Belastung), weil sie sich in eine Sache hinein vertieft haben und trotzdem Flow-Erlebnisse haben, während andere auf die Uhr schauen und das Überstundenkonto beklagen.

- in Arbeitsmitteln [76]
- in Arbeitsabläufen [77]
- in der Arbeitsstätte[78]
- im Menschen[79]
- in der Arbeitsaufgabe[80]
- in der Arbeitsumgebung[81]
- in der Eingabe[82]
- in der Ausgabe [83]

Auswirkungen sind also mehr als Beanspruchungen im Systemelement Mensch! Auswirkungen haben, wie die Einwirkungen auch, verschiedene Qualitäten (siehe Beispiele in der Fußzeile). Auswirkungen können reversibel (Bänderdehnung) oder irreversibel (zerstörte Maschine) sein. Die Intensität der Auswirkungen kann variieren. Ein und derselbe Trainingsreiz (z. B. Krafttraining i. S. einer Einwirkung) führt zu dezenter Muskelfaserkontraktionen (Auswirkung mit geringer Intensität) oder sogar zu einem Muskelfaserriss (Auswirkung mit hoher Intensität). Auswirkungen können der Wahrnehmung zugänglich sein (z. B. besseres Raumklima nach Umgestaltung) oder unbewusst „da" sein (z. B. kann Split, Salz, Hitze und Kälte einer Gummidichtung an einem LKW massiv zugesetzt haben, die Risse und Undichtigkeiten, werden jedoch noch nicht wahrgenommen). Auswirkungen haben in unserem Modell keine zeitliche Erstreckung. Diese wird auf Null gesetzt. Das unterscheidet sie von den Einwirkungen und auch von den Rückwirkungen. Natürlich ist es so, dass eine Einwirkung (z. B. Eindringen eines Schneidwerkzeuges in die Hautschichten und darunter liegenden Muskeln und Sehnen) mit einer Auswirkung verbunden ist (hier zerstörtes Gewebe, zerstörte Gefäße), die eine gewisse Zeit „verbraucht". Diese ist aber irrelevant für die weiteren Betrachtungen. Gestalten Sie z. B. willentlich ein Büro um (kontrollierte Einwirkung), dann kostet Sie diese Einwirkung Zeit und Geld. Die Auswirkung ist das veränderte Bürolayout (z. B. mehr Bewegungs- und Arbeitsflächen, breitere Verkehrswege, Blendschutz ...) und dieses ist „plötzlich" da, nämlich an dem Punkt, an dem das neue Büro für die Mitarbeiter freigegeben wird.

Jede Auswirkung kann positiver oder negativer Natur sein. Ihre +/- Natur erschließt sich jedoch erst über die Bewertung der mit den Auswirkungen verkoppelten Rückwirkungen (Subjektivität). Auswirkungen erzwingen immer eine kompensatorische Antwort in den Systemelementen. Sie erzeugen Rückwirkungen!

---

76 Bsp.: Zerstörte Werkzeuge und Maschinen durch Überbeanspruchung.
77 Bsp. Veränderte Arbeitsorganisation nach Restrukturierung.
78 Bsp.: Veränderte Büroausstattung nach Umbau.
79 Bsp.: Veränderte neuronale Aktivierung und/oder Vernetzung nach Fortbildung.
80 Bsp.: Veränderter Aufgabenzuschnitt nach Mitarbeitergespräch.
81 Bsp.: Veränderter Lärmpegel nach Schalschutzmaßnahmen.
82 Bsp.: Veränderte Arbeitsstoffe (z. B. Lacke) nach Substitutionsprüfung.
83 Bsp.: Veränderte Beschaffenheit von Produkten nach Einführung eines QMS.

◆ **Rückwirkungen**

Rückwirkungen

Rückwirkungen stellen alle kompensatorischen Antworten der Systemelemente auf Auswirkungen dar.

Rückwirkungen sind als Ergebnisse von Kompensationsmechanismen zu verstehen. Denken Sie nur an Muskelwachstum nach Krafttraining, Fehler nach Ablenkung, Selbstsicherheit nach Erfolgserlebnissen, Depression in Folge gelernter Hilflosigkeit, positive emotionale Grundstimmung nach Aufmerksamkeit durch die Führungskraft usw. Es finden ständig Kompensationsprozesse auf unterschiedlichsten Ebenen statt: In einzelnen Systemelementen (z. B. Mensch), in ganzen Arbeitssystemen oder sogar in Gruppen von Arbeitssystemen (Abteilungen). Bsp.: Die Ärzte in kommunalen Kliniken müssen länger arbeiten und werden schlechter bezahlt als ihre Kollegen in den Privatpraxen (Einwirkung). Dies führt (nach Bewusstwerdung) schlagartig zu emotional negativer neuronaler Aktivierung (Auswirkung) und diese wiederum zum Bestreben, das negative Muster aufzulösen. Die betroffenen Ärzte senken möglicherweise ihren Beitrag ab (keine Überstunden mehr) oder treten sogar in den Streik. Egal was sie tun, sie kompensieren die genannte Auswirkung. Sie zeigen Rückwirkungen. Es gibt kurzfristige Rückwirkungen (z. B. emotionale Verstimmungen im Menschen in Folge veränderter Arbeitsorganisation) und langfristige Rückwirkungen (z. B. depressive Episode in Folge anhaltender Frustration von Grundbedürfnissen). Auf kurzzeitige Einwirkungen (z. B. Traumata) kann mit langfristigen Rückwirkungen (z. B. Vermeidungsverhalten, Fehlzeiten, PTSD[84]) geantwortet werden. Rückwirkungen können den Charakter von Akkomodationsprozessen tragen und ihrerseits den Gehalt erneuter Einwirkungen annehmen. Denken Sie an den Muskelzuwachs bei einem Kraftsportler. Mehr Muskelmasse bedeutet bei gleichen Einwirkungen (also z. B. identischen Trainingsreizen) veränderte Auswirkungen (geringere muskuläre Aktivität) und diese wiederum veränderte Rückwirkungen (z. B. Erhöhung des Trainingsreizes, um besser zu werden).

Rückwirkungen haben nicht per se eine +/- Natur. Ihr positiver/negativer Gehalt erschließt sich erst über ihre Bewertung. Die Bewertung der Rückwirkungen setzt das Vorhandensein impliziter oder expliziter Zielstellungen voraus. Insofern ist eine Teilmenge der Rückwirkungen, den sog. „Zielwirkungen" zuzuordnen. Muskelkater kann für eine Person ein wahrnehmbares Zeichen des Wachstums und der Leistungsfähigkeit sein. Es kann aber auch als Zeichen der Übertreibung und Schädigung interpretiert werden.

---

84 PTSD = Post-Traumatic-Stress-Disorder.

INFOBOX

Zielwirkungen

Zielwirkungen stellen die Teilmenge aller Rückwirkungen dar, die erwünscht sind und angestrebt werden.

Bsp.: Es ist ein organisationales Ziel, geringe Fehlzeiten zu haben (Vorgabe: < 5 %). Über führungsseitig bewusst eingebrachte Aufmerksamkeit (Einwirkung) und deren Wahrnehmung im Mitarbeiter (Auswirkung) wird ein stabil positives emotionales Grundmuster im Zentralnervensystem der Mitarbeiter erzeugt (Rückwirkung). Diese Rückwirkung ist mit weiteren Rückwirkungen, wie ausgeprägter Loyalität, geringer Fluktuation und eben auch hoher Anwesenheit verbunden. Die hohe Anwesenheit ist als Teilmenge aller Rückwirkungen den Zielwirkungen zuzuschreiben. Wichtig ist zu erkennen, dass wir die Rückwirkungen in kausalen Ketten differenzieren können. In unserem Beispiel könnten wir differenzieren in:

a) das positive neuronale Aktivierungsmuster („grüner Bereich" aufgrund erfüllter psychischer Grundbedürfnisse)
b) die weiteren Folgen dieser positiven Aktivierung im Arbeitssystem (also hier z. B. Spaß am Kontakt, Tendenz zum Verbleib in der Organisation, geringe Fehlzeiten, Leistungsbereitschaft …) und
c) den Teilen, der Rückwirkungen, die wir explizit als Zielstellungen im Fokus haben (das waren hier insbesondere die Fehlzeiten).

Rückwirkungen können den Status erneut einwirkender Kräfte erlangen. Bsp.: Ein mittelständischer Betrieb, der in Wechselschichten arbeitet, klagt über Personalmangel in einigen Schichtreihen aufgrund hoher Fehlzeiten. Dies bringt chronisch erhöhte Arbeitsanforderungen mit sich. Diesen Umstand können wir sowohl als Rückwirkung, aber auch als erneute Einwirkung verstehen. Die chronisch erhöhten Arbeitsanforderungen werden wahrgenommen (Auswirkung) und führen zu nachlassender Motivation bei den noch verbliebenen Mitarbeitern (Rückwirkung). In Folge der Situation kommt es verstärkt zu Fehlleistungen und einem weiteren Anstieg der Fehlzeiten (negativ bewertete Rückwirkung, also eine Zielwirkung). Die Fehlzeiten sind sowohl als Rückwirkung, als auch als erneute Einwirkung zu verstehen. Wir haben es also in diesem Fall mit einem rekursiven, sich selbst verstärkenden Prozess zu tun. Das Arbeitssystem bewegt sich zunehmend in einem Teufelskreis.

Rückwirkungen manifestieren sich auf allen Ebenen im System. Sie zeigen sich nur nicht immer sofort. Dieser Aspekt markiert die unbewussten, unkontrollierten Bereiche im Arbeitssystem. Die am höchsten aggregierte Rückwirkung ist die Systemleistung.[85]

---

85 I. S. der Summe der ausgabebezogenen Zielwirkungen.

Abbildung 68: Wirkungen im IDBM (Beispiel Rakete)

[Quelle: Eigene Darstellung (Grafik Microsoft®)]

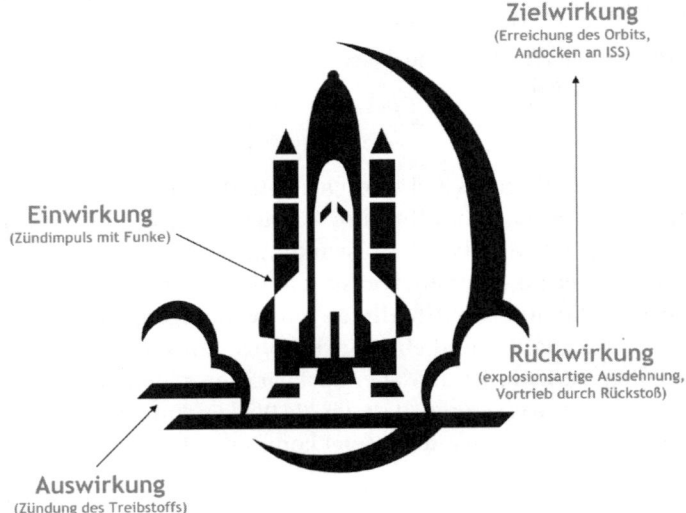

Idealerweise kann man den Zusammenhang der drei Wirkungsarten anhand einer Rakete demonstrieren (siehe auch Abbildung 68).

Versetzen wir uns also in die Lage einer startbereiten Rakete in Cape Canaveral. Der Countdown läuft auf „Zero", ein Zündimpuls wird gesetzt und ein Funke entsteht (Einwirkung auf das System). In Folge dessen entzündet sich der Brennstoff, hier flüssiger Wasserstoff und Sauerstoff (Auswirkung). Die Verbrennung erfolgt explosionsartig und erzeugt eine Ausdehnung der Gase und diese Ausdehnung wiederum erzeugt einen Impuls zum Rückstoß, denn irgendwo muss die Rakete ja hin. Alle genannten Phänomene sind den Rückwirkungen zuzuordnen. Wenn unsere Rakete dann auch noch in die „richtige" Richtung fliegt, nämlich nach „oben" und sogar die Umlaufbahn erreicht, dann haben wir es mit einer positiv interpretierten Rückwirkung – einer Zielwirkung zu tun, denn schließlich haben wir sie nicht umsonst da hin gestellt, sondern mit dem Ziel, die ISS zu erreichen und Menschen, Güter oder Satelliten dahin zu bringen. Hier greifen wir zudem mit umfangreicher Steuerungselektronik in das Geschehen ein. Wir versuchen, den Flug möglichst kontrolliert zu gestalten. Die eingebauten Steuerungsteile und Steuerungsroutinen sind als erneute kontrollierte Einwirkungen zu verstehen. Das ist sozusagen „Management". Docken wir an, geht alles glatt, dann prima. Das ist die erwünschte Zielwirkung auf der höchsten Ebene. Das ist die Ausgabeseite des Systems – das ist der „Job". Erfolgreich waren wir nur dann, wenn uns gelingt, diese Anforderung zu erfüllen. Der Rest ist Schall und Rauch – im wahrsten Sinne des Wortes.

2.13.2 Systemleistung

Wir haben bereits im vorangegangenen Kapitel eine kurze Ausführung zur Arbeitssystemleistung gemacht und übertragen diese Idee jetzt ins IDBM. Wir hatten festgestellt: Die Systemleistung leitet sich aus dem Zweck (Existenzberechtigung) und der Vision der Organisation ab und ist hochgradig abhängig von den definierten Zielen. Die systemleistungsrelevanten Ziele sind zumeist in der Ausgabe angesiedelt.[86] Eine ärztliche Praxis muss geheilte Patienten „produzieren", ein Baumarkt Handwerkermaterialien verkaufen, ein Energiekonzern Energien in unterschiedlichsten Aggregatzuständen an den Endverbraucher bringen und eine Unternehmensberatung Beratertage absetzen. Daran bemisst sich die unternehmerische Leistungskraft. Alles andere ist Augenwischerei. Natürlich gibt es auch Unternehmen, die eher auf qualitative Rückwirkungen abzielen (z.B. Innovationen und Kreativität in Werbeagenturen). Aber auch diese Merkmale sind nur deshalb unmittelbar systemleistungsbildend, weil sie die Ausgabe (hier den Verkauf innovativer Ideen) anschieben.

INFOBOX

Systemleistung

Die Systemleistung ist die Summe positiver und negativer Rückwirkungen in Bezug auf das Systemelement „Ausgabe" – soweit sie zielbezogenen erfasst worden sind.

Die Formulierung der erwünschten Rückwirkungen erfolgt durch die verschiedenen Anspruchsgruppen, vornehmlich durch die Eigentümer, ergänzend durch Kunden, Mitarbeiter und andere.

In Ziel- und Kennzahlensystemen (z.B. BSC) wird versucht, die erwünschten Rückwirkungen zu erfassen, zu kategorisieren, zu visualisieren und mit Vorgaben zu untersetzen. Die festgesetzten, erwünschten Rückwirkungen werden zudem in ein kausal angelegtes Treibermodell eingepasst. Systemleistungsrelevante Rückwirkungen sind in diesen Modellen die Treiber für die Systemgesamtleistung. Das Problem: Viele Treibermodelle bilden die tatsächlichen Wirkmechanismen im Arbeitssystem nur unzureichend, z.T. auch falsch ab. Deshalb müssen diese Modelle immer wieder kritisch hinterfragt und angepasst werden. Viele Organisationen sind überhaupt nicht in der Lage, ihre Systemleistung abzubilden. Ein Ansatz, die Systemleistung sichtbar zu machen wird in der Methodenbox im Kapitel „Zielbildung" erläutert.

---

86 Organisationen sind unterschiedlich stark ausgabeorientiert. Damit können sie auch mehr oder weniger gut ihre Systemleistung definieren. Einer Stadtverwaltung gelingt das nicht so gut, wie einem rein privatwirtschaftlich organisierten Unternehmen.

Auch Einwirkungen sind grundsätzlich systemleistungsbildend, obwohl sie zunächst einmal nur Kosten mit sich bringen. Nehmen Sie nur Maßnahmen der Personalentwicklung, wie fachliche Fortbildungen her. Diese sind im IDBM als „bewusst-kontrollierte Einwirkungen" gekennzeichnet und helfen nachweislich, die Fachkompetenz zu steigern (Rückwirkung). Der erhaltene Wissenszuwachs ist die primäre Rückwirkung dieser Maßnahmen. Nur: Warum brauche ich denn fachkompetente Mitarbeiter/innen? Warum soll das wichtig sein? Welchen Bezug hat das zur Ausgabe (zu den Ergebnissen)? Diese Verbindung muss immer herstellbar sein, ansonsten macht das keinen Sinn. Fachlich kompetente Mitarbeiter können in der Potenzialperspektive der BSC den Charakter von Systemleistungstreibern bekommen, jedoch nur dann, wenn die Beziehung zwischen ihnen und den (angezielten) Rückwirkungen in der Systemausgabe formulierbar und (im besten Fall) auch messbar gemacht werden. Das Gleiche gilt für andere angezielte Rückwirkungen, wie „störungsfrei arbeitende Maschinen", „beschleunigte Arbeitsabläufe" und „zufriedene Mitarbeiter".

Die Begriffe „Ressourcen" und „Belastungen" sind keine zielführenden Konstrukte zum besseren Verständnis von Systemleistungen. Welche positiven Rückwirkungen kann eine körperlich schwere Arbeit haben? Welche negativen Rückwirkungen kann eine hohe Aufgabenautonomie und Zeitautonomie haben? Diese Fragen bleiben zumeist unbeantwortet. Wir erschließen uns das Verständnis dieser Einwirkungen ausschließlich über die zielbezogenen Rückwirkungen. In unserer Systemlogik muss immer von den Zielen und deren beständigem Abgleich zu den wahrnehmbaren und messbaren Rückwirkungen ausgegangen werden. „You can't manage it, if you can't measure it!" – es ist leider so. Das Managen der Systemleistung basiert nun mal darauf, dass wir diese abbilden, messen und damit kommunizieren können.

Die Messung der konkreten Beziehungen zwischen kontrolliert eingebrachten Einwirkungen (z. B. Arbeitsgestaltung, Personal- und Organisationsentwicklung) in den Systemelementen und den darüber liegenden Systemschichten, sowie den Rückwirkungseffekten in der Ausgabe stellt ein wesentliches Handlungsfeld der Organisationsdiagnostik im betrieblichen Gesundheitsmanagement dar. Wir kommen im Kapitel „Analysen" noch auf die praktische Umsetzung dieser Ideen.

2.13.3 Betrachtungsebenen

Gemäß der bereits im letzten Kapitel dargestellten systemtheoretischen Überlegungen können im integrierten Denk- und Beratungsmodell sechs grundlegende Betrachtungsebenen für alle Facetten des betrieblichen Gesundheitsmanagements (Zielbildung, Analyse, Interventionen, Erfolgsmessung, Handlungsanpassung) beschrieben werden. Die sechs Betrachtungsebenen sind in der Infobox ausgeführt:

Die Ebenen 1–3 lassen sich der Mikro-, die Ebene 4 der Meso- und die Ebenen 5 und 6 der Makro-Systemebene zuordnen.

INFOBOX

Betrachtungsebenen im IDBM

1. Teile eines Systemelementes
2. ein Systemelement in seiner Ganzheit
3. mehrere Systemelemente in ihrer Wechselwirkung
4. mehrere miteinander verbundene Arbeitssysteme
5. mehrere miteinander verbundene Betriebssysteme
6. das wirtschaftliche Gesamtsystem

Ebene 1: Teile eines Systemelementes

Dies könnte sich z. B. auf die Messung und Verbesserung der körperlichen Fitness eines Mitarbeiters beziehen, oder sogar nur auf einen Teil seiner körperlichen Fitness, sagen wir mal dem Verhältnis von Bauch- und Rückenmuskulatur. Die Ebene könnte sich auch auf unbelebte Systemelemente beziehen. Die Elektroprüfung eines Arbeitsgerätes oder auch die Strahlungs- oder Lärmmessung/-anpassung in einer Arbeitsstätte lassen sich hier anführen. Ein Großteil der klassischen Gefährdungsanalysen/-reduzierungen bezieht sich auf diese Ebene. Es wird systematisch nach Gefährdungsfaktoren gesucht, diese beurteilt und bei festgestellten Defiziten entgegengewirkt.[87]

Ebene 2: Ein Systemelement in seiner Ganzheit

Zielstellung könnte hier z. B. die Abbildung des gesamten Spektrums der Arbeitsbewältigungspotenziale eines Mitarbeiters sein. Denkbar wäre auch die Prüfung auf Maschinensicherheit. Das Maximum dieser Betrachtungsebene ist erreicht, wenn alle Teilsystemelemente untersucht worden sind. Die Analyse hat zunächst einen parallelen Charakter, d. h. jedes Element wird einzeln betrachtet. Der Mensch, die Arbeitsstätte, die Arbeitsaufgaben usw. Jeder macht zunächst „seinen" Job. Der Maschineneinrichter, die Sicherheitsfachkraft, der Personaler. Alle kümmern sich um „ihr" Element.

Ebene 3: Mehrere Systemelemente in ihrer Wechselwirkung

Oftmals werden die Wechselwirkungen zunächst nur in Bezug auf ein „Fokuselement" untersucht. Zumeist ist das Fokuselement der Mensch, seltener der Arbeitsablauf, noch seltener die Ausgabe. Wie geht ein Mitarbeiter mit seinen Arbeitsmitteln und Aufgaben um? Wie kommt er damit zurecht? Mit welchen Gefährdungen ist die Handhabung anderer Systemelemente (Arbeitsmittel, Eingabe, Aufgabe) verbunden? Mitarbeiterbefragungen eignen sich vorzugsweise zur Ausleuchtung

---

87 Bsp.: Bei der Benutzung eines Autogenschweißgerätes (Systemelement Arbeitsmittel) werden thermische (z. B. Flammenschlag), chemische (z. B. Azetylen) und physikalische (z. B. Druck) Faktoren untersucht.

Abbildung 69: Betrachtungsebenen im IDBM
[Quelle: Eigene Darstellung]

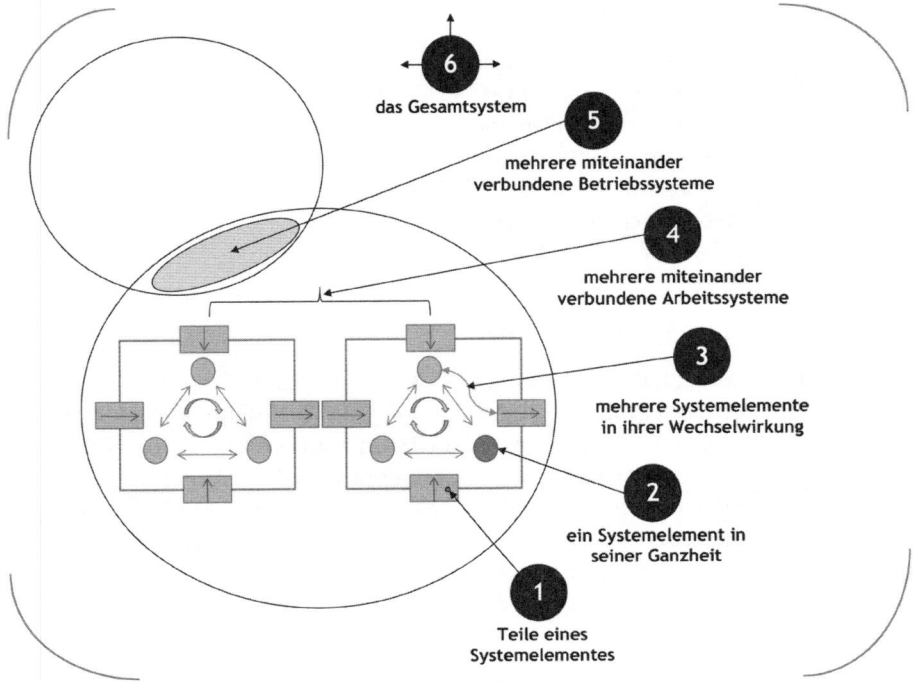

dieser Betrachtungsebene. Qualitative Untersuchungen (z. B. Interviews, Gesundheitswerkstätten) ergänzen die Analyse und verbreitern das Verständnis über die Wechselwirkungen. Können alle bekannten Systemelemente zueinander in Beziehung gesetzt werden, ist das Limit dieser Betrachtungsebene erreicht. Ein Schweißarbeitsplatz, ein Arbeitsplatz im Callcenter usw. werden vertieft betrachtet. Neben Aussagen zur Gesundheitsverträglichkeit werden dann auch Aussagen zur Systemleistung möglich. Die Erreichung des Limits in dieser Ebene stellt zugleich eine umfassende Arbeitssystemanalyse auf der Mikroebene dar.

Ebene 4: Mehrere miteinander verbundene Arbeitssysteme

Die Analyse bezieht sich sowohl auf die Verknüpfung mehrerer Arbeitssysteme innerhalb der Kernprozesse (z. B. Wareneingang, Vorfertigung, Produktion, Warenausgang) als auch auf die Verknüpfung von Arbeitssystemen zwischen Kern-, Steuerungs- und Unterstützungsprozessen (z. B. Leitung, Controlling, Arbeits- und Gesundheitsschutz, Qualitätsmanagement, Personalentwicklung). Stellvertretend für solche Bemühungen stehen z. B. Prozessanalysen mit anschließender Anpassung. Mit der totalen Vernetzung der Analyse ist es potenziell möglich, die Systemleistung des betrieblichen Gesamtsystems abzubilden. Um das zu erreichen, müssen jedoch alle miteinander verbundenen Arbeitssysteme einer Organisation in ihrer

Abbildung 70: Verhältnis von Erkenntnisgewinn/Gestaltungseinfluss und Kosten bzgl. der Betrachtungsebenen im IDBM
[Quelle: Eigene Darstellung]

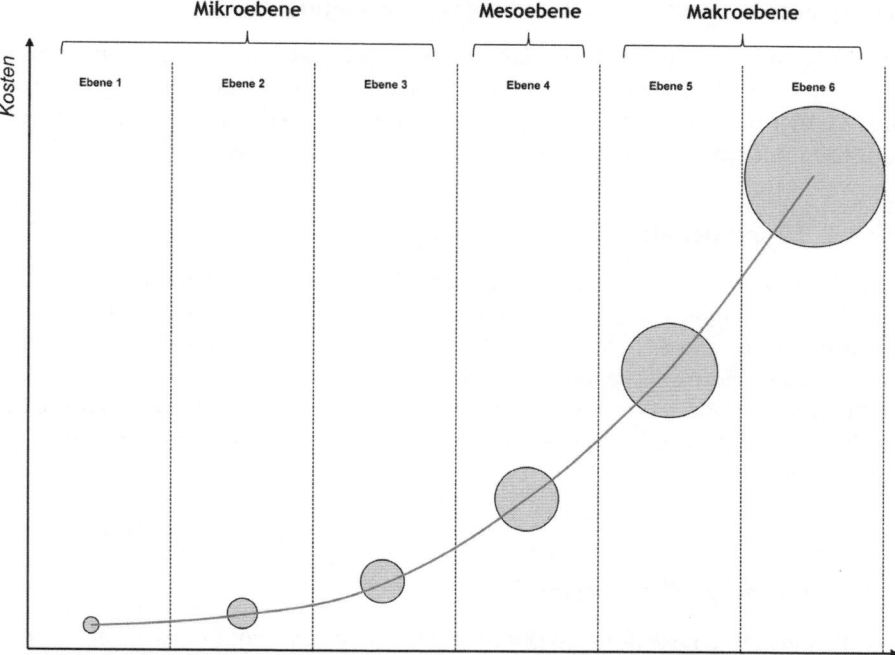

Wechselwirkung betrachtet werden. Das Erreichen dieser Ebene stellt eine umfassende Systemanalyse auf der Mesoebene dar.

Ebene 5: Mehrere miteinander verbundene betriebliche Systeme

Hier meinen wir zuvorderst Branchen, aber auch das Verhältnis von Zulieferern und Kunden. Auch Konzerne mit ihren „Divisionen" oder „Business Units" sind in diese Ebene einzuordnen. Die Betrachtung der Vernetzung von Betriebssystemen und außerbetrieblichen Systemen (z. B. Kultureinrichtungen, soziale Einrichtungen, öffentlicher Infrastruktur) hat unter den Begriffen „Private Public Partnership" (PPP) und „Corporate Social Responsibility" (CSR) Einzug gehalten.

Ebene 6: Das wirtschaftliche Gesamtsystem

Diese Ebene ist für das betriebliche Gesundheitsmanagement nicht mehr so bedeutsam. Hier geht es um die gesamte Volkswirtschaft. Es werden Wechselwirkungen zwischen Angebot und Nachfrage betrachtet und überlegt, welchen Einfluss die Schweinegrippe, 9/11 oder auch die Pleite von Lehman Brothers auf das Gesamtsystem haben.

Auf alle Ebenen kann und muss Management angewendet werden! Das versuchen die Unternehmen auch. Nur: Das Hauptproblem sind die Kosten. Sie steigen überproportional und zwar sowohl in Bezug auf den Erkenntnisgewinn (Analysekosten) als auch in Bezug auf das Handling von Interventionen (Umsetzungskosten).

Bis zur Ebene 3 haben wir ein umfangreiches Arsenal von preiswerten Analyseinstrumenten und Umsetzungsoptionen. Doch bereits auf Ebene 4 sieht es „düster" aus. Ab hier wird zu Recht die Frage gestellt, ob die anfallenden Kosten auch einhergehen mit einer angemessenen Verbesserung des Outputs.

2.13.4 Systempenetranz und Systemimpact

Wir wollten zwar weitestgehend auf englische Begriffe im Denkmodell verzichten, doch an „Impact" kamen wir nicht vorbei. Impact hat nämlich viele passende Übersetzungen: „Stoß", „Schlag", „Wirkung", „Einschlag", „Aufprall", „Einwirkung", „Auswirkung", „Bedeutung" und „Beeinflussung". Genau das wollen wir doch erreichen oder? Wir wollen doch mit BGM Arbeitssysteme anstoßen, sie beeinflussen und verändern. Wir wollen sie verbessern in Richtung verbesserter Ausgabeleistungen.

INFOBOX

Impact: Energieübertragung

Am 4. Juli 2005 raste um 7.52 Uhr MEZ ein 372 kg schweres Kupferprojektil der Sonde „Deep Impact" mit rund 37.000 Kilometern pro Stunde in den Kometen 9P/Tempel-1. Dabei wurde eine Energie freigesetzt, die einem Äquivalent von 4,5 Tonnen TNT entspricht. Binnen Sekunden schleuderte das Projektil große Mengen Staub und Gas aus dem Kometen. Die Agenturen vermeldeten aber auch: Die Verdampfung habe aber nur Bruchteile einer Sekunde gedauert. Danach seien die Substanzen sofort wieder auf ihre „Betriebstemperatur" von unter – 100° Celsius abgekühlt und gefroren. Auch die befürchtete Bahnablenkung habe nicht stattgefunden. Sie betrug nur knapp 10 m. Dieses Phänomen ist nicht verwunderlich. Der Komet ist etwas unförmig und hat einen Durchmesser zwischen 4 und 14 km. Der Impact hat also im übertragenen Sinne in einer Größenordnung stattgefunden, als ob Sie eine Waschmaschine mit großer Geschwindigkeit auf eine Großstadt abgeworfen hätten. Man könnte auch sagen, dass 9P/Tempel-1 von der ganzen Aktion fast nichts mitbekommen hat.

Ungefähr so geht es auch vielen Unternehmen. Es werden laufend Projekte lanciert und „Projektile" abgeschossen (siehe auch Abbildung 71). Die Struktur und Größe der Projektile sowie deren Geschwindigkeit reichen aber bei weitem nicht aus, um das Gesamtsystem signifikant zu verändern. Zudem sind auch viele Bedingungen des „zu beschießenden" Systems nicht klar. Wie groß ist es? Wie ist seine innere Struktur, z. B. seine soziale Dichte, Dynamik, Festigkeit, Porosität? Physika-

Abbildung 71: Systemimpact (Grobdarstellung)
[Quelle: Eigene Darstellung]

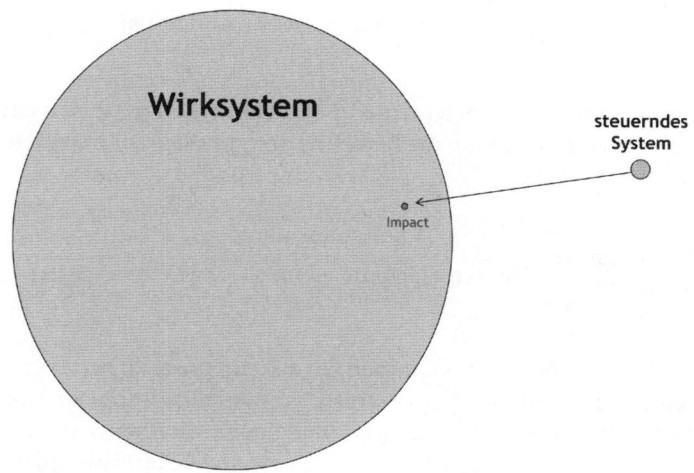

lisch lässt sich berechnen, wie viel Energie nötig ist, um einen Körper signifikant zu beeinflussen oder ihn gar zu zerstören. Für Arbeitssysteme liegen diese Formeln noch nicht vor, obwohl es wünschenswert wäre, wenn die Forschung sich dieser Untersuchungen annehmen würde. In Unternehmen sind es auch gänzlich andere Merkmale, die untersucht werden müssen: Die bisherige „Lebensdauer" zum Beispiel, die Größe, die soziale „Dichte"[88], der unternehmenskulturelle Reifegrad. Wir hatten zudem bereits im Kapitel „Systeme" vermerkt: Nur Varietät kann Varietät absorbieren (Ashby's Law).

Um zu wissen, wie weit man mit Maßnahmen in das Arbeitssystem hineinreicht und was man dort bewirkt, sind einfach zu berechnende Kennzahlen nötig. Wir wollen an dieser Stelle zwei Kennzahlen vorstellen:

■ eine ausschließlich Reichweiten-bezogene Kennzahl → die „Systempenetranz" und

■ eine kombinierte Reichweiten- und wirkungsbezogene Kennzahl → den „Systemimpact"

◆ **Systempenetranz**

Eine erste interessante Information über unser Handeln kann uns zunächst die Berechnung der allgemeinen Reichweite des Eingriffs liefern. Man kann diesen Parameter auch *Systempenetranz* nennen. Die Systempenetranz kann vereinfacht ermittelt werden durch folgende Rechnung:

---

88 Die Dichte ist umso höher, je enger das Unternehmen persönlich und kommunikativ vernetzt ist. Ein Flächenunternehmen hat tendenziell eine geringere Dichte als Unternehmen, die kompakt an einem Ort produzieren.

$$\text{Penetranz} = \frac{\sum \text{Arbeitssysteme}_{\text{„getroffen"}}}{\sum \text{Arbeitssysteme}_{\text{alle}} \text{ im Gesamtsystem}_{\text{betrachtet}}}$$

Da im Detail nicht alle Systemelemente in den betrachteten Arbeitssystemen verändert werden, bietet es sich an, die Berechnungsgrundlage zu präzisieren:

$$\text{Penetranz} = \frac{\sum \text{Systemelemente}_{\text{„getroffen"}}}{\sum \text{Systemelemente}_{\text{alle}} \text{ im Gesamtsystem}_{\text{betrachtet}}}$$

Übertragen wir diese Formel und nehmen wir z. B. an, unser zu betrachtendes „Projektil" sei eine ergonomische Verbesserung von Arbeitsmitteln in einer kleinen Werbeagentur mit nur vier Beschäftigten. Bei einem Mitarbeiter wurde die Hardware tatsächlich verbessert (PC schneller und leiser), die Software bedienerfreundlicher gemacht, ein großer TFT-HD-Bildschirm angeschafft und ein ergonomisches Mousepad mit Gelkissen zur Verfügung gestellt. Das Ganze hat € 3.500 gekostet. Die globale Reichweite des Projektes ist also:

Das primär getroffene Systemelement ist „Arbeitsmittel". Die tatsächliche Reichweite geht aber über dieses Element hinaus. Auch die mit den erneuerten Arbeitsmitteln tätigen Menschen (jetzt stressfreier, entspannter), die Arbeitsstätte (jetzt weniger Lärm, weniger thermische Belastung, weniger Strahlung) sowie die Arbeitsabläufe (jetzt störungsfreier) werden zwangsläufig mit beeinflusst. Zudem ist eine positive Verbindung zu einer verbesserten Ausgabe (schnellere Ergebnisse, mehr Ergebnisse, hochwertigere Ergebnisse) anzunehmen. Die Aufgabenstellung bleibt jedoch unverändert, ebenso die Eingabe sowie weitestgehend auch die Arbeitsumgebung. Es werden also direkt oder indirekt zumindest 5 von 8 Systemelementen im Subsystem „Mitarbeiter 1" getroffen (siehe auch Abbildung 72).

Das betrachtete Gesamtsystem (Werbeagentur) besteht aus den vier Subsystemen „Mitarbeiter 1–4". Berechnen wir die präzisierte Systempenetranz der Maßnahme für das Gesamtsystem:

$$\text{Penetranz}_{\text{Agentur}} = \frac{1 \text{ Subsystem}_{\text{getroffen}} \times 5 \text{ Systemelemente}_{\text{getroffen}}}{4 \text{ Subsysteme}_{\text{alle}} \times 8 \text{ Systemelemente}_{\text{alle}}} = \frac{5}{32} = 15{,}6\%$$

Die Systempenetranz dieser Maßnahme ist also, bezogen auf das Gesamtsystem, durchaus beträchtlich. Zwar sagt die Penetranz zunächst nur etwas über die Reichweite der Maßnahme aus und noch nichts über deren Wirkungsgehalt, dennoch können wir mit ihr operieren, wenn es darum geht festzustellen, wie weit wir in das System mit unseren Angeboten hineinwirken. Die Penetranz kann als ein

Abbildung 72: Systemimpact (Detaildarstellung Werbeagentur)
[Quelle: Eigene Darstellung]

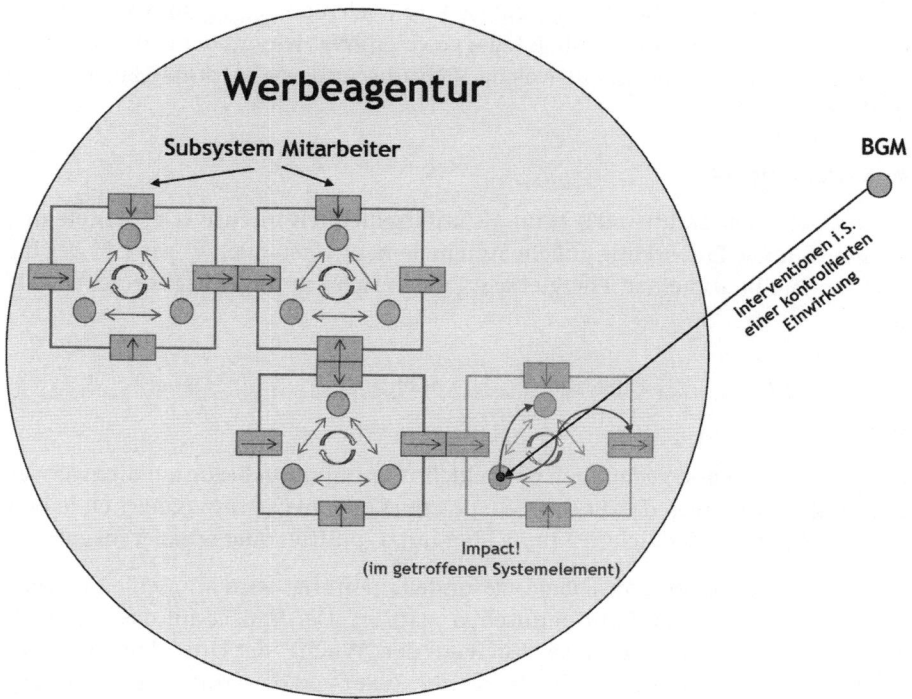

schnell verfügbarer Orientierungsparameter im Rahmen der prospektiven Evaluation genutzt werden.

Vielleicht noch ein weiteres Beispiel zur Berechnung der Systempenetranz: Stellen Sie sich vor, Sie organisieren in einem Großkonzern (Gesamtsystem) eine Gesundheitskampagne, zum Thema „Herzgesundheit". Das Ziel besteht darin, Risikopersonen zu ermitteln und den Anteil dieser Personengruppe durch gezielte Maßnahmen im Unternehmen langfristig zu verkleinern. Ein Kernelement der Kampagne ist ein Check-up mit anschließender Kurzberatung der Beschäftigten. Über einen Zeitraum von 12 Monaten wurden ca. 22.000 von 56.000 Beschäftigten mit den Screenings persönlich erreicht. Bei diesen sind also wir definitiv angekommen. Die Kosten für die Maßnahme betragen ca. € 660.000. Es wird angenommen, dass mit der Maßnahme lediglich ein Systemelement getroffen wird und zwar der Mensch. Es lässt sich aus den genannten Bedingungen folgendes Maß für die Systempenetranz errechnen:

$$\text{Penetranz}_{\text{Konzern}} = \frac{22.000_{\text{ getroffen}} \times 1 \text{ Systemelement}_{\text{ getroffen}}}{56.000_{\text{ alle}} \times 8 \text{ Systemelemente}_{\text{ alle}}} = \frac{22.000}{448.000} = 4,9\%$$

Die Systempenetranz im zweiten Beispiel ist also erheblich geringer. Wir können jetzt z. B. auch aussagen, wie viel wir ausgegeben haben. € 700 je Element $_{getroffen}$ in der Werbeagentur (Beispiel 1) und ca. € 30 je Element $_{getroffen}$ im Großkonzern (Beispiel 2). Bsp. 1 ist also ziemlich teuer gewesen. Was wir mit der Penetranz noch nicht aussagen können ist, in welche Richtung und wie stark das Engagement (wahrscheinlich) wirkt.

◆ **Systemimpact**

Ein *Impact* (auch „Kraftstoß") kann als unterschiedlich intensive, gerichtete und zeitlich variable Einwirkung auf ein Systemelement verstanden werden. [89] Der Impact beschreibt also einen Energiefluss! Er lässt sich mit folgender Formel berechnen:

$$\text{Impact}_{\text{Systemelement}} = \text{Betrag}_{\text{Einwirkung}} \times \text{Richtung}_{\text{Einwirkung}} \times \text{Dauer}_{\text{Einwirkung}}$$

Der Impact stellt also gedanklich einen Richtungsimpuls in Bezug auf die zu erwartenden Zielwirkungen dar. Er kann ein positives oder negatives Vorzeichen haben, je nachdem, ob er der Zielerreichung eher nutzt (positiv) oder schadet (negativ).

Beispiel: Ein Aufsteller zum Thema „gesunde Ernährung" wird im „Schlemmermonat" Dezember auf den Kantinentischen platziert. Der Impact auf das angezielte Systemelement (hier Mensch) setzt sich aus der „Wucht" der Einwirkung (Betrag), seiner Richtung (in Bezug auf die definierten Ziele) und der Dauer der Einwirkung (hier ein Monat) zusammen. Wir können annehmen, dass die Wucht sehr gering, die Richtung gewünscht und die Einwirkungsdauer relevant ist. Der Impact wird also wahrscheinlich gering positiv, aber messbar ausfallen.

Um mit der Idee weiterarbeiten zu können, müssen wir ein paar Vereinfachungen vornehmen. Wir wissen natürlich, dass die Einwirkungen auf die Systemelemente (Menschen) bei gleichen Maßnahmen unterschiedlich hoch sind. Den einen interessiert das Thema – den anderen nicht. Wir wissen auch, dass es komplexe Wechselwirkungen zwischen den „angestoßenen" Systemelementen gibt (hier Kollege A macht zum Kollegen B irgendwelche abschätzigen Bemerkungen bezgl. der Aufsteller). Insofern ist es nicht möglich, den tatsächlichen Impact zu messen. Der Aufwand wäre nicht mehr zu vertreten. Wir können jedoch Schätzungen vornehmen und Annahmen treffen, um uns dem Impact im System anzunähern.

Die Energieimpulse auf die Elemente in sozio-technischen Systemen sind nur mit Hilfe von *Ratings* zu erfassen. [90] Diese sind erfahrungsbasiert und besitzen deshalb eine Unschärfe. Die Ratings beziehen alle Subparameter (Betrag, Richtung, Dauer) ein und stellen quasi verdichtete Kennzahlen zu den Richtungsimpulsen dar. Es

---

89 In Analogie zur Festkörperphysik.
90 Denkbar wäre es, zumindest für alle nicht belebten Systemelemente, die Messung zu objektivieren, doch auch der Aufwand hierfür wäre unangemessen groß.

ist anzunehmen, dass eine komplexe Organisationsentwicklungsmaßnahme inkl. Arbeitsgestaltung einen größeren Energieimpuls (im Systemelement Mensch) freisetzt, als eine Gesundheitsnachricht im Intranet.

Da das Produkt aus Betrag, Richtung und Dauer potenziell unendlich sein kann, macht es Sinn, obere und untere Grenzen einzuführen. Wir führen als obere Grenze willkürlich die Zahl + 10 und als untere Grenze -10 ein. Der maximal erreichbare positive Impact (+ 10) entspricht also sinngemäß einer Einwirkung, die:

- mit großer Wucht
- genau in unsere (Ziel-)Richtung und
- langfristig (d. h. nachhaltig) auf ein Systemelement wirkt.

Für den maximalen negativen Impact gilt das Gleiche mit Ausnahme der Richtung, die hier entgegengesetzt ist.

$$\text{Impact}_{\text{Systemelement max. positiv (definiert)}} = + 10$$

$$\text{Impact}_{\text{Systemelement max. negativ (definiert)}} = - 10$$

Der Systemimpact in *einem* Arbeitssystem stellt folglich die Summe aller Impacts in den getroffen Elementen dar. Er kann nach der Definition nicht höher als + 80 sein. Dieser Wert wird erreicht, wenn jedes der 8 Systemelemente den maximalen positiven Energieimpuls von + 10 erhält. Man kann den Impact in einem Arbeitssystem auch relational definieren. Die Bestimmungsstücke zur Messung sind dann immer die gerichteten Impacts auf allen getroffenen Systemelementen in Bezug auf die maximal möglichen Impactpunkte. Dabei ist zu beachten, auch die Impacts derjenigen Elemente zu bestimmen, die nur „indirekt" getroffen werden.

$$\text{Impact}_{\text{Arbeitssystem}} = \frac{\sum \text{Impactpunkte (Ist)}_{\text{Elemente „getroffen"}}}{\sum \text{Impactpunkte (maximal)}_{\text{Elemente alle}}}$$

Beispiel: Nehmen wir an, wir führen ein verändertes Arbeitszeitmodell ein, das elastischer ist, als das bisherige und in dem auch Zeitkonten persönlich verwaltet werden können. Es ist perfekt an den Bedürfnissen der Mitarbeiter ausgerichtet und wurde sogar von diesen mitentwickelt. Primär wird mit dieser Maßnahme das Systemelement Arbeitsablauf getroffen und das nicht zu knapp („Wucht") und auch nicht zu kurz (Dauer). Wir prognostizieren einen Impact von + 10 auf dem Arbeitsablauf. Es ist aber mit Recht anzunehmen, dass *auch* der Mensch (mehr Kontrollerlebnisse) und *auch* die Arbeitsumgebung (Betriebsklima, Kultur) durch die Maßnahme verändert werden. Wir rechnen zudem *auch* mit einer verbesserten Ausgabe, da Zeitkonflikte minimiert werden und die Leistungserstellung nun optimaler erfolgen kann. Für diese indirekten Impacts ist die Festsetzung der Stärke des Richtungsimpulses in Bezug auf unsere Zielwirkungen mit erheblichen Unsicherheiten behaftet. Doch auch hier gilt: Eine quantifizierbare Schätzung ist immer noch deutlich besser, als überhaupt keine Vorstellung von dem zu haben, was man gerade vor hat oder bereits macht. Schließlich soll der Impact, ebenso wie die Penetranz als grober Parameter im Rahmen der prospektiven Evaluation unserer Vorhaben genutzt werden.

Machen wir für unser Fallbeispiel (verändertes Arbeitszeitmodell) doch mal eine Rechnung für einen Mitarbeiter (ein Arbeitssystem) auf:

1. Impact $_{Arbeitsmittel}$ = 0 (nicht getroffenes Element)
2. Impact $_{Arbeitsstätte}$ = 0 (nicht getroffenes Element)
3. Impact $_{Mensch}$ = + 5 (sekundär getroffenes Element)
4. Impact $_{Arbeitsablauf}$ = + 10 (primär getroffenes Element)
5. Impact $_{Ausgabe}$ = + 2 (sekundär getroffenes Element)
6. Impact $_{Eingabe}$ = 0 (nicht getroffenes Element)
7. Impact $_{Arbeitsaufgabe}$ = 0 (nicht getroffenes Element)
8. Impact $_{Arbeitsumgebung}$ = + 3 (sekundär getroffenes Element)

$$\text{Impact}_{\text{Beispiel}} = \frac{20 \text{ Impactpunkte (Ist) }_{\text{Elemente „getroffen"}}}{80 \text{ Impactpunkte (maximal) }_{\text{Elemente alle}}} = 25\,\%$$

Wir erreichen mit unserer Maßnahme geschätzt + 20 von +80 Impactpunkten. Das macht einen Arbeitssystemimpact von + 25 %. Das ist beträchtlich. Die Frage ist nun, ob das Arbeitszeitmodell für alle Mitarbeiter, d. h. für das Gesamtsystem gilt. Ist das so, dann beträgt auch der *Gesamtsystemimpact* 25 %.[91]

Prüfen wir doch mal den Gesamtsystemimpact anhand unseres allerersten Fallbeispiels (Werbeagentur). Vor der Durchführung der Maßnahmen wurden zunächst die Ziele definiert. Da Fehlzeiten praktisch nicht existent waren, wurden in der Diskussion die Punkte „beschwerdefrei arbeiten", „gut fühlen im Job" und „motiviert sein" als Zielspektrum festgehalten. Wir hatten durch unsere Umgestaltung an einem Arbeitsplatz (Hardware, Software, Mousepads …) ja in 5 Elementen dieses Subsystems Treffer zu verzeichnen. Der Impact ist im *primär getroffenen Element* (Arbeitsmittel) erheblich aber nicht total. Schließlich wurde nicht alles neu gestaltet. Wir setzen deshalb hier +7 Impactpunkte für das Element Arbeitsmittel. Mit den veränderten Arbeitsmitteln gingen ja auch Veränderungen in den Arbeitsabläufen (jetzt schneller, störungsfreier), der Arbeitsstätte (jetzt weniger Lärm, Strahlung), im Menschen (jetzt stressfreier) und in der Ausgabe (jetzt mehr kreative Ergebnisse) einher. Wir können annehmen, dass wir für die *sekundär getroffenen Elemente* ein paar Abstriche bzgl. der Impulse machen müssen. Es macht aber Sinn,

---

91 Natürlich wirkt das Modell nicht bei allen Mitarbeitern in der gleichen Art und Weise. Diese Unterschiede werden aber nicht weiter berücksichtigt.

diese nicht gänzlich wegfallen zu lassen. Das Richtungszeichen in Bezug auf unsere genannten Zielwirkungen ist bei allen Impacts positiv. Wir haben guten Grund anzunehmen, dass das Handling von besseren Arbeitsmitteln auch mit Verbesserungen im Erleben der Beschäftigten einhergeht.[92] Wir schätzen und vergeben für den umgestalteten Arbeitsplatz (Subsystem 1):

1. Impact $_{Arbeitsmittel}$ = + 7 (primär getroffenes Element)
2. Impact $_{Arbeitsstätte}$ = + 2 (sekundär getroffenes Element)
3. Impact $_{Mensch}$ = + 4 (sekundär getroffenes Element)
4. Impact $_{Arbeitsablauf}$ = + 3 (sekundär getroffenes Element)
5. Impact $_{Ausgabe}$ = + 2 (sekundär getroffenes Element)
6. Impact $_{Eingabe}$ = 0 (nicht getroffenes Element)
7. Impact $_{Arbeitsaufgabe}$ = 0 (nicht getroffenes Element)
8. Impact $_{Arbeitsumgebung}$ = 0 (nicht getroffenes Element)

$$\text{Impact}_{\text{Subsystem 1 (Agentur)}} = \frac{18 \text{ Impactpunkte (Ist)}_{\text{Elemente „getroffen"}}}{80 \text{ Impactpunkte (maximal)}_{\text{Elemente alle}}} = 22{,}5\,\%$$

Wir haben also mit Hilfe unserer Maßnahme einen geschätzten positiven Impact auf Subsystem 1 von 22,5 %. Dieser Wert verringert sich natürlich, wenn eine andere Auflösungsebene gewählt wird. Nehmen wir als Betrachtungsebene das Gesamtsystem mit seinen 4 Arbeitsplätzen und legen wir fest, dass es in den anderen 3 Subsystemen keinen Impact gegeben hat, so verringert sich der Systemimpact durch die Maßnahme auf nur noch +5,6 %.

$$\text{Impact}_{\text{Gesamtsystem (Agentur)}} = \frac{18 \text{ Impactpunkte (Ist)}_{\text{Elemente „getroffen"}}}{320 \text{ Impactpunkte (maximal)}_{\text{Elemente alle}}} = 5{,}6\,\%$$

Das sind doch mal Aussagen: Mit Hilfe von Umgestaltungsmaßnahmen bezgl. der Arbeitsmittel an einem Arbeitsplatz kann in einer Werbeagentur mit 4 Mitarbeitern eine Systempenetranz (Gesamtreichweite) von 15,6 % erreicht werden. Der prognostizierte Gesamtsystemimpact in Bezug auf die Zielwirkungen beträgt ca. +5,6 %. Die Kosten für die Maßnahme belaufen sich auf € 3.500. Die Kosten-Wirksamkeits-Relation der Maßnahme liegt im umgestalteten Arbeitssystem (Subsystem 1) bei etwa € 155 je Prozentpunkt positiven Impacts – bezogen auf das Gesamtsystem bei € 625. Das sind doch mal ein paar Eckdaten für eine Maßnahme. Schauen wir uns diese Relationen mal an und halten fest, dass bereits kleinere,

---

92 Natürlich ist es nicht ausgeschlossen, dass das Handling einer neuen Software kurzfristig auch mit negativen Begleiterscheinungen verbunden sein kann (z. B. Stress durch Umgewöhnung). Die Festsetzung des Vorzeichens bezieht sich jedoch immer auf die längerfristige Prognose bzgl. der Zielwirkungen.

überschaubare, kostengünstige Maßnahmen eine hohe Reichweite und vor allem einen bedeutsamen Impact erreichen können. Das Rechenbeispiel illustriert, dass zumindest theoretisch in kleineren Unternehmen viel wirksamer BGM lanciert werden kann, als in Großkonzernen.

Apropos Großkonzern: Für unseren Großkonzern mit seinen Herz-Screenings errechnet sich lediglich ein Gesamtsystemimpact von ca. +1,5 % auf die Zielwirkungen![93] Das entspricht bei € 660.000 Investment einer Kosten-Wirksamkeits-Relation von € 440.000 je Prozentpunkt positiven Impacts im Gesamtsystem. Ein ziemlich teures Unterfangen.

Mit diesen einfachen Formeln wird es möglich, einzelne Maßnahmen in ein basales „Wirkungsranking" zu packen. Das lohnt sich, um Investitionsentscheidungen abzusichern und gute Argumente gegenüber den betrieblichen Anspruchsgruppen zu entwickeln.

Nehmen Sie sich mal einen Gesundheitstag zum Thema „Bewegung" als besonders „smarte" Maßnahme (kleines, ausschließlich personenzentriertes Projektil) her. Möglicherweise reicht die Projektilgröße überhaupt nicht aus, um irgendwelche signifikanten Systemveränderungen zu erreichen oder gar die Systemleistung zu verbessern. Denn: Selbst wenn im Zuge des Aktionstages einige Mitarbeiter längere Bewegungsbrücken in ihren Arbeitsalltag einbringen, was hat das für Konsequenzen in anderen Systemelementen und vor allem in der Ausgabe? Wird dann besser kommuniziert und sicherer gearbeitet? Wird damit die Arbeitsstätte verändert? Und ganz besonders: Werden dann in einer Versicherung mehr Policen verkauft oder im Hochbau mehr Funkmasten gebaut, oder mehr Stromzähler abgelesen oder mehr Druckmaschinen hergestellt? Sehen Sie, die Antwort auf diese Frage lautet „wahrscheinlich nicht"!

Jetzt denken Sie an ein mehrstufig-komplexes gesundheitsbezogenes Personalentwicklungsprogramm für Führungskräfte (größeres personenzentriertes Projektil). Im Rahmen dieser Maßnahme wird nicht nur das Bewegungsverhalten thematisiert, sondern auch noch die „Stressbilanz". Über Coaching-Elemente wird zudem das Ernährungsverhalten umgestellt. Nach 6 Monaten hat sich in der Zielgruppe der BMI von durchschnittlich 29 auf 25 abgesenkt, die Bewegungsintensität verdoppelt und die Zahl der Raucher halbiert. Doch: Hat das auch Einfluss auf die anderen Elemente und vor allem auf die Ausgabe? Was glauben Sie? Sehen Sie, Ihre Antwort auf diese Frage lautet jetzt „wahrscheinlich ja"!

Jetzt stellen Sie sich vor, Sie kombinieren das eben skizzierte Personalentwicklungsprogramm mit Elementen der gesunden Führung von Mitarbeitern, integrieren Ideenwerkstätten zur Verbesserung der Arbeitsorganisation (großes personale und situationsbezogenes Projektil) und optimieren auch weitere Systemelemente, wie die verfügbaren Arbeitsmittel und die verwendeten Materialien. Wie verän-

---

93 Annahmewerte: Ein primär getroffenes Element (Mensch). 22.000 Treffer. Mäßig positiver Impuls auf die Zielwirkungen im getroffenen Element (+3 Impactpunkte).

dern sich dann die Systempenetranz und vor allem der Systemimpact? Die Antwortet lautet „wahrscheinlich noch mehr"! Immerhin ist es plausibel anzunehmen, dass Führungskräfte dann besser mit ihren Mitarbeitern kommunizieren, die Mitarbeiter auch vermehrt Kontrollerlebnisse spüren und der Job etwas leichtgängiger wird.

Bedeutet das nun, dass die Durchführung von Gesundheitskampagnen, eines Aktionstages oder sonst etwas mit (wahrscheinlich) geringem Systemimpact durch uns nicht empfohlen werden kann? Nein! Betriebssportgruppen, Business Yoga, Aktivpausen am Arbeitsplatz, integrierte Fitnessräume mit Kursangeboten, Führungskräfte-Seminare und dergleichen sind absolut o.k. Warum? Weil es Handlungen sind, die kulturell beeinflussend wirken, die helfen eine Gesundheitskultur zu entwickeln. Sie sind auch deshalb o.k., weil sie den ersten Schritt in die richtige Richtung zur Verbesserung der Systemleistung darstellen. Die geringen Kosten legitimieren zumeist auch die Konzentration auf zunächst wenige Wechselwirkungen und ausgewählte Systemelemente. Das bringt uns aus der Falle, alles zur gleichen Zeit machen zu wollen oder es auch gleich von Anfang an „richtig" zu machen. Probleme werden jedoch dann offenkundig, wenn immer wieder mit den gleichen Projektilen „geschossen" wird. Die Fokussierung auf wenige Zielgruppen oder wenige Themen kann zu Ermüdung oder Sättigung führen.

2.13.5 Signifikante Investitionen

Intelligenter, weitreichender Impact in der Theorie ist das Eine. Echte und nachhaltige Umsetzung das Andere. Das Problem: Systemrelevante Maßnahmen gehen immer mit signifikanten Investments einher. Das hatten wir bereits in den letzten Kapiteln festgestellt. Die Ergebnisse in Bezug auf die Systemelemente und insbesondere die Ausgabe sind jedoch nur annäherungsweise und wahrscheinlich vorauszusagen. Je weiter der Erwartungshorizont, umso unsicherer die Prognose. Gerade in der Prävention wird aber mit „langfristigen" und „nachhaltigen" Effekten argumentiert, die zu erwarten sind. Das ist ein Dilemma! Wir (Menschen & Manager) neigen nämlich dazu, ein Investment nicht vorzunehmen, wenn die Erwartungsunsicherheiten zu groß werden. Zudem darf der Erfüllungszeitraum nicht unbestimmt bleiben oder zu lang sein. Maßnahmen, die länger als 5 Jahre brauchen, um Ertrag abzuwerfen oder deren Ertrag vollkommen ungewiss ist, werden i.d.R. in der Wirtschaft nicht unterstützt.

INFOBOX

Signifikante Investitionen

Die Signifikanzschwelle für betriebliche Gesundheitsmaßnahmen liegt bei jährlich ca. 1 % des Umsatzes oder 5 % der Jahresbruttolohnsumme!

Unsere Erfahrungen haben gezeigt: Die Signifikanzschwelle für Investitionen in Gesundheit liegt bei etwa 1 % des Bruttojahresumsatzes eines Unternehmens. Denken Sie nur an Ihr *Auto*. Wie viel hat das gekostet? € 30.000? Vielleicht läuft das Auto jetzt bereits seit einigen Jahren in Ihrem Bestand und es ist Zeit, es zu pflegen und zu warten. Optisch ist das Gefährt durch Lackkratzer und Steinschlag beeinträchtigt. Zudem haben sich Bremsen und Kupplung verschlissen und auch ein neuer TÜV steht an. Was sind da schon 1 % Investment des Neuwertes in Störungsfreiheit und Schwachstellenbehebung – könnte man meinen. Es sind genau € 300 p. a.! Was kann man damit machen? Man kann vielleicht die Bremsbacken erneuern oder auch eine TÜV Untersuchung mit anschließendem Ölwechsel vornehmen. Tatsächlich geben Sie sogar deutlich mehr Geld für die Wartung dieses automobilen Systems aus. Sie waschen ihr Auto regelmäßig, kaufen neue Räder oder besorgen sich sogar ein Software-Update für die Motorsteuerung.[94] Kurz: Sie kommen mit der von uns genannten Investitionsgrenze bei weitem nicht aus.

Unternehmen geht es genauso. Ein Dienstleister mit ca. 680 Beschäftigten und einem Jahresumsatz von ca. € 105 Mio. hat vor Jahren auf eine *Businesssoftware* umgestellt, „um die Betriebsprozesse zu optimieren". Die Einführung dieser Software war mit einem Investment von ca. € 14 Mio. verbunden. Hinzu kamen noch Fortbildungs- und Beratungskosten in Höhe von knapp € 1,0 Mio. im Jahr der Einführung. Die Aufrechterhaltungskosten[95] liegen bei etwa € 0,3 Mio. p. a. Allein die Einführung verschlang also umgerechnet etwa 14,3 % des Jahresumsatzes! Hinzu kommen laufende Kosten von knapp 0,3 % des Jahresumsatzes.

Die Unternehmen, die wir kennen (und das sind bereits diejenigen, die in Gesundheit investieren), geben für *Gesundheit* im Schnitt nicht mehr als 0,01 % bis 0,05 % ihres Jahresumsatzes aus. Das wären umgerechnet auf unser Autobeispiel nicht mehr als € 3 bis € 15. Fragen Sie mal in der Werkstatt, was Sie dafür bekommen!

Überprüfen wir das mal anhand eines uns bekannten Unternehmens. Es handelt sich um einen Dienstleister mit ca. 1.500 Mitarbeitern und einem Umsatzvolumen von ca. € 1.5 Mrd. p. a. Ein 1 %-Investment in Gesundheit entsprächen hier ca. € 15 Mio. – pro Jahr wie gesagt. Tatsächlich investiert dieses Unternehmen derzeit im Sinne einer Vollkostenrechnung, d. h. inklusive laufender Kosten für Personalentwickler, Sicherheitsfachkraft, Arbeitsmediziner, inkl. Abschreibungen auf dem Gesundheitsschutz dienender technischer Anlagen (Absturzsicherungen, PSA usw.) und inkl. laufender Gesundheitsprojekte (Gesundheitstage, Führungskräftefortbildungen, Lauf-Events etc.) nicht mehr als € 500.000 p. a. Dieses Unternehmen schreibt sich aber auf die Fahnen, der gesündeste Dienstleister Deutschlands werden zu wollen und obendrein auch noch „Top-Arbeitgeber-Deutschland". Nur mit welchem Investment? Mit 0,03 % der Gesamtressourcen? Selbst wenn wir

---

94 Um mehr (Motor-)Systemleistung herauszuholen!
95 Z. B. weitere laufende Lizenzkosten, regelmäßige Updates, Schulungen, Servicepauschale für eine „Hotline" etc.

dieses Investment nur auf die Bruttolohnsumme[96] aller Beschäftigten verrechnen kommen wir auf einen Anteil von nicht mehr als 0,74 %. Da könnten wir bei einem angenommenen Jahresbruttoverdienst von € 40.000 auch sagen, dass wir mit knapp € 300 den besten Urlaub unseres Lebens gestalten wollen. Da passt doch etwas nicht zusammen, oder? Unter 5 % der Lohnsumme lässt sich u. E. kein ausreichender Systemimpact bezgl. der Gesundheitswerte erzielen.

Was hindert Betriebe daran, die Investitionen in Gesundheit angemessen und wirksam zu gestalten? Die Antwort: Weil das Thema immer noch nicht wirklich wichtig ist! Es ist jetzt zwar „nett", ein BGM zu haben und das auch ausreichend zu vermarkten, nur zwingend, präventiv ausgerichtet und nachhaltig ist es bei den wenigsten. Der Zusammenhang zur Ausgabe wird immer noch nicht gesehen!

Ganz anders bei den privaten Haushalten. Eine kürzlich veröffentlichte Studie von Roland Berger Strategy Consultants zum privaten Gesundheitsmarkt zeigt deutlich: Die Investitionsneigung in den „zweiten Gesundheitsmarkt"[97] (d. h. z. B. freiverkäufliche Arzneiwaren, freiwillige ärztliche Leistungen, Fitness, Wellness, Gesundheitstraining, Bio-Lebensmittel, Sportartikel, Bücher, Medien) ist enorm. In Deutschland liegt sie bei knapp € 1.000 p. a., in einigen anderen Ländern, darunter Österreich, noch deutlich darüber.[98] Wir reden hier also locker von durchschnittlich 5 % des verfügbaren Jahreseinkommens.[99]

Es gibt sie aber, die signifikanten Investitionen im Personalwesen. Signifikante betriebliche Investitionen beziehen sich derzeit aber noch ausschließlich auf korrektive Personalmaßnahmen. Unser Rechenbeispiel in der Infobox verdeutlicht das noch mal.

---

96 Annahmewert ist eine durchschnittliche Bruttolohnsumme von € 45.000 je Beschäftigten und Jahr.
97 Der zweite Gesundheitsmarkt ist jener, der staatlich nicht erzwungen wird, d. h. jener, der sich neben den klassischen Sozialversicherungen etabliert hat.
98 Siehe http://www.rolandberger.com
99 Annahmewert ist € 20.000 frei verfügbares Einkommen.

INFOBOX

Signifikante Investments in Trennung von älteren Mitarbeiter/innen (betriebliche Beispielrechnung)

Betrieb: Dienstleister. Umsatz € 1.5 Mrd.. Lohnsumme € 67,5 Mio. Ca. 1.500 Mitarbeiter/innen. Davon sind derzeit ca. 100 >57 Jahre. Etwa 50% der Zielgruppe (>57) wollen bis zum Renteneintritt weiter arbeiten und zeigen auch „furchtlos" Fehlzeiten (Quote ca. 10%). Die anderen 50% (N = 75) haben gedanklich bereits die „Escape"-Taste gedrückt und bereiten ihren Abschied vor. Sie wollen in den vorzeitigen Ruhestand mit Abfindung. Immerhin sind die meisten von ihnen bereits 30 und mehr Jahre im Job. Die Fehlzeiten-Quote der Gruppe 2 (Ausstieg) beträgt knapp 20%. Eine bis vor kurzem geltende Altersübergangsregelung für alle Mitarbeiter/innen wurde ausgesetzt. Der Betriebsrat verhandelte stattdessen eine Ausstiegsregelung, die je Berufsjahr ein Monatsgehalt Abfindung vorsieht. Die Auszahlungssumme ist auch abhängig von der Entfernung zum regulären Renteneintrittsalter. Hier gibt es einen „Koeffizienten", der jedoch der Einfachheit halber hier nicht berücksichtigt wird. Die Kollegen verdienen derzeit ca. € 3.750 brutto je Monat. Im Beispielfall eines exakt 57jährigen Mitarbeiters, der 35 Jahre im Unternehmen beschäftigt war, beläuft sich die Abfindungssumme auf € 131.250, für einen 61jährigen mit 39jähriger Beschäftigung immerhin noch auf € 87.750. Durchschnittlich gibt das Unternehmen jährlich mehr als € 5,5 Mio. für Abfindungen aus. Das entspricht etwa 0,36% des Umsatzes und etwa 8,15% der jährlichen Lohnsumme! Es gibt sie also, die signifikanten Investments in Gesundheit (oder besser Absenz)!

Nicht alle Unternehmen können es sich leisten, ihre Abfindungsregelungen so generös zu gestalten, wie unser Dienstleister. Die meisten werden sich da durch die Arbeitsgerichte quälen müssen. Um die volkswirtschaftliche Dimension nur dieses einen Aspekts deutlich zu machen, vielleicht noch folgende Zahlen: Laut statistischem Bundesamt gab es 2009 ca. 40,4 Mio. Erwerbstätige in Deutschland. Davon sind bereits heute über 8 Mio. im Alterssegment „50+". In den nächsten Jahren werden wir es mit ähnlich vielen Beschäftigten in der eben als „abfindungssensiblen" Zielgruppe „57+" zu tun haben. Nimmt nur jeder vierte eine Abfindungsregelung in Anspruch, aus der auch nicht mehr als € 20.000 gezahlt werden, dann müssen wir volkswirtschaftlich immer noch mit Kosten in Höhe von mindestens € 40 Mrd. rechnen! Und jetzt stellen Sie sich vor, es gelingt uns, 20% dieser Beschäftigten zu befähigen, ein Jahr länger erwerbstätig zu sein und damit die Abfindungsansprüche um 10% zu senken. Wir hätten nicht nur deutlich mehr Leistung im System, wir hätten auch weitere € 800 Mio. gespart, die wir für sinnvollere Sachen ausgeben können. Auch in den kleineren Dimensionen lohnt sich ein Blick auf diese Rechnung. Stellen Sie sich vor, es gelingt Ihnen von 50 abfindungssensiblen Mitarbeiter/innen 5 zu befähigen, mind. 3 Jahre länger zu arbeiten, weitere 10 mind. 2 Jahre weiter zu machen und noch mal 15, ein einziges Jahr drauf zu legen. Was glauben Sie, ist die Kostenersparnis für dieses Beispiel? Es sind € 100.000!

2.13.6 Betriebliches Gesundheitsmanagement im IDBM

Gesundheitsmanagement hat nur dann eine erkennbare Funktion in Betrieben, wenn es in der unternehmerischen Kausalstrategie verortet ist. Die Zielsetzungen können sein:

- einen möglichst ungestörten, d. h. kontrollierbaren Arbeits- und Produktionsprozess zu erreichen sowie
- die Arbeits- und Produktionsprozesse fortlaufend zu optimieren.[100]

Zweifellos ist ein ungestörter Prozess (potenziell) auch ein wirtschaftlicher Prozess. Die Gesamtleistung eines Arbeitssystems hängt bekanntlich vom Zusammenspiel der technischen Qualität, der organisatorischen Qualität, der sozialen Qualität und der personalen Qualität jedes einzelnen Mitarbeiters ab. Dieses Zusammenspiel zu verbessern ist Hauptanliegen und Zielstellung des betrieblichen Gesundheitsmanagements! Gesundheitsmanagementaktivitäten haben also zumeist nur indirekten Einfluss auf die Systemleistung. Sie sind damit als klassische Unterstützungsfunktion für optimale Kernprozesse charakterisiert. Kürzer: Arbeitsqualität ist ein unverzichtbares Element der Prozessqualität und diese wiederum liefert die notwendige Voraussetzung für eine verbesserte Ausgabe, für einen nachweisbaren Beitrag zur Wirtschaftlichkeit. Es ist also kein originäres Ziel einer Organisation, die Arbeitsbewältigungsfähigkeit von Mitarbeitern zu erhöhen, sondern lediglich ein stellvertretendes: für besser funktionierende Kernprozesse und damit für mehr Output. Noch kürzer: Gesundheit führt zu Arbeitsqualität, führt zu Leistung führt zu (ausgabebezogenem) Erfolg.

Die bereits erläuterten Managementaspekte dienen der Sicherstellung der Kontinuität, der fortlaufenden Verbesserung. Das Arbeitssystem *muss* fortlaufend optimiert werden, durch Erkennen und Beheben von Defiziten in den technischen, organisatorischen, sozialen und personalen Prozessen. Denn: Schwachstellen[101] im Arbeitssystem generieren Gefährdungen für den Output. Die damit verbundenen Risiken müssen eliminiert werden. Die Zuverlässigkeit des Arbeitssystems muss erhöht werden.

---

100 Hierin sind die beiden herausragenden Merkmale einer integrierten Gesundheitsstrategie zu erkennen: Sicherheit + Gesundheit + Leistungsfähigkeit.
101 Schwachstellen kommen umgangssprachlich als „Fehler", „Problem", „Versagen", „Mangel" o. ä. daher.

INFOBOX

Hauptaufgaben des betrieblichen Gesundheitsmanagements

- Schwachstellenerkennung
- Schwachstellenminimierung (Risikominimierung)
- Zuverlässigkeitserhöhung

Zwei grundlegende Ansatzpunkte für Maßnahmen lassen sich erkennen:

1. Ansatz an den Einwirkungen
2. Ansatz an den Rückwirkungen

Es kann versucht werden, die *Einwirkungen* zu variieren, z. B. diese abzusenken oder auch anzuheben, zu verstärken, zu verdichten, zu verbreitern. Lärm kann gemindert, neue Aufgaben können gesetzt werden. Damit verbunden ist immer die Hoffnung auf angemessenere und letztlich auch positive Rückwirkungen.

Es kann auch versucht werden, an den *Rückwirkungen* anzusetzen. Beispielgebend sei hier die Einführung eskalativer Gespräche genannt. Diese sind im IDBM als bewusst eingeführte neue Einwirkung im Arbeitssystem klassifiziert, verbunden mit der Hoffnung auf „angemessenere" Auswirkungen (z. B. Scham, Angst) und damit erneut auf positivere Rückwirkungen (hier geringere Fehlzeiten).[102]

Mit dem Blick auf unser unterbreitetes Systemverständnis lassen sich nun auch *Qualitätsstufen* bei den Bemühungen zur Systemoptimierung unter gesundheitlichen Aspekten in Arbeitssystemen erkennen (siehe auch Abbildung 73). Diese Qualitätsstufen sind nicht ausschließlich historisch zu verstehen, obwohl sie sich historisch entwickelt haben. Die Qualitätsstufen sind heute in allen Arbeitssystemen erkennbar. Das Handeln der Akteure ist mit dem vorgestellten Raster besser einzuordnen und auch besser zu bewerten. Es lassen sich grob vier Stufen erkennen:

1. Maßnahmen zur Sicherstellung und Verbesserung der Systemausgabe ohne expliziten Gesundheitsbezug
2. Maßnahmen mit explizitem Gesundheitsbezug bezgl. notwendiger Korrekturen von Systemelementen, um die Systemausgabe zu sichern
3. punktuelle Maßnahmen zur Verhinderung von negativen und zum Aufbau von positiven Rückwirkungen bezüglich der Systemausgabe
4. komplexe Maßnahmen zur Verhinderung von negativen und zum Aufbau von positiven Rückwirkungen bezüglich der Systemausgabe

---

102 Im ethisch besten Fall kann dies auch als ein konstruktiver Ansatz gesehen werden, der versucht, negative Einwirkungen auf die Mitarbeiter zu erkennen und das Zusammenspiel von Einwirkungen, Auswirkungen und Rückwirkungen besser zu verstehen.

Abbildung 73: Qualitätsstufen des BGM
[Quelle: Eigene Darstellung]

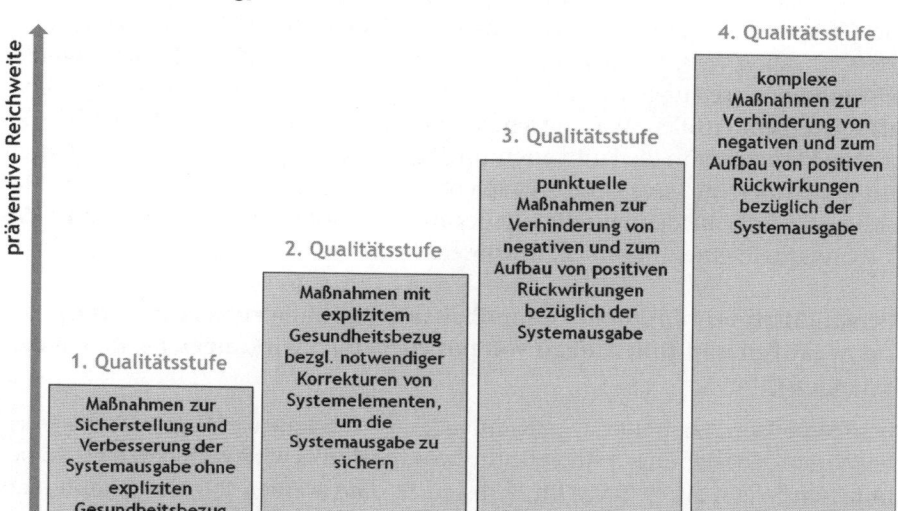

1. Qualitätsstufe: Maßnahmen zur Sicherstellung und Verbesserung der Systemausgabe ohne expliziten Gesundheitsbezug

In engster Verknüpfung mit der natürlichen Entwicklung von Arbeit ist das Bestreben zu erkennen, die Systemelemente überhaupt miteinander so zu verknüpfen, dass ein gewünschter Output (Ausgabe) erzeugt werden kann. Auf dieser Stufe wird lediglich darauf geachtet, dass der Mensch mit seinen natürlichen Leistungsvoraussetzungen optimal ins Arbeitssystem passt und damit effektive Produktion ermöglicht. Beispielgebend lassen sich anführen: a) Kinder arbeiten im Bergbau (Nutzung der geringen Körpergröße), b) Frauen arbeiten in der Schmuckindustrie (Nutzung der feinmotorischen Fähigkeiten), c) Männer werden für den Militärdienst rekrutiert (Nutzung der Körpergröße, Kraft und allgemeinen Risikobereitschaft). Auch heute folgen die Bestrebungen der Personalauswahl exakt diesen Vorgaben. Sie sind in Bezug auf die gewünschten Voraussetzungen lediglich in ein neues Gewand gehüllt und damit politisch korrekter (z.B. Durchsetzungsfähigkeit bei der Suche nach Managern, Kommunikationsfähigkeit bei der Suche nach Telefonisten, Körpermaße bei der Rekrutierung von Hochleistungssportlern usw.).

2. Qualitätsstufe: Maßnahmen mit explizitem Gesundheitsbezug bezgl. notwendiger Korrekturen von Systemelementen, um die Systemausgabe zu sichern

Hier geht es um das Bestreben, eine bereits festgestellte negative Rückwirkung unter Kontrolle zu bringen. Die negative Abweichung bezgl. der Ausgabeziele ist also der Anlass für das Handeln. Einfacher ausgedrückt: Wenn jemand nicht gesund ist oder plötzlich verunfallt, fragt man sich – warum? Und man fragt sich auch, wie man das Problem wieder los werden kann. Bsp.: Ein Mitarbeiter kann seine Aufgaben (z. B. CNC-Fräsen von Präzisionsteilen) aufgrund nachlassender Leistungsvoraussetzungen (Muskel-Skelett-Apparat, sinnesphysiologischer Apparat) nicht mehr erfüllen. Was tue ich, um die Abweichung zu korrigieren? Schicke ich den Mitarbeiter in die Frühverrentung? Entlasse ich ihn? Versuche ich Verhaltenskorrekturen im Sinne eines Therapieprogramms einzuleiten? Rüste ich die Maschine um? Entscheidend für die Überlegungen ist auf dieser Stufe also immer das Vorhandensein eines (negativen) Auslösers.

3. Qualitätsstufe: Punktuelle Gesundheitsmaßnahmen zur Verhinderung von negativen und zum Aufbau von positiven Rückwirkungen bezüglich der Systemausgabe

Diese Stufe kann auch die „1. präventive Stufe" genannt werden. Einfache Ursache-Wirkungsbeziehungen sind erkannt worden und es wird versucht, diese zu beeinflussen. Wenn also jemand im Herbst *nicht krank* werden soll, dann impft man ihn gegen Grippe. Wenn jemand (im Bergbau) *nicht verunfallen* soll, dann stützt man den Stollen ab, vielleicht verbessert man sogar die Verkehrswege. Nicht wenige Unternehmen arbeiten heute genau nach diesem Prinzip. In der Vergangenheit wurde Wissen über Zusammenhänge aufgebaut, das heute herausgegriffen und (singulär) verwertet wird.

4. Qualitätsstufe: Komplexe Gesundheitsmaßnahmen zur Verhinderung von negativen und zum Aufbau von positiven Rückwirkungen bezüglich der Systemausgabe

Dieses Vorgehen kann auch mit der „2. präventiven Stufe" umschrieben werden. Ein von außen eingebrachtes komplexes BGM (regelndes Unterstützungssystem), das selbstgesteuert, selbst entwickelnd und selbstkontrolliert ist und komplexe Maßnahmen hervorbringt (z. B. Absaugeinrichtungen, Einführung von Hebeeinrichtungen, Verbesserung der Arbeitsorganisation, Gesundheitstrainings, Gestaltung der Arbeitsumgebung, Partizipation etc.) ist z. B. dieser Stufe zuzuschlagen.

Wichtig: Alle niedrigeren Stufen bleiben in den höheren erhalten!

Doch egal, wo man versucht, den Hebel anzusetzen, das primäre Ziel des BGM bleibt, die Wertschöpfung und den Ertrag des Arbeitssystems zu verbessern. Dabei haben wir das „Unternehmenskapital" im Blick. Es setzt sich aus drei „Teilkapitalen" zusammen:

■ dem Infrastrukturkapital
■ dem Beziehungskapital und
■ dem Humankapital

BGM wirkt verbessernd und optimierend in allen drei Kapitalsäulen (siehe auch Abbildung 74). Damit ist es sowohl ethisch als auch wirtschaftlich positiv verortet.

Abbildung 74: Säulen des Unternehmenskapitals
[Quelle: Eigene Darstellung]

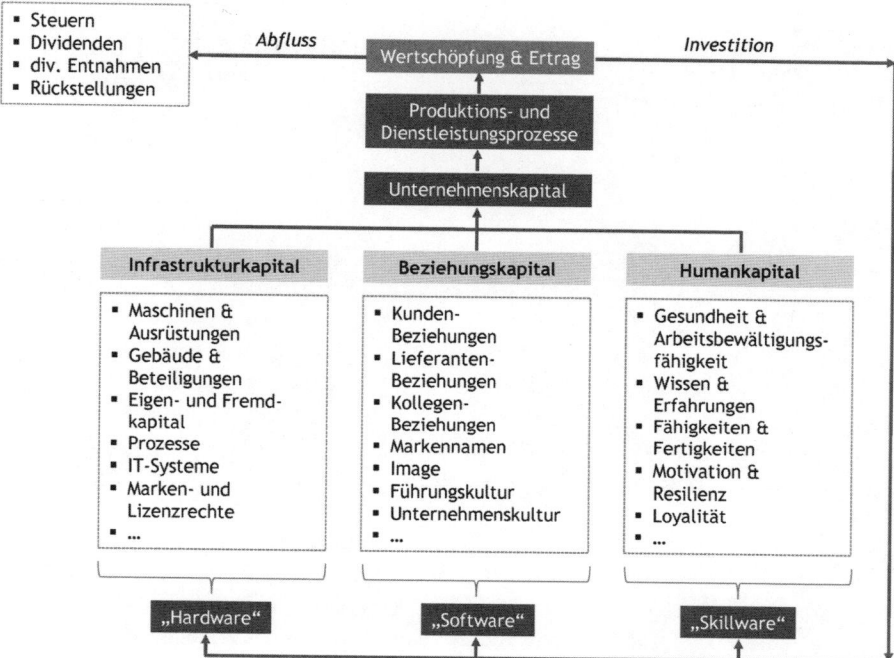

Die Kapitalsäulen stehen in unmittelbarer Wechselwirkung zueinander. „Hardware" nützt nichts, wenn keine „Software" darauf gespielt wird, nützt nichts, wenn die Menschen, die Voraussetzungen nicht wirklich nutzen – also ihre „Skillware" einbringen.

3. Methodenbox

3.1 Auftragsklärung und Beauftragung

Kurzgeschichte[103]

Beim Friseur ...

Kommt ein Mann zum Friseur und sagt: „Bitte einmal Haare schneiden!" Fragt der Friseur: „Wie schneid' ma's denn?" Meint der Kunde: „Na, da links vorne bei der Schläfe schneiden's mir ein Riesen-Eck bis zum Ohr, rechts lassen Sie's dafür lang bis in die Augen hinein stehen, den Scheitel machen Sie mir im Nacken beim Haaransatz und am Hinterkopf rasieren Sie mir ein kreisrundes Loch rein." Der Friseur zaudert ein wenig und fragt unschlüssig: „Sagen Sie, wollen Sie das wirklich so haben? Ich glaub', das ist doch ein bisschen gewagt ...!" Sagt der Kunde: „Da geb' ich Ihnen recht – aber so haben Sie mir's ja letztes Mal auch geschnitten!"

Dumm gelaufen, möchte man meinen. Beim genaueren Hinsehen kann man aber aus dieser kleinen Geschichte mächtig was lernen. Der größte Lerngewinn ist sicher, beim nächsten Mal vorab zu fragen, *was* der Kunde will. Diesen Prozess bezeichnet man auch als „Auftragsklärung". Auftragsklärung ist „Rahmung". Ohne Auftragsklärung kein ordentliches Projekt. Die Auftragsklärung hat einen großen Einfluss auf den weiteren Verlauf des Beratungsprozesses.

Aufträge haben immer einen *Anlass*. Typische Anlässe für Gesundheitsbemühungen und BGM-Projekte sind z. B. zu hohe Fehlzeiten, das Gefühl des Managements, hinter Mitbewerber zu fallen, wenn man nichts tut, Druck des Betriebsrates, ein motiviert-moderner Personalleiter, der dem Unternehmen seinen Stempel aufdrücken will, Zukunftsängste („Demografiefalle") usw. Kunden wissen jedoch keineswegs immer, was sie *genau* wollen. Oftmals können sie nur die Richtung vorgeben. Zudem wissen viele Kunden nicht sofort, *mit wem* sie zusammenarbeiten können und welche *Rollen* die Partner einnehmen sollen.

All diese Fragen werden in der Phase der Auftragsklärung beantwortet. Erst nach der Auftragsklärung kann eine Beauftragung erfolgen und später auch Ziele gebildet, Planungen vorgenommen, Infrastruktur entwickelt, das System analysiert, Maßnahmen durchgeführt und Ergebnisse kontrolliert werden. Die Auftragsklärung ist also immer der erste Schritt im Rahmen eines BGM-Projektes (siehe Abbildung 75).

---

103 Gefunden in: http://www.train.at/train_werkstatt/abschlussarbeiten/Polak.pdf

Abbildung 75: Ablaufphasen des BGM

[Quelle: Eigene Darstellung]

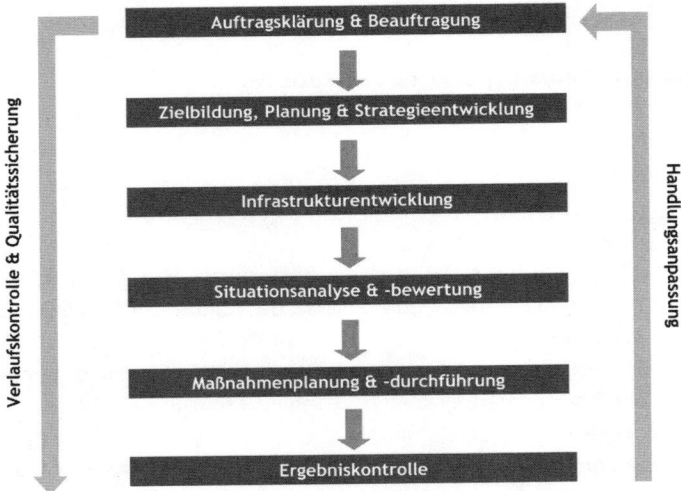

Für die Phase der Auftragsklärung sind 6 Aspekte bedeutsam:

1. die Kundenwünsche identifizieren
2. den genauen Auftrag herausarbeiten
3. auf Einwände eingehen, um Irritationen zu vermeiden
4. die Rahmenbedingungen und Detailfragen abklären
5. ein gemeinsames Rollenverständnis sichern
6. ein Pflichtenheft erstellen

1 | Die Kundenwünsche identifizieren

Berater haben die Aufgabe, zunächst mit dem Kunden gemeinsam eine Konzeption zu entwickeln, die auch tatsächlich den Vorstellungen des Kunden gerecht wird. Um herauszufinden, was Kunden wirklich wollen, hat sich die u. s. Checkliste bewährt.

INFOBOX

Kundenwünsche identifizieren

1. Was ist der Wunsch? (Zielgrößen/Soll-Zustände/Ergebnisse)
2. Was treibt den Wunsch? (Anlässe/Probleme/Defizite/Antriebe)
3. Wozu soll das „Wunsch-Ergebnis" dienen? (Zweck)
4. Wie lange darf die „Wunscherfüllung" dauern? (Zeithorizont/Termine)
5. Wer soll das Wunsch-Ergebnis alles benutzen? (Anwender)
6. Welche Erfahrungen hat der Kunde bereits auf dem Gebiet? (Versuche/Erfolge/Misserfolge)
7. Was soll auf jeden Fall vermieden werden? (kritische Themen/Benutzung bestimmter Begriffe/Tabus)

Diese Fragen geben wir jedem Kunden *vor* der Beauftragung mit. Danach ist es zu spät. Schließlich müssen Sie ja aus den Antworten eine erste Projektskizze und ein Angebot formen. Im Angebot werden die Kundenwünsche mit einem schlüssigen Projektdesign unterstetzt. Beispiel: Sie bekommen eine Ausschreibung, in der ein Kunde ein „Konzept zur Maßnahmenentwicklung innerhalb des BGM" will. Was ist das bitte schön? Wenn der Kunde ein „Konzept" will, dann bekommt er ein Angebot zu Konzeption. Dachten wir. Er wollte aber kein Konzept, er wollte Instrumente und Methoden zur Maßnahmenentwicklung und deren Einbringung im System. Der Kunde wollte „Analyse und Diagnostik"! Dabei hatte er schon reichhaltige Erfahrungen in diesem Gebiet gesammelt, war aber immer noch unzufrieden mit den Ergebnissen. Im weiteren Verlauf der Exploration stellten wir fest, dass der Kunde vor allem qualitative Instrumente wünschte, um „auf den Punkt" zu kommen. Großflächige Befragungen mit „Kuchendiagrammen" und „Endlostabellen" lehnte er ab. Stellen Sie sich vor, wir hätten diese Informationen nicht gehabt. Wir hätten niemals ein adäquates Angebot erstellen können. In diesem Unternehmen haben wir dann Gesundheitswerkstätten und Führungskräfteinterviews durchgeführt und mit der bestehenden Datenlage in Beziehung gesetzt. Daraus wurde eine beteiligungsorientierte „Gesundheitsagenda 2015" erstellt.

2 | Den genauen Auftrag herausarbeiten

In der Phase der Auftragsklärung ist zu beachten, dass i. d. R. mehrere Anbieter im Rennen sind und Kunden nicht immer fair mit den Anbietern umgehen. Will also der Kunde z. B. ein Konzept zur Lösung seines Demographieproblems „50+", das Sie dann auch noch in mehreren Runden vorstellen sollen, dann können Sie dieses Konzept streng genommen gar nicht anbieten, weil Sie im Angebot und in der Darstellung vor „Entscheidergremien" das Konzept ja bereits abliefern. Unentgeltlich quasi. Das können Sie dem Kunden ruhig so mitteilen. Sie können nicht erkennen, was der *Auftrag danach* sein soll.

Es empfiehlt sich, vorsichtig zu sein, eigene Konzepte und Ideen zu verkaufen. Das hat nämlich zwei gewichtige Nachteile: (1) Sie kommen besserwisserisch rüber (Ihre Rolle: Lehrer!) und (2) Sie machen sich mit Ihren Ideen und Konzepten für Dinge verantwortlich, für die sie systemtheoretisch nie und nimmer Verantwortung übernehmen dürfen (Ihre Rolle: Beschützer!). Beispiel: Wenn Sie ankündigen, dass Sie mit Ihren „salutogenen Gesprächsmethoden" in Verbindung mit einem „Arbeitsbewältigungs-Coaching" langzeiterkrankter Mitarbeiter/innen die Fehlzeiten innerhalb von einem Jahr halbieren werden, weil das irgendwo anders auch schon mal geklappt hat, dann lehnen Sie sich ganz schön weit aus dem Fenster.

Kunden sollten niemals vom Gegenteil überzeugt werden. Fragen Sie lieber dreimal nach und bestätigen Sie dem Kunden: „O. k. – so machen wir es!" – selbst, wenn Sie einmal anderer Auffassung sind. Sie sollen Ihre Auffassungen anbringen – keine Frage. Sie sollen auch nicht etwa opportunistisch- konzeptlos vorgehen – ganz im Gegenteil. Sie sollten sich aber immer vergegenwärtigen, dass Sie *immer* im Kundenauftrag arbeiten. Und deshalb müssen Sie diesen Auftrag herausarbeiten und dann loyal umsetzen. Sie können sich niemals selbst beauftragen! Nicht einmal, wenn Sie es besser wissen. Dann haben Sie immer noch die Möglichkeit, einen Auftrag abzulehnen.

„Viel-Frager" kommen auch nicht inkompetent, sondern überaus interessiert rüber. Das erhöht sogar die Wahrscheinlichkeit, einen Auftrag zu bekommen.[104] Das baut Vertrauen und Bindung auf.

3 | Auf Einwände eingehen, um Irritationen zu vermeiden

Wir empfehlen Ihnen, auf vorgebrachte Bedenken, Einwände und dergleichen genauestens einzugehen. Verstehen Sie die Einwände, so verstehen Sie die Ängste und Befürchtungen und darüber verstehen Sie auch Ihre Kunden und deren Situation. Manchmal können an sich gute Methoden nicht in den Betrieb eingebracht werden, weil die Tür einfach „geschlossen" ist. Das kann an den anstehenden Betriebsratswahlen, an gescheiterten Vorgängerprojekten, am Ausscheiden bedeutsamer Personen oder einfach nur an fehlenden finanziellen Mitteln liegen.

Es ist auch anzunehmen, dass Kunden Begriffe gänzlich anders benutzen als Berater. Wer kann schon auf Anhieb eine Arbeitsplatzbegehung von einer Arbeitssituationsanalyse unterscheiden? Oder das Systemelement Arbeitsstätte vom Arbeitsplatz? Wer interessiert sich schon für die Unterschiede zwischen einer Fehlzeitenerfassung und einer Fehlzeitenstrukturanalyse? Durch intensive Erarbeitung des Auftrages haben Sie die Chance, das Informationsgefälle auszugleichen und ein einheitliches Verständnis der Begriffe im Vorgehen zu erzeugen. Wir hatten vor geraumer Zeit ein Projekt, in dem es um die Optimierung des Verhaltens im Arbeitsablauf ging. Die Mitarbeiter/innen in der Fertigung eines Industriebetriebes sollten ihre typischen Bewegungsabläufe mit Hilfe unserer Sportwissenschaftler auf den Prüfstand stellen und ggf. korrigieren. Bereits in der ersten Projektteamsitzung sind wir darauf hingewiesen worden, dass drei Begriffe bereits „verbrannt" worden seien und deshalb auf keinen Fall benutzt werden dürften: (1) „Ergonomie", (2) „Gesundheitszirkel" und (3) „KVP". Das waren drei Reizwörter, die wir im Projekt tunlichst umschifften. Es wurde schließlich ein Projekt zum „Gesundheitscoaching am Arbeitsplatz" und es wurde ein großer Erfolg.

Das Fehlen einer soliden Auftragsklärung kann sich auch stark negativ auf den Berater selbst auswirken. Am Ende kommt ggf. ein Ergebnis raus, das sich der Kunde „anders" vorgestellt hat. Kunden können auch das Interesse verlieren und andere Themen „on-top" stellen. Das passiert in Gesundheitsprojekten nicht selten. Mit dem schwindenden Interesse schwinden auch die Aufmerksamkeit und das Budget. Es können auch die Zielrichtung und/oder die Verantwortlichen wechseln. Es können große Widerstände gegenüber dem Projekt entstehen, die Sie als Berater nicht zu verantworten haben. Wir haben das des Öfteren erlebt, dass sich für uns zunächst völlig undurchsichtige innerbetriebliche Konflikte auf die Projekte gelegt

---

104 Ausnahme: Öffentliche Aufträge. Hier sollten Sie eher darauf achten, keine Formfehler zu begehen.

und diese verhindert – zumindest jedoch verzögert haben. Unschön ist dann auch der Eindruck, als Person abgelehnt zu werden. Nicht alle Projektkrisen lassen sich im Vorfeld erkennen und erst recht nicht verhindern. Wirksame Prävention für Ihre persönliche Gesunderhaltung und Ihre Erfolgsaussichten leisten Sie aber immer mit einer guten Auftrags- und Rollenklärung.

4 | Die Rahmenbedingungen und Detailfragen abklären

Um es bis hier hin auf den Punkt zu bringen: Sie haben bereits eine ordentliche Punkte-Liste abzuarbeiten, um einen Auftrag solide abzuklären. Dieser hängt jedoch nicht im luftleeren Raum, sondern muss Rahmenbedingungen berücksichtigen. Diese sollten Sie kennen. Die nächste Infobox hilft Ihnen dabei.

INFOBOX

Rahmenbedingungen und Detailfragen abklären

1. Welche Maßnahmen & Methoden sind akzeptabel?
2. Wie groß ist das Budget?
3. Wie soll die Steuerung & Projektorganisation erfolgen?
4. Wer soll welche Rolle einnehmen?
5. Wie soll die Kommunikation untereinander erfolgen?

Mit diesen Leitfragen werden bereits Konfliktpotenziale deutlich. Kunde X will auf jeden Fall ein Gesundheitsprogramm für Auszubildende aber will Kosten auf jeden Fall vermeiden. Kunde Y will eine Analyse der Fehlzeiten aber auf keinen Fall Stress mit dem Betriebsrat. Das wird schwer. Das Erkennen dieser Konfliktpotenziale ermöglicht, tief ins kollektive Bewusstsein der Organisation hinein zu blicken. Zunächst implizite Sachverhalte werden expliziert. Ambitionen und Befürchtungen, Grenzen und Nöte werden angesprochen und damit kommunizierbar.

5 | Ein gemeinsames Rollenverständnis sichern

Welche Rolle sollen Sie einnehmen? Welche Rolle wollen Sie einnehmen? Welche Rolle wird Ihnen zugeschrieben? Das ist nicht immer sofort ersichtlich. Deshalb muss es auch bereits in dieser frühen Phase des BGM angesprochen werden. Denkbar sind folgende Rollen:

die Rolle des fachlichen Experten

- die Rolle des Richtungsentscheiders
- die Rolle des Projektleiters
- die Rolle des stellvertretenden Projektleiters
- die Rolle des persönlichen Coaches
- die Rolle des Betriebsrats-Referenten
- die Rolle des „Entlasters" von Mitarbeitern

Abbildung 76: Ablaufschritte der Auftragsklärung und Beauftragung
[Quelle: Eigene Darstellung]

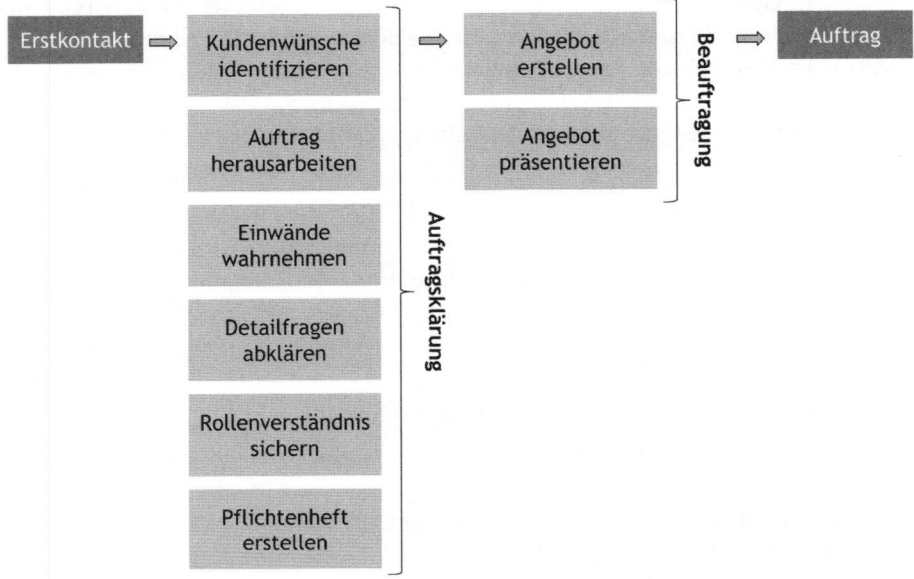

Wir haben alle diese Rollen in den letzten Jahren irgendwann einmal angenommen. Nicht selten müssen mehrere Rollen innerhalb ein und desselben Projektes ausgefüllt werden. Manchmal verändern sich die Rollenmuster auch im Verlauf des Projektes. Richtiges Handeln kann nur entstehen, wenn die Rollen „richtig", d. h. erwartungskonform ausgeführt werden. Deshalb müssen Sie diese kennen und adäquat interpretieren.

6 | Ein Pflichtenheft erstellen

Letztendliches Ziel der Auftragsklärung ist es, ein für alle Seiten verbindliches „Pflichtenheft" zu entwickeln. In ihm werden die bilateralen, z.T. auch multilateralen Aufgaben und Verpflichtungen fixiert. In ihm wird auch bereits die Qualität der abzuliefernden Beratungs-Ergebnisse fixiert. Das Pflichtenheft ist aus der Perspektive des Beraters eher als „Entlastungsheft" oder auch „Ergebnisheft" zu verstehen, denn es grenzt die Leistungen, die es *zu erbringen gilt*, von jenen ab, die im Projektverlauf *wünschenswert* erscheinen. Uns ist vollkommen klar: Viele Erwartungen bleiben auch zukünftig im mündlichen Raum. In kleineren Projekten (Bsp.: „Setzen Sie ein Führungskräfteseminar um!") wird man auch nicht gleich ein Pflichtenheft erstellen. Bei komplexeren Projektaufträgen ist dieses Verfahren jedoch unbedingt angezeigt. Lassen Sie auf keinen Fall zu, dass sich der Kunde aus diesem Klärungsprozess entzieht. Sie haben dann möglicherweise das Problem „unendlich" viel leisten zu müssen, dies aber nicht vergütet zu bekommen und noch schlimmer – niemals vollen Erfolg haben zu können.

Das Pflichtenheft ist als Anlage Bestandteil Ihres *Angebotes*. Mit diesem gehen Sie in die Verhandlung bezüglich eines Projektauftrages. Über das Pflichtenheft sind Sie in der Lage zu kalkulieren, wie viel Zeit, Material und damit Geld Sie brauchen, um das Projekt umsetzen zu können. Dabei ist es völlig unerheblich, ob Sie interner oder externer Gesundheitsmanager sind. Die Aufgaben, Probleme und Problemlösungsansätze sind die gleichen. Mit dem Anfertigen des Angebotes sind Sie in der vorletzten Phase des Prozesses angelangt (siehe auch Abbildung 76).

Angebote (für interne Gesundheitsmanager besser: „Anträge") sollten Sie erst dann schreiben, wenn Sie tatsächlich wissen, was Sie anbieten wollen. Schließlich ist das Angebot für Sie bindend. Manchmal haben Sie die Chance, Ihr Angebot noch einmal persönlich vorzustellen. Nutzen Sie diese Chancen! Sie sind jetzt kurz davor, richtig ins BGM einzusteigen – Sie sind kurz vor Ihrem *Auftrag*!

Viel Erfolg!

3.2 Zielbildung, Planung und Strategieentwicklung

3.2.1 Ziele

Erfolg war noch nie so unsicher wie heute! Sie kennen diesen Spruch, weil er schon mehrfach durch uns verwendet wurde. Warum sind aber so viele betriebliche Vorhaben und Projekte zum Misserfolg verurteilt? Unserer Erfahrung nach vor allem deshalb, weil schon zu Beginn der Vorhaben wesentliche Weichen nicht ordentlich gestellt werden. Die wichtigste Weiche nach der Auftragsklärung und im Beginn der Umsetzung eines Vorhabens ist die zielbezogene Weiche. Planungsprozesse und das Management der folgenden Umsetzung sind ohne Ziele nicht möglich. Insofern ist eine solide Zielbildung eine notwendige Voraussetzung für alle projektbezogenen Prozesse. Gesundheit macht da keine Ausnahme. Darüber hinaus haben Ziele eine politische Dimension. Man kann es auch anders ausdrücken: Handlungen brauchen zwingend eine Legitimation – und die bekommen sie aus Zielen. Letztlich sind Ziele auch für die Erfolgskontrolle von Maßnahmen unerlässlich. Ziele definieren Soll-Zustände und ermöglichen damit erst deren Prüfung (Soll-Ist-Wert-Abgleich).

INFOBOX

Bedeutung von Zielen

- Ziele legitimieren das Handeln!
- Ziele sind der Treiber des Handelns!
- Sinnvolles Handeln ist ohne vorhergehende Zielbildung nicht möglich!
- Prüfprozesse sind ohne vorhergehende Zielbildung nicht möglich!
- Ziele geben Sicherheit, Kontrolle und damit auch Gesundheit!

MILLER, GALANTER & PRIBRAM (1960) haben diese Zusammenhänge bereits in den 50er Jahren intensiv untersucht und ein schönes Modell zum zielstrebigen Verhalten vorgelegt: das sogenannte „T.O.T.E.-Modell". T.O.T.E. steht für „Test – Operate – Test – Exit". Zwar ursprünglich als verhaltensbiologisches Modell entwickelt, lässt es sich doch auch gut auf Arbeitssysteme übertragen. T.O.T.E. ist als klassischer Handlungszyklus konzipiert, in dem sich Handlungs- und Prüfphasen regelmäßig abwechseln. Beispiel: Sie stellen fest, dass Sie über Weihnachten erheblich zugenommen haben und nun deutlich „zu schwer" sind (Test). Sie nehmen sich vor, 5kg bis Ostern abzunehmen (Soll). Sie beginnen nun jeden Morgen 15 Minuten zu Joggen (Operate).[105] Sie messen zu Ostern erneut (Test) und stellen fest, dass Sie 1kg zugenommen haben (Ist). Sie verwerfen diesen Handlungsansatz und denken über einen chirurgischen Eingriff nach (Exit).[106]

Ziele können vielfältigster Art sein. Sie können ökonomischer (z. B. Umsatzrendite), technischer (z. B. Maximaldrehzahl eines Motors), sozialer (z. B. Beziehungsqualität zwischen Mitarbeitern und deren Führungskräften), ethischer (z. B. Korruptionsfreiheit), ökologischer (z. B. CO_2-Emission) aber auch psychischer (z. B. Arbeitszufriedenheit) und körperlicher Natur (z. B. Gewicht, Aussehen, Ausdauerleistung) sein. Egal, worauf Ziele bezogen werden, sie gleichen sich in einem Aspekt, der auch für die Definition von Zielen herangezogen wird.

INFOBOX

Definition von Zielen

Ziele sind Beschreibungen für erstrebenswerte, zukünftige, messbare Zustände.

In der Definition wird bereits deutlich, dass Ziele einige Bedingungen erfüllen müssen. Am bekanntesten und sehr eingehend ist die „SMART-Idee". S.M.A.R.T. ist ein englisches Akronym und bedeutet „Specific – Measurable[107] – Achievable – Realistic – Timely", was übersetzt soviel heißt, wie „Spezifisch – Messbar – Angemessen – Realistisch – Terminiert". Ziele sollen zudem verständlich, realitätsbezogen, motivierend und widerspruchsfrei sein.

Betrachtet man gängige BGM-Projekte und fragt nach den Zielen, dann hört man nicht selten: „Fehlzeiten senken", „Gesundheitsquote verbessern", „Stressresistenz und Fitness (einer bestimmten Zielgruppe) verbessern", „interne und externe At-

---

105 Das machen Sie, weil Sie denken, dass Sie damit Ihre Energiebilanz verbessern. Sie haben also ein Wirkungs-Modell im Kopf.

106 Sie könnten natürlich auch eine andere Handlungsstrategie entwerfen. Denkbar sind z. B. noch mehr Joggen, verstärkt Krafttraining machen, weniger Essen oder auch das Ziel (Soll) zu justieren. Egal für was Sie sich entscheiden – Sie treten dann in den nächsten T.O.T.E.-Zyklus ein.

107 If you can't measure it, you can't manage it!

traktivität erhöhen" usw. Manchmal hört man auch Zielvorstellungen, wie „betriebliche Wiedereingliederung beschleunigen", „das machen, was die Konkurrenz auch macht", „Betriebsräte besänftigen", „Vereinbarkeit von Familie und Beruf fördern", „Optimismus und Motivation der Belegschaft erhöhen", „Demografiefestigkeit erreichen", „Arbeitsbewältigungsfähigkeit verbessern" oder auch „destruktive Potenziale minimieren".[108]

Was haben alle diese Ziele gemeinsam?

- Es sind Ziele, die nicht hinreichend operationalisiert worden sind.
- Es sind Ziele, die nicht schlüssig aufeinander bezogen worden sind.
- Es sind Ziele, die nebeneinander stehen und nicht strukturiert worden sind.
- Es sind Ziele ohne Zeithorizont.
- Es sind folglich schlechte Ziele.

Ziele müssen im Minimum einen *erstrebenswerten Zustand* definieren (z. B. Gesundheitsquote), einen *Betrachtungsgegenstand* benennen (z. B. Fertigungsbereich Y), ein angestrebtes *Ausmaß* haben (z. B. 98,5 %) und in einen *zeitlichen Kontext* gebracht werden (z. B. bis 2015).

3.2.1.1 Zielbildung

Der betriebliche Zielbildungsprozess setzt sich aus einer Reihe von Teilschritten zusammen. Die wichtigsten sind:

- die Suche und Identifikation von Zielen
- die Operationalisierung der gefundenen Ziele
- die Prüfung der Ziele (z. B. auf Zulässigkeit, Konflikte, Realisierbarkeit ...)
- die Auswahl und Revision der Ziele

Ziele durchlaufen einen Reifungsprozess. Sie kommen nicht irgendwoher, sondern müssen im intensiven Diskurs der verschiedenen Anspruchsgruppen im Unternehmen entwickelt werden. Sie müssen vom „Bauch" in den „Kopf" und von dort aus aufs Papier.

Manchmal kommen die Ziele auch aus der Umgebung (z. B. Gesetze, Grenzwerte). Externe Anspruchsgruppen besitzen also die Festsetzungshoheit über die Ziele. Zumeist müssen die Ziele jedoch durch die internen betrieblichen Anspruchsgruppen (die sog. „Stakeholder") selbst diskutiert und definiert werden. Ziele entstehen im Zuge eines komplexen innerbetrieblichen Diskussionsprozesses, der moderiert werden sollte. Der Weg von den eigenen zu den organisationalen Zielen beginnt bei den persönlichen Einstellungen und Werthaltungen zum Leben, zur Arbeit, zum Führen etc. jedes Einzelnen und endet bei wirtschaftlichen, rechtlichen oder technischen Notwendigkeiten. In diesem Spannungsfeld müssen in der Diskussion

---

108 Es ist zu vermuten, dass die destruktiven Potenziale in Unternehmen (Schlechtreden, Sabotage, Diebstahl, Mobbing ...) in den letzten Jahren deutlich zugenommen haben. Leider ist dieses Thema nach wie vor tabuisiert. Eine interessante Abhandlung findet man unter MARCUS (2000).

Abbildung 77: Zielstrukturierung mittels Zielbaum
[Quelle: Eigene Darstellung]

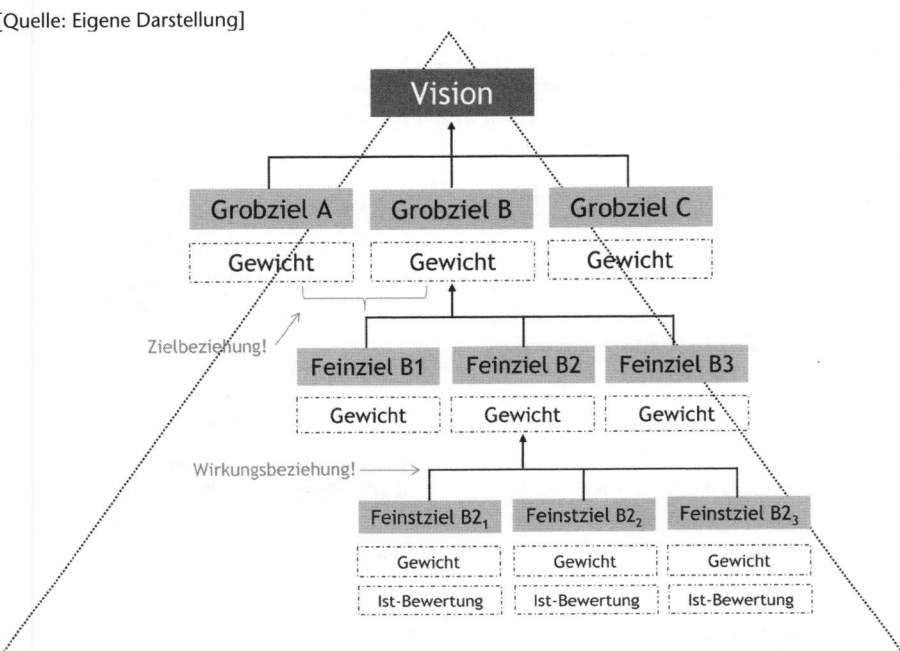

die eigenen Leitbilder wiederentdeckt und mit denen der anderen Anspruchsgruppen abgeglichen werden. Die Ziele müssen zudem konform mit der formulierten Unternehmenspolitik sein.

Wir haben diesen Prozess oftmals begleitet. Es ist ein hochpolitischer und z.T. auch emotionaler Prozess. Welche Ziele letztlich ausgewählt und wie diese gewichtet werden, hängt von den Beteiligungsmöglichkeiten der Anspruchsgruppen im Diskussionsprozess und der Machtverteilung im Unternehmen ab. In den letzten Jahren beobachten wir nach einem radikalen Shareholder-Value wieder verstärkt einen erweiterten Stakeholder-Value-Ansatz.

3.2.1.2   Zielstrukturierung

Ziele müssen strukturiert werden. Ziele zu strukturieren bedeutet, Ordnung in die zunächst nebeneinander stehenden Ziele zu bringen. Viele Unternehmen streben nämlich nicht nach dem einen, endgültigen Zustand, sondern sehen eher ein ganzes „Zielbündel". Dieses Zielbündel muss strukturiert werden. Und das geschieht oftmals mit Hilfe von *Zielbäumen* (siehe Abbildung 77). In der „Wurzel" des Zielbaums stehen alle Maßnahmen, mit denen Ziele angestrebt bzw. erreicht werden können. Im Zielbaum selbst werden *Zielebenen* eingeführt. Man unterscheidet in:

- Grobziele
- Feinziele und
- Feinstziele

Es können theoretisch unendlich viele Ziel-Ebenen eingeführt werden. Von praktischem Wert sind jedoch höchstens die drei genannten Ziel-Ebenen. Grobziele (auch Oberziele) repräsentieren aggregierte Fein- und Feinstziele (auch Unterziele).

Die Ziele im Zielbaum sollten kausal angelegte Zusammenhänge oder auch „Beziehungen" aufweisen. Die beiden wichtigsten Beziehungen sind:

- die Wirkungsbeziehungen und
- die Zielbeziehungen

◆ **Wirkungsbeziehungen**

Die *Wirkungsbeziehungen* haben eine vertikale Richtung im Zielbaum. In ihr werden den einzelnen Teilzielen eines Zielbereiches kausale Verkettungen zugeschrieben. Beispiel: „ausreichend breite und gekennzeichnete Verkehrswege" (Feinstziel) → führen zu „sicheren Arbeitsstätten" (Feinziel) → führen zu „Sicherheit" im Arbeitssystem (Grobziel). Neben den Verkehrswegen haben natürlich noch eine Reihe anderer Aspekte Einfluss auf das letztliche Oberziel, so z. B. das Verhalten am Arbeitsplatz, die Organisation des Arbeitsschutzes usw. Diese können dann ergänzt werden.

Von „oben" nach „unten" gedacht, ermöglicht die Aufspaltung der Grobziele eine bessere Operationalisierung. Oftmals wird erst auf der Ebene der Fein- und Feinstziele eine Quantifizierung möglich. Legt man das Anspruchsraster von „S.M.A.R.T" auf den Zielbaum um, so sind am ehesten die Feinstziele in der Lage, diese Kriterien zu erfüllen. Zudem können im Zielbaum die Ziele einer Ebene gewichtet werden. Es ist ja anzunehmen, dass den Zielbereichen durch die Anspruchsgruppen eine unterschiedlich große Bedeutung zugemessen wird. Auch können die angenommenen Zielwirkungen der einzelnen Zielbereiche bezüglich der nächst höheren Zielebenen unterschiedlich ausfallen. Die Gewichtung der Teil-Ziele drückt die Stärke dieser Bedeutungen & Wirkungen aus. Die Gewichte haben objektivierbare Anteile, sind aber selbst subjektiver Natur. Der Ausprägungsgrad (Messwert) der Zielerreichung stellt eine *Kennzahl* dar. Die Aufgabe der Kennzahlen ist es, allen Beteiligten die notwendigen Hinweise über die Zustandserfüllung der aufgeführten Ziele zu geben. Sie informieren also über die Eckwerte der Betriebsführung oder besser gesagt der Zielführung.

Da Ziele niemals feste, für immer vorgegebene Größen sind, verändert sich auch der Zielbaum ständig. Es ist aber sicherzustellen, dass die Variabilität nicht über Hand nimmt und wenn überhaupt, dann eher auf den Aspekt der Zielgewichtung begrenzt bleibt. Sonst entsteht Konfusion und Beliebigkeit. Es ist also absolut o.k., dass z. B. das Ziel „interne Attraktivität" bei aktuell hoher Fluktuationsneigung an Bedeutung zunimmt und damit stärker gewichtet wird. Ständig neue Ziele einzubringen, gefährdet jedoch die Kontinuität der Planung.

Wählt man eine niedrigere Auflösungsstärke für das Gesamtsystem dann erkennt man, dass z. B. „Gesundheit" nur ein Zielfeld innerhalb einer deutlich komplexeren Zielmatrix ist. In einer kennzahlenbasierten Zielmatrix, wie der „Balanced-Score-Card" (BSC), können Sicherheit, Gesundheit & Leistungsvermögen vornehmlich der Potenzial- und Prozessperspektive zugeordnet werden.

◆ **Zielbeziehungen**

Die Betrachtung der *Zielbeziehungen* hat eher einen horizontalen Fokus im Zielbaum. Sie betrachtet die Wechselwirkungen mehrerer nebeneinander stehender Zielbereiche. Ziele haben nämlich oft eine Beziehung zueinander.

Idealerweise ergänzen sich die Ziele in einer Zielstruktur. Je besser die Zielerreichung in Ziel A, umso besser ist auch die Zielerreichung in Ziel B. Diese Ziele wären zueinander in Übereinstimmung – in *Kongruenz*. Beispiel: Sie korrelieren Ziel A („gute Ergonomie am Arbeitsplatz") mit Ziel B („hohe Arbeitsbewältigungsfähigkeit der Mitarbeiter/innen"). Es ist zu vermuten, dass beide Ziele positiv miteinander verbunden sind. Kurz: Je besser die Ergonomie, umso höher die Arbeitsbewältigungsfähigkeit. Wenn Sie also z. B. in der Automobilindustrie an die Fertigungslinien gehen und dort die Erfordernisse der Lastenhandhabung in allen Arbeitsbereichen durch den Einsatz von Manipulatoren von aktuell 20,0 kg (max.) auf < 8,5 kg (max.) senken, dann können Sie auch davon ausgehen, dass danach deutlich mehr Menschen mit diesen Anforderungen fertig werden.

Schaut man sich die Zielbeziehungen im Unternehmen genauer an, so kann man feststellen, dass diese nicht immer so widerspruchsfrei zueinander stehen. Die Verbesserung der monetären Anreize für Mitarbeiter (Ziel hier „verbesserte Motivation") steht im Widerspruch zur angestrebten (hohen) Umsatzrendite. Beide Ziele sind wichtig – keine Frage. Sie stehen aber in *Konkurrenz* zueinander. Diese Konkurrenz ist argumentativ nur über die Zeitachse aufzulösen. Nur *dauerhaft* motivierte Mitarbeiter, erwirtschaften *dauerhaft* mehr Umsatz und damit auch *dauerhaft* mehr Umsatzrendite. Ansonsten wären sie unvereinbar und könnten nicht gleichermaßen Bestandteil ein und derselben Zielstruktur sein.

Manchmal haben die Ziele jedoch keine unmittelbare Wirkung aufeinander – weder positiver noch negativer Art. Hat die Realisierung von Ziel A keinen Einfluss auf die Realisierung von Ziel B, so spricht von *Zielindifferenz*. So ist z. B. anzunehmen, dass die Verbesserung der gebäudespezifischen Energiebilanz des Verwaltungstrakts der „Auto AG" keine Einflüsse auf das Gesundheitsverhalten von Mitarbeitern in der Vormontage hat.

INFOBOX

Zielbeziehungen in einer Zielstruktur

1. Zielkongruenz: Je besser die Erreichung von Ziel A, umso besser die Erreichung von Ziel B.
2. Zielkonkurrenz: Je besser die Erreichung von Ziel A, umso schlechter die Erreichung von Ziel B.
3. Zielindifferenz: Die Erreichung der Ziele A und B ist unabhängig voneinander.

3.2.2 Planung

Planung ist die gedankliche Vorwegnahme zukünftigen Handelns. Planungsprozesse beziehen sich auf Ziele. Planung kann sich demnach auf alle möglichen Unternehmensbereiche beziehen, in denen Ziele definiert worden sind (z. B. die zukünftige Ausrichtung, die unternehmerischen Ziele, Kunden und Märkte, Beschaffung, Produktion, Absatz, Investitionen, Personal), aber eben auch auf Gesundheit. Planung hat verschiedene Facetten, die entlang der zeitlichen Perspektive differenziert werden können:

- die strategische Planung
- die taktische Planung
- die operative Planung

◆ **Strategische Planung**

Warum strategische Planung? Strategische Planung schafft Orientierung in einem komplexen wirtschaftlichen und sozialen Raum. Strategische Planung ist die Voraussetzung für die anschließenden Detailplanungen. Strategische Planung macht Mut und energetisiert alle Beteiligten. Strategische Planung schafft Motivation für die Umsetzung, liefert Argumente in den „Niederungen" der Umsetzung und gibt die Richtung vor.

Strategische Planungen beziehen sich oftmals auf entferntere Zielzustände, wie z. B.:

- Sie wollen Deutschlands attraktivste Behörde werden
- Sie wollen Marktführer werden
- Sie wollen Ihre Personalkosten um 10 % senken
- Sie wollen im Benchmark zu den Fehlzeiten besser dastehen als Ihre Mitbewerber

Die strategische Planung hat also eine *langfristige Perspektive*. Sie bezieht sich nicht nur auf die Grob-, sondern auch auf die Fein- und Feinstziele im Zielbaum. Nicht selten wird der Fehler gemacht, die strategische Planung ausschließlich auf die die höherrangigen Ziele zu beziehen. Natürlich haben wir, wenn wir das Wort „Strategie" in den Mund nehmen, eher das Gesamtsystem im Kopf. Wir denken an die Systemleistung – an den Output der Kern- und Unterstützungsprozesse (z. B. Produktionsausstoß, Gewinnziele, Personalziele). Strategische Planung drückt sich jedoch auch in der lokalen Interventionsplanung aus. Wenn Sie z. B. die tätigkeitsrelevanten physiologischen Leistungsreserven der gewerblichen Mitarbeiter/innen um 20 % bis 2015 steigern wollen, dann haben Sie es auch mit strategischen Planungsaufgaben zu tun.

Wer macht strategische Planung? Strategische Planung ist Aufgabe der Führung und ihrer internen und externen fachlichen Berater. Was sind die größten Risiken bei der strategischen Planung? Strategische Planung scheitert an inkompatiblen oder unrealistischen Zielen, an Fehleinschätzungen bezüglich der Überwindung von Widerständen und mobilisierbaren Ressourcen. Die strategische Planung sollte auch nicht zum Spielball taktischer und operativer Probleme werden. Unternehmen machen z.T. den Fehler, ihre strategische Planung zu schnell in Frage zu stellen, wenn es zu Umsetzungsproblemen kommt.

Beispiel: Sie wollen als Trainer angriffsorientierten Fußball spielen (strategische Planung) und haben nach dem dritten Spieltag ein 2:2 Unentschieden und zwei 3:4 Niederlagen stehen. Sie sollten jetzt nicht den Fehler machen und eine „Catenaccio"[109] als Spielsystem einbringen, sondern sich in der taktischen Planung eher um die Stabilisierung des Teilsystems Abwehr kümmern, ohne die Angriffslinie aus dem Auge zu verlieren.

◆ Taktische Planung

Die taktische Planung ist eine Konkretisierung der strategischen Planung. Die taktische Planung hat eine *mittelfristige Perspektive*. Wenn Sie also als langfristiges Ziel ausgeben, Deutschlands gesündester Arbeitgeber zu werden und dabei festsetzen, nur beteiligungsorientierte, analysegestützte und zielgruppenbezogene Gesundheitsmaßnahmen voranzutreiben, dann stellt sich die Frage, wie Sie das anstellen können. Als taktisches Planungselement könnten Sie „regelmäßige Mitarbeiterbefragungen" anstreben. Was aber machen Sie, wenn sich regelmäßige Mitarbeiterbefragungen beim Betriebsrat aus irgendwelchen Gründen nicht durchsetzen lassen? Schwenken Sie dann komplett um oder versuchen Sie zunächst „Plan B"? Wir würden empfehlen, es zunächst mit anderen Analyseinstrumenten zu versuchen. Arbeitssituationsanalysen bieten sich hier an oder auch Gesundheitswerkstätten, vielleicht auch Interviews. Auf keinen Fall macht es Sinn, jetzt aus taktischen Erwägungen in Richtung „gesundes Kantinenessen" zu gehen. Das bringt nämlich keinen weiteren systembezogenen Erkenntnisgewinn. Wenn also schon taktisch umgestellt wird, dann muss die Umstellung weiterhin im Sinne der strategischen Planung sein. Die taktische Planung sollte zudem die Rahmenbedingungen und die mittelfristig zur Verfügung stehenden Ressourcen berücksichtigen. Einfacher gesagt: Sie wollen jedes Fußballspiel gewinnen und Meister werden (strategische Planung). Sie liegen gerade 0:1 gegen einen Abstiegskandidaten zurück. Das war so natürlich nicht geplant. Sie bringen jetzt einen weiteren Angreifer und nehmen einen Mittelfeldspieler raus. Sie können jedoch auf keinen Fall einen zwölften Spieler aufs Feld schicken. Das wäre eine Spielregelverletzung.

Ein weiteres Beispiel für taktische Planung ist die Etablierung des Betrieblichen Eingliederungsmanagements (BEM) im Unternehmen (strategisches Ziel). Wie soll das erfolgen? Sie planen jetzt mehrere Teilschritte: Prozessbeschreibung → Abschluss einer Rahmenbetriebsvereinbarung → Führungskräfteschulungen → Medienentwicklung inkl. Information an die Mitarbeiter → Versuche in einem Pilot-

---

109 „Catenaccio" ist der italienische Begriff für „Sperrkette" oder auch „Riegel". Es ist in der Fußballwelt als rein ergebnisorientiertes Spielsystem von Inter Mailand und der italienischen Nationalmannschaft berühmt geworden. Mit Catenaccio ist Inter Mailand 2010 Champions League Sieger geworden.

Abbildung 78: Planungsarten und ihre Zusammenhänge
[Quelle: Eigene Darstellung]

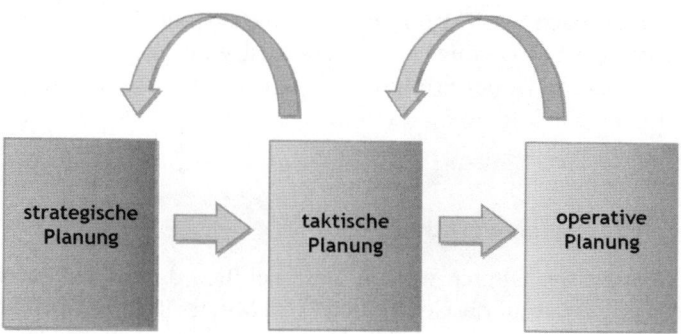

bereich → Ausflächung des Verfahrens auf das Gesamtsystem. Das ist die taktische Planungsdimension! Jetzt kann es immer noch sein, dass der Betriebsrat mit Ihren Vorstellungen (Detailplanungen) nicht einverstanden ist (BV lässt sich nicht umsetzen). Dann müssen Sie umstellen (angepasste BV), ohne die Gesamtperspektive aus den Augen zu verlieren.

◆ **Operative Planung**

Die operative Planung konkretisiert die taktische Planung. Sie hat eine *kurzfristige Perspektive*. Die operative Planung ist kleinteilig und schafft deshalb Kontrollerlebnisse bei den Akteuren. Die operative Planung bezieht sich auf die Umsetzung, auf konkrete Handlungen. Sie ist deshalb im Projektmanagement am ehesten abzubilden. Sie beinhaltet die Projektstrukturplanung (Arbeitspakete, Teilaufgaben) ebenso, wie die die Projektablaufplanung (Zeitachse) und die erweiterten Projektdesignerklärungen (z. B. Leistungs- und Lieferumfänge, Ziele, Nutzen, Verantwortliche, Kosten). Operative Planung muss einen Verweis auf die strategischen und taktischen Planungsgrößen haben, um sinnvoll zu sein. Operative Planung muss letztlich die zur Verfügung stehenden kurzfristigen Ressourcen berücksichtigen (Geld, Zeit, Personal).

Um bei unserem Beispiel BEM zu bleiben, bedeutet operative Planung konkret: Was genau muss getan werden, um zu einer Prozessbeschreibung zu kommen, oder aber zum Abschluss einer Rahmenbetriebsvereinbarung? Was muss alles konkret getan werden, um z. B. die Führungskräfte in BEM-Schulungen mit dem notwendigen Wissen zu versorgen? Ich muss die Mitbestimmung beachten und die Ideen mit dem Betriebsrat besprechen → und danach einen Zeit-/Inhalts-/Methodenplan für die Veranstaltung entwickeln → und parallel dazu einen geeigneten Umsetzungsort und Referenten finden → und danach die Teilnehmer einladen → Unterlagen erzeugen → den Anmeldestand beobachten → ein Modell für die Erfolgskontrolle entwickeln → das Seminar durchführen → und evaluieren. Das ist die operative Planungsdimension!

Planung kann „indikativer" (d. h. empfehlender) oder „imperativer" (d. h. zwingend bestimmender) Natur sein. Leider ist die Planungsausrichtung vieler Gesundheitsmaßnahmen nach wie vor nur empfehlender Natur. Das muss sich ändern. Gesundheit ist nicht „freiwillig". Gesundheit ist eine Vorfeldvoraussetzung für Leistung und Leistung ist der Erfolgstreiber schlechthin. Insofern liegt es im originären betrieblichen Interesse, Gesundheit „on-top" zu setzen und stärker verpflichtend einzufordern.

3.2.3 Praxis: Strategieworkshop

Wie bereits gesagt: Des Öfteren werden Unternehmen durch Medien oder Mitbewerber angeregt, „etwas für die Gesundheit" von Mitarbeitern zu tun. Die Maßnahmen reichen dann jedoch häufig nicht über einen Aktionstag oder ein Seminar hinaus. Zudem ist besonders für kleinere und mittelständische Unternehmen (KMU) nicht immer klar, in welcher Wettbewerbssituation sie sich befinden, wie gut die Belegschaft auf die Herausforderungen der Zukunft vorbereitet ist und welche Möglichkeiten bestehen, systematisch und zielgerichtet in „Gesundheit" zu investieren.

Der *Strategieworkshop* klärt diese strategischen Fragen und entwickelt eine erste grobe Projektplanung (taktische Planung). Dies geschieht unter Berücksichtigung eines Zukunftsszenarios, das die aktuellen betrieblichen Risikofaktoren, die Möglichkeiten des Unternehmens und die Unterstützungsoptionen von Kooperationspartnern einschließt. Es werden alle relevanten Anspruchsgruppen eingeladen. Dies ist notwendig, um alle Perspektiven berücksichtigen zu können. Es können auch externe Stakeholder eingeladen werden (z. B. Betriebskrankenkasse, Unfallversicherungsträger, Verbände), wenn sie im Gesundheitsbereich bereits eine wichtige Rolle spielen oder diese zukünftig spielen sollen.

Das Hauptziel von Strategieworkshops ist es, die Orientierung des Unternehmens auf die zukünftigen betrieblichen Gesundheitsaufgaben herzustellen. Strategieworkshops können in Runden von ca. 10–20 Teilnehmern durchgeführt werden. Sie dauern einen Tag und können auf dem Betriebsgelände durchgeführt werden.

Ein Strategieworkshop kann in etwa folgende Agenda haben:

Im vorliegenden Beispiel haben wir es mit einem Automobilzulieferer zu tun, der Scharniere und andere Metallkleinteile an die großen Automobilproduzenten liefert. Nennen wir das Unternehmen „ACS GmbH" (Automotive Components Supplier GmbH). Das Unternehmen ist inhabergeführt, hat zwei Standorte mit insgesamt 374 Mitarbeiter/innen und beliefert den Markt weltweit. Der Umsatz betrug im letzten Jahr € 74,8 Mio. Der Gewinn vor Steuern lag bei € 1,7 Mio. Die Umsatzrendite belief sich dementsprechend auf ca. 2,2 %. Das derzeitige Durchschnittsalter liegt bei 46,8 Jahren und wird sich in den nächsten 5 Jahren nochmal um ca. 3,4 Jahre erhöhen. Die Fehlzeitenquote beträgt seit mehreren Jahren stabil etwa 7,5 %. Die finanzielle Lage des Unternehmens ist von hohem Liquiditätsdruck gekennzeichnet. Überbrückungskredite zur Vorfinanzierung von Aufträgen sind äußerst teuer geworden. Die Wettbewerbsposition hat sich im letzten Jahr erheblich

Abbildung 79: Agenda Strategieworkshop

[Quelle: Eigene Darstellung]

Zeitraum	Baustein	Inhalte	Methoden
09.00 Uhr 09.30 Uhr	Begrüßung & Organisation	▪ Vorstellung & Begrüßung Geschäftsführung ▪ Anlass & Entstehungsgeschichte ▪ Ablauf, Ziele] Regeln des Workshops	
09.30 Uhr 10.30 Uhr	Status, Forecast & Risikofaktoren	▪ Wettbewerbssituation & strategische Ziele ▪ Gesundheitssituation & Risikofaktoren ▪ ZDF – „Zahlen, Daten, Fakten" ▪ bisherige Gesundheitsaktivitäten/bisherige Erfolge	Vortrag
10.30 Uhr 10.45 Uhr	Aktivpause		
10.45 Uhr 11.30 Uhr	Input: BGM	▪ Vorgehen ▪ Denkmodelle ▪ Unterstützungsmöglichkeiten	Vortrag
11.30 Uhr 12.15 Uhr	Ursachen für Demotivation & Fehlzeiten	▪ Hypothesen der einzelnen Anspruchsgruppen ▪ Ideen der Berater ▪ Abgleich der Vorstellungen	Gruppenarbeit, Moderierte Diskussion
12.15 Uhr 13.00 Uhr	Mittagspause		
13.00 Uhr 14.30 Uhr	Perspektiven & Ziele	▪ Szenario 1: Was geschieht, wenn wir nichts tun? ▪ Szenario 2: Was soll geschehen, wenn wir etwas tun? ▪ Erarbeitung von Zielen und Operationalisierung von Indikatoren	Szenario-Technik, Moderierte Diskussion
14.30 Uhr 14.45 Uhr	Aktivpause		
14.45 Uhr 15.30 Uhr	Projektplanung	▪ Ressourcen: Wer steuert? Wer gehört mit ins „Boot"? ▪ Projektphasen (grob): Meilensteine (z. B. Ziel & Konzept, Struktur, Kommunikation, Analyse, Maßnahmen, Evaluation) ▪ Risikoabschätzung (Plan „B")	Risikomatrix, Moderierte Diskussion
15.30 Uhr 16.00 Uhr	Abschluss & Vereinbarung	▪ Zusammenfassung ▪ Projektauftrag ▪ Next-Steps ▪ Verabschiedung	

verschlechtert, weil ein großer Kunde die Teilefertigung in sein Werk integriert hat. Es ist mit Umsatzverlusten in Höhe von 10% für das laufende und das kommende Jahr zu rechnen. Das Unternehmen weist aber auch eine Reihe positiver Indikatoren auf. Die Personalstruktur konnte in den letzten 1½ Jahren bereits sozialverträglich an den prognostizierten Umsatz angepasst werden. Die psychosoziale Lage der Beschäftigten ist dennoch positiv. Diese sind motiviert und anstrengungsbereit. Das Unternehmen befindet sich geografisch in der Nähe einer Halbmillionenmetropole, was beständig für qualifizierten Fachkräftenachschub sorgt. Das Unternehmen ist mehrfach für sein Entwicklungs- und Innovationspotenzial

Abbildung 80: Zielstrukturierung nach dem Zielbaumprinzip in der ACS GmbH
[Quelle: Eigene Darstellung]

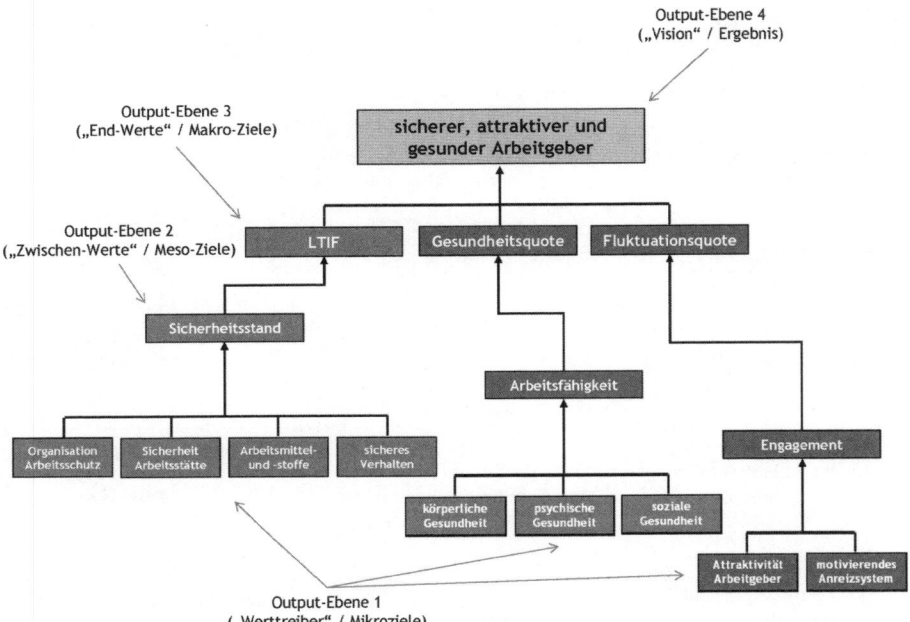

auf Verbandsebene ausgezeichnet worden. Die Zusammenarbeit zwischen Unternehmensleitung und Arbeitnehmervertretung klappt weitestgehend reibungslos. Ein integriertes Managementsystem aus den Teilbereichen Qualität, Arbeitssicherheit und Umwelt ist bereits vor Jahren eingeführt worden. Das Unternehmen wird sicherheitstechnisch und arbeitsmedizinisch extern betreut.

Jetzt will das Unternehmen auch das Gesundheitsthema aufnehmen. Auf unsere Eingangsfrage, *was genau* man sich jetzt in diesem Feld vorgenommen hat, blieben die Aussagen zunächst vage. Zwar war der Auftraggeber rasch in der Lage, seine Hauptziele zu benennen (Fehlzeiten senken + Arbeitsfähigkeit der Mitarbeiter in der Gruppe „50+" verbessern). Diese Ziele zu präzisieren, zu strukturieren und sie auf Passung und Realisierbarkeit hin zu überprüfen war zu diesem Zeitpunkt jedoch noch nicht möglich, da noch keine wirkliche Zielbildungsdiskussion stattgefunden hatte.

Es wurden zum Strategieworkshop eingeladen: die Geschäftsführung, der Produktionsleiter, die Personalleiterin, der Betriebsrat, die Fachkraft für Arbeitssicherheit, der Arbeitsmediziner, ein Vertreter der BKK sowie wir als Berater. Wir übernahmen zugleich die Moderation des Workshops. Nach dem Zielbaum-Prinzip wurden zunächst alle relevanten Zielfelder ermittelt und strukturiert (siehe Abbildung 80). Dabei wurden drei Hauptzielfelder festgelegt: Sicherheitsstand, Arbeitsfähigkeit und Engagement. Auf der Ebene dieser Oberziele wurden danach die bereits verfügbaren objektiven Indikatoren als Messwerte aufgenommen. Für die Ebene der

Feinstziele wurde diskutiert, wie man diese messen könnte. Im Ergebnis hat man sich für mehrere Messinstrumente entschieden: Führungskräfte-Rating, Checkliste und Mitarbeiterbefragung. So soll zukünftig die Messung der „Arbeitsfähigkeit" mit Hilfe von ausgewählten Items aus dem WAI-Index erfolgen. Die Arbeitsfähigkeit wiederum wird als funktionaler Indikator und gleichsam als Treiber einer guten Gesundheitsquote angesehen. Unterhalb der Arbeitsfähigkeit wurden weitere Treiberfelder ausgemacht, die mit Hilfe einer Befragung ermittelt werden sollen. Es sind: die körperliche Gesundheit (z. B. Gesundheitsbeschwerden), die psychische Gesundheit (z. B. Arbeitszufriedenheit) und die soziale Gesundheit (z. B. erlebte unternehmerische Fürsorge, Führungskräfteverhalten). Nach dem gleichen Prinzip wurde in allen anderen Zielbereichen ebenfalls vorgegangen.

Abschließend wurde eine erste Projektplanung auf Basis der Zielfelder erstellt. Die Projektleitung wurde von der Personalleiterin übernommen. Zudem haben im Strategieworkshop alle Beteiligten ein Mandat zur Mitarbeit erhalten.

3.3   Infrastrukturentwicklung

Neben einer sauberen Auftragsklärung und einer zielkonformen Planung ist es für den Erfolg von BGM auch notwendig, eine hinreichende und schlagkräftige betriebliche Infrastruktur zu entwickeln. BGM setzt dabei auf vorhandene betriebliche Strukturen, um eine parallele Organisation und damit unnötige Kosten zu vermeiden. Die Infrastrukturentwicklung sollte mindestens umfassen:

- die Schaffung ausreichender personeller Ressourcen (z. B. Gesundheitsmanager, örtliche Koordinatoren und Ansprechpartner im Management)
- die Schaffung einer betriebsverfassungsrechtlichen Grundlage (z. B. Rahmenbetriebsvereinbarung)
- die Etablierung eines Steuerungsgremiums (z. B. erweiterter Arbeitsschutzausschuss, auch „Arbeitskreis Gesundheit" oder „Lenkungsausschuss" etc.)
- den Zugang und die Öffnung von internen und externen Kommunikationskanälen (z. B. Mitarbeiterzeitschrift, Intranet, Internet, Presseverteiler)
- die Etablierung eines Gesundheitsinformationssystems (Reporting System)
- die Bereitstellung ausreichender finanzieller Ressourcen (Budgets) und notwendiger Materialien
- die Schaffung einer Beteiligungsplattform für die Mitarbeiter/innen
- die interne Netzwerkentwicklung (z. B. allgemeine Bekanntheit der Träger, informelle Kontakte ...)
- die externe Netzwerkentwicklung (z. B. Krankenkassen, Unfallkassen, Verbände, überbetriebliche Netzwerke ...)

◆ **Gesundheitsmanager/in**

BGM sollte einen zentralen Träger in der Aufbauorganisation haben. Dieser sollte gut qualifiziert, motiviert und betrieblich vernetzt sein. Hierfür kommt insbesondere ein(e) *Gesundheitsmanager/in* in Frage. Er/sie entwirft die fachlichen Konzepte, initiiert Projekte und begleitet diese. Er/sie arbeitet dem zentralen und ggf. den dezentralen Steuerungsgremien zu. In größeren Unternehmen macht es Sinn, den Gesundheitsmanager mit lokalen Koordinatoren zu unterstützen. In den letzten Jahren ist die Bedeutung eines fachlich versierten, analytisch-konzeptionell denkenden, umsichtig handelnden und kommunikationsstarken Gesundheitsmanagers erheblich angestiegen. Deshalb wird ihm auch noch einmal besondere Aufmerksamkeit in der „Kompetenzbox" geschenkt.

◆ Rahmenbetriebsvereinbarung

Eine *Rahmenbetriebsvereinbarung* (RBV) schafft die notwendigen betriebsverfassungsrechtlichen Grundlagen für das Handeln aller Akteure. Sie ist nicht zwingend abzuschließen. In Betrieben mit Arbeitnehmervertretung empfehlen wir jedoch den Abschluss einer RBV. Eine Muster-RBV finden Sie im Anhang.

◆ Steuerung: Arbeitskreis Gesundheit

Als Planungs- und Steuerungsgremium im BGM fungiert zumeist eine Erweiterungsform des Arbeitsschutzausschusses. Häufig wird dieser *„Arbeitskreis Gesundheit"* genannt. Deshalb wollen wir uns auch an dieser Terminologie (vgl. auch WESTERHOFF, 1996) orientieren. Manchmal wird das Steuerungsgremium auch „Lenkungsausschuss", „Projektteam", „Gesundheitskreis" oder „Gesundheitsschutzausschuss" genannt. Je nach Aufbauorganisation werden z.T. auch zusätzlich „beratende Ausschüsse" etabliert. Das Steuerungsgremium steht am Anfang des Prozesses und hat die Aufgabe, alle BGM-Maßnahmen zu planen, politisch zu legitimieren, deren Umsetzung zu kontrollieren bzw. deren Ergebnisse zu evaluieren sowie die Kommunikation zwischen den Entscheidungsträgern, den Beschäftigten und den Experten zu gewährleisten. Der Arbeitskreis Gesundheit schafft die Voraussetzungen dafür, dass die intendierten Maßnahmen in einem Gesamtkonzept aufgehen und sich nicht in unkoordinierten Einzelaktionen verlieren.

Die Zusammensetzung des Arbeitskreises Gesundheit orientiert sich zumeist am gesetzlich vorgeschrieben Arbeitsschutzausschuss (ASA), der ja gemäß dem Arbeitssicherheitsgesetz (ASiG) ohnehin vierteljährlich tagen muss. Die ständigen ASA–Akteure (Unternehmensleitung, Betriebsrat, Sicherheitsfachkraft, Betriebsarzt, Sicherheitsbeauftragte) sichern die Funktions-, Arbeits- und Entscheidungsfähigkeit des Arbeitskreises. Die Einbindung weiterer Akteure (z.B. exponierte Führungskräfte, Personalabteilung, Gesundheitsbeauftragte, Vertreter der Kranken- und Unfallversicherung sowie externer Gesundheitsschutzexperten) erhöht die Eigenkompetenz des Gremiums und gewährleistet ein hohes Maß an Akzeptanz und Unterstützung durch die Belegschaft. Die Einsetzung eines (semi-)externen Moderators ermöglicht eine unbefangene und neutrale Vermittlung des Geschehens. Er hat die Aufgabe, auf die Einhaltung vereinbarter Regeln zu achten, Informationsgefälle auszugleichen und die Mitglieder auf die Zielerreichung hin zu verpflichten (Commit-ment). Der Moderator sollte auch fachlich qualifiziert sein und sich nicht nur auf eine Kommunikationsdienstleistung zurückziehen. Er sollte über erhebliches Vorwissen verfügen, um Wirkmechanismen, Umsetzungsbarrieren und Lösungswege zu erkennen und zu thematisieren.

INFOBOX

Aufgaben des Arbeitskreises Gesundheit

- Entwicklung einer BGM-Gesamtstrategie (Planung und Einführung von Methoden), Festsetzen von Prioritäten, Zielen, Zielwegen und Zielkriterien
- Entwicklung und Umsetzung einer Analysestrategie (Instrumente, Methoden)
- Steuerung und Koordinierung von Maßnahmen
- Entwicklung und Umsetzung einer Evaluationsstrategie
- Bearbeitung und Umsetzung von Veränderungsvorschlägen
- Kommunikation des Projekt-Umsetzungsstandes in alle Richtungen
- Dokumentation aller Aktivitäten

Gesundheitsbezogene Projekte können schnell an Bruch- oder Wendepunkte gelangen. Ursachen hierfür sind z. B. einschneidende Veränderungen aufgrund akuter betrieblicher Problemsituationen (z. B. Umstrukturierungs- und Rationalisierungsdruck, Personalabbau o. ä.) oder auch personelle Veränderungen. Diese können zu einem abrupten Strategiewechsel führen und Ausstiegsoptionen aktivieren. Unsere Erfahrungen weisen darauf hin, dass BGM nach wie vor in Betrieben zumeist einen sekundären, abgeleiteten Stellenwert besitzt und die strategische Anfälligkeit dementsprechend sehr hoch einzuschätzen ist. Eine Institutionalisierung von BGM, z. B. über den Arbeitskreis Gesundheit, wirkt diesen Mechanismen entgegen, kann sie aber nicht gänzlich ausgleichen.

◆ Kommunikationskanäle und Kommunikationsplanung

Ohne Kommunikation ist das BGM nicht präsent und damit nicht existent. Deshalb empfehlen wir, bereits frühzeitig mit den Verantwortlichen für die interne Kommunikation in Kontakt zu treten und „Space" im Intranet oder in Mitarbeiterzeitschriften zu organisieren. Sind diese Ressourcen nicht verfügbar, müssen eigene Zugangswege in Print- und elektronischer Form geschaffen werden. Denkbar sind Infoflyer, Podcasts, Vodcasts und Plakataktionen, um auf Aktionen, Themenschwerpunkte und Projekte aufmerksam zu machen. Es empfiehlt sich, einen Kommunikationsplan zu entwerfen:

- wer erfährt
- von wem,
- wann,
- was,
- auf welchem Wege?

Da das Thema auch zunehmend Relevanz in der Außendarstellung bekommt ist es ratsam, einen Presseverteiler aufzubauen, Mitteilungen herauszugeben und Ergebnisse zu publizieren. Eine Ausnahme machen hier öffentliche Einrichtungen, wie Stadtverwaltungen, kommunale Betriebe, Ämter etc. Diese sollten sorgsam mit externen Veröffentlichungen umgehen, um Irritationen bei den Stakeholdern (Bürgern) zu vermeiden.

◆ Gesundheitsinformationssystem

Um die Reichweite und Erfolge des BGM nachvollziehen zu können, bietet es sich an, ein „top-down-bottom-up-Informationssystem" einzurichten. Top-down werden Ziele formuliert und qualitätsgesicherte Gesundheitsmaßnahmen entwickelt bzw. angeboten. Bottom-up werden die umgesetzten Maßnahmen aus der Peripherie zurückgemeldet und zentral evaluiert. Alle Aktivitäten können in einem jährlichen Gesundheitsbericht zusammengefasst und der Leitung vorgelegt werden. Der Gesundheitsbericht kann auch ein Teil eines umfassenderen Nachhaltigkeitsberichtes sein, den viele Unternehmen seit ein paar Jahren veröffentlichen.

◆ Finanzielle Ressourcen

BGM muss budgetiert werden – egal auf welcher Kostenstelle. Zum Einstieg ist die Finanzierung in Projektform durchaus angemessen. Projektanträge können entwickelt und mit einem Kostenrahmen untersetzt werden. Die nachhaltige Sicherung von BGM erfordert aber einen Transfer der Kostenverantwortung in die Linienstellen. Einige Unternehmen geben ihren Führungskräften bereits Budgetvorgaben für Gesundheitsmaßnahmen mit. Mit den bereitgestellten finanziellen Mitteln ist äußerst sorgsam umzugehen und jede Investition ist vorab durch eine Kosten-Wirksamkeitsanalyse zu legitimieren.

◆ Mitarbeiterbeteiligung

Die Idee, auf die Beschäftigten als aktive Mitgestalter zurückzugreifen, formte sich bereits in den 50er und 60er Jahren heraus. Betriebswirtschaftlich motiviert, wurden besonders in Japan und später auch in den USA und Europa Kleingruppen zur Lösung von Produktivitäts- und Qualitätsproblemen installiert. Diese Kleingruppenkonzepte sind heute unter solchen Begriffen, wie „Qualitätszirkel", „Verbesserungszirkel", „Lernwerkstatt" etc. bekannt. In der Literatur finden sich hierzu zahlreiche beschreibende Berichte (vgl. auch ANTONI, 1990; ZINK, 1986). Eine Weiterentwicklung dieser temporären Kleingruppenkonzepte in Bezug auf den Arbeits- und Gesundheitsschutz stellen die betrieblichen „Gesundheitszirkel", „Sicherheitszirkel", „Arbeitsschutzzirkel", „Ergonomiezirkel" oder auch „Ideenwerkstätten" dar (vgl. auch SCHRÖER, 1992; WEIGL, 2008).

Als Instrumente der betrieblichen Gesundheitspolitik wurde insbesondere die Entwicklung verschiedener Modelle von Gesundheitszirkeln vorangetrieben. Die bedeutsamsten sind der „Düsseldorfer Ansatz" (vgl. auch SLESINA, 1990) und der „Berliner Ansatz" (vgl. auch FRICZEWSKI, 1994). Der Düsseldorfer Ansatz beinhaltet die Einrichtung hierarchieheterogener Kleingruppen unter Beteiligung von Beschäftigten einer Abteilung, Vorgesetzten, betrieblichen Arbeitsschutzexperten und Betriebsräten. Die Heterogenität der Zusammensetzung wird mit der Bedeutsamkeit von Schnittstellenproblemen begründet, die mit diesem Konzept intensiv bearbeitet werden können. Der Zirkel wird als problembearbeitendes Instrument verstanden, in dem das Erfahrungswissen der Teilnehmer zu belastenden Aspekten der Arbeitstätigkeit aus ihrer jeweiligen Perspektive heraus aktualisiert und zur Diskussion gestellt wird. Die Arbeit dient der konkreten Entscheidungsvorbereitung. Der hierarchiehomogene Berliner Ansatz basiert auf sozialökologischen Theorieansätzen und weist eine starke kommunikative Ausrichtung auf. Das Modell geht davon aus, dass es nicht viel Sinn macht, isolierte ergonomische Mängel zu beheben, wenn der kommunikative Kontext, der zur langjährigen Stabilisierung dieser Mängel geführt hat, nicht gleichzeitig verändert wird. Der Ansatz steht für eine systemische und ganzheitliche Herangehensweise. In den Zirkeln treffen sich bis zu acht Mitarbeiter/innen einer Abteilung und untersuchen ihre Arbeitssituation auf gesundheits- und motivationshinderliche Aspekte. In der Praxis kommen beide Ansätze oftmals als Mischform mit unterschiedlicher inhaltlicher und personeller Gewichtung zum Einsatz. Grundgedanke beider Formen der Zirkelarbeit ist es aber, beeinträchtigende Aspekte für die Arbeitsbewältigung im eigenen Bereich zu sammeln und Vorschläge zu ihrer Verringerung bzw. Beseitigung zu erarbeiten.

Unsere Erfahrungen bei der Nutzung der Instrumente lassen keine allgemeingültige Empfehlung für den Einsatz eines bestimmten Ansatzes zu. Beide Konzepte weisen eine Reihe von Vorteilen auf, die im Rahmen der inhaltlichen Ausrichtung des BGM Berücksichtigung finden sollten. Grundsätzlich bietet sich der Berliner Ansatz eher an, wenn die Partizipation der Mitarbeiter im Projekt betont werden soll. Der Düsseldorfer Ansatz ist dann die Methode der Wahl, wenn die Umsetzungsbeurteilung stärker im Vordergrund steht. Viele Projektbeispiele zeigen, dass Partizipation allein nicht ausreicht, die gesteckten Ziele zu erreichen. Gesundheitszirkel müssen in ein umfassendes Konzept eingebettet sein und wichtige Prozesskriterien (siehe Infobox) berücksichtigen. Weitere Hinweise zur konkreten Arbeitsweise von Gesundheitszirkeln finden sich auch bei WEINREICH & WEIGL (2000).

INFOBOX

Prozesskriterien für erfolgreiche Gesundheitszirkel

- klare Auftragsformulierung und Handlungsbegrenzung
- professionelle Moderation
- Protokollierung und Dokumentation
- transparente Öffentlichkeitsarbeit
- Gewichtung der Veränderungsvorschläge und
- offensive Präsentation der Ergebnisse im Arbeitskreis Gesundheit

◆ **Externe Netzwerkentwicklung**

Die Erfahrungen haben uns gezeigt: Ein erfolgreiches BGM ist nicht zuletzt abhängig von einem zuverlässigen überbetrieblichen Netzwerk. Es ist selbstverständlich, dass die Träger des BGM auch innerbetrieblich ausreichend vernetzt sein müssen, um gehört zu werden und Ideen anbringen zu können. Daneben sollte aber auch das externe Netzwerk ausgebaut werden. Unterstützungsleistungen sind bei den Unfallkassen zu erwarten. Diese haben in den letzten Jahren auf Basis ihres Präventionsauftrages nach SGB VII erhebliche personelle und fachliche Ressourcen aufgebaut. Das reicht von Projektberatung, über Unterstützung in der Analyse (z. B. Befragungen) bis hin zur Nutzung der Bildungsinfrastruktur (Akademien). Auch die Krankenkassen sehen im BGM ein Handlungsfeld. Das SGB V gibt ausreichend Möglichkeiten. Nur Vorsicht: machen Sie sich nicht abhängig von Co-Finanzierungen. Diese Projekte kommen schnell an Abbruchlinien, da die Kassen BGM verstärkt als Feld zur Akquise von Versicherten nutzen. Stimmt die Quote nicht, steigen die Kassen auch wieder aus. Es kann zudem Sinn machen, sich überbetrieblichen Netzwerken anzuschließen. Neben eher politisch aufgeladenen Netzwerken (z. B. „Deutsches Netzwerk für Betriebliche Gesundheitsförderung")[110] und das vom BKK Bundesverband initiierte „Unternehmensnetzwerk zur betrieblichen Gesundheitsförderung in der Europäischen Union e. V."[111] gibt es eine Vielzahl weiterer organisationsspezifischer Netzwerke, so das „Gesunde Städte Netzwerk"[112], das „Deutsches Netz Gesundheitsfördernder Krankenhäuser gem. e. V."[113], themenspezifische Netzwerke[114] aber auch viele regionale Netzwerke (z. B. das saarländische Netzwerk „… mehr Gesundheit im Betrieb"[115], das „Netzwerk für Gesundheit in Hessen"[116]) und viele andere. Es ist nicht leicht, den Überblick zu behalten und Netzwerke mit echtem Mehrwert zu finden. Wir empfehlen deshalb, zunächst unterhalb der großen Netzwerke auf lokaler Ebene zu suchen. Auch Verbände, Journalisten und der Staat gehören in die „Netzwerkliste". So unterhält das Bundesministerium für Arbeit und Soziales (BMAS) als Gemeinschaftsinitiative aus Bund, Ländern, Sozialpartnern, Sozialversicherungen, Stiftungen und Unternehmen die „Initiative Neue Qualität der Arbeit" (INQA).[117] Letztlich sollten Gesundheitsmanager/innen auch ihre professionellen Anbieter auf dem Radarschirm haben. Es kann nie schaden, über aktuelle Produktentwicklungen und/oder relevante Projekte informiert zu sein.

Wir hatten festgestellt: ohne ausreichende Infrastruktur ist kein Erfolg im BGM zu erzielen. Diese sollte vor dem Start der Maßnahmen gesichert sein. Spätere Korrekturen sind schwer. Ohne ausreichende und qualifizierte personelle Ressour-

---

110 http://www.dnbgf.de
111 http://www.netzwerk-unternehmen-fuer-gesundheit.de
112 http://www.gesunde-staedte-netzwerk.hosting-kunde.de
113 http://www.dngfk.de
114 http://www.kompetenznetz-depression.de
115 http://www.gesanet.de
116 http://www.hage.de
117 http://www.inqa.de

Abbildung 81: Externe Netzwerkpunkte für eine(n) Gesundheitsmanager/in
[Quelle: Eigene Darstellung]

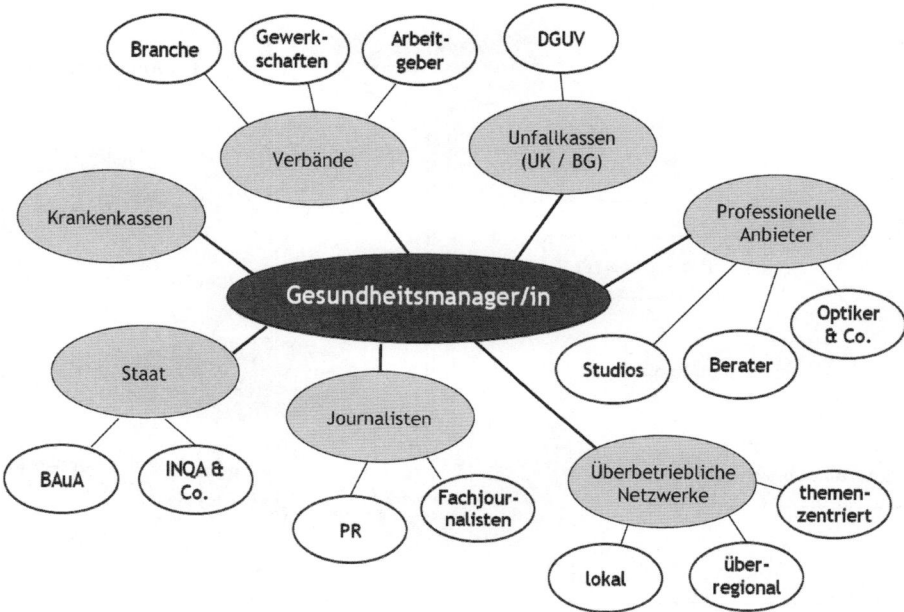

cen, ohne finanzielle Ressourcen, ohne schlagkräftige Steuerung, ohne strukturierte Kommunikation und ohne Beteiligungsplattform kein Erfolg! Grundlegend für den beschriebenen Ansatz ist der regelnd-beteiligungsorientierte Gedanke, also die Verlagerung der Entscheidungsvorbereitung aus den Stabstellen in die Belegschaft. Die Vorschläge gelangen „bottom–up" in das Steuerungsgremium, wo sie erneut den Managementkreislauf durchlaufen. Als „Transmitter" zwischen den Ebenen fungiert der Gesundheitsmanager, der sich auch in der Rolle des Moderators befinden kann. Der Gesundheitsmanager sorgt für Verständigung und ist für die Dokumentation des Austauschprozesses zuständig. Mit dieser Plattform können in Betrieben neben Gesundheitsproblematiken auch alle anderen Themen angegangen werden.

3.4   Analysen

Dem Aufbau einer funktionsfähigen Struktur zur Steuerung des BGM sollte eine professionelle Analyse gesundheits-, motivations- und leistungsrelevanter Merkmale folgen. Ohne Analysen kann BGM sein volles Wirkungspotenzial nicht entfalten. Die ermittelten Zielparameter aus der Strategiediskussion werden in der Analysephase gemessen und zu den Soll-Vorstellungen in Beziehung gesetzt. Die Analyse soll wichtige Hinweise auf örtliche und inhaltliche Interventionsschwerpunkte geben, sowie Argumentationsgrundlage und Wegweiser für alle späteren

Abbildung 82: Strukturelle Voraussetzungen im BGM
[Quelle: Eigene Darstellung]

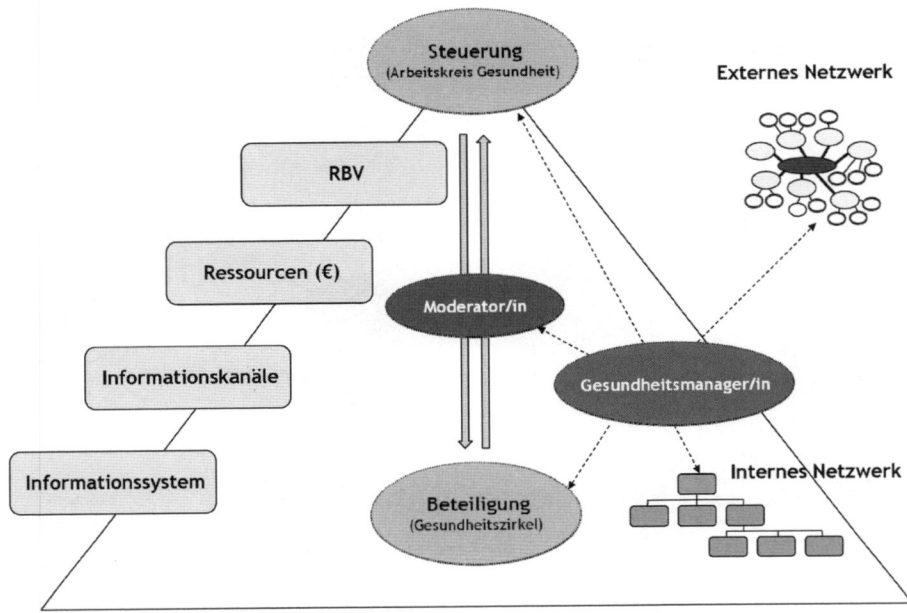

Gesundheitsmaßnehmen sein. Die verfügbaren Instrumente sind umfangreich. In der betrieblichen Praxis werden u. a. zum Einsatz gebracht:

allgemeine Beobachtungen

- Arbeitsplatzbegehungen
- Gefährdungsbeurteilungen
- Fehlzeitenstrukturanalysen
- Fehlzeitenberichte der gesetzlichen Krankenversicherungen
- Mitarbeiterbefragungen
- Führungskräftebefragungen
- Einzelinterviews
- moderierte Gruppendiskussionen (Gesundheitswerkstätten)
- Arbeitssituationsanalysen[118]
- Berichte der BG'n über Berufskrankheiten und Arbeitsunfälle
- betriebliche Unfallanalysen
- Simulationen
- … usw.

Oftmals werden die Instrumente parallel zum Einsatz gebracht, stehen jedoch in keiner wirklich sinnvollen Beziehung zueinander. Ergebnis: Der finanzielle und personelle Aufwand ist erheblich, der Nutzwert der Informationen eingeschränkt,

---

118 I. S. Objektivierbarer umfangreicher Arbeitsplatzanalysen.

der Datenvergleich nicht möglich. Um Verständnis für eine solch komplexe Wertkombination wie „Gesundheit/Leistung" in Arbeitssystemen aufzubauen, muss das Konstrukt mehrdimensional gemessen und beurteilt werden. Deshalb wurde bereits ab Mitte der 90er Jahre versucht, verschiedene Analyseinstrumente innerhalb eines „Mehr–Ebenen–Ansatzes" (vgl. auch STROHM & ULICH, 1997; DUCKI, 1998; WEINREICH, 2000) zu integrieren. Ziel dieser integrierten betrieblichen Gesundheitsanalysen war die Bereitstellung gültiger, spezifischer und entscheidungsrelevanter Daten. Im BGM muss jedes analytische Vorgehen dieser Zielstellung folgen. Dabei besteht die „Kunst" darin, wissenschaftsbezogene und anwenderbezogene Anforderungen miteinander in Einklang zu bringen. In Bezug auf die grundlegenden wissenschaftsbezogenen Anforderungen heißt dies, dass alle eingesetzten Instrumente:

- theoretisch fundiert
- gültig (valide) und
- zuverlässig (reliabel) sein müssen und zumindest ein
- kovariates, besser ein kausales Datenniveau generieren sollen

Aus der Sicht der Anwender (betriebliche Entscheidungsträger, Mitarbeiter) müssen die Instrumente/Ansätze in erster Linie:

- kostengünstig
- entscheidungsrelevant
- integrierbar und
- verständlich sein

„Valide" und „kostengünstig" gehen in der Praxis verständlicherweise nicht immer zusammen. So sieht dann auch die Praxis sehr heterogen aus. Nicht selten wird aus Kosten- und Zeitgründen auch gänzlich auf eine Analyse verzichtet. Trägt man alle betrieblichen Berichte zusammen, lassen sich immer wieder zwei analytische Grundansätze finden und unterscheiden:

1. explorative Analysen
2. kennzahlenbasierte Analysen

Die genannten diagnostischen Grundansätze variieren bezgl. ihrer Ausrichtung, Aussagekraft und Reichweite. Beide Analyseansätze stehen jedoch gleichberechtigt nebeneinander. Gesundheitsmanager/innen sollte bewusst sein, auf welchen Ebenen er/sie den Analysehebel ansetzt. Deshalb werden auch beide Ansätze im Folgenden ausgeführt und mit ausgewählten Praxisbeispielen untersetzt.

3.4.1   Explorative Analysen

Explorative Verfahren sind offene Verfahren. Sie benötigen eine konkrete Fragestellung. Das Ziel explorativer Analysen besteht im Erkennen einer Struktur in den zu messenden Bereichen, um die Fragestellung zu beantworten. Es können einzelne Fragestellungen beantwortet werden: Warum passierte ein Unfall? Wie kommen Mitarbeiter mit ihren Arbeitsmitteln (z. B. Software) zurecht? Man spricht hier von punktuellen explorativen Analysen. Sie können aber auch versuchen, komplexere Wechselwirkungen im Arbeitssystem zu erkennen und deren Entwicklung zu beeinflussen. Zu nennen sind hier Prozessanalysen und komplexe Analysen zum Gesundheitsgeschehen. Wie wirkt sich das Führungsverhalten auf die Arbeitsergebnisse der Beschäftigten aus? Oder auch: Wie entstehen Fehlzeiten? Man spricht hier von räumlichen explorativen Analysen. Die Kosten für die Analyse steigen mit der anvisierten Reichweite. Kennzeichen explorativer Analysen finden Sie in der Infobox.

INFOBOX

Kennzeichen explorativer Analysen

- zunächst Klärung der diagnostischen Ziele (Fragestellung)
- ergebnisoffene Gestaltung
- der diagnostische Prozess ist durch eine sukzessive Befundverdichtung gekennzeichnet (Mehrfachabsicherung festgestellter Befunde)
- Kombination verschiedener Messinstrumente mit unterschiedlicher Reichweite
- Integration qualitativer Instrumente
- i. d. R. hat die Befunderstellung Einmaligkeitscharakter
- die Analyse ist zeitaufwendig und teuer

Nicht nur für die Medizin gilt: Die Therapie kann nicht besser als die vorangegangene Diagnostik sein. Übertragen auf die gesundheitsbezogene Diagnostik in Organisationen bedeutet das konkret: Um Zusammenhänge zwischen Arbeitsmerkmalen auf der einen („Input") und Gesundheitsmerkmalen auf der anderen Seite („Output") herstellen zu können, ist es unabdingbar, über belastbare und entscheidungsrelevante Daten zu verfügen. Die Belastbarkeit der Ergebnisse ist abhängig von:

1. der methodischen Güte des angewandten Verfahrens
2. der Qualität der genutzten Instrumente
3. der Handlungssicherheit bei der Durchführung der Analyse und
4. der strikten Einhaltung der Anforderungen des Sozialdatenschutzes

Typische Fragestellungen, die mit explorativen Verfahren sicher beantwortet werden können, sind z. B.:

- Welche Ursachen für Fehlzeiten gibt es bei uns im Betrieb ... und was können wir dagegen tun?
- Werden wir die zukünftigen Arbeitsanforderungen mit den aktuellen Leistungsvoraussetzungen erfüllen können ... und wenn nicht, was können wir tun?
- Welche Risikofaktoren gibt es für einen konstant hohen Gesundheitsstand ... und wie können wir diese absenken?
- Welche Risikofaktoren und Potenziale gibt es für die weitere Erhöhung unserer Systemleistung ... und wie können wir diese gezielt steigern?

Um das Wesen explorativer Analysen noch besser zu verstehen, wollen wir ein punktuelles und ein räumliches Verfahren ausführen.

3.4.1.1 Praxis: Delta31® – Erfassung psychischer Gefährdungen

In der modernen Arbeitswelt gewinnen psychosoziale Faktoren zunehmend an Einfluss auf die Befindlichkeit und Leistungsdarbietung der Mitarbeiter und damit auf den Unternehmenserfolg. Zu Recht mehren sich die Stimmen, die eine konsequente Erfassung und Gestaltung der Arbeitsbedingungen auch in Hinblick auf diese Faktoren fordern. Das Bundesarbeitsgericht (BAG) hat in mehreren Grundsatzurteilen bereits in den Jahren 2001, 2004 und 2008 die Ermittlung psychischer Gefährdungen als Arbeitnehmerrecht gekennzeichnet.[119]

Das Problem: Bei der Beurteilung „klassischer" Gefährdungsfaktoren können Unternehmen auf erprobte Verfahren und einen reichen Erfahrungsschatz in der praktischen Umsetzung zurückgreifen. Im Hinblick auf die Erfassung der psychosozialen Situation am Arbeitsplatz klafft bei vielen Unternehmen jedoch eine erhebliche Kompetenzlücke. Die gesetzlich vorgeschriebenen und höchstrichterlich bestätigten Maßnahmen werden deshalb auch (noch) nicht oder nur unzureichend umgesetzt. Wir möchten deshalb an dieser Stelle mit dem Verfahren Delta31® (vgl. auch WARKEN, LANGE & WEINREICH, 2010) einen praktischen Ansatz vorstellen, der hilft, diese Lücke zu schließen.

Das Verfahren Delta31® verbindet erprobte Konzepte der klassischen Arbeitssicherheit mit einem verstehbaren psychologischen Ansatz und einer fundierten Messmethodik zu einem handhabbaren Instrument. Damit erhalten Führungskräfte, Arbeitnehmervertreter und Mitarbeiter ein Werkzeug an die Hand, um das Thema effizient und erfolgreich anzugehen. Die betrieblichen Anforderungen an derartige Verfahren sind klar umrissen:

- gesetzliche Vorgaben müssen erfüllt werden
- psychische Gefährdungen am Arbeitsplatz müssen sichtbar werden
- Handlungsoptionen zur Verbesserung des Zustandes müssen abzuleiten sein

Delta31® berücksichtigt bei der Beurteilung psychischer Gefährdungen folgende methodische Kernelemente:

- Orientierung am Arbeitssystem
- Befundverdichtung durch Perspektivvergleich

---

119 Siehe auch BAG-Urteil vom 12. 8. 2008 – 9 AZR 1117/06. In der Klage einer Mitarbeiterin auf Beurteilung der Gefährdungen durch psychische Belastungen an ihrem Arbeitsplatz wurde folgendes festgehalten: a) Arbeitnehmer haben nach § 5 Abs. 1 ArbSchG i. V. m. § 618 Abs. 1 BGB Anspruch auf eine Beurteilung der mit ihrer Beschäftigung verbundenen Gefährdung. b) Das ArbSchG räumt dem Arbeitgeber bei dieser Beurteilung jedoch einen Spielraum ein. c) Der Betriebsrat hat bei der Ausarbeitung der Methodik nach § 87 Abs. 1 Nr. 7 BetrVG mitzubestimmen. d) Der einzelne Arbeitnehmer darf seinerseits nicht verlangen, dass die Gefährdungsbeurteilung nach bestimmten von ihm vorgegebenen Kriterien durchgeführt werden muss.

- Bezug zur Theorie psychischer Grundbedürfnisse
- Trennung von Einwirkung (Belastung) und Rückwirkung (Beanspruchung)

Ausgangspunkt der Überlegungen war, dass grundsätzlich alle Systemelemente auch als Gefährdungsquellen in Betracht zu ziehen und deshalb auch zu berücksichtigen sind. Die verwendeten 31 Marker-Items verteilen sich auf alle Arbeitssystemelemente nach REFA: Eingabe, Ausgabe, Arbeitsaufgabe, Mensch, Arbeitsablauf, Arbeitsmittel, Arbeitsstätte und Arbeitsumgebung.

Zudem sollten mehrere Perspektiven herangezogen werden, um ein möglichst differenziertes Bild der Situation zu erhalten. Da nach dem ArbSchG die Gefährdungsbeurteilung ohnehin Aufgabe der Führungskräfte ist, wird diesen zunächst die *Delta31®-Checkliste* ausgereicht. Mit Hilfe der Checkliste beurteilen die verantwortlichen Führungskräfte aus ihrer Sicht die Situation. Es wird immer ein Zustand im Arbeitssystem beurteilt. Beispiel für das Systemelement Arbeitsaufgabe: „Dem Mitarbeiter wird erläutert, wie er seine Aufgaben lösen kann." Dieser Aussage kann die Führungskraft auf einem 5-stufigen Antwortformat zustimmen („trifft gar nicht zu" bis „trifft völlig zu").

Anschließend wird bezgl. des untersuchten Systemelementes die subjektive Wahrnehmung der Mitarbeiter eingebracht. Hierfür wurde der *Delta31®-Fragebogen* entwickelt. Er enthält checklistenanaloge Items – nur eben zur Messung der subjektiven Situationswahrnehmung (siehe Abbildung 83). Die Items wurden entweder neu konstruiert oder aus einschlägigen, frei verfügbaren und gut validierten Instrumenten entnommen und adaptiert.[120] Bsp.: „Mir wird erläutert, wie ich meine Aufgaben lösen kann." Lehnt der Befragte die Aussage tendenziell oder sogar stark ab, sind frustrane Erlebnisse zu erwarten. Mit Bestimmtheit lässt sich das jedoch erst sagen, wenn die Wirkung dieses Zustandes separat erfasst wird. Der Mitarbeiter hat deshalb in einer zweiten Spalte des Fragebogens noch die Möglichkeit auszusagen, wie dies auf ihn wirkt. Dabei wird nur grob unterschieden in:

- positiv ☺
- neutral ☺
- negativ ☹

Jedes Item weist eine bestimmte Charakteristik bezgl. der Auswirkung auf den Erfüllungsgrad der vier psychischen Grundbedürfnisse auf.[121] Die vier psychischen Grundbedürfnisse sind:

Kontrolle (primäres Grundbedürfnis)

- Selbstwert (sekundäres Grundbedürfnis)
- Bindung (sekundäres Grundbedürfnis)
- Lustgewinn/Unlustvermeidung (sekundäres Grundbedürfnis)

---

120 Z. B. COPSOQ: Copenhagen Psychosocial Questionnaire – Ein Screenininstrument zur Erfassung psychischer Belastungen und Beanspruchungen bei der Arbeit. SALSA: Salutogenetische Subjektive Arbeitsanalyse (vgl. auch RIMAN & UDRIS, 1997).
121 Vgl. auch EPSTEIN (1991) sowie erweitert SCHMIDT & WEINREICH (2007).

Abbildung 83: Item-Auszug aus dem Inventar Delta31®
[Quelle: Delta31®]

	Item-Auszug aus der Delta31®-Checkliste (Führungskräfte)	Item-Auszug aus dem Delta31®-Fragebogen (Mitarbeiter)
	Arbeitsaufgaben	
5	Dem Mitarbeiter wird genau erläutert, was seine Aufgaben sind.	Mir wird genau erläutert, was meine Aufgaben sind.
6	Dem Mitarbeiter wird erläutert, wie er seine Aufgaben lösen kann.	Mir wird erläutert, wie ich meine Aufgaben lösen kann.
7	Die Arbeitsaufgaben sind interessant und abwechslungsreich.	Meine Arbeitsaufgaben sind interessant und abwechslungsreich.
8	Der Mitarbeiter hat Einfluss darauf, welche Aufgaben ihm zugeteilt werden.	Ich habe Einfluss darauf, welche Arbeit mir zugeteilt wird.
9	Der Mitarbeiter macht seine Arbeit gerne.	Ich mache meine Arbeit gerne.
10	Der Mitarbeiter muss Aufgaben bearbeiten, die zu schwierig für ihn sind.	Ich muss Aufgaben bearbeiten, die zu schwierig für mich sind.
11	Der Mitarbeiter hat bei der Arbeit einfach zu viel zu tun.	Ich habe bei der Arbeit einfach zu viel zu tun.

Das Item „lädt" sozusagen auf einem bestimmten Grundbedürfnis in besonderer Weise. Zum Zwecke einer guten Differenzierung wurde jedem Item ein dominantes Grundbedürfnis zugeordnet und mit der Ladungszahl 2 versehen. Da viele Items mehrere Grundbedürfnisse gleichermaßen betreffen, wurde dem jeweils nachgeordnet getroffenen Grundbedürfnis noch die Ladungszahl 1 zugewiesen (siehe auch Abbildung 84).

Die Ladungsmatrix wurde mittels Expertenrating aufgebaut und an einer Versuchsstichprobe validiert. Sie ist die Voraussetzung für die spätere Ermittlung spezifischer Gefährdungspotenziale. Das Verfahren setzt zwei Axiome:

- **Axiom 1:** Die psychischen Grundbedürfnisse finden sich bei allen Menschen.
- **Axiom 2:** Tätigkeiten sind dann psychisch „gefährlich", wenn die Bedürfniserfüllung nicht vollständig gelingt.

Die entscheidende analytische Frage im Verfahren ist demzufolge auch: „Werden bei einer Tätigkeit psychische Grundbedürfnisse der Mitarbeiter frustriert und wenn ja, in welchem Ausmaß?" Diese Frage wird, wie eben erläutert, in einem mehrstufigen Verfahren in folgender Art und Weise beantwortet (Beispiel): Item: „Mir wird erläutert, wie ich meine Aufgaben lösen kann." Antwort des Mitarbeiters: „trifft eher nicht zu". Primärbefund: „Dieser Job frustriert potenziell im Element Arbeitsaufgabe mein Grundbedürfnis nach Kontrolle (2) und z.T. auch nach Bindung (1)." Der Primärbefund stellt also das *tätigkeitsbezogene Gefährdungspotenzial* dar. Der Mitarbeiter quittiert die Aussage zudem mit einer negativen Wirkung (L). „Das finde ich schlecht." Mit dieser Aussage nähern wir uns der *tatsächlichen Frustration* an. Die Führungskraft sieht das laut Checkliste nicht so. Es ergibt sich eine Abweichung. Beide müssen miteinander reden, um die Spezifik der Frustration zu erkennen und die richtigen Maßnahmen einzuleiten.

Abbildung 84: Ladungsmatrix von Items auf psychischen Grundbedürfnissen
[Quelle: Delta31®]

	Arbeitsaufgaben	Ladung			
		Kontrolle	Selbstwert	Bindung	Lust
5	Mir wird genau erläutert, was meine Aufgaben sind.	2	0	1	0
6	Mir wird erläutert, wie ich meine Aufgaben lösen kann.	2	0	1	0
7	Meine Arbeitsaufgaben sind interessant und abwechslungsreich.	0	1	0	2
8	Ich habe Einfluss darauf, welche Arbeit mir zugeteilt wird.	2	1	0	0
9	Ich mache meine Arbeit gerne.	0	1	0	2
10	Ich muss Aufgaben bearbeiten, die zu schwierig für mich sind.	2	1	0	0
11	Ich habe bei der Arbeit einfach zu viel zu tun.	2	0	0	1

Abbildung 85: Ablauf der Erfassung psychischer Gefährdungen mit Delta31®
[Quelle: Eigene Darstellung]

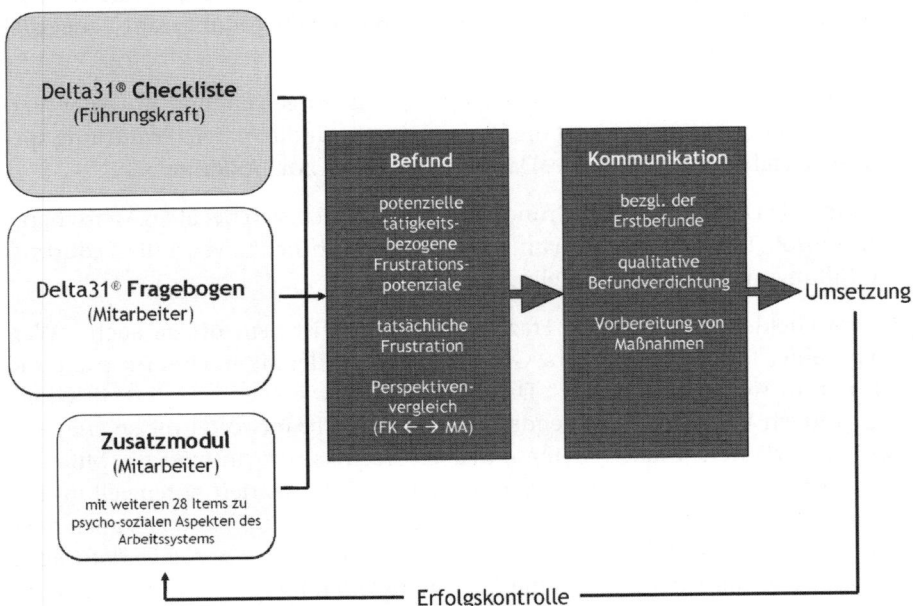

Abbildung 86: Auswertung des tätigkeitsbezogenen Gefährdungspotenzials für die Erfüllung eines psychischen Grundbedürfnisses
[Quelle: Delta31®]

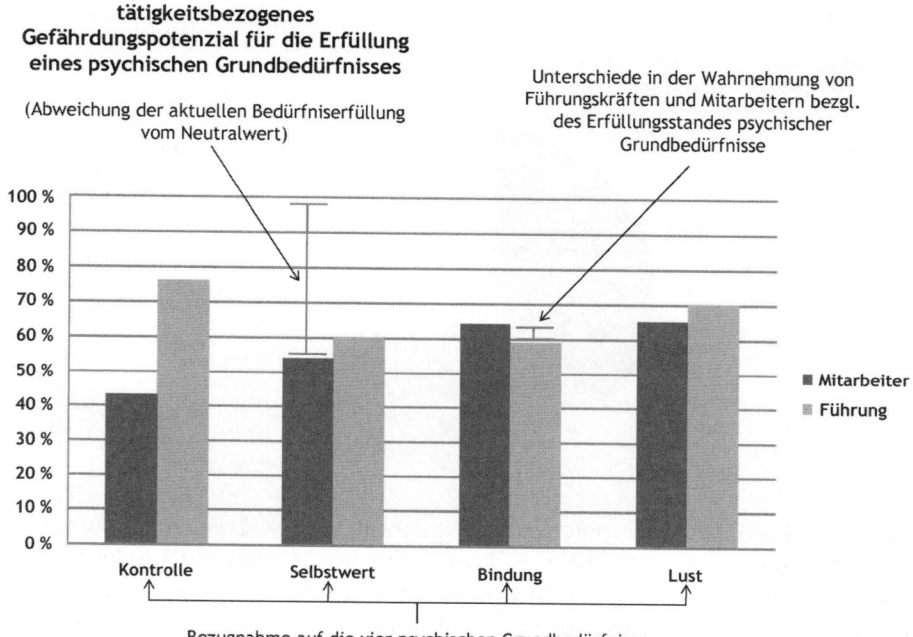

Der eben skizzierten Vorgehensweise folgend besteht das Verfahren aus 4 Schritten:

1. Erhebung
2. Befund
3. Kommunikation und Maßnahmenentwicklung
4. Umsetzung und Erfolgskontrolle

1 | Erhebung

Mit den beiden beschriebenen Instrumenten Delta31® Checkliste und Delta31® Fragebogen beschreiben sowohl die verantwortlichen Führungskräfte also auch die Mitarbeiter eines Arbeitsbereiches die Tätigkeiten hinsichtlich 31 markanter Kriterien. Gleiche Tätigkeiten können zusammengefasst werden. Optional kann ein Zusatzmodul mit weiteren 28 Kriterien zu psychosozialen Aspekten des Arbeitssystems angehangen werden.

2 | Befund

Ausgehend von einem Neutralwert (keine Gefährdung) kann das *tätigkeitsbezogene Gefährdungspotenzial* bezüglich der Erfüllung psychischer Grundbedürfnisse ermittelt und dargestellt werden (siehe auch Abbildung 86).

Abbildung 87: Auswertung des tatsächlichen summarischen Frustrationsniveaus
[Quelle: Delta31®]

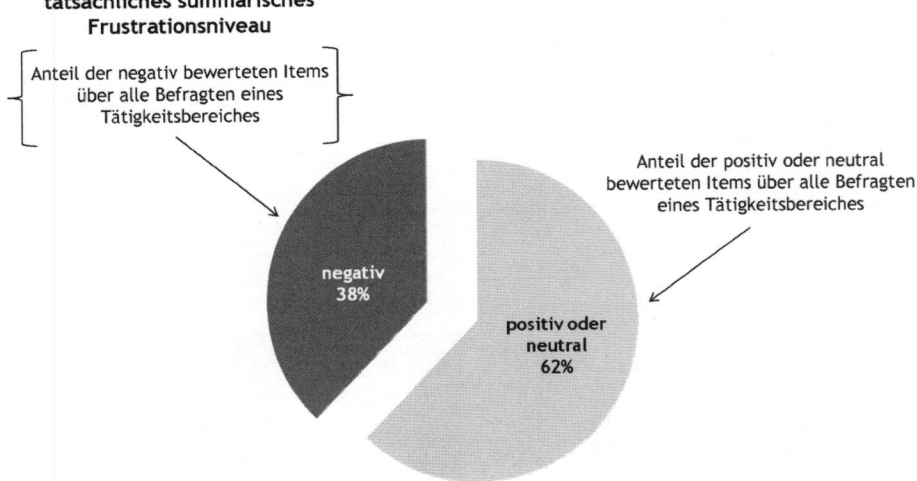

Die Höhe des Gefährdungspotenzials entspricht dabei der Abweichung vom Neutralwert. Dies ist das erste Delta. Es kann getrennt für jedes psychische Grundbedürfnis ausgewiesen werden. Aus Datenschutzgründen wird das Gefährdungspotenzial ausschließlich für Arbeitsgruppen dargestellt. Derzeit werden Richtwerte
entwickelt, um „Gefährdungsklassen" beschreiben zu können. Unterschiede in der
Einschätzung zwischen Führungskräften und Mitarbeitern bieten einen ergänzenden Diskussionsraum. Dies ist das zweite Delta.

Zusätzlich wird durch die getrennte Abfrage der individuellen Rückwirkungen (Beanspruchung) das *tatsächliche tätigkeitsbezogene Frustrationspotenzial* erfasst. Die
Einzelaussagen werden für die untersuchte Arbeitsgruppe aufsummiert.

Die Abbildung 87 zeigt sozusagen das tatsächliche kollektive Stresspotenzial an.
Für die untersuchte Arbeitsgruppe im Beispiel (N = 10 Mitarbeiter) wurden durchschnittlich 38 % der Items subjektiv in einem negativen Wirkungsbereich eingeordnet. Die positiven und neutralen Aussagen werden zunächst nicht weiter verfolgt, da sich das Verfahren auf die Erfassung der Gefährdungslage konzentriert.
Handlungsrelevant sind in erster Linie Zustände, die nicht nur potenziell psychische Grundbedürfnisse frustrieren, sondern welche Mitarbeiter auch tatsächlich
als schädlich erleben. In diesen Fällen ist immer ein Handlungsanlass gegeben.
Um herauszufinden, welche Aussagen hierbei eine besonders große Rolle spielen,
werden die „verursachenden" Items automatisch in der Auswerteroutine markiert
(siehe Abbildung 88).

Abbildung 88: Item-basierte Detailauswertung in Delta31®
[Quelle: Delta31®]

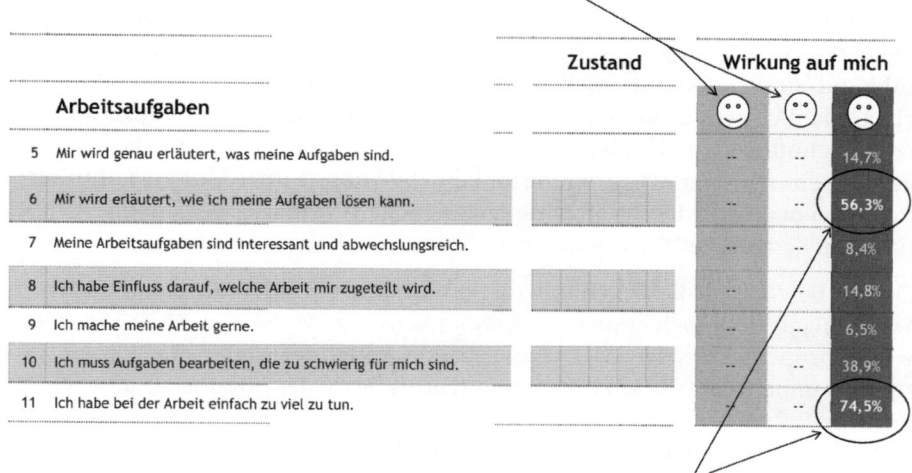

positive und neutrale Wirkungen werden nicht weiter
ausgewertet / sie liefern keinen Erkenntnisgewinn über die
Höhe der psychischen Gefährdung

konkrete Arbeitsmerkmale, die ein besonders hohes
tatsächlich erlebtes Frustrationspotenzial haben

3 | Kommunikation und Maßnahmenentwicklung

Auf Basis der ermittelten Gefährdungspotenziale erhält die verantwortliche Führungskraft einen klaren Kommunikationsauftrag für ein Gespräch mit den Mitarbeitern. Ggf. muss der Kommunikationsprozess bei Erstanwendung des Verfahrens durch einen erfahrenen Moderator begleitet werden. Ziel ist eine Abstimmung
über die Befundlage und das gemeinsame Festlegen von Maßnahmen. Dadurch
wird eine Unternehmenskultur des angemessenen und offenen Umgangs mit den
Belastungsfaktoren gefördert.

4 | Umsetzung und Erfolgskontrolle

Abschließend werden Maßnahmen zur Verbesserung der Situation eingeleitet und
deren Wirksamkeit mit Hilfe einer erneuten Erfassung geprüft.

3.4.1.2 Praxis: Was verursacht Fehlzeiten bei der Best Contact GmbH?

Unternehmensbeschreibung

Die Best Contact GmbH (BC)[122] ist ein Call Center. Sie betreibt neudeutsch „Cus-
tomer Care Operations", d. h. fernmündliche Kommunikation und Beziehungsmanagement im Auftrag eines Primärkunden aus der Energiebranche. Daneben

---

122 Name geändert.

konnten in letzter Zeit auch externe Kunden, z. B. aus der Versicherungs- und Tele-kommunikationsbranche hinzugewonnen werden. BC sieht sich selbst als Out-sourcing-Partner für intelligentes „Business Processing" der Mutter. Nicht wenige Unternehmen haben ihre Kommunikationsdienstleistungen in den letzten Jahren ausgelagert, um Kosten zu sparen und professioneller zu werden. Das hat der Call Center Branche zu Wachstumsraten verholfen die beeindruckend sind. BC bietet vielfältige Services. Das Angebotsspektrum reicht von klassischen telefonischen Inbound- und Outboundprojekten, über E-Mail-Kontakt bis hin zu SMS-Services. Hauptsächlich geht es aber darum, sämtliche Kundenanfragen der Konzernmutter (z. B. Rechnungen, Anschlüsse …) abzuarbeiten. BC ist in den letzten Jahren stark gewachsen. Seit ihrer Ausgründung im Jahr 1997 hat sie ihren Umsatz kontinuier-lich nach oben entwickelt. Trotz ihrer Gesellschaftsform als eigenständige GmbH ist sie im Kern ein tariflich gebundener Ableger der Konzernmutter geblieben.

Derzeit beschäftigt die BC GmbH ca. 800 Mitarbeiter/innen an 2 Standorten in Deutschland und noch einmal ca. 50 Mitarbeiter im Ausland, die hier aber nicht weiter betrachtet werden. Der überwiegende Anteil der Mitarbeiter hat ein fes-tes und unbefristetes Beschäftigungsverhältnis. 60 % der Mitarbeiter arbeiten je-doch in Teilzeit zwischen 20 und 30 Wochenstunden. Etwas mehr als 60 % der derzeitigen Belegschaft wurden aus Altverträgen der Konzernmutter in die neue Kommunikations-GmbH „umgeklappt". Ihr Anteil sinkt. Der Rest der Belegschaft wurde im externen Markt neu rekrutiert. Deshalb existieren auch zwei Tarifver-träge. Günstigere Bedingungen (z. B. Gehalt, Urlaub) gibt es für die „Eingesesse-nen", schlechtere für die „Neuen". BC hat zwei freigestellte Betriebsräte. Der Frau-enanteil beträgt ca. 65 %. Das Durchschnittsalter beträgt 44 Jahre. Dabei sind die Eingesessenen deutlich älter als die Neuen. Das Qualifikationsspektrum der Be-schäftigten ist breit gestreut. Es reicht von Studenten über Umschüler und Wie-dereinsteiger bis hin zu hochqualifizierten Software-Experten. Viele leistungsge-wandelte Mitarbeiter[123] aus der Konzernmutter wurden in die BC GmbH transfe-riert, um das Beschäftigungsverhältnis weiterhin aufrecht zu erhalten. Tendenzi-ell zeigt das formale Qualifikationsniveau nach unten. Die Auswahlkriterien für eine Einstellung aus dem externen Markt werden dominiert durch „soft-Skills" wie Offenheit, Flexibilität, Aufgeschlossenheit oder eine angenehme Telefonstimme. Danach müssen die Mitarbeiter durch umfangreiche Fortbildungsmaßnahmen an ihre fachlichen Aufgaben herangeführt werden. Die Anrufer wollen sofort fallab-schließende Antworten auf ihre Fragen. Das setzt fachliches Tiefenwissen bei den Beratern voraus.

Die Aufbauorganisation ist flach strukturiert. Die Geschäftsführung wird durch drei Stabsstellen ergänzt (IT, Qualitätssicherung, Personal) und breitet sich nach unten auf die Teamleiter aus. Den Teamleitern sind die „Agenten" zugeordnet. Diese sind in zwei Kategorien unterteilt: „Front Office" und „Back Office". Front Office-Mit-arbeiter haben direkten Kundenkontakt, Back Office-Leute bearbeiten Anträge, Be-

---

123 Mitarbeiter, denen nach längeren AU-Zeiten im Zuge eines betrieblichen Wiedereingliede-rungsmanagements leidensgerechte Arbeitsplätze angeboten worden.

schwerden o. ä. und arbeiten den Front Office Mitarbeitern zu. Bei den Front Office-Mitarbeitern kann man unterscheiden zwischen „First-Level-Agenten" (d. h. jene, die Primärkontakt zu den Kunden haben) und „Second-Level-Agenten", dass sind jene, die i. d. R. fachlich qualifizierter sind und Detaildiskussionen mit den Kunden führen. Das dominante Merkmal der Ablauforganisation ist die Projektarbeit. Es gibt zwar auch eine Reihe von Routineaufgaben, aber zunehmend muss ad hoc auf Kundenanfragen reagiert und Mailings, Rückholprogramme oder ähnliches initiiert werden. Deshalb müssen auch ständig neue Projektstrukturen gebildet und nach Projektabschluss wieder aufgelöst werden. Insofern ist es schwer, Kernprozesse zu definieren und zu standardisieren. Die Orientierung an den Kundenbedürfnissen erfordert zudem eine ausgefeilte Arbeitszeitorganisation und Personaleinsatzplanung. Es fällt Schichtarbeit mit Nacht- und Wochenendarbeit an.

Vorwissen

Wir wussten bereits im Vorfeld, aus eigenen Erfahrungen und aus der Literatur, welche Besonderheiten Call Center aufweisen. Die intensive Bildschirmarbeit, hohe Lärmpegel in Großraumbüros, die Beanspruchung der Stimme und die notwendig zu leistende Emotionsarbeit. Man geht ja nicht in so ein Projekt, ohne eine Idee davon zu haben, was einen erwartet. Wir wussten auch: Je höher die emotionalen Anforderungen an den Dienstleister, desto höher die Wahrscheinlichkeit für das Auftreten emotionaler Dissonanzen als erhebliches Regulationsproblem (vgl. auch HOCHSCHILD, 1983; MORRIS & FELDMAN, 1996). Von einem guten Call-Center-Agenten wird heute erwartet, stets freundlich zu sein und einfühlsam auf die Kunden einzugehen, auch wenn dieser hoch verärgert oder sogar beleidigend agiert. Befolgen die Leute nun diese Regeln (Display Rules), sind freundlich und aufmerksam und arbeiten an der kommunikativen Oberfläche egal, wie es ihnen selbst damit geht („Surface Acting"), dann erleben sie ständig emotionale Dissonanz und damit Stress. Gehen sie in das Tiefenhandeln („Deep Acting"), agieren sich aus und wollen „echt" sein, dann sind sie gefährdet, einen Burnout zu erleben. Viel Emotionsarbeit für wenig Geld war eine zweite Idee, die wir im Kopf hatten, als wir an Call Center gedacht haben. Man hört ja viel über Dumping-Löhne in der Branche. Wir erwarteten also gehörige Gratifikationskrisenerlebnisse bei den Mitarbeitern. Die Überwachung des Arbeitsverhaltens („Mithören"), die Fremdbestimmung durch die Kundenanrufe und die massive Arbeitsteilung ließen uns auch nichts Gutes bezgl. der Erfüllung der mitarbeiterseitigen Kontrollbedürfnisse erwarten. So eingestellt gingen wir in die Sondierungsgespräche.

Problemstellung und Auftragsklärung

In Vorgesprächen mit den Verantwortlichen (Geschäftsführung, Personalabteilung) konnten folgende Problemfelder extrahiert werden:

- steigende Fehlzeiten und hohe Fluktuation
- multiple Unzufriedenheiten bei den Mitarbeitern
- Engpässe in der Personalrekrutierung

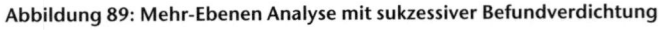

Abbildung 89: Mehr-Ebenen Analyse mit sukzessiver Befundverdichtung
[Quelle: Eigene Darstellung]

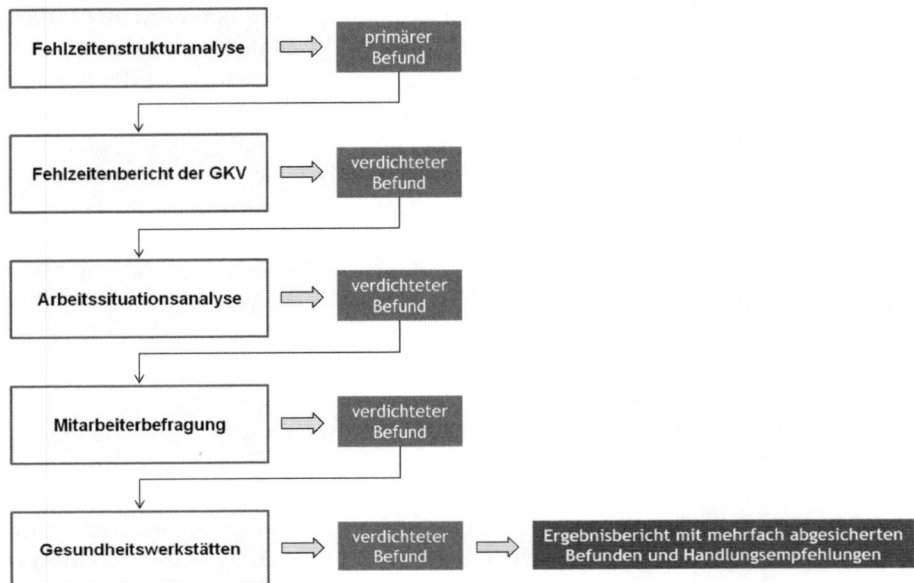

- Leistungsabfälle
- „unangemessenes" Anspruchsniveau einiger Mitarbeiter

Aus der Menge der Probleme musste zunächst eine konkrete Fragestellung extrahiert werden. Wir fragten deshalb, welchen Zustand die Leitung anstrebe. Antwort: Leistungssicherung (insbesondere in Hochphasen), verbunden mit einem „erträglichen" Krankenstand. Da beide Aspekte unmittelbar zusammenhängen, haben wir die Leitfrage folgendermaßen formuliert:

„Was beeinträchtigt die Arbeitsbewältigung der Mitarbeiter und verursacht Fehlzeiten?"

Zur Beantwortung dieser Frage haben wir das Verfahren der „Mehr-Ebenen-Analyse mit sukzessiver Befundverdichtung" angeboten (siehe auch Abbildung 89). Es stellt das derzeit beste verfügbare Instrumentarium zur Beantwortung solcher komplexer betrieblicher Fragen dar.

Seine hohe Güte in der Aussagekraft erhält der Ansatz durch die Integration von quantitativen und qualitativen Analyseinstrumenten. Auf jeder Analyseebene wird ein Befund mit Bezug zur Fragestellung erstellt und dann weiter verdichtet, d. h. sukzessive abgesichert. Die Befundverdichtung erfolgt immer bezugnehmend auf den letzten Analyseschritt. Damit ist die Orientierung im Verfahren zu jeder Zeit gewährleistet. Bei der BC GmbH kamen alle fünf Analyseinstrumente zum Einsatz (siehe auch Abbildung 90). Für die Analyse wurde ein Zeitraum von ca. 25 Wochen veranschlagt. Die prognostizierten Kosten beliefen sich auf etwa € 25.000.

Abbildung 90: Analysestrategie bei der Best Contact GmbH
[Quelle: Eigene Darstellung]

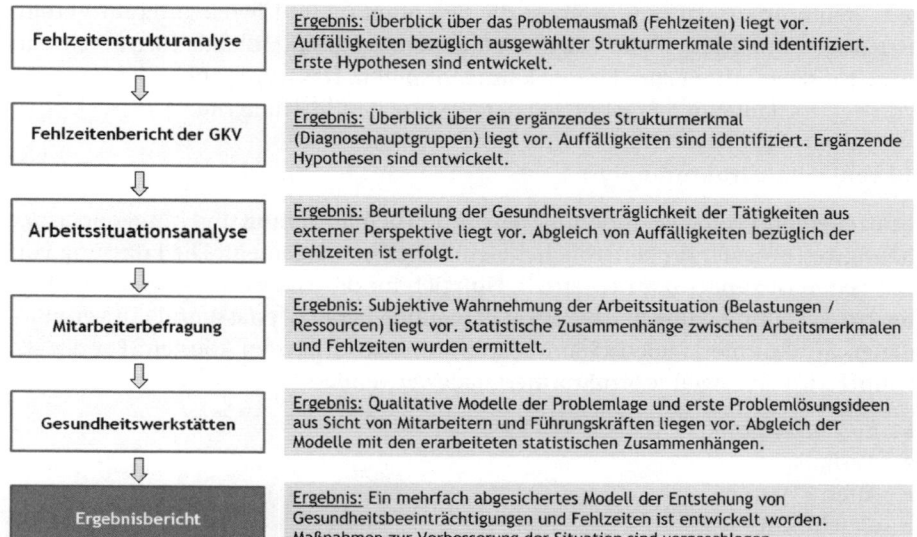

| Fehlzeitenstrukturanalyse | Ergebnis: Überblick über das Problemausmaß (Fehlzeiten) liegt vor. Auffälligkeiten bezüglich ausgewählter Strukturmerkmale sind identifiziert. Erste Hypothesen sind entwickelt. |

| Fehlzeitenbericht der GKV | Ergebnis: Überblick über ein ergänzendes Strukturmerkmal (Diagnosehauptgruppen) liegt vor. Auffälligkeiten sind identifiziert. Ergänzende Hypothesen sind entwickelt. |

| Arbeitssituationsanalyse | Ergebnis: Beurteilung der Gesundheitsverträglichkeit der Tätigkeiten aus externer Perspektive liegt vor. Abgleich von Auffälligkeiten bezüglich der Fehlzeiten ist erfolgt. |

| Mitarbeiterbefragung | Ergebnis: Subjektive Wahrnehmung der Arbeitssituation (Belastungen / Ressourcen) liegt vor. Statistische Zusammenhänge zwischen Arbeitsmerkmalen und Fehlzeiten wurden ermittelt. |

| Gesundheitswerkstätten | Ergebnis: Qualitative Modelle der Problemlage und erste Problemlösungsideen aus Sicht von Mitarbeitern und Führungskräften liegen vor. Abgleich der Modelle mit den erarbeiteten statistischen Zusammenhängen. |

| Ergebnisbericht | Ergebnis: Ein mehrfach abgesichertes Modell der Entstehung von Gesundheitsbeeinträchtigungen und Fehlzeiten ist entwickelt worden. Maßnahmen zur Verbesserung der Situation sind vorgeschlagen. |

Abbildung 91: Projektablaufplan Analysephase bei der Best Contact GmbH

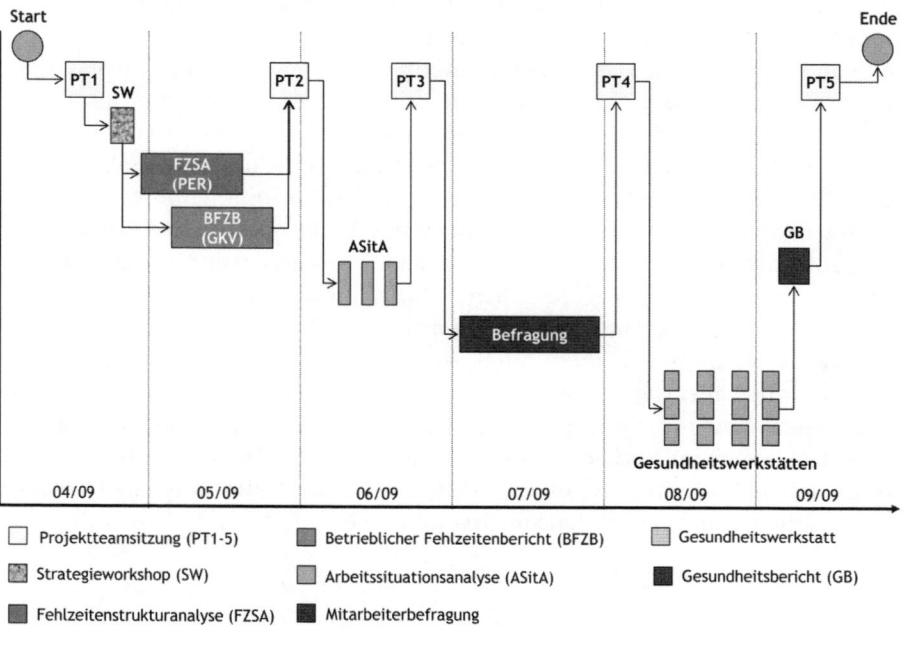

Die Analyseebenen wurden danach in einen Projektablaufplan übersetzt (siehe Abbildung 91). Jeder Analysebaustein wurde mit umfangreichen Kommunikationsaktivitäten untersetzt, um jederzeit die Orientierung und Beteiligung im Verfahren zu gewährleisten. Nicht klar war zu diesem Zeitpunkt, ob alle Instrumente in der Grundgesamtheit zum Einsatz kommen sollten. Das wurde abhängig gemacht, von den fortlaufenden Ergebnissen der eingesetzten Instrumente.

1 | Fehlzeitenstrukturanalyse

Fehlzeiten und deren veränderungsbezogene Thematisierung sind immer noch der häufigste Türöffner für betriebliches Gesundheitsmanagement. Die Erfassung von Fehlzeiten ist zunächst atheoretisch. Hilfreich für die Analyse ist, dass die Fehlzeiten i. d. R. routinemäßig in der Personalabteilung per EDV erfasst und mit verschiedenen Strukturmerkmalen (Stammdaten) untersetzt werden können. Bei der BC GmbH wurden folgende Strukturmerkmale verwendet:

- Ausfallzeitpunkt
- Ausfalllänge
- Alter
- Geschlecht
- Beschäftigungsstatus (Teilzeit/Vollzeit)
- Standort
- Tätigkeitsbereich

Mit Hilfe der Fehlzeitenstrukturanalyse (FZSA) erhält man kostengünstig Informationen über die absolute Höhe, den Verlauf und die strukturellen Besonderheiten von Fehlzeiten. Die Daten dienen aufgrund ihrer leichten Gewinnbarkeit und hohen Reichweite als grobe Orientierungsgrundlage zum Gesundheitsgeschehen und als statistische Kennzahlen für die Erfolgsmessung. Ihre Interpretierbarkeit erlangen die Daten zunächst nur über verschiedene interne und externe Vergleichswerte. Die regelmäßige Thematisierung von Fehlzeiten sorgt dafür, dass Gesundheitsmaßnahmen vom Projektimage befreit und in die operationale Prozesssteuerung integriert werden können. Das Thema „Fehlzeiten" kann nicht „erledigt" werden. Aufgrund ihrer atheoretischen Natur ist die analytische Aussagekraft von Fehlzeiten eher gering. Eine Aussage, *warum* erhöhte Fehlzeiten gerade in einer bestimmten Organisationseinheit, Altersgruppe o. ä. auftreten ist daher nicht möglich. Es können aber Hypothesen gebildet werden. Um nicht ziellos „herum zu forschen", macht es Sinn, die zu prüfenden Annahmen bei der Nutzung der Strukturmerkmale bereits im Vorfeld zu beschreiben. Also z. B. „Ältere Mitarbeiter/innen haben höhere Fehlzeiten als jüngere." Oder auch „Mitarbeiter/innen im First Level haben höhere Fehlzeiten als jene im Second Level."

Abbildung 92: Saisonaler Verlauf der Fehlzeiten bei der Best Contact GmbH

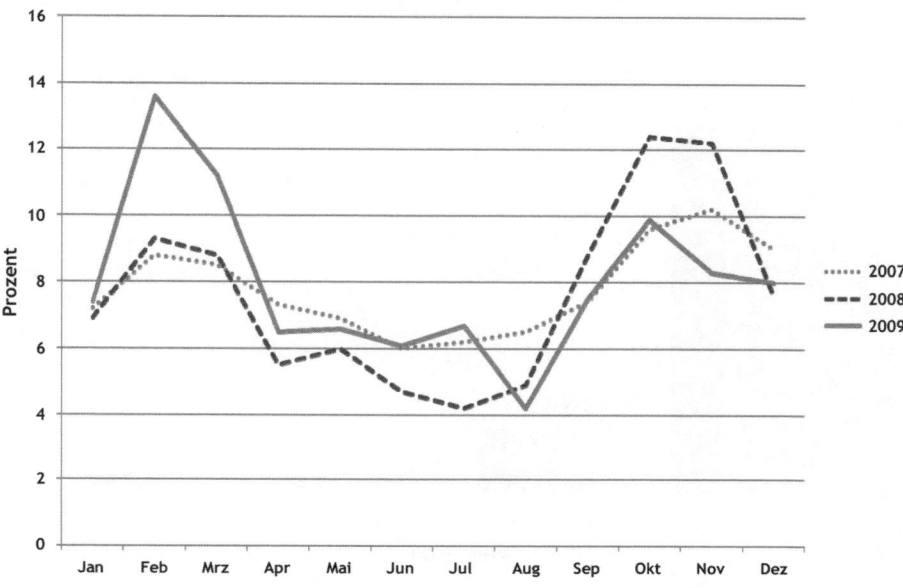

Annahme 1: Die Fehlzeiten sind in den letzten Jahren gestiegen.

Tabelle 4: Kumulierte Fehlzeiten der Best Contact GmbH

	AU-Quote kumuliert
2006	7,6%
2007	7,8%
2008	7,6%
2009	8,0%

Tatsächlich sind die Fehlzeiten im 4-Jahres-Verlauf relativ stabil. Sie stiegen im Betrachtungszeitraum lediglich von 7,6% auf 8,0%. Das entspricht einem relativen Anstieg von ca. 5% und kann aufgrund der schwankenden Jahreswerte noch nicht als allgemeiner Trend interpretiert werden. Die Annahme muss verworfen werden. Dennoch bleibt festzustellen, dass der Wert im Vergleich zur Branche erhöht ist.

Annahme 2: Die Mitarbeiter sind vor allem im Herbst/Winter krank.

Tatsächlich weisen die Fehlzeiten über mehrere Jahre einen sinusförmigen Verlauf mit höheren Quoten in den Herbst-/Wintermonaten auf. Auffällig: Insbesondere die Volatilität[124] ist erheblich angestiegen. Sie erreicht im Jahr 2009 mit einem Range von 9,5% einen absoluten Höchstwert (zum Vergleich: 2007 4,2%). Die

---

124 Die Volatilität kennzeichnet das Ausmaß der Schwankungen in den Fehlzeiten.

Abbildung 93: Fehlzeiten über Ausfalllänge bei der Best Contact GmbH

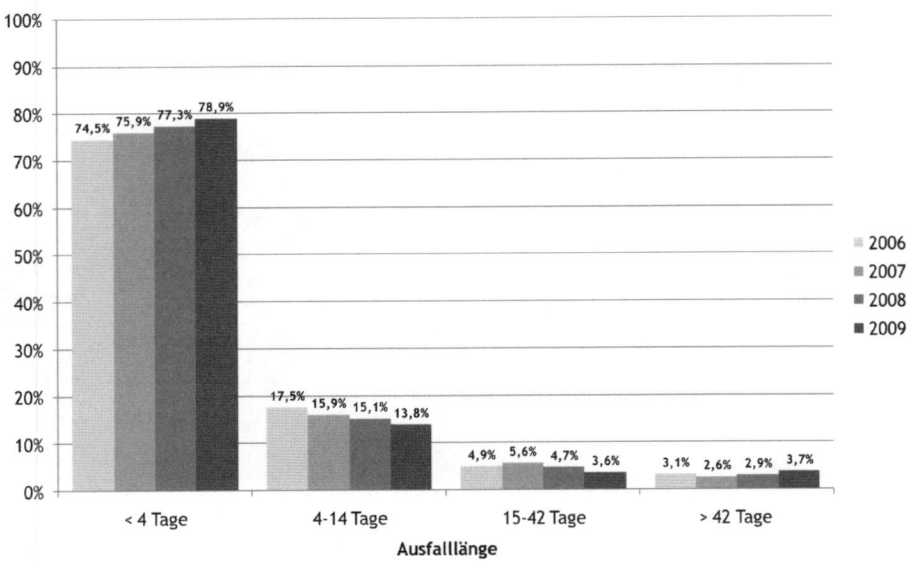

hohe Volatilität spricht eher für reaktive Anlässe. Diese reaktiven Einflüsse sind möglicherweise saisonal überlagert.

Annahme 3: Es dominieren die Kurzzeiterkrankungen.

Tatsächlich kann festgestellt werden, dass der Anteil der Kurzzeiterkrankungen dominiert. Er stieg im Betrachtungszeitraum an. 8 von 10 AU-Fällen sind kurzzeitiger Natur mit Ausfallzeiten < 4 Tagen. Neben den Kurzzeiterkrankungen stieg auch der Anteil an Langzeiterkrankungen (> 42 AU-Tage). Diese Kategorie weist auch die höchsten Zuwachsraten auf (+ 20 % in den letzten 4 Jahren).

Annahme 4: Frauen haben höhere Fehlzeiten als Männer.

Der Anteil der Frauen stieg im Betrachtungszeitraum von 59 % auf 65 % an. Der Grund hierfür liegt darin, dass in den letzten Jahren überproportional viele Frauen mit Altverträgen, eine Beschäftigung bei der Best Contact aufgenommen haben.

Tabelle 5: Geschlechtsverteilung bei der Best Contact GmbH

	N gesamt	N männlich	N weiblich
2006	524	215 (41 %)	309 (59 %)
2007	601	234 (39 %)	367 (61 %)
2008	677	244 (36 %)	433 (64 %)
2009	788	276 (35 %)	512 (65 %)

Abbildung 94: Fehlzeiten über Geschlecht bei der Best Contact GmbH

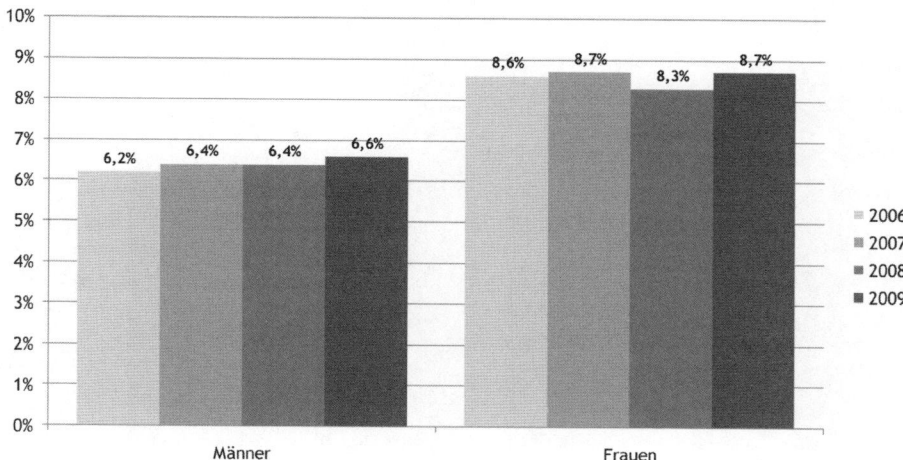

Auch im externen Markt lassen sich weibliche Bewerber häufiger für die Kommunikationsjobs rekrutieren als männliche. Doch weisen Frauen auch höhere Fehlzeiten als Männer auf?

Bezüglich des Geschlechts lässt sich festhalten: Weibliche Mitarbeiter weisen über den gesamten Betrachtungszeitraum eine durchschnittlich um ca. ¼ höhere Fehlzeitenquote auf, als ihre männlichen Kollegen. Die Größenordnung des Abstandes liegt absolut bei ca. 2,0 % bis 2,5 % und ist relativ stabil.

Annahme 5: Jüngere haben weniger Fehlzeiten als Ältere.

Es wurden vier Alterskohorten gebildet, um zu prüfen, ob sich die Annahme bestätigen lässt. Dabei wurde darauf geachtet, dass in allen Kohorten eine signifikante Anzahl von Mitarbeitern steckte. So wurde z. B. auf eine Gruppe „> 60" verzichtet, da nur sehr wenige Mitarbeiter diesem Altersbereich zuzuordnen waren. Die Abbildung 95 zeigt, dass die jüngeren Mitarbeiter durchaus geringere Fehlzeiten aufweisen. Jedoch ist kein Zusammenhang erkennbar, der einem Alterseffekt zuzuordnen wäre. Es gibt keinen Trend. Warum gerade die Altersgruppe der 30–44jährigen nach oben herausragt, bleibt zunächst ungeklärt.

Annahme 6: Leistungsgewandelte Mitarbeiter weisen die höchsten Fehlzeiten auf.

Zunächst muss der Anteil der Leistungsgewandelten im System ermittelt werden. Er hat sich kontinuierlich von 24 % (2006) auf 34 % (2009) erhöht. Berechnet man die AU-Quoten für diese Teilgruppe so fällt auf, dass sie im Vergleich zwar leicht erhöht, aber nicht wirklich auffällig sind. Sie dominieren nicht das Fehlzeitengeschehen.

Abbildung 95: Fehlzeiten über Altersgruppen bei der Best Contact GmbH

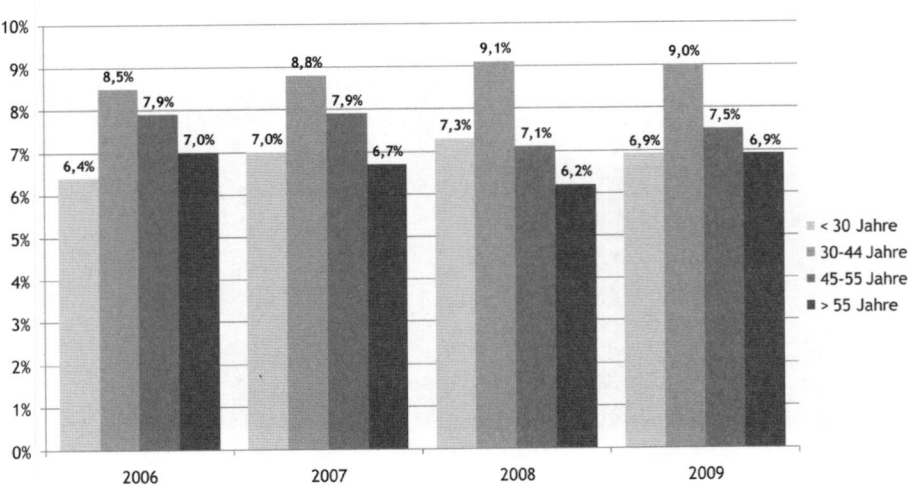

Tabelle 6: Fehlzeiten von Leistungsgewandelten der Best Contact GmbH

	N $_{gesamt}$	N $_{Altverträge\ gesamt}$	N $_{Leistungsgewandelte}$	AU-Quote $_{Leistungsgewandelte}$
2006	524	351 (67 %)	84 (24 %)	7,9 %
2007	601	384 (64 %)	106 (28 %)	8,1 %
2008	677	419 (62 %)	139 (33 %)	8,0 %
2009	788	470 (60 %)	160 (34 %)	8,5 %

Annahme 7: Vollzeitbeschäftigte weisen höhere Fehlzeiten auf als Teilzeitbeschäftigte.

Zunächst lässt sich sagen, dass fast ¾ aller Frauen und knapp die Hälfte der Männer in Teilzeitbeschäftigungsverhältnissen gebunden sind. Der Anteil an Vollzeitbeschäftigten nimmt kontinuierlich ab. Vollzeitbeschäftigte haben laut Tarif 38 Wochenstunden abzuleisten. Zum Zwecke der Bildung von zwei sinnvollen Kategorien wurden alle Beschäftigte mit Wochenarbeitszeiten >35h als Vollzeitbeschäftigte deklariert. Alle anderen wurden den Teilzeitbeschäftigten zugewiesen und zwar unabhängig davon, ob sie nun vertraglich 15, 20 oder 30h gebunden wa-

Tabelle 7: Beschäftigungsstatus bei der Best Contact GmbH

	N $_{gesamt\ (w)}$	N $_{Teilzeit\ (w)}$	N $_{Vollzeit\ (w)}$	N $_{gesamt\ (m)}$	N $_{Teilzeit\ (m)}$	N $_{Vollzeit\ (m)}$
2006	309	210 (68 %)	99 (32 %)	215	88 (41 %)	127 (59 %)
2007	367	257 (70 %)	110 (30 %)	234	101 (43 %)	133 (57 %)
2008	433	307 (71 %)	126 (29 %)	244	110 (45 %)	134 (55 %)
2009	512	379 (74 %)	133 (26 %)	276	132 (48 %)	144 (52 %)

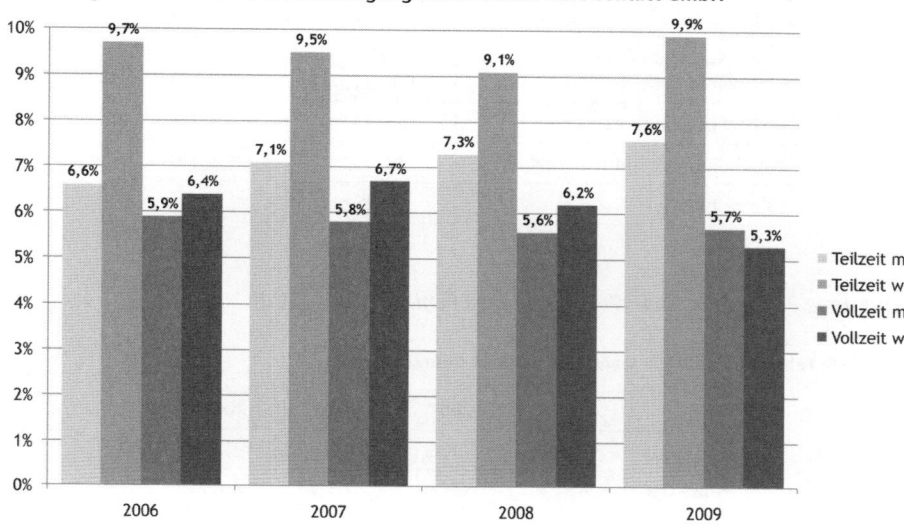

Abbildung 96: Fehlzeiten über Beschäftigungsstatus bei der Best Contact GmbH

ren. Die Idee hinter der Annahme war, dass Beschäftigte, die länger unter den Einwirkungen eines intensiven Jobs stehen, auch ein höheres Risiko haben, zu erkranken.

Die Ergebnisse überraschten. Der Beschäftigungsstatus ist als Strukturmerkmal definitiv bedeutsam. Er ist in etwa so bedeutsam, wie das Alter, das Geschlecht und der Gesundheitsstatus (Leistungsgewandelte) zusammen. Die Unterschiede in den einzelnen Gruppen sind beträchtlich. Die mit Abstand höchsten Fehlzeiten weisen teilzeitbeschäftigte Frauen auf. Auch teilzeitbeschäftigte Männer weisen höhere Fehlzeiten auf, als ihre vollzeitbeschäftigten Kollegen. Das Ausmaß der Fehlzeiten bei den Teilzeitbeschäftigten nahm im Betrachtungszeitraum eher noch zu, während das der Vollzeitbeschäftigten konstant blieb oder sich sogar verringerte. Die ursprüngliche Annahme musste verworfen werden. Offensichtlich sind eine Reihe situativer und/oder persönlicher Merkmale mit dem Beschäftigungsstatus verbunden, die wirksam auf das Fehlzeitengeschehen sind.

Annahme 8: First-Level Agenten haben die höchsten Fehlzeiten.

Da die Mitarbeiterfluktuation sehr hoch ist und die Beschäftigten auch ihre Aufgaben über die Zeit wechseln, war es nicht möglich, über dieses Merkmal eine Verlaufsuntersuchung hinzubekommen. Wir haben also lediglich zum Stichtag 2009 den Status markiert und auch nur für dieses Jahr ausgewertet. Dabei hat uns die Idee geleitet, die Kategorien so aufzubauen, dass sie sich sowohl vom Tätigkeitsprofil also auch hinsichtlich ihrer angenommen Gesundheitsverträglichkeit unterscheiden. Leute mit Sonderaufgaben (z. B. Projektentwicklung, Qualitätssicherung) arbeiten psychisch „gesünder", also mit mehr Autonomie, Zeitsouveränität und Kontrolle. Der Befund ist eindeutig. First Level-Agenten weisen mit Abstand die höchsten Fehlzeiten auf.

Tabelle 8: Fehlzeiten über Tätigkeitsbereiche bei der Best Contact GmbH

	N $_{2009}$	AU-Quote $_{2009}$
First Level-Agenten	474 (60 %)	10,1 %
Second Level-Agenten	165 (21 %)	6,4 %
Mitarbeiter mit Sonderaufgaben	88 (11 %)	4,4 %
Führungskräfte	61 (8 %)	2,4 %

Annahme 9: Standort Süd-West hat höhere Fehlzeiten als Nord-Ost.

Tabelle 9: Fehlzeiten über die Standorte der Best Contact GmbH

	2006	2007	2008	2009
Süd-West	9,9 %	9,8 %	10,7 %	11,2 %
Nord-Ost	4,3 %	3,9 %	4,5 %	4,8 %

Die Annahme kann bestätigt werden. Süd-West hat signifikant höhere Fehlzeiten, als Nord-Ost. Nach einer umfangreichen Detailprüfung über die Standorte konnte festgestellt werden, dass First Level-Agenten in Nord-Ost deutlich geringere Fehlzeiten aufwiesen (7,1 %), als jene in Süd-West (15,3 %). Das gilt auch für die Second Level-Agenten, jedoch nicht für die Mitarbeiter mit Sonderaufgaben und auch nicht für die Führungskräfte. In diesen Gruppen lassen sich keine Unterschiede nachweisen. Die langfristige unternehmenspolitische Perspektive für Süd-West ist „stufenweiser Rückbau der personellen Ressourcen bei gleichzeitiger Sicherung verbesserter Qualität". Für Süd-West ist die Personalrekrutierung zudem schwieriger. Hier läuft der größte Anteil der transferierten Mitarbeiter aus der Konzernmutter auf. Dementsprechend weisen sie auch eine längere Beschäftigungsdauer auf und sind älter.

Es gibt zwei Hauptstandorte: Süd-West (aktuell N = 388) und Nord-Ost (N = 400). Die Annahme kann bestätigt werden. Süd-West hat durchweg höhere Fehlzeiten als Nord-Ost. Zunächst ist unklar, warum das so ist. Im Standort Süd-West sitzt die Leitung. Höher qualifizierte Tätigkeiten (Second Level) werden zunehmend im Standort Süd-West konzentriert, obwohl sie noch nicht dominieren und das Tätigkeitsportfolio durchaus noch zu vergleichen ist. Nord-Ost wurde erst im Jahr 2000 eröffnet und wächst seitdem viel stärker als Süd-West – jedoch vorwiegend im First Level Bereich („Welcome Desk"). Alles, was abgegeben werden kann, wird im Überlauf an Nord-Ost abgegeben. Deshalb hat Nord-Ost auch 2009 erstmalig mehr Mitarbeiter als Süd-West. Der Großteil der Mitarbeiter in Nord-Ost wurde extern aus der Umgebung rekrutiert.

INFOBOX

Befund nach Fehlzeitenstrukturanalyse

- Die AU-Quote liegt stabil bei etwa 8 %.
- Im Vergleich zur Branche ist dieser Wert erhöht.
- Die Volatilität der Fehlzeiten ist sehr hoch und im Steigen begriffen.
- Ein saisonales Muster mit erhöhten Fehlzeiten in den Herbst- und Wintermonaten lässt sich tendenziell nachweisen.
- Die AU-Quote wird durch Kurzzeitfehlzeiten (<4 Tage) dominiert.
- Es lassen sich keine Alterseffekte nachweisen.
- Es lässt sich kein Zusammenhang zwischen Leistungswandlung und Fehlzeiten feststellen. (Die Punkte 3–6 sprechen gegen eine strukturelle Veranlagung der Arbeitsunfähigkeiten und weisen eher auf einen reaktiven Charakter hin.)
- Frauen weisen durchschnittlich eine um ca. ¼ höhere AU-Quote auf, als männliche Beschäftigte.
- Teilzeitbeschäftigte weisen signifikant höhere Fehlzeiten auf als Vollzeitbeschäftigte. Das gilt insbesondere für Frauen.
- First Level-Agenten haben signifikant erhöhte Fehlzeiten – jedoch nur in Süd-West.
- Süd-West hat deutlich höhere Fehlzeiten als Nord-Ost.

2 | Betrieblicher Fehlzeitenbericht der GKV (BFZB)

Ein betrieblicher Fehlzeitenbericht[125] der gesetzlichen Krankenversicherung (GKV) bietet die Möglichkeit, Fehlzeitendaten mit medizinischen Diagnosen zu verknüpfen. Damit erhält man nochmals qualitativ neue Informationen über die Struktur betrieblicher Fehlzeiten. Auftraggeber eines betrieblichen Fehlzeitenberichtes ist in aller Regel der Steuerungskreis, Ersteller zumeist die gesetzlichen Krankenversicherungen selbst.[126] Die Kategorisierung der Fehlzeiten erfolgt nach Diagnosehauptgruppen, wie sie durch die Weltgesundheitsorganisation (WHO) in der „International Classification of Diseases" (ICD) vorgegeben sind.[127]

Ein BFZB versetzt die Unternehmen in die Lage, für den eigenen Betrieb, über verschiedene Abteilungen und möglicherweise auch Tätigkeitsgruppen Rückschlüsse über die Art der Erkrankungen zu ziehen. Ein BFZB ist über die Zuordnung der Versicherungsnummern in der Krankenkasse technisch einfach zu erheben und eignet

---

125 In der Literatur hat sich für dieses Instrument fälschlicherweise der Begriff „betrieblicher Gesundheitsbericht" etabliert (vgl. SOCHERT, 1998). Salutogene Informationen liefert er jedoch nicht.
126 Der BFZB hat sich heute als Standardinstrument bei den gesetzlichen Krankenkassen etabliert und wird nicht selten aktiv von diesen angeboten.
127 Derzeit wird die 10. Revision dieses Kategoriensystems verwendet.

Abbildung 97: Diagnosespektrum bezgl. AU bei der Best Contact GmbH

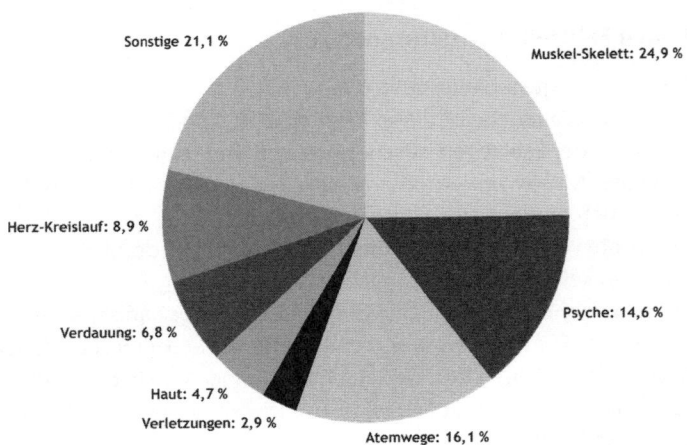

Sonstige 21,1 %

Muskel-Skelett: 24,9 %

Herz-Kreislauf: 8,9 %

Verdauung: 6,8 %

Psyche: 14,6 %

Haut: 4,7 %

Verletzungen: 2,9 %

Atemwege: 16,1 %

sich damit als vertiefendes Screeninginstrument. Im Rahmen explorativer Analysen dient er der ergänzenden Bewertung der Fehlzeitenstrukturanalyse.[128]

Der größte Vorteil eines BFZB besteht in den relativ geringen Kosten, die er für die Betriebe verursacht. In aller Regel stellen ihn die GKV für Betriebe kostenneutral zur Verfügung. Die Vergleichsmöglichkeiten innerhalb und außerhalb des Unternehmens stellen einen weiteren Vorteil dar. Eine qualitative Verbesserung des Datenniveaus im Vergleich zu den betrieblichen Fehlzeitendaten ergibt sich aus der Verknüpfung von AU–Daten mit Diagnosen.

An diesem Vorteil setzen aber auch die größten Nachteile des Gesundheitsberichtes an. Zum einen ist die inhaltliche Gültigkeit der Diagnosen stark anzuzweifeln. Immerhin basieren Diagnosen in großem Maße auf der Symptomdarbietung seitens der Patienten.[129] Ein zweiter, nicht minder großer, Nachteil liegt in der Erreichbarkeit der Zielgruppe. Aussagekräftige (repräsentative) BFZB sollten je nach Betriebsgröße Daten von mindestens 50 Prozent der Belegschaft umfassen. Dies geht aber nur dann, wenn ein relativ homogenes Versichertenfeld vorliegt. Ist dies

---

128 Ursprünglich wurde mit dem BFZB eine Systematisierung und Integration mehrerer betrieblicher Informationsebenen angestrebt. So sollten die Fehlzeitendaten mit Daten arbeitsmedizinischer Vorsorgeuntersuchungen und bedeutsam erscheinenden Arbeitsplatzdaten kombiniert werden. Die so intendierte Berichterstattung sollte in einem zweiten Schritt routiniert und als integriertes Informationssystem allen betrieblichen Entscheidungsträgern zur Verfügung gestellt werden. Dies gelang jedoch bisher nicht und wird auch in Zukunft nicht gelingen. Dafür sind die politischen Rahmenbedingungen für die Krankenkassen zu unsicher und die Fluktuation spätestens seit Einführung des Gesundheitsfonds und diverser Zusatzbeiträge zu groß.

129 Es ist z. B. plausibel anzunehmen, dass ein motivational bedingtes Begehren nach einer Arbeitsunfähigkeitsbescheinigung durch die Darbietung schwer lokalisierbarer Beschwerden (Rückenschmerzen, Migräne) vorgebracht wird. In aller Regel wird der Arzt den Darbietungen des Patienten folgen und ihn mit einer dementsprechenden (Fehl-)Diagnose belegen.

nicht so, bedarf es großer fachlicher und methodischer Anstrengungen, die Daten verschiedener Krankenversicherungen zusammenzuführen.

Für die Best Contact war es möglich, einen BFZB anzufordern. Er wurde von einer Krankenkasse angefertigt, die recht hohe Versichertenanteile in der Mutter hielt und dementsprechend auch stärker bei der Best Contact engagiert war. Dennoch repräsentieren die Daten lediglich 41 % der Gesamtstichprobe. 323 Mitarbeiter (genauer gesagt Versichertenjahre) konnten erfasst werden. Die meisten davon am Standort Süd-West. Hier stieg dann auch die Reichweite des Instrumentes auf 55 %. Die Aussagekraft der uns zur Verfügung gestellten Daten war eingeschränkt, da wir keine Detailauswertungen vornehmen konnten.

Für das Auswertungsjahr (hier 2008) konnte festgehalten werden: Diagnosegruppe Nummer 1 waren die Muskel-Skelett-Erkrankungen (24,9 %), gefolgt von Atemwegerkrankungen (16,1 %) und den psychischen Erkrankungen (14,9 %). Dieser Befund entspricht in etwa der gegenwärtigen Verteilung von Diagnosen in der BRD. Die psychischen Erkrankungen sind jedoch überrepräsentiert. Betrachtet man die Diagnosen genauer und schaut sich z. B. auch die Ausfalllängen an, so stellt man fest, dass 60 % aller psychischen Erkrankungen Langzeiterkrankungen >42 Tage sind. Bezgl. der Kurzzeit-AU konnten keine Diagnoseschwerpunkte ermittelt werden. Die breite Streuung spricht für eine allgemeine Erschöpfungs-/Erholungskomponente, als „Hintergrundstrahlung". Rasche Wiederherstellung musste, unabhängig von der Diagnose, möglich sein.

INFOBOX

Befund nach Betrieblichem Fehlzeitenbericht der GKV

- Die Fehlzeiten werden insbesondere durch Muskel-Skelett-Erkrankungen, Atemwegerkrankungen und psychische Erkrankungen bestimmt.
- Psychische Erkrankungen sind im Vergleich zum Bundesdurchschnitt überrepräsentiert.
- Die bereits in der FZSA festgestellten häufigen Kurzzeit-AU sind nicht sonderlich differenziert und haben ein sehr breites Diagnosespektrum.
- Das lässt eine einheitliche bewirkende Komponente, möglicherweise aus dem psycho-emotionalen Spektrum vermuten.

3 | Arbeitssituationsanalyse (ASitA)

Nachdem die Fehlzeiten selbst umfangreich beleuchtet wurden, stellt sich nun die Frage, inwieweit Arbeitsmerkmale für dieses Phänomen verantwortlich sind. Deshalb wird die Arbeitssituation zunächst einer externen gesundheitsbezogenen Bewertung unterzogen. Dabei kann auf die bereits ermittelten Auffälligkeiten Bezug genommen werden. Die Leitfrage für die Auswertung der Arbeitssituationsanalyse lautet: Gibt es eine Passung zwischen den ermittelten Fehlzeiten und

den beobachteten Arbeitsmerkmalen aus der ASitA? Zur Beantwortung der Leitfrage kommt es in der ASitA zur Nutzung umfangreicher strukturierter Beobachtungsbögen, die unter dem Einfluss maßgeblicher arbeits- und gesundheitswis-
senschaftlicher Erkenntnisse entwickelt wurden. Es geht in der ASitA nicht um
die Beurteilung von Personen, sondern ausschließlich von Kontextmerkmalen der
Arbeit.

INFOBOX

Arbeitssituationsanalyse (Kennzeichen)

- längere Beobachtung der Arbeitssituation durch unabhängige Experten (z. B.
  eine ganze Schicht)
- Einsatz strukturierter Beobachtungsbögen, die auf arbeitswissenschaftlichen
  Grunderkenntnissen beruhen
- Ziel: Bewertung der Tätigkeit aus fachlicher (externer) Sicht
  - Frage 1: Ist die Tätigkeit insgesamt gesundheitsverträglich?
  - Frage 2: Ist die Tätigkeit für Personen, die ein bestimmtes Alter erreicht ha-
    ben nicht mehr geeignet (ist sie alterskritisch)?
  - Frage 3: Haben einzelne und/oder mehrere beobachtete Arbeitsmerkmale
    maßgeblich Einfluss auf das Fehlzeitengeschehen?
- Die Methode erhebt keinen Anspruch auf Repräsentativität!

Bei der Best Contact wurde nach der FZSA und dem BFZB eine Einengung des
Untersuchungsbereiches vorgenommen. Es ging von nun an nur noch um den
Standort Süd-West. Dieser war ja mehrfach auffällig:

- überdurchschnittliche Fehlzeiten
- insbesondere bei den First Level-Agenten
- aber auch bei den Second-Level-Agenten

In Süd-West arbeiteten zum Zeitpunkt der Untersuchung 205 First Level-Agenten und 90 Second Level-Agenten in insgesamt 24 Teams. Für die weitere Untersuchung wurden zwei Bereiche ausgewählt:

- „Clearing" (N = 171)
- „Inkasso" (N = 23)

Clearing soll hier vorgestellt werden. Der Bereich arbeitet an vorderster Front. Hier
laufen sämtliche Anrufer auf. Im Zuge eine „Geschäftsprozessoptimierung" (GPO)
wurden dem Clearingbereich 2007 fallabschließende Aufgaben (z. B. Auskünfte,
Dokumente, Schriftverkehr o. ä.) abgenommen. Die Agenten müssen an das Second Level („Profis") weitergeben. Die Leistungsmenge im Clearingbereich wird
anhand der bearbeiteten Calls je Mitarbeiter und Stunde berechnet. Im Maximum
laufen in „heißen" Phasen bis zu 30 Calls je Stunde an. Die Netto-Kontaktzeit mit
dem Kunden beläuft sich dann auf deutlich unter 2 Minuten. „Gute" Agenten er-

Abbildung 98: Zeitliches Erfassungsraster von Tätigkeiten in Clearing

Tätigkeiten	Dauer absolut	Dauer relativ
Arbeitsvorbereitungen & Arbeitsnachbereitungen (z. B. Übernahmeprotokoll vom Vorgänger, PC hoch fahren, Übergabeprotokoll, Arbeitsplatz räumen ...)	20'	4,7 %
Bildschirmgestützte Informationsaufnahme und -eingabe Verwendung des Erfassungs- und Dokumentationssystems „Guide", Verwendung von „Lotus Notes" (Mail)	50'	11,6 %
aktive Telefonie (Gesprächsvorbereitung, Gesprächsannahme, Gesprächsführung, Gesprächsabgabe oder Beendigung)	230'	53,5 %
Wartezeiten	50'	11,6 %
reguläre Pausen (Bildschirmpausen, Mittagspause)	50'	11,6 %
Tätigkeiten, nicht näher spezifiziert	30'	7,0 %
Zwischensumme:	430'	100,0 %
außerordentliche zusätzliche Tätigkeiten aufgrund der Analysesituation:	60'	

reichen im Verlauf einer Vollschicht ca. 120–135 Calls. Es gibt insgesamt 15 Teams mit jeweils 10–15 Mitarbeitern.

Es wurden 3 Arbeitssituationsanalysen, in drei verschiedenen Teams bei Clearing durchgeführt. Dabei wurde darauf geachtet, sowohl Teilzeitmitarbeiter als auch Vollzeitkräfte und mind. 2 Frauen zu erreichen. Hauptmethode war die strukturierte, zunächst nichtteilnehmende Beobachtung der unmittelbaren Tätigkeitsausführung, sowie ein anschließendes, kurzes standardisiertes Interview. Dabei wurden einzelne Tätigkeiten unterschieden und u. a. deren zeitliche Dimension erfasst (siehe auch Abbildung 98).

Im vorliegenden Fall überrascht die recht geringe Zeit der reinen Telefonie. Nur gut die Hälfte ihrer Arbeitszeit verbrachte die Agentin tatsächlich im direkten Kundenkontakt. Dabei hat sie 75 Calls bearbeitet. An Hand der ASitA-Checkliste konnten einige gesundheitskritische Merkmale herausgearbeitet werden, so emotional belastende Arbeit, mangelnde Regulierbarkeit des Arbeitstempos, fehlende Qualifikations- und Entwicklungsmöglichkeiten, fehlende Erfolgserlebnisse, unvollständige Tätigkeiten und vor allem psycho-soziale Spannungen, die wir später noch näher beleuchten. Einen Einblick in die Beobachtungen bietet Abbildung 99.

Abbildung 99: Dokumentation einer Arbeitssituationsanalyse (Clearing)

Cluster	Items	Leitfragen	–	0	+
Arbeitsaufgabe	1.1–1.5	Ist die Tätigkeit erklärbar, handhabbar, kontrollierbar?		X	
Arbeitsaufgabe	1.6	Ist die Tätigkeit durch besonderen Qualitäts-und Ver-antwortungsdruck gekennzeichnet (Sorgfalts-und Haftpflicht)?		X	
Arbeitsaufgabe	1.7	Ist die Tätigkeit durch ein Mindestmaß an Qualifikation und dauerhaften Lernerfordernissen gekennzeichnet?		X	
Arbeitsaufgabe	1.8	Erfordert die Tätigkeit Kooperation und Kommunika-tion?			X
Emotionale Arbeit	1.9	Gehören zur Tätigkeit mehrheitlich Teilaufgaben , die mit besonderen emotionalen Belastungen verbunden sind?	X		
Alterkritische Merkmale: körperlich	1.10.1	Enthält die Tätigkeit überwiegend alterskritische Ele-mente im Bereich körperlicher Belastungen (z.B. ein-seitige Belastungen, Handhabung schwerer Lasten, Dauerbelastungen, besonders schnelleBewegungen)?			X
Alterkritische Merkmale: körperlich	1.10.2.	Enthält die Tätigkeit überwiegend alterskritische Ele-mente im Breich der Sinneswahrnehmung (z.B. hohe Vigilanzanforderungen,Hören, Sehen)?		X	
Alterkritische Merkmale: psychisch	1.10.3	Ist das Arbeitstempo durch die Person regulierbar?	X		
Alterkritische Merkmale: psychisch	1.10.4	Ist die Tätigkeit durch permanente fachliche undloder soziale Umstellerfordernisse geprägt?		X	
Arbeitsorganisation: Schichtarbeit	2.1	Entspricht die Schichtgestaltung den Erfordernissen einer gesundheitsgerechten Gestaltung von Arbeit (z.B. genügend Erholungszeiten, soziale Integrations-möglichkeiten, Tageslage)?			X
Arbeitsorganisation: Arbeitszeiteinfluss	2.2	Hat der Mitarbeiter Möglichkeiten zur eigenverant-wortlichen Gestaltung seiner Arbeitszeit?		X	
Arbeitsorganisation: Pausen und Erholung	2.3	Entspricht die Pausengestaltung den Erfordernissen einer gesundheitsgerechten Gestaltung von Arbeit (z.B. Regeln, Sozialräume, aktive Einflussnahme auf die Gestaltung der Pause)?		x	
Arbeitsorganisation	2.4	Ist die Ablaufgestaltung der Tätigkeit weitestgehend planbar, d.h. störungsfrei?		X	
Arbeitsorganisation: Sozialer Kontext	2.5	Ist die Qualität der sozialen Kontakte zu Kollegen, Vor-gesetzten und Kunden durch die Begriffe „offen" und „vertrauensvoll" gekennzeichnet?	X		
Arbeitsorganisation: Sozialer Kontext	2.6	Ist die Tätigkeit geeignet, Selbstwert aus ihr zu schöp-fen?	X		
Arbeitsorganisation: Entwicklung und Qualifikation	2.7	Gibt es ausreichend Qualifikations-und Entwicklungs-möglichkeiten (z. B. fachliche Fortbildung, Übernahme von mehr Verantwortung)?	X		
Arbeitsorganisation: Leistungsanspruch	2 8	Ist die Tätigkeit durch einen hohen quantitativen Leis-tungsanspruch gekennzeichnet?		X	

Cluster	Items	Leitfragen	–	0	+
Vergütung und Anreize: Geld	3.1–3.2	Erfolgt eine bezüglich der regionalen Lebenshaltungskosten angemessene Vergütung mit eher niedrigen variablen Gehaltsbestandteilen?			X
Vergütung und Anreize: Urlaub	3.3–3.4	Sind ausreichend Urlaubsansprüche gegeben und steigen diese im Altersverlauf?			X
Industrielle Beziehungen	4.1–4.2	Sind Strukturen vorhanden, die dem Arbeitenden ein Gefühl von Sicherheit in Bezug auf seine Arbeitnehmerrechte geben können (z.B. Tarifbindung, Betriebsrat)?			X
Arbeitsplatz und Umgebung	5	Sind äußere Bedingungen der Tätigkeit in besonderem oder unangemessenen Maße für Belastungen während der Tätigkeit verantwortlich (z.B. Klima, Lärm, Beleuchtung)?		X	
Gesamturteil:		Ist die Tätigkeit insgesamt gesundheitsverträglich?		ja	
Gesamturteil:		Ist die Tätigkeit eventuell für Personen, die ein bestimmtes Alter überschritten haben, nicht mehr geeignet?		nein	
Gesamturteil:		Sind einzelne oder mehrere beobachtete Arbeitsmerkmale wahrscheinlich mitbestimmend für krankheitsbedingte Fehlzeiten?		Ja	

INFOBOX

Befund nach Arbeitssituationsanalyse

- Die unmittelbare Ausführung der Arbeitstätigkeit hat mit großer Wahrscheinlichkeit keinen signifikanten Einfluss auf das Fehlzeitengeschehen.
- Die Suche nach den Einflussgrößen sollte in den Randbedingungen der Arbeitssituation (z. B. Perspektivbildung, Führung, soziale Kontaktqualität, Einstellungen und personale Einflussgrößen von Mitarbeitern o. ä.) fortgesetzt werden.
- Ausnahmen gelten für die „Heißphasen". Hier könnten Erschöpfungssyndrome aufgrund psycho-emotionaler Überbeanspruchung zu vermehrten Fehlzeiten führen.
- Die Tätigkeit ist für Personen geeignet, die in ihrer Entwicklungsperspektive auf Stabilität und Kontinuität setzen. Für Personen, die diese Voraussetzung nicht erfüllen, sind Sättigungseffekte (Frustration) aufgrund Überqualifizierung bei gleichzeitigen Entwicklungsbarrieren zu erwarten.
- Die Arbeitsaufgaben sind mäßig komplex und können nur unvollständig ausgeführt werden.
- Die Tätigkeiten sind weitestgehend „gesundheitsverträglich".
- Die Tätigkeiten sind nicht „alterskritisch".

4 | Mitarbeiterbefragung (MAB)

Da die unmittelbaren Arbeitsmerkmale offensichtlich nicht der Grund für die hohen Fehlzeiten im Clearing-Bereich waren, stellte sich die Frage: Was verursacht sie dann? Welche Merkmalskonstellationen sind konkret wirksam? Unsere Hypothese: Verdeckte, innerbetriebliche Besonderheiten und/oder außerbetriebliche Einflussgrößen sind für die Fehlzeiten maßgeblich verantwortlich.

Mitarbeiterbefragungen eignen sich hier gut zur weiteren Aufdeckung der inneren Zusammenhänge. Sie haben in den letzten Jahren eine große Bedeutung im Prozess des BGM erlangt und können heute als Standardinstrument angesehen werden. Sie zeichnen sich insbesondere durch ihre Multifunktionalität aus (vgl. auch WEINREICH & WEIGL, 2002). Mitarbeiterbefragungen verknüpfen drei wichtige Aspekte im Prozess des BGM:

1. die Bestandsaufnahme (Analyse)
2. die Bedarfsermittlung zur Organisationsentwicklung (Intervention) und
3. die Veränderungsmessung (Evaluation)[130]

Eine fokussierte Befragung ermöglicht die Messung der subjektiven Wahrnehmung der Arbeitssituation, von relevanten Einstellungen, Verhaltensabsichten und Befindlichkeiten. Mit ihrer Hilfe können Maßnahmen sinnvoll konzipiert oder bereits begonnene Interventionen in ihrer Richtung bestärkt bzw. korrigiert werden. Bisher unberücksichtigt gebliebene Themenfelder werden eröffnet und im Zuge der weiteren Exploration näher beleuchtet. Eine Befragung dient der Sichtbarmachung empirischer Zusammenhänge und bisher verdeckt gebliebener Wirkgefüge. Die Resultate von Befragungen eignen sich zudem gut für weitergehende Problemanalyseprozesse in den Gesundheitswerkstätten. Schließlich sind Gesundheitsbefragungen auch die Voraussetzung für erweiterte Wirtschaftlichkeitsrechnungen und damit für das sinnvolle Leiten von Kapitalströmen in der Investitionsplanung.

Befragungen stellen immer eine beträchtliche Intervention in das Arbeitssystem dar, weil mit ihnen den Mitarbeitern signalisiert wird, dass sich etwas verändern soll und dass hierzu die Meinung der Betroffenen eingeholt wird. Dagegen können eine FZSA, ein BFZB und eine ASitA geradezu als „minimalinvasiv" gekennzeichnet werden. So führte dann auch bereits die Ankündigung der Durchführung einer Befragung zu regen Diskussionen bei Best Contact. Auf die Besonderheiten bei der Durchführung von Mitarbeiterbefragungen wollen wir hier nicht näher eingehen. Darauf wurde in der Literatur bereits hinlänglich hingewiesen (vgl. dazu z. B. BORG, 2003).

Mitarbeiterbefragungen können die Wechselwirkungen zwischen mehreren Systemelementen (z. B. Führungsverhalten und Befindlichkeit von Mitarbeitern) sichtbar machen. Dabei werden die Merkmale zumeist unabhängig voneinander erhoben und mit Hilfe von Korrelationsuntersuchungen zueinander in Beziehung

---

130 So dient die Erstmessung oft der Etablierung eines Vergleichsmaßstabes zur späteren Erfolgskontrolle in Bezug auf die Zielvariablen.

gesetzt. Im Ergebnis erhält man sog. „Pfadmodelle". Seltener werden die Items direkt auf die Interaktionen zwischen den Systemelementen bezogen (z. B. „Wie gut sind die Arbeitsmittel geeignet, Ihre arbeitsbezogenen Zielstellungen nach Qualität und Quantität zu erreichen?" oder „Wie gut ist die Aufgabengestaltung geeignet, um Ihre Handlungsprozeduren richtig und sicher auszuführen und damit gute Arbeitsergebnisse zu erzielen?"). Gute Mitarbeiterbefragungen beschreiben bereits im Vorfeld die angenommenen Wirkungsbeziehungen. Was wird als unabhängige Variable eingebracht, was als abhängige?[131] Darüber hinaus zeichnen gute Befragungsinstrumente aus, dass sie Einwirkungen und Auswirkungen getrennt erfassen. Unterlässt man diese Trennung, unterstellt man den Items implizit eine Auswirkungsrichtung. Zu wenig Zeit für die vollständige Aufgabenerfüllung führt jedoch nicht zwangsläufig zu negativen Erlebnissen. Tolle Arbeitsmittel, nicht zwangsläufig zu positiven. Die Instrumente sollten die klassischen Gütekriterien für empirische Verfahren (Objektivität, Reliabilität, Validität) erfüllen, wie sie etwa bei LIENERT (1989) formuliert wurden. Die Realisierung dieser Anforderung steht aber oftmals im Widerspruch zum unternehmerischen Gestaltungsinteresse. Das Gelingen eines Ausgleichs ist daher von den besonderen Kompetenzen und Erfahrungen der Gesundheitsanalytiker abhängig. Alle Beteiligten sollten sich abschließend auch darüber im Klaren sein, dass bei der Durchführung einer Gesundheitsbefragung etliche diagnostische Barrieren zu überwinden sind.

INFOBOX

Diagnostische Barrieren bei Mitarbeiterbefragungen

1. die Untersuchungsgegenstände sind im Mitarbeiter entweder noch gar nicht artikuliert oder liegen als innere Modelle vor (erste semantische Stufe)
2. das innere Modell wird durch Beantwortung von Items artikuliert (zweite semantische Stufe)
3. die Antworten werden durch Skalierung numerisch aufbereitet (dritte semantische Stufe)
4. die numerischen Antworten werden durch die Experten der Auswerteinstitution interpretiert (vierte semantische Stufe)

Auf jeder semantischen Stufe findet ein Übersetzungsprozess statt der mit Informationsverlust oder -verzerrung in Bezug auf den ursprünglichen Untersuchungsgegenstand einhergeht. Das Übersetzungsproblem lautet also verkürzt: „Wie ähnlich sind sich die Abbilder aus der Stufe eins und vier?"

Im Zuge des Projektes wurde bei Best Contact aus Ressourcengründen zunächst nur im Standort Süd-West eine Online-Befragung durchgeführt. Hierbei kam ein Inst-

---

131 Bsp.: Aus Arbeitsbedingungen (Ablaufgestaltung, Führungsleistung) wird auf Beschwerden geschlossen. Diese Ursache-Wirkungsbeziehung wird unter dem Einfluss der Moderatorvariable „Erholungsfähigkeit" korreliert.

rument zum Einsatz, dass zugeschnitten war auf Kommunikationsdienstleister. Es enthielt insgesamt 136 Items auf 17 Hauptskalen. Es wurden erfasst:

- als unabhängige Variablen (Einwirkungen): Umgebungseinflüsse (Raumklima, Lärm, Beleuchtung), Arbeitsplatzgestaltung, Arbeitsmittel (Hardware, Software), Arbeitstempo, Schichtarbeit (Schichtlänge, Schichtlage und Schichtfolgen), kommunikative Anforderungen, emotionale Anforderungen, Führung, Kollegenverhalten, Gratifikationen und Entwicklungsmöglichkeiten
- als unabhängige Variablen (Rückwirkungen): Zufriedenheit, emotionale Erschöpfung, Gesundheitsbeschwerden, Arbeitseinschränkungen und Fehlzeiten
- als Moderatorvariable: Erholungsfähigkeit

Ein besonderes Ziel war es, die erfassten Arbeitsmerkmale in der Befragung mit den individuellen Fehlzeiten zu korrelieren. Nur so waren wir in der Lage, bessere Aussagen über die Wirkstrukturen zu machen. Nach umfangreichen Gesprächen mit dem BR und dem Abschluss einer detaillierten Datenschutzvereinbarung wurden uns dann auch die Fehlzeitendaten der Mitarbeiter für den Betrachtungszeitraum des letzten Jahres zur Verfügung gestellt. Diese wurden anschließend durch uns anonymisiert, d. h. jeder Fall bekam zunächst einen Code (Pseudonym). Nur mit diesem wurde weitergearbeitet. Mit Hilfe des Codes waren wir in der Lage, jedem Mitarbeiter seinen persönlichen Online-Fragebogen anonym ins Netz zu stellen. Jeder Mitarbeiter bekam per Mail einen Token, mit dem er sich in die Befragung einloggen konnte. Die Befragung konnte jederzeit unterbrochen und wieder aufgenommen werden. Nach Abschluss der Befragung war der Token jedoch verwirkt.

Von 388 Mitarbeitern haben sich 279 an der Befragung beteiligt. Das entspricht einer Rücklaufquote von 71,9 %. Die vertiefte Untersuchung des Rücklaufes ergab keine Auffälligkeiten bezgl. einzelner Gruppen (z. B. First Level, Frauen, Teilzeitbeschäftigte). Die Befragung kann als repräsentativ für die Organisationseinheit gelten. Die Daten wurden aus Datenschutzgründen nicht auf Teamstrukturen und auch nicht auf einzelne Führungskräfte herunter gebrochen.

Was kam raus bei Best Contact?

Die Mitarbeiter thematisierten vordergründig sehr stark die Arbeitsbelastungen. Bei über 70 % der Befragten wurde das Raumklima negativ bewertet, bei 64 % die Bildschirmarbeit und immer noch bei 61 % die technische Ausstattung. Diese Merkmale korrelierten jedoch nur sehr gering mit Gesundheitsbeschwerden und überhaupt nicht mit Arbeitseinschränkungen oder Fehlzeiten.

Die allgemeine Arbeitszufriedenheit war durchaus messbar. Über 40 % gaben jedoch „teils-teils" an. Das zeugte von Unentschlossenheit. Das waren die „Wechselwilligen" (siehe auch Abbildung 100).

Was bewegt die Mitarbeiter zum Wechsel? Wir haben die gemessenen Variablen mit Arbeitszufriedenheit korreliert und herausgefunden, dass es vor allem drei Merkmale waren: 1. insuffiziente Führung, 2. mangelnde Weiterentwicklungsmöglichkeiten trotz Leistung und 3. fehlende Unterstützung durch die Kollegen.

Abbildung 100: Arbeitszufriedenheit bei der Best Contact (Süd-West)

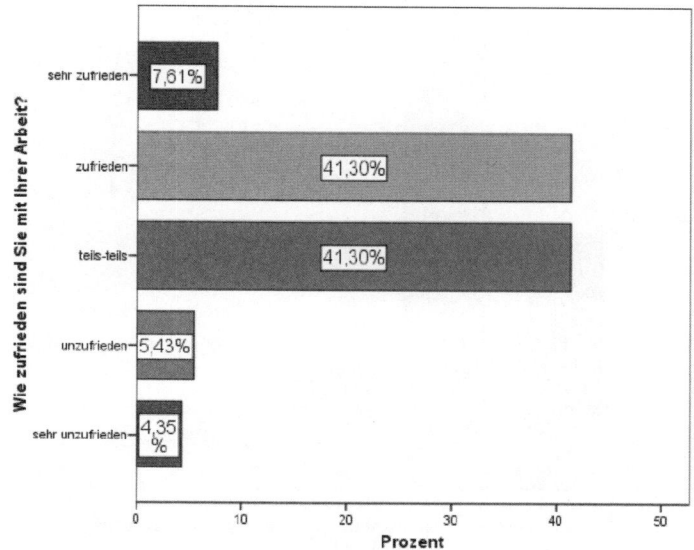

Die ersten beiden Variablen haben wir zur Illustration in den Abbildungen 101 und 102 bezgl. der Häufigkeitsverteilung ausgeführt. Ähnlich sah es auch bei den Kollegen aus. Die „Support-Komponente" war fast nicht messbar. Man hatte den Eindruck, jeder arbeitet für sich allein.

Abbildung 101: Unterstützung durch die Führung

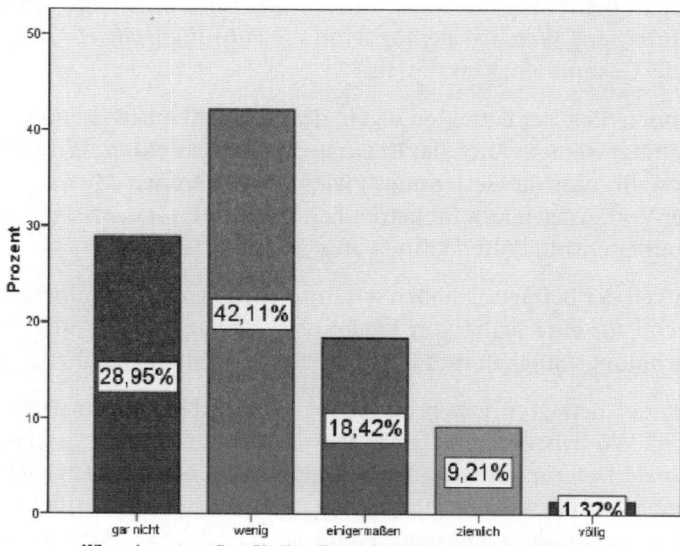

Abbildung 102: Lohnt sich Leistung?

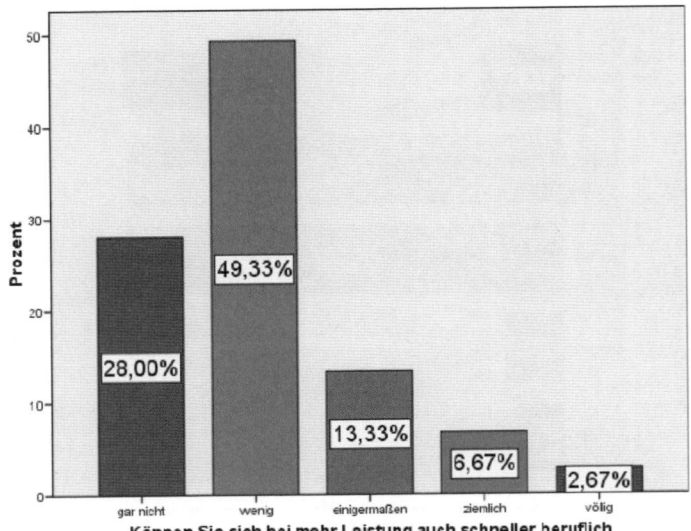

71 % der Befragten sagen, dass sie die Führung bei der Bewältigung ihrer Aufgaben nicht angemessen unterstützt! Das ist schon gewaltig. Daraus ergeben sich Fragen für die Gesundheitswerkstätten: Wie soll diese Unterstützung konkret aussehen? Haben die Führungskräfte das Handwerkzeug, um unterstützen zu können? Wie sehr unterstützen Mitarbeiter ihre Führungskräfte?

Fast 80 % der Befragten sagen, dass sich besondere Leistungen nicht lohnen! Eine Entwicklung ist nicht möglich – egal, wie sehr man sich anstrengt. Wie kann man diese gewährleisten? Welchen Beitrag kann die Führung leisten? Auch das waren Fragen für die Gesundheitswerkstätten.

Immerhin noch 65 % der Befragten sagen, dass sie nicht ausreichend von den Kollegen unterstützt werden. Auch das ist ein bedenklicher Befund. Wir haben des Öfteren festgestellt, dass die Beziehungsqualität zwischen den Mitarbeitern ein bedeutsamerer Vorhersagefaktor für betriebliche Fehlzeiten war, als das Führungsverhalten. Mitarbeiter sind Puffer! Ohne Puffer keine Entlastung!

Im zweiten Teil der Befragung haben wir uns dem Thema Gesundheit zugewandt. Stellvertretend für eine Reihe von Ergebnissen wollen wir die Zusammenhänge zwischen Erholungsfähigkeit und Beschwerden/Fehlzeiten ausführen.

Knapp 36 % der Befragten gaben an, Schwierigkeiten zu haben wieder „runter" zu kommen! Wir wissen nicht wer, aber Erholungsfähigkeit ist eine bedeutsame personale Determinante im Gesundheitsgeschehen und zugleich eine Moderatorvariable für die Arbeitsbelastungen. Was machen die restlichen 64 % anders? Kann man von diesen lernen? Wenn ja, was? Wir konnten auch nachweisen, dass die „Erholungsunfähigen" signifikant mehr Gesundheitsbeschwerden

Abbildung 103: Erholungsfähige vs. Erholungsunfähige

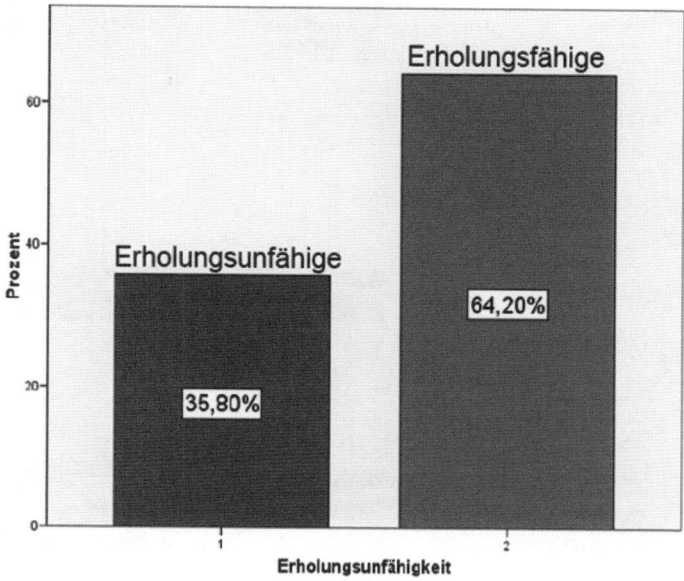

Abbildung 104: Erholungsfähigkeit und Fehlzeiten

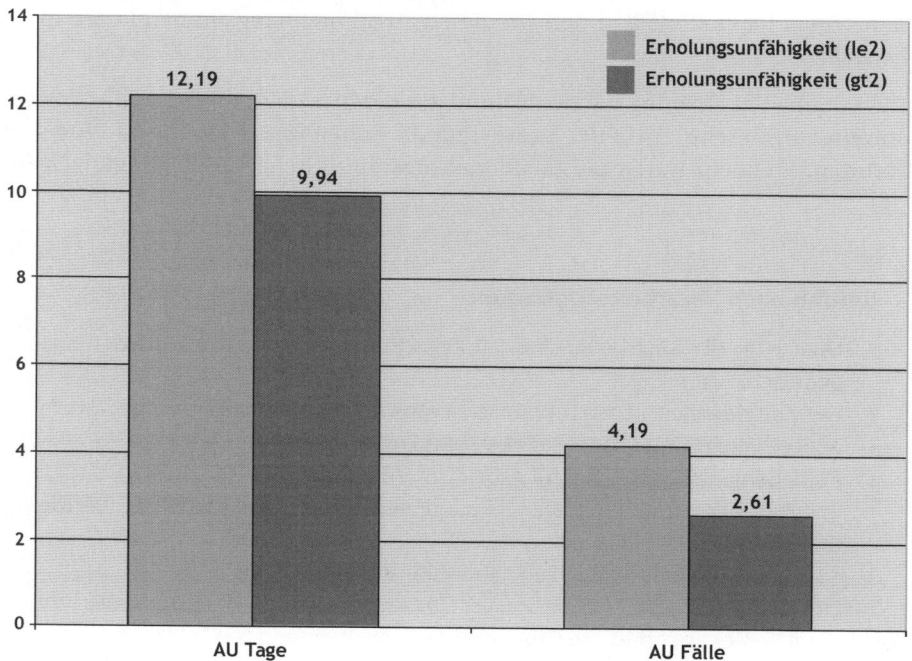

Abbildung 105: Pfadmodell zur Verursachung von Fehlzeiten

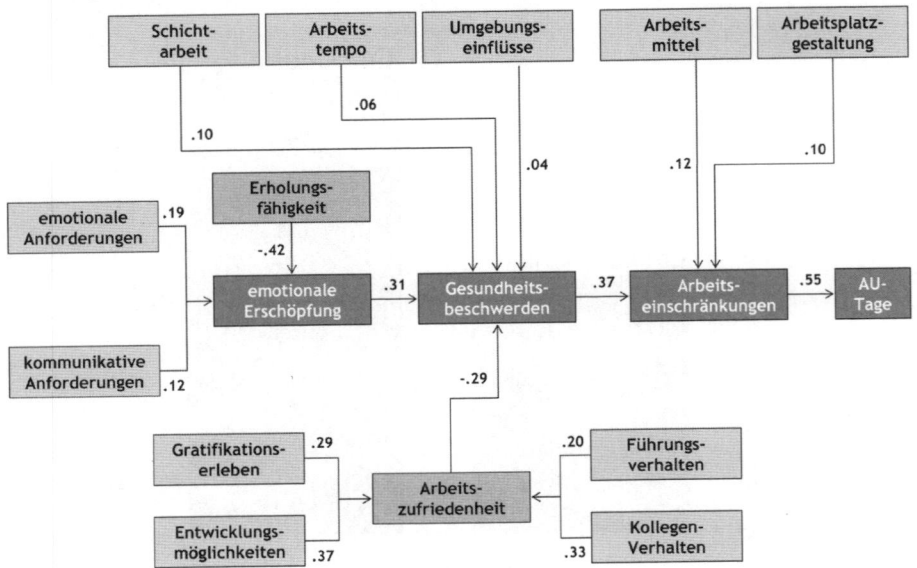

und signifikant höhere Fehlzeiten aufwiesen und zwar sowohl bezgl. der AU-Tage, als auch der AU-Fälle. Bei Mitarbeitern mit hohen Arbeitsbelastungen oder schlechtem Raumklima konnten wir diesen Zusammenhang aus den Daten nicht herstellen.

Die Mitarbeiterbefragung hat den Befund aus der ASitA bestätigt, dass die Arbeitsanforderungen selbst nicht der Auslöser für die hohen Fehlzeiten in Süd-West sein konnten. Vielmehr waren personale und organisatorische Randbedingungen ur-

INFOBOX

Befund nach Mitarbeiterbefragung

- Über 50 % der Mitarbeiter sind mit ihren Jobs entweder nicht zufrieden oder unentschlossen.
- Die Zufriedenheit ist hoch korreliert Entwicklungsmöglichkeiten, dem Kollegenverhalten, Gratifikationserleben und Führung.
- Zufriedenheit ist ein Puffer für Arbeitsanforderungen.
- In allen vier organisationalen Gesundheitstreibern sind deutliche Defizite messbar.
- 35 % der Mitarbeiter geben an, „erholungsunfähig" zu sein.
- Erholungsunfähigkeit (als personaler Gesundheitstreiber) ist eng assoziiert mit emotionaler Erschöpfung, Gesundheitseschwerden und mit Fehlzeiten.
- Die Arbeitsanforderungen selbst korrelieren nicht oder nur mäßig mit Gesundheitsbeschwerden und Fehlzeiten.

sächlich für das Problem. Die genaue Ausleuchtung er Problemlage sollte dann später noch in den Gesundheitswerkstätten erfolgen.

5 | Gesundheitswerkstätten (GW)

Gesundheitswerkstätten (auch „Gesundheitzirkel" der „Ideenwerkstätten", vgl. hierzu auch SLESINA, 1990; SCHRÖER, 1992, SOCHERT, 1998) haben zwei Hauptzielrichtungen: Sie generieren zum einen die *konkretesten Daten* im Rahmen der Analyse. Die ausgeführte Komplexität bei der Entstehung bzw. Verhinderung von nachhaltiger Arbeitsbewältigung fordert geradezu Analyseinstrumente, die in der Lage sind, prozessorientierte Daten zu erheben und arbeitsplatzbezogene Wirkkonstellationen zu beschreiben. Der Schwerpunkt dieser qualitativen Analyse liegt also auf der Entwicklung eines umfassenden Verständnisses für das betriebliche Gesundheitsgeschehen.

Zum anderen wird in der Auseinandersetzung mit den qualitativen Zusammenhängen bei den Beteiligten Veränderungswissen mobilisiert. Die in den Werkstätten entwickelten Veränderungsvorschläge dienen damit auch der *Prozessoptimierung* und stellen für die Betriebe ein beträchtliches Reservoir an Optimierungsmöglichkeiten dar. Erfahrungen zeigen, dass von teilnehmenden Beschäftigten keineswegs utopische Veränderungsvorschläge gemacht werden, die kaum realisierbar und darüber hinaus teuer sind. Die Beschäftigten kennen in der Regel sehr gut die betriebsinternen Grenzen für Veränderungen. Überwiegend handelt es sich bei den Vorschlägen um vergleichsweise einfach zu realisierende Veränderungen im ablauforganisatorischen Bereich, die gleichwohl einen gesundheitlichen und betriebsklimatischen Nutzen zeitigen können.

Gesundheitswerkstätten ermöglichen zudem Partizipation und sichern damit das prozessuale Gerechtigkeitserleben in der Belegschaft. Die Einbindung des Erfahrungswissens verstärkt das Erleben von Selbstwirksamkeit, vorausgesetzt die Ideen werden ernst genommen und es folgen auch Veränderungen. Das Engagement zum Einbringen von Verbesserungswissen muss also auch zu sichtbaren Umsetzungskonsequenzen führen. Anderenfalls wird die Arbeit ad absurdum geführt und die Motivationsbasis beteiligungsorientierter betrieblicher Gesundheitsförderung langfristig zerstört, zumindest aber für lange Zeit diskreditiert.

Schließlich dienen Gesundheitswerkstätten auch der Verbesserung der internen Kommunikation. Durch ihre Einführung vereinfacht und intensiviert sich die Vermittlung betrieblicher Ziele. Die Kooperation zwischen Entscheidungs- und Beteiligungsgremium schafft innerbetriebliche Transparenz und befähigt die Mitarbeiter, Zusammenhänge nicht nur genauer wahrzunehmen, sondern aus ihnen auch schneller adäquate Handlungsoptionen abzuleiten. Die (neue) Transparenz im Vorgehen erzeugt darüber hinaus einen unternehmerischen Wert, der heute nicht mehr überschätzt werden kann, nämlich Vertrauen. Vertrauen bedeutet hier, den Mitarbeitern etwas zuzutrauen, sich zu trauen und damit Selbstvertrauen aufzubauen. Intransparente Unternehmensprozesse erzeugen immer das Gegenteil, nämlich Misstrauen. Misstrauen ist der „Killer Nummer 1" für Motivation und Engagement. Damit ist Gesundheitsmanagement eben auch ein praktisches „Motivationsmanagement"

Bei der Best Contact GmbH wurden drei Gesundheitswerkstätten am Standort Süd-West eingerichtet: Clearing (2x) und Inkasso (1x). Es wurden insgesamt 4x jeweils 3stündige moderierte Workshops in jedem Bereich durchgeführt. Der Fokus der Gesundheitswerkstätten lag in der Vertiefung des Zusammenhangswissen und der weiteren Verdichtung der Befundlage bezogen auf die Hauptfragestellung: *„Was beeinträchtigt die Arbeitsbewältigung der Mitarbeiter und verursacht Fehlzeiten?"* Im Clearing-Bereich wurden deshalb zwei Gesundheitswerkstätten durchgeführt, weil die Mitarbeiterzahl mit >170 besonders hoch war, man mehrere Teams einbinden und die Befunde noch einmal abgleichen wollte. Es nahmen jeweils 8 Vertreter aus den Bereichen an den Werkstätten teil. Die Gruppen trafen sich wöchentlich. Mit den Führungskräften der beteiligten Bereiche wurden separate Interviews geführt.

Für die Clearing-Bereiche von Süd-West sollen die Ergebnisse der Gesundheitswerkstätten jetzt auszugsweise ausgeführt werden. In ihnen arbeitet ein Großteil der „Eingesessenen". Die Clearingbereiche sind auch diejenigen, mit den nachweislich höchsten Fehlzeiten. Die Aussagen haben qualitativen Charakter, erheben aber dennoch den Anspruch auf Repräsentativität. Immerhin wurden mit den beiden Gesundheitswerkstätten etwa 10% der Grundgesamtheit erreicht.

In den Gesundheitswerkstätten wurde darauf geachtet, die Problembereiche nicht nur auszuführen, sondern auch Ursache-Wirkungs-Beziehungen herzustellen. Hierzu wurden zunächst die Problembereiche gesammelt, danach gewichtet und abschließend die gewichteten Problembereiche in „Problemfeldern" geordnet. Ein Problemfeld führt die genauen Zusammenhänge zwischen Ursache (Einwirkung) → Primärwirkung (Auswirkung) und Sekundärwirkung (Rückwirkung) aus. Als Sekundärwirkung wurde insbesondere auf das Zeigen kurzzeitiger Fehlzeiten fokussiert.

Ergebnisse der Gesundheitswerkstätten „Clearing" (Süd-West)
(primäre Auswirkung → *kursiv*)

- unzureichender Überblick über die strategische Ausrichtung des Bereiches und deren Konsequenzen → *multiple Unsicherheiten*
- latent gefühlter Selbstwertangriff „Nord-Ost" bei gleichzeitig steigenden Anforderungen → *Inkohärenz, Zurücksetzung*
- großes Motivationsgefälle zwischen den Mitarbeitern → *Entsolidarisierung*
- „Kastenwesen" zwischen „Eingesessenen" und „Neuen" → *Entsolidarisierung*
- mangelnde Akzeptanz der Führung („Wasch' mich, aber mach mich nicht nass!") → *Ambivalenz*
- unangemessene Anspruchshaltungen (hohe Anstrengungen in den „Heißphasen" „erzwingen" Erholung über das tariflich geregelte Maß hinaus) → *Erholungssuche*

- Frustration aufgrund Überqualifizierung bei gleichzeitigen Entwicklungsbarrieren → *Sättigung*
- heftige kurzzeitige Reaktionen bei Forderungen des Managements (Kennzahlen, Urlaub, Perspektiven) → *Vergeltung*
- wenig Kontrollmöglichkeiten bei gleichzeitig hoher emotionaler Anspannung → *Anspannung & Erschöpfung*
- hohe Aufmerksamkeit auf die Leistung der anderen Mitarbeiter → *„atmosphärische Störungen" (Zynismus)*
- geringe innere Verpflichtung den unmittelbaren Kollegen und dem Unternehmen gegenüber → *„Egal-Haltung"*

In den Führungskräfteinterviews (Teamleiter) wurde zudem festgestellt:

- fehlende strategische Perspektive (schleichender Rückbau bei zugleich erhöhten Anforderungen)
- unzureichende Wahrnehmung und Akzeptanz von Führungsaufgaben (kein Führungskräfteentwicklungsprogramm, bisher Mitarbeiter – jetzt Führungskraft)
- multiple Abhängigkeiten gegenüber Mitarbeitern („Bist du nicht willig, so brauch' ich Gewalt!")

Abbildung 106: Führungssituation bei der Best Contact GmbH (Süd-West)

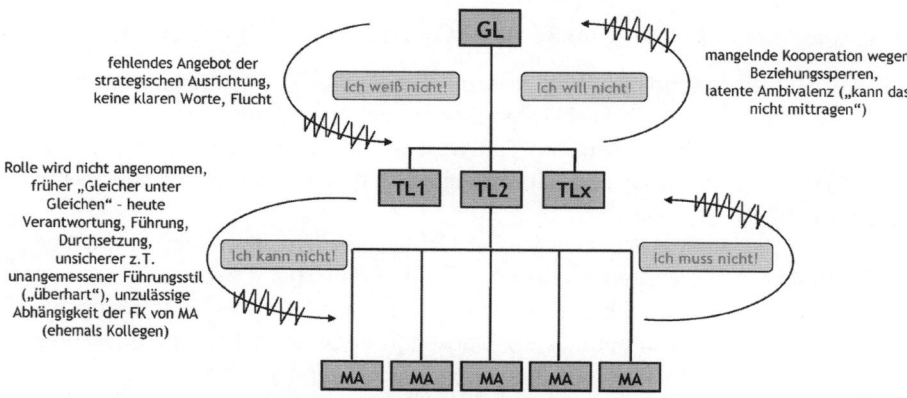

Abbildung 107: Wirkmodell zur Fehlzeiten (Clearing, Süd-West)

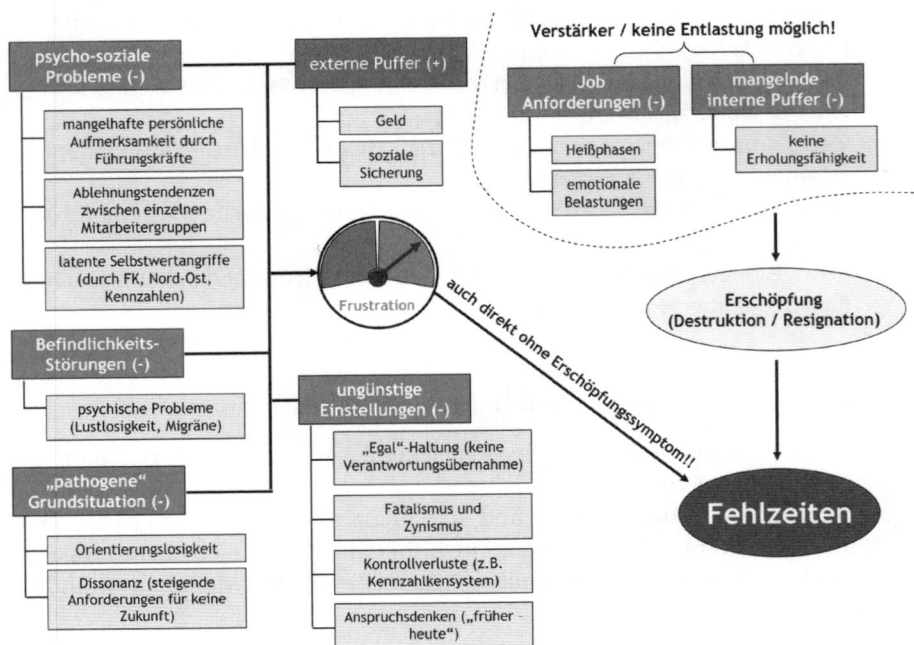

Zusammenfassung der Befundlage aus den Analyseebenen 1 bis 5

Verdichtete Befundlage im Bereich „Clearing" (Süd-West) nach Analyse

1. *FZSA:* Der Standort Süd-West weist mit 11,2 % (2009) die mit Abstand höchsten Fehlzeiten auf. Die Fehlzeiten sind binnen 4 Jahre um relativ 13 % angestiegen. Der Bereich Clearing Süd-West weist mit 15,3 % die höchsten gemessenen Fehlzeiten auf. Die Fehlzeiten sind großteilig kurzfristiger Natur (ca. 80 % bis 3 Tage).

2. *BFZB:* Die häufigen Kurzzeit-AU sind nicht sonderlich differenziert und haben ein sehr breites Diagnosespektrum. Sie sind unspezifisch.

3. *ASitA:* Die Fehlzeiten lassen sich nur sehr begrenzt mit den Ausführungsbestimmungen der unmittelbaren Tätigkeit in Verbindung bringen. Ausnahme ist der unregelmäßige Anfall emotionaler belastender Tätigkeiten in „Heißphasen", die nicht ausreichend „abgepuffert" werden können. Die Tätigkeitsausführung ist jedoch potenziell schädigungslos, insgesamt gesundheitsverträglich und wenig alterskritisch.

■ *MAB:* Ein Großteil (< 50 %) der Mitarbeiter sind mit ihren Jobs nicht zufrieden. Die Unzufriedenheit korreliert mit Entwicklungsbarrieren, insuffizientem Gratifikationserleben, mangelnder Unterstützung durch Kollegen und Führungsdefiziten. Zudem sind personale Kompetenzdefizite messbar, um die Anforderungen angemessen kompensieren zu können. Weit über ein Drittel geben an, „erholungsunfähig" zu sein. Die unzureichenden personale Kompetenzen zur Regulierung der tätigkeitsbezogenen Anforderungen *und* von gefühlten Zurücksetzungen korrelieren signifikant mit Gesundheitsbeschwerden und Fehlzeiten.

- *GW:* Die subjektiven Modelle der Entstehung von Fehlzeiten fokussieren auf ein latentes Zurücksetzungserleben der Belegschaft in Verbindung mit fehlender beruflicher Perspektive. Weder Führungskräfte, noch Mitarbeiter wirken als Puffer für die Arbeitsanforderungen. Das frustrane Erlebnis braucht keine manifesten Beschwerden, um sich in Fehlzeiten auszudrücken. Kleinere Störungen haben heftige Reaktionen zur Folge. Fehlzeiten sind als Vergröberung der Kommunikation zu begreifen. Sie sind in weiten Teilen die Antwort auf Gefühle der Sättigung, Entsolidarisierung und Vergeltungsnotwenigkeit.

Schlussfolgerungen und Handlungsempfehlungen

Was würden Sie jetzt tun, um den Clearing-Bereich der Best Contact GmbH im Bereich Süd-West wieder auf Vordermann zu bringen? Ein Stressbewältigungsseminar? Bewegungspausen am Arbeitsplatz? Ein Firmenevent? Mehr Gehalt? Gar nichts?

Unsere Schlussfolgerungen gehen in verschiedene Richtungen:

1. *kurzfristig:* Verbesserung der Arbeitsplatzgestaltung und Arbeitsorganisation – insbesondere in der Hochsaison. Das sind sog. „quick-wins", d. h. Maßnahmen, bei denen wir nicht erwarten, dass die Fehlzeiten sinken, die wir aber brauchen, um anschlussfähig zu sein.
2. *mittelfristig:* Erhöhung der externen Puffer – insbesondere Verbesserung der Wahrnehmung der Beziehungsgestaltung zwischen Mitarbeitern und der Führungssituation. Hier sind mäßige Effekte auf die Fehlzeiten zu erwarten.
3. *langfristig:* Erhöhung der internen Ressourcen – insbesondere Verbesserung der Stress- und Emotionsregulation sowie Erholungsfähigkeit. Hier sind erhebliche Effekte auf die Fehlzeiten zu erwarten.

Checkliste für eine gute explorative Organisationsdiagnostik

1. Strategieentwicklung (Analyseziele definieren, Haupt- und Nebenfragestellungen definieren, Analyseinstrumente und Anforderungen an diese definieren, machbare Methodik festlegen, Budgetierung)
2. Projektentwicklung (Projektstrukturplanung, Projektablaufplanung, Meilensteinplanung, Kommunikationsplanung)
3. sukzessive Umsetzung der Datenerhebung unter Berücksichtigung des Datenschutzes

4. Integration der Daten entsprechend der Analyserichtung und unter Bezugnahme auf die jeweils vorhergehenden Analyseergebnisse (Befundverdichtung)
5. Erstellung eines detaillierten Ergebnisberichtes inklusive Handlungsempfehlungen
6. Ergebnispräsentation im Steuerungsgremium
7. Mitarbeiterinformation

3.4.2 Kennzahlenbasierte Analysen

Kennzahlenbasierte Analysen sind geschlossene Verfahren. Das primäre Ziel kennzahlenbasierter Analysen ist die Abbildung einer vorgegebenen Struktur in einer zu messenden Organisation. Etliche Anbieter solcher Systeme haben sich etabliert, so z. B. MIAS®,[132] Great Place to Work®,[133] Top Arbeitgeber Deutschland®,[134] Top Gesundheitsmanagement Award,[135] Corporate Health Award[136] usw. Der Reiz vieler Unternehmen, sich einer kennzahlenbasierten Bewertung zu unterziehen, liegt zum einen einen im betriebsübergreifenden Benchmark und zum anderen in Marketing- und PR-Überlegungen.

Die *Vorteile* der kennzahlenbasierten Analytik liegen auf der Hand. Sie sind:

- schnell (es gibt bereits ausgearbeitete Strukturen, die fertig operationalisiert und zur Messung bereit sind)
- kostengünstig (die Anbieter haben i. d. R. Routinen zur Abarbeitung entwickelt)
- leicht anzuwenden (klare Vorgaben erhöhen die Handlungssicherheit)
- handlungsleitend (oftmals sind Maßnahmenpakete auf festgestellte Auffälligkeiten/Abweichungen bereits definiert)
- „Management-affin" (verdichtete Kennzahlen über komplexe Sachverhalte lassen sich leichter kommunizieren)

Die *Nachteile* sind genauso offensichtlich. Kennzahlenbasierte Analysen sind:

- unsicher (die vorgegebene Struktur stellt stets nur eine Näherung an einen Gesamtzusammenhang dar)
- allgemein (keine spezifischen Aussagen möglich → Screening)
- external zentriert (oftmals keine oder nur geringe betriebliche Anteile an der Struktur)
- nicht überprüfbar (insbesondere die Quellen der vorgegebenen Bewertungsmuster werden nur unzureichend publiziert)

---

132 http://www.mias-online.com/demoversion.html
133 http://www.greatplacetowork.de/
134 http://de.toparbeitgeber.com/
135 http://www.tg-lifeconcept.de/index.php?lan=1&x=5&y=5
136 http://www.corporate-health-award.de/

Kennzahlenbasierte Analysen können sich auf das Gesamtsystem beziehen (siehe die diversen genannten Anbieter) oder auf einzelne Ereignisse fokussieren (z. B. auf Punktwerte aus Gefährdungsanalysen oder Vitalitätsindizes aus der Individualdiagnostik).

INFOBOX

Kennzeichen kennzahlenbasierter Analysen

- Vorgabe der zu messenden Variablen (zuvor fixe Auswahl von Organisationsmerkmalen)
- Vorgabe der inneren Struktur der zu messenden Variablen (definierte Zuordnung einzelner Merkmale in Cluster, bereits festgelegte Gewichtungen)
- Vorgabe der zu verwendenden Instrumente (z. B. Befragungen, div. Checklisten)
- externe Interpretationshoheit durch Erfahrungswerte („Benchmark")

3.4.2.1 Praxis: MIAS® – Moderner Integrierter Arbeitsschutz

MIAS® steht als Kürzel für „Moderner Integrierter Arbeitsschutz" und stellt einen kennzahlenbasierten Ansatz dar, der Elemente des traditionellen Arbeitsschutzes mit den Ideen des BGM verbindet. Er berücksichtigt öffentlich-rechtliche Arbeitsschutzverpflichtungen genauso wie betriebsspezifische Gesundheitsziele.

Das MIAS®-Konzept ist umfassend. Es strebt zum einen die Verhinderung gesundheitlicher Schädigungen an, zum anderen setzt es auch auf die Stärkung bestehender Gesundheitsressourcen und -potenziale. Es vereint auf diese Weise die pathogene und die salutogene Perspektive auf das Krankheits- bzw. Gesundheitsgeschehen. MIAS® steht für ein Gesundheitsverständnis, nach welchem der Mensch nicht nur vor arbeitsbedingten Gesundheitsgefahren zu schützen, sondern auch zur Steigerung seiner Leistungsvoraussetzungen zu befähigen ist.

Eine weitere Besonderheit von MIAS® besteht darin, dass es die Leitlinien und Vorgehensweisen der zielorientierten und selbstkontrollierten Unternehmensführung umfasst und diese speziell auf die Themengebiete Arbeitsschutz und Gesundheit ausrichtet. Außerdem ist MIAS® so konzipiert, dass es problemlos in ein vorhandenes Führungs- und Organisationskonzept oder in ein integriertes Managementsystem eingefügt werden kann.

Das Ziel von MIAS® besteht darin, ein homogenes Werte-Ziel-Verständnis für die Bereiche Arbeitsschutz, Anlagensicherheit, Gesundheit und Leistungsentfaltung innerhalb des gesamten Unternehmens zu transferieren und zu kommunizieren. Hierbei greift es auf die Idee der vier konzeptionellen der Führung zurück, wie sie bereits im Kapitel 2.5 ausgeführt worden ist. Das bedeutet, dass aus der Unternehmenskultur alle weiteren Strategien, Ziele, Strukturen, Methoden und Maßnahmen abzuleiten sind. Der Ausgangspunkt von MIAS® ist demzufolge auch zunächst eine Diskussion der unternehmenskulturellen Grundsätze zum Arbeits- und Gesundheitsschutz. Dieser schließt sich eine Verbalisierung der arbeits- und gesundheitsschutzbezogenen Leitlinien (Vision) an. Gemäß des bereits in Kapitel 3.2 skizzierten Zielbaumprinzips werden aus der formulierten MIAS®-Vision Grobziele abgeleitet, um die Vision zu erreichen und anschließend hinsichtlich ihres Stellenwertes quantifiziert, d. h. gewichtet.

MIAS® umfasst insgesamt sieben Handlungsschritte:

1. Entwicklung einer Zielmatrix
2. Gewichtung der Ziele
3. Erhebung der einzelnen Zielerreichungsgrade
4. Verdichtung und Visualisierung
5. Auswertung, Interpretation und Handlungsableitung
6. Interventionsplanung und Umsetzung
7. Evaluation und Nachhaltigkeitssicherung

1 | Entwicklung einer Zielmatrix

Zur Entwicklung der Zielmatrix werden im Konzept zunächst drei Grobziele begrifflich vorgegeben:

1. Sicherheit
2. Gesundheit
3. Leistungsfähigkeit

Aus den Grobzielen werden wiederum Feinziele abgeleitet. MIAS® gibt in seiner Standardfassung 12 Feinziele vor. Diese verteilen sich wie folgt:

Tabelle 10: Feinziele der MIAS®-Matrix

Sicherheit	Gesundheit	Leistungsfähigkeit
Arbeitsmittel	psycho-sozial	Anreizsystem
Arbeitsstätte	physisch	Freiheitsgrade
Organisation	physikalisch	Leistungsvoraussetzungen
Arbeitsstoffe		Performanz
Verhalten/PSA		

Das Konzept ist offen gestaltet, d. h. jeder Betrieb kann auch grundsätzlich die inhaltliche Ausrichtung bestimmen und auch neue Zielfelder einfügen. Externe Benchmarks liegen nicht im Fokus des Ansatzes. Hat ein Betrieb seine Ziel-Struktur festgelegt, sollte er aber die nächsten 2–4 Jahre daran festhalten, um Vergleiche über die Zeitachse zu ermöglichen.

Abbildung 108: MIAS®-Zielbaum (Standardvariante)
[Quelle: Eigene Darstellung]

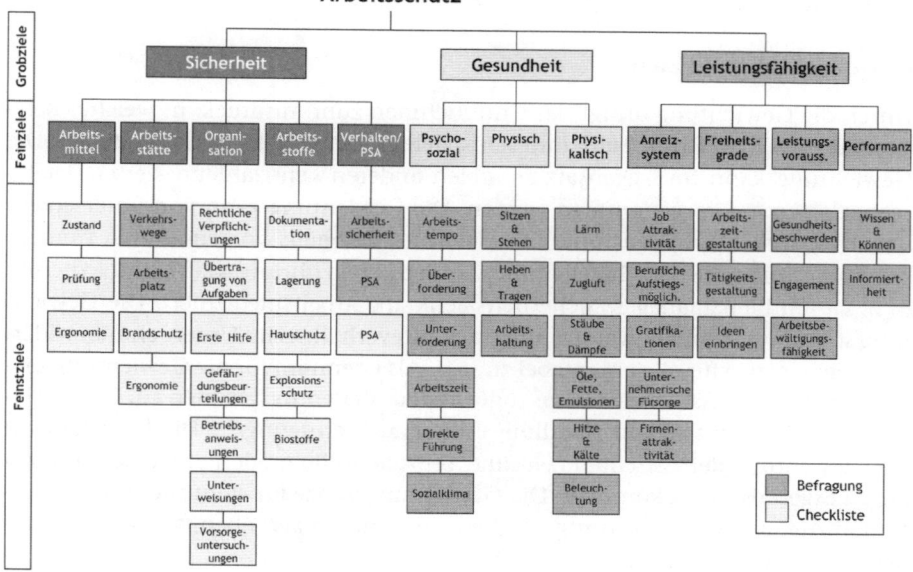

Operabel werden die Feinziele erst auf der Ebene der Feinstziele. MIAS® gibt hier zur Orientierung zunächst 50 Feinstziele vor. Diese werden mit Hilfe von zwei standardisierten Instrumenten erfasst:

- Checkliste (für objektivierbare „hard-facts")
- Befragung (für subjektive „soft-facts")

Abbildung 108 zeigt den vollständigen Zielbaum der Standardvariante von MIAS®. Die Zielmatrix versteht sich nicht zwingend als „vollständig" oder „richtig". Sie stellt vielmehr einen erfahrungsbasierten Vorschlag zur betrieblichen Umsetzung dar, der von vielen Unternehmen dankbar angenommen wird.

Aus dem Zielbaum ist ersichtlich, dass z. B. keine Ziele, wie „Reduktion von Fehlzeiten" oder auch „Vermeidung von Arbeitsunfällen" aufgeführt sind. Warum ist das so? Gemäß dem Integrierten Denk- und Beratungsmodell (IDBM) stellen Leistungseinschränkungen, Fehlzeiten und Arbeitsunfälle die negativen Rückwirkungen in einer Kausalkette aus Einwirkungen und Auswirkungen dar. Um das Ergebnis dieses Ursache-Wirkungs-Verhältnisses positiv beeinflussen zu können, ist es langfristig wesentlich effektiver, bei den Ursachen (Einwirkungen) anzusetzen. Die Matrix setzt daher auch an der Optimierung und Anpassung der arbeitsbedingten Einflussfaktoren zur Sicherung ungestörter Arbeitsprozesse und zur Stärkung der individuellen und situativen Leistungsvoraussetzungen an. Auf diese Weise können langfristig die Unfallquoten, Fehlzeiten und Leistungsdefizite reduziert werden ohne auf diese explizit Bezug nehmen zu müssen. Im Ergebnis dieser Konzentration auf die Einwirkungen (Ursachen) entwickelt das Unternehmen für jedes einzelne Organisationsmitglied eine bessere Basis für die nachhaltige Sicherstellung der Arbeitsbewältigungsfähigkeit.

2 | Gewichtung der Ziele

Durch die Gewichtung bringt das Unternehmen zum Ausdruck, in welcher Relation die einzelnen Grob-, Fein- und Feinstziele zur angestrebten Vision stehen. Die Gewichtung kann im Gegensatz zu vielen anderen kennzahlenbasierten Analyseangeboten frei vorgenommen werden. Die Gewichtung kann von unterschiedlichen Anspruchsgruppen innerhalb des Unternehmens vorgenommen werden. Zu ihnen zählen die Geschäftsleitung, Betriebsräte, Führungskräfte und Experten (z. B. Gesundheitsmanager, Sicherheitsfachkraft, Arbeitsmediziner). Die Gewichtung sollte ausgehandelt werden, um das Kräfteverhältnis im Unternehmen widerzuspiegeln sowie für alle akzeptabel zu sein. Als Gremium für die Gewichtung bieten sich der Arbeitsschutzausschuss oder andere Steuerungsgremien an. Für die Gewichtungsprozedur stehen Handlungshilfen zur Verfügung.[137] Die Diskussionen zur Gewichtung der einzelnen Leit- und Teilziele sollte moderiert werden, um zügig zu Ergebnissen zu kommen. Die Gewichtungsprozedur steht nicht im Widerspruch zur kausalen Verkettung der Ziele von unten nach oben, sondern ergänzt diese um eine betriebspolitische Facette.

3 | Erhebung der einzelnen Zielerreichungsgrade

Der Gewichtung der einzelnen Zielbereiche schließt sich eine IST-Analyse der gegenwärtigen Zielerreichungsgrade an. Für die Erfassung eignen sich a) die Beobachtung eines Sachverhaltes (z. B. Pflichtenübertragung ist schriftlich erfolgt oder eben nicht = ja/nein), b) objektive Messinstrumente (z. B. Lärmmessung, Bildwiederholfrequenzmessung, Temperaturmessung usw.) sowie c) subjektive Messinstrumente (z. B. Mitarbeiterbefragung). Auch die Situationsbewertung (Rating) durch Fachexperten oder Führungskräfte ist ein legitimes und anerkanntes Verfahren zur Ermittlung des IST-Zustandes. Bei MIAS® kommen aus Gründen der Praktikabilität nur zwei Messinstrumente zum Einsatz, die aufeinander abgestimmt sind:

- eine (vorwiegend arbeitsschutzbezogene) Checkliste und
- eine (vorwiegend gesundheits- und leistungszentrierte) Befragung

Die Bewertung erfolgt sowohl in der Checkliste, als auch in der Mitarbeiterbefragung anhand einer einheitlichen 6-stufigen Skala. Jedes erfasste Item wird nach der Erhebung zum Zwecke der einheitlichen Visualisierung in eine Richtung gepolt, so dass hohe Werte immer einer guten Zielerreichung, geringe dagegen einer schlechten Zielerreichung entsprechen. Da einige wenige Items der Checkliste nur dichotom („ja/nein") ausgelegt sind, erhalten wir mit dieser Verfahrensweise in der Auswertung auch ein paar Unschärfen. Diese nehmen wir jedoch gerne in Kauf, weil

---

137 Siehe auch: http://www.mias-online.com/demoversion.html.

die Gesamtaussage damit unverändert bleibt. Beide Instrumente zusammen umfassen ca. 150 Items. Das ist schon eine ganze Menge. Die Ergebnisse der Checkliste und der Mitarbeiterbefragung werden später zusammengeführt und mit Hilfe einer Softwareapplikation (SusA®) zu prägnanten Kennzahlen verdichtet.

Checkliste

Objektive Messungen finden ihren Platz in den Bewertungen der Checkliste. Die Checkliste stellt ein internes arbeitsschutzzentriertes Auditinstrument dar. Sie kann beliebig erweitert und an die betriebliche Situation angepasst werden. Wir haben in die Checkliste zunächst 18 Zielbereiche (Feinstziele) mit etwas mehr als 60 Items aufgenommen. Die Items bilden die Grundlage für die Bewertung der Feinstziele in der MIAS®-Zielhierarchie. Jedes Feinstziel ist mit mehreren Items untersetzt, um möglichst zuverlässige Aussagen zu erhalten. Einen Einblick in die Checkliste erhalten Sie in der Tabelle 11.

Tabelle 11: Auszug aus der MIAS®-Checkliste

Sicherheit *Arbeitsmittel → Prüfung*	sehr schlecht	2	3	4	5	sehr gut
Sind die Zuständigkeiten bezüglich der Prüfung von Arbeitsmitteln klar geregelt?	☐	☐	☐	☐	☐	☐
Sind die Prüffristen für die Prüfung festgelegt?	☐	☐	☐	☐	☐	☐
Werden die vorgegebenen Prüffristen eingehalten?	☐	☐	☐	☐	☐	☐
Werden die Arbeitsmittel durch befähigte Personen geprüft?	☐	☐	☐	☐	☐	☐
Werden die Prüfungen dokumentiert und sind die Dokumentationen zugänglich?	☐	☐	☐	☐	☐	☐
Sicherheit *Arbeitsmittel → Ergonomie*	sehr schlecht	2	3	4	5	sehr gut
Sind ausreichend Bewegungsflächen vorhanden?	☐	☐	☐	☐	☐	☐
Sind ausreichend Arbeitsflächen vorhanden?	☐	☐	☐	☐	☐	☐
Sind die Arbeitsplätze ergonomisch günstig gestaltet?	☐	☐	☐	☐	☐	☐

Mitarbeiterbefragung

Die MIAS®-Grobziele „Gesundheit" und „Leistung" werden vollständig und das Grobziel „Arbeitssicherheit" teilweise mit Hilfe einer standardisierten Mitarbeiterbefragung erhoben. Die Mitarbeiterbefragung enthält insgesamt 32 Feinstziele mit knapp 90 Items. Dazu kommen noch die standardmäßig erhobenen soziodemografischen Variablen (z. B. „Arbeitsbereich", „Alter", „Geschlecht"). Soweit es der Datenschutz zulässt, können mit ihrer Hilfe später detaillierte Aussagen zum Stand der Zielerreichung in einzelnen Unternehmensteilen (z. B. Produktion, Verwaltung, Außendienst) oder auch einzelnen Zielgruppen (z. B. Frauen, Ältere) gemacht werden. Jedes Feinstziel wird mit mehreren Items abgebildet, so dass eine zufriedenstellende Zuverlässigkeit (Reliabilität) erreicht wird. Einen Auszug aus der Befragung findet sich in Tabelle 12.

Tabelle 12: Auszug aus der MIAS®-Mitarbeiterbefragung

	Sicherheit *Verhalten/PSA → Arbeitssicherheit*	trifft gar nicht zu	2	3	4	5	trifft völlig zu
14	Sicherheitsvorschriften für meine Tätigkeiten werden mir mitgeteilt.	☐	☐	☐	☐	☐	☐
15	Die Sicherheitsvorschriften werden durch mich eingehalten.	☐	☐	☐	☐	☐	☐
16	Die Einhaltung der Sicherheitsvorschriften wird durch meinen Vorgesetzten kontrolliert.	☐	☐	☐	☐	☐	☐
	Gesundheit *psycho-sozial → direkte Führung*	trifft gar nicht zu	2	3	4	5	trifft völlig zu
31	Mein direkter Vorgesetzter bindet mich ein und spricht mit mir über die Belange meiner Arbeit.	☐	☐	☐	☐	☐	☐
32	Mein direkter Vorgesetzter erläutert mir klar, was er von mir erwartet.	☐	☐	☐	☐	☐	☐
33	Mein direkter Vorgesetzter behandelt mich fair und beurteilt mich anhand meiner Leistungen.	☐	☐	☐	☐	☐	☐
34	Mein direkter Vorgesetzter kann mich motivieren.	☐	☐	☐	☐	☐	☐
	Leistungsfähigkeit Anreizsystem → Gratifikation	trifft gar nicht zu	2	3	4	5	trifft völlig zu
55	Meine Bezahlung ist der Leistung, die ich bringen muss, angemessen.	☐	☐	☐	☐	☐	☐
56	Ich werde für besonders gute Leistungen auch besonders belohnt.	☐	☐	☐	☐	☐	☐

Wie bei jeder anderen Mitarbeiterbefragung auch, sind die Erfolgsvoraussetzungen zu beachten (z. B. Abstimmung mit den betrieblichen Interessenvertretern, intensive Erläuterung der Hintergründe und Inhalte, zeitnahe Information über die Ergebnisse, Dokumentation, Tempo …).

Abbildung 109: MIAS®-Zielkatalog einarbeiten
[Quelle: SusA®]

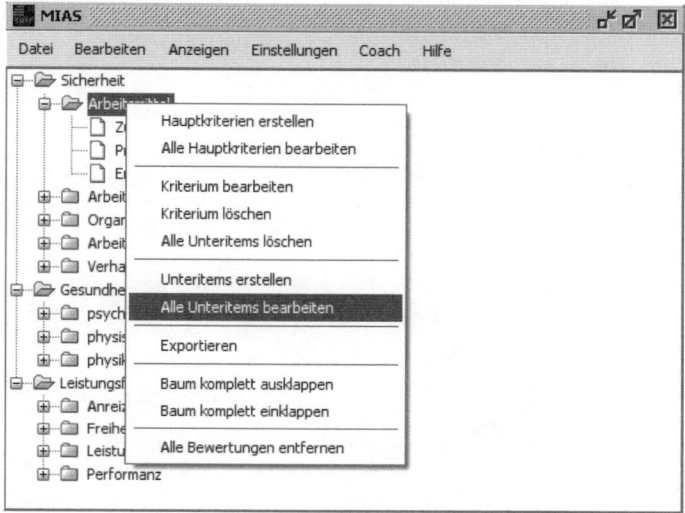

4 | Verdichtung und Visualisierung

Die gewichteten Ergebnisse aus der Checkliste und der Mitarbeiterbefragung werden mit Hilfe einer Softwareapplikation (SusA®)[138] in einen einzigen Zielkatalog zusammengeführt (siehe auch Abbildungen 109 und 110) und später in Form sog. Kreissektorendiagramme visualisiert. Wir haben diese Idee von SCHWERES, SENGOTTA & ROESLER (1999) aufgenommen und weiterentwickelt. SusA® ist so angelegt worden, dass die Zielkataloge problemlos erstellt und verwaltet werden können. Ständig werden neue Tools integriert. In der aktuellen Fassung ist es möglich, Daten zu exportieren und zu importieren (z. B. aus Microsoft Excel® oder auch SPSS®) und Entwicklungen über die Zeitachse darzustellen. Die Verdichtung und Darstellung der umfangreichen Daten in prägnanter Form erhöht die Kommunikationsfähigkeit der Beteiligten beträchtlich. Komplexe Zusammenhänge werden auf ein erträgliches und gut vorstellbares Maß reduziert.

---

138 SusA® = System zur universellen strukturierten Analyse.

Abbildung 110: Teilziele gewichten und bewerten
[Quelle: SusA®]

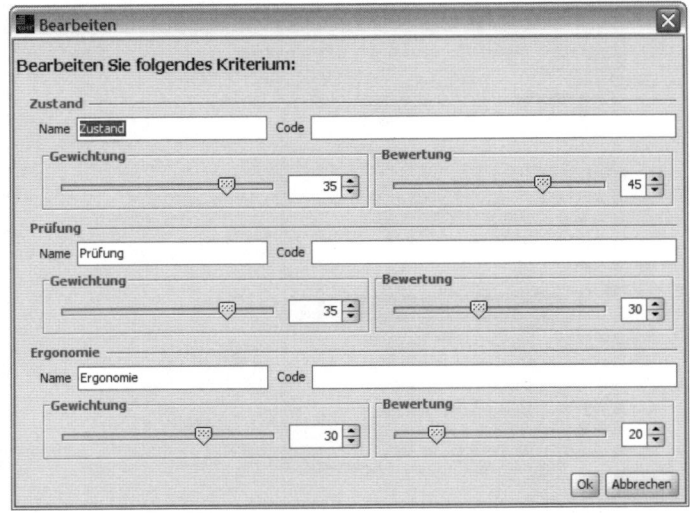

Bei der Bewertung der ermittelten Ergebnisse aus den Analyseinstrumenten können Betriebe erneut wählen:

- Übernahme standardisierter Bewertungsskalen[139]
- Entwicklung einer eigenen Bewertungsskala[140]

Aus den Kreissektorendiagrammen wird sofort ersichtlich, in welchen Bereichen Stärken und Defizite existieren. Entscheidend für die Beurteilung von Defiziten ist jedoch nicht nur die Bewertung allein, sondern immer die Kombination von Bewertung und Gewichtung. Aus Gründen der Anwenderfreundlichkeit werden hohe Zielerreichungsgrade zudem grün, mittlere gelb und geringe (Achtung Defizit!) rot markiert. Ein Kreissektorendiagramm (KSD) eignet sich deshalb gut für die Darstellung, weil es alle relevanten Informationen über den IST-Zustand enthält:

- die gewichteten Teilziele
- die Bewertungen der Zielerreichung auf einer einheitlichen Skala und
- weitere verdichtete Kennzahlen

Das Kreissektorendiagramm (KSD) in Abbildung 111 visualisiert den Zielerreichungsgrad der drei MIAS®-Grobziele: „Sicherheit", „Gesundheit" und „Leis-

---

139 SusA® gibt immer vor, dass die Bewertungsskala einheitlich gerichtet sein muss. In der Standardvariante variiert der Wertebereich von 10 = „geringe Zielerreichung" bis zu 60 = „volle Zielerreichung". So können z. B. die Befragungs- und Checklistenergebnisse auf diese Skala hin ausgerichtet und dargestellt werden.
140 Die Betriebe können z. B. selbst definieren, wann ein gemessener Merkmalsbereich der maximalen Zielerfüllung entspricht. Sind Sie z. B. mit 20 % motivierter Mitarbeiter zufrieden, dann können Sie das auch so quittieren.

Abbildung 111: Visualisierung der Zielerreichung mittels KSD (Ebene Grobziele)
[Quelle: SusA®]

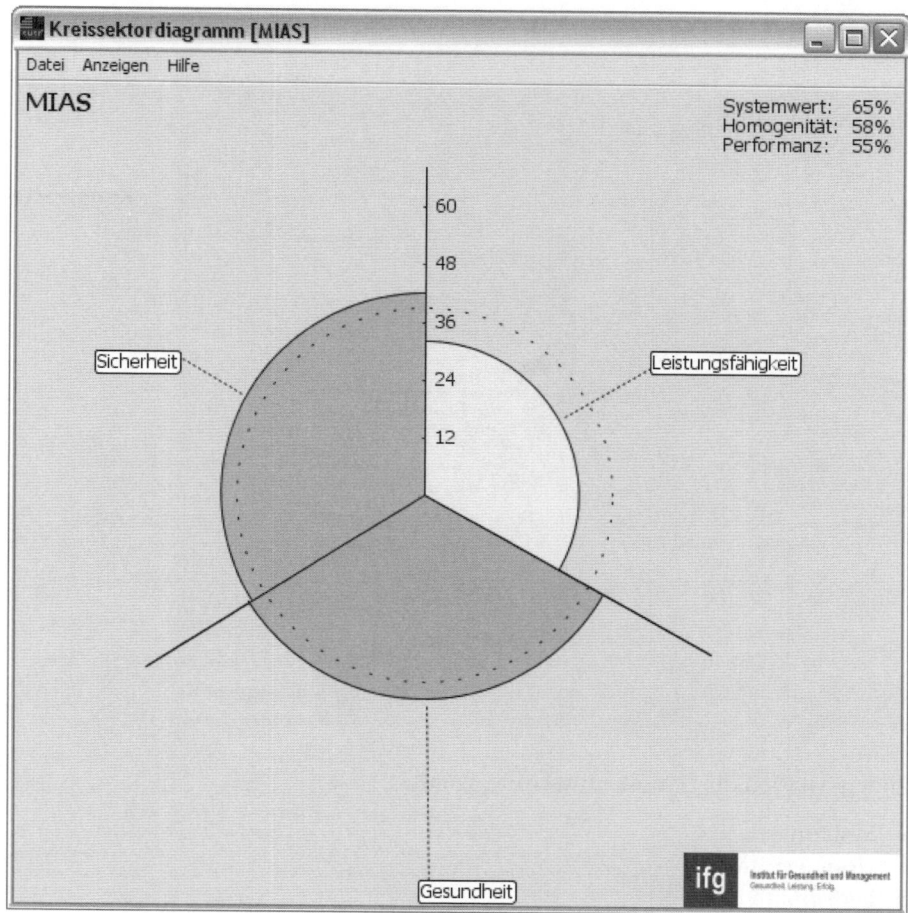

tungsfähigkeit". Jedem Zielbereich wird entsprechend seines Gewichtes ein Winkelmaß im KSD zugeordnet. So geht im Beispiel das Grobziel „Sicherheit" mit einer Gewichtung von ca. 33 % ein. Das Gewicht wird in ein Winkelmaß umgerechnet und entspricht im KSD 120°. Je höher der Zielerreichungsgrad, umso näher reicht das Teilziel im KSD an den Kreisrand heran. Mit diesem Verfahren werden also auch inhaltlich unterschiedliche Parameter miteinander vergleichbar. Das Programm SusA® lässt zudem verschiedene Auflösungsebenen in der Darstellung zu. So können z. B. auch die Feinziele dargestellt werden (Abbildung 112). Es können auch weitere Untersuchungen angestellt werden. So können z. B. nur einzelnen Grob- und Feinziele ausgewertet und visualisiert werden. Dadurch ist eine sowohl leichtgängige als auch sehr differenzierte Analyse möglich.

Abbildung 112: Visualisierung der Zielerreichung mittels KSD (Ebene Feinziele)
[Quelle: SusA®]

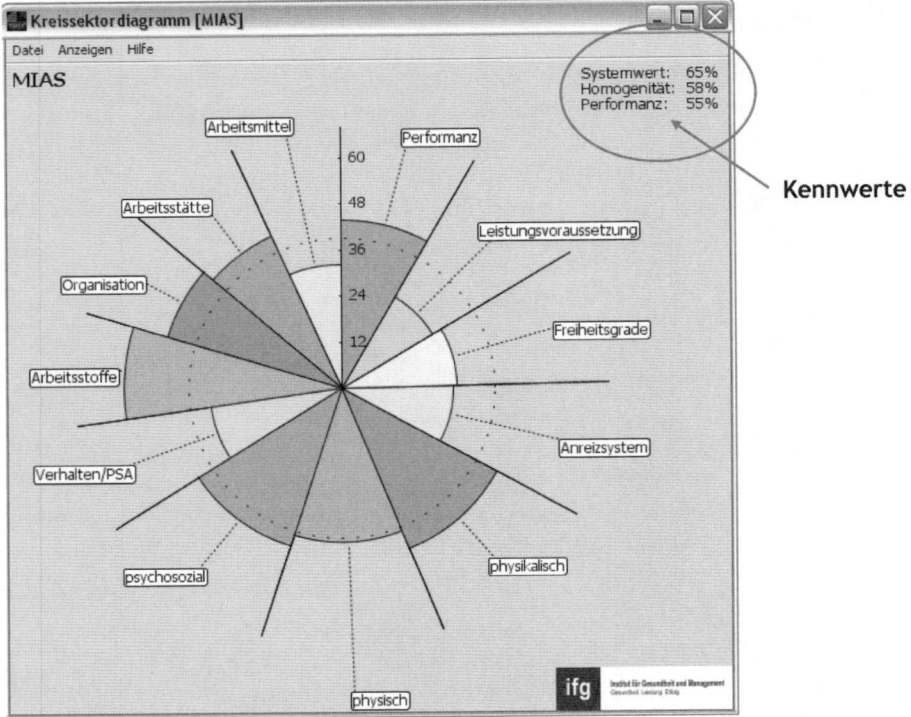

Zudem werden die Hauptkennwerte ausgeführt:

- Systemwert
- Homogenität
- Performanz

Der *Systemwert* (SW) stellt den durchschnittlichen, gewichteten Zielerreichungsgrad über alle Teilziele dar und wird in Prozent angegeben. Im KSD erscheint er
als gestrichelte Linie. Er kann in der Standardvariante (Wertebereich zwischen 10
und 60) folglich zwischen 1/6 (16,7 %) und 6/6 (100 %) variieren. 100 % erreicht das
rundum gesunde Unternehmen, das die selbst gesteckten Ziele zu 100 % verwirkli-
chen konnte. Einen SW von 16,7 % erhält ein Unternehmen, das in allen Messberei-
chen den geringsten Zielerreichungswert bekommen hat. Manchmal werden wir gefragt, warum ein Unternehmen keinen SW unterhalb dieses minimalen Wertes erreichen kann. Dies liegt zum einen in der Methode selbst begründet, zum anderen
aber auch daran, dass alle Unternehmen über eine minimale Widerstandsfähigkeit
verfügen müssen, um existent zu sein. Denn ohne ein Mindestmaß an Sicherheit bei
der Arbeit, physischen Voraussetzungen, psychosozialen Bedingungen und einer
entsprechenden Leistungsbereitschaft der Mitarbeiter, hat ein Unternehmen keinen
Bestand und hätte dieses Verfahren auch niemals zur Anwendung bringen können.

Die *Homogenität* (HO) gibt an, wie gleichmäßig die einzelnen Zielbereiche bewertet wurden. Sie misst die Standardabweichung[141] zwischen den Zielbereichen und drückt diesen Wert in Prozent aus. Arbeitssysteme können extrem homogen (alle Bereiche sind gleich gut oder gleich schlecht ausgeprägt) oder extrem inhomogen (die Bereiche variieren sehr stark) sein. Homogen gute oder schlechte Systeme erreichen jeweils einen Homogenitätswert von 100%. Warum ist die Homogenität so wichtig? Stellen Sie sich ein Unternehmen vor, das zum einen über hervorragende Leistungsparameter verfügt (z.B. ein hohes Maß an Engagement), diese Leistungsbereitschaft jedoch zugleich auf ein hohes Maß an Überforderungserleben und mangelnde Gratifikationswahrnehmung stößt. Nach unserem Systemverständnis befindet sich das Unternehmen in einem äußerst inhomogenen Zustand. Und damit wird es instabil. Das Risiko der Instabilität sollte in der Gesamtbewertung berücksichtigt werden.

Die *Performanz* (PE) stellt den am höchsten verdichteten und wichtigsten Kennwert in der MIAS®-Logik dar. Der Wert berücksichtigt sowohl den Systemwert als auch die Homogenität und kann daher als vollständigste Bewertung der Organisation interpretiert werden. Die Performanz kann niemals höher sein als der Systemwert. Eine hohe Homogenität (z.B. 90%) kann einen niedrigen Systemwert (z.B. 40%) nicht kompensieren. Wohl aber kann eine niedrige Homogenität einen zunächst guten Systemwert erheblich erniedrigen. Die Formel zur Berechnung der Performanz in SusA® lautet:

Performanz = Systemwert – ¼ x (100-Homogenität)

Die Homogenität geht also mit 25% in den Performanzwert ein. In unserer Abbildung erreicht das untersuchte Unternehmen einen Systemwert von 65% und eine Homogenität von 58%. Der Performanzwert errechnet sich demzufolge wie folgt:

Performanz $_{Arbeitssystem\ Abb.\ 112}$ = SW (65%) – ¼ x (100–58%) = 54,5%

Anders ausgedrückt: Die Performanz dieses untersuchten Arbeitssystems erniedrigt sich aufgrund der recht geringen Homogenität von 65% um 10,5% auf nur noch 54,5%. Der Wert wird auf volle Prozentpunkte gerundet.

5 | Auswertung, Interpretation und Handlungsableitung

Zur Interpretation der Ergebnisse dienen:

- das Kreissektorendiagramm selbst (Überblick und farbliche Gestaltung)
- der Systemwert
- die Homogenität und
- die Performanz

---

141 Standardabweichung (SD) = Summe der quadrierten Abweichungen in den Bewertungen der einzelnen Zielbereiche.

Bereiche, in denen vorwiegend interveniert werden sollte sind jene, die:

a) hoch gewichtet und
b) aktuell sehr schlecht bewertet sind

Dies macht Sinn, weil dadurch die Performanz rasch gesteigert werden kann. Das ist auch der Anlass, ein solches kennzahlenbasiertes Verfahren anzuwenden. Nicht wenige Unternehmen arbeiten lieber an ihren Stärken und werden dort auch besser. In unserer Logik ist das aber gleichzusetzen mit einem Zehnkämpfer, der aktuell gut sprinten und springen kann und das auch gerne trainiert. Nur vernachlässigt er dabei die Wurfdisziplinen mit dem Ergebnis, dass er im Wettkampf nicht bestehen kann. Er ist zu heterogen in seinen Leistungen!

Wie gut ist mein Unternehmen?

Viele Unternehmen stellen uns die Frage: „Wie gut bin ich eigentlich?". Andere wiederum wollen sich mit Unternehmen der Branche vergleichen oder an nationalen bzw. internationalen Maßstäben orientieren. Dies ist auch in Ordnung, wenngleich wir aus verschiedenen methodischen und politischen Gründen kein Verfechter externer Benchmarks sind. Für die Beantwortung der Fragestellung „Wie gut sind wir?" ist es notwendig, eigene Erfahrungswerte über die Zeitachse zu sammeln. Es gibt keinen besseren Referenzpunkt für Aussagen zur Organisationsentwicklung, als einen vergleichbaren Messwert in der eigenen Unternehmensgeschichte. Um aber dennoch Anhaltspunkte für die Einschätzung zu bieten, haben wir in der Tabelle 13 Richtwerte zusammengestellt.

Tabelle 13: Richtwerte für die Bewertung von MIAS® Kennzahlen

Bewertung	Systemwert	Performanz
sehr gut	>85%	>80%
gut	71–85%	65–80%
befriedigend	61–70%	56–64%
noch ausreichend	50–60%	50–55%
erheblich eingeschränkt	<50%	<50%

Bitte beachten Sie: Die Werte dienen Ihnen zur Orientierung und als Markierungspunkt, um als Unternehmen sicherer, gesünder und leistungsfähiger, d.h. widerstandsfähiger zu werden.

6 | Interventionsplanung und Umsetzung

Entsprechend der Zielerreichungsgrade der einzelnen Grob- und -Feinziele werden im nächsten Schritt die erforderlichen Interventionen geplant, um die Zielerreichungsgrade zu steigern. Die Interventionen richten sich dabei nach der Art der bestehenden Defizite bzw. ausbaufähigen Potenziale des Unternehmens. Die Maßnahmenplanung erfolgt spezifisch für jedes Unternehmen.

Die bisher beschriebene quantitative Analyse sollte im Rahmen der konkreten Interventionsplanung durch eine qualitative Analysephase vervollständigt werden. Dabei können z. B. Gesundheitswerkstätten zum Einsatz kommen. Die erarbeiteten Detailbeschreibungen und Verbesserungsvorschläge werden an das zentrale Steuergremium weitergeleitet und hinsichtlich ihrer Priorität und Realisierbarkeit überprüft.

7 | Evaluation und Nachhaltigkeit

Die Nachhaltigkeit von MIAS® wird dadurch sichergestellt, dass sowohl Führungskräfte als auch Mitarbeiter Bestandteil eines kontinuierlichen Verbesserungsprozesses sind. Dieser äußert sich in der fortwährenden Findung, Strukturierung, Erhebung und Erreichung betrieblich ausgehandelter arbeits- und gesundheitsschutzspezifischer Ziele. Zur Förderung der Nachhaltigkeit ist es also sinnvoll, in kontinuierlichen Abständen die Zielerreichungsgrade zu überprüfen und auszuwerten. Der beschriebene Vorgang wiederholt sich fortlaufend und ist als kontinuierlicher Lern- und Verbesserungsprozess zu verstehen.

3.5   Maßnahmenplanung und Umsetzung

Wir wollen an dieser Stelle ausgewählte Projekte vorstellen und diese in unser integriertes Denk- und Beratungsmodell (IDBM) einordnen. Die Projekte beziehen sich auf sehr unterschiedliche Fragestellungen und variieren hinsichtlich ihrer Komplexität, Dynamik, Reichweite und den verbundenen Kosten. Wir haben uns bei der Auswahl der Projekte daran orientiert, was für den Leser im eigenen Erkenntnisgewinnungsprozess von Interesse sein könnte. Jedes vorgestellte Projekt wird kurz ausgeführt, strukturiert und in folgendes Raster gepackt:

1. Ausgangslage
2. Anlässe und Auftragsklärung
3. Projektdesign und Ausführung
4. Ergebnisse
5. Einordnung in das IDBM

3.5.1   Praxis: Gesundheit als Führungsaufgabe

Neben den Arbeitsbedingungen gerät die Beziehungsgestaltung zwischen Führungskräften und Mitarbeitern immer stärker in den Fokus der Gesundheitsarbeit. Führung ist einer der stärksten Vorhersagefaktoren für die Arbeitsfähigkeit und Leistungsrepräsentation von Mitarbeiter/innen – insbesondere in den späteren Arbeitsphasen. Deshalb soll ein Projekt mit diesem Hintergrund ausgeführt werden.

1 | Ausgangslage

Das Projekt fand in einem metallverarbeitenden Unternehmen statt. Unternehmensgröße ca. 3.800 Beschäftigte. Die Aufbauorganisation gliedert sich in der Linie grob in drei Hauptbereiche:

- Geschäftsführung, Strategie & Controlling
- Produktionsplanung, Qualitätssicherung & Querschnittstellen
- Fertigung

Daneben gibt es noch kleinere Einheiten, welche als Stabsstellen platziert wurden, so z. B. Personalwesen, Forschung & Entwicklung, Facility-Management und das Gesundheitswesen, bestehend aus arbeitsmedizinischem Dienst, einem Ergonomie-Berater (Ingenieur) und einem Gesundheits-Berater (Sportwissenschaftler) in Vollzeit. Das Unternehmen bietet den Beschäftigten erhebliche Sozialleistungen. Es besteht Kündigungsschutz aufgrund einer Betriebsvereinbarung bis 2015. Die Fehlzeitenquote liegt bei etwa 6 %. Die Tendenz der letzten Jahre ist leicht steigend, bei sehr geringer Volatilität der Quote. Besonders hohe Fehzeiten weist die Fertigung auf (ca. 8 %). Hier treten auch die mit Abstand meisten BEM-Fälle auf. Die Fluktuationsquote liegt bei <3 %. Die Fluktuation ist vor allem altersbedingt und damit vorhersehbar. Bei den Beschäftigten besteht also nur eine sehr geringe Fluktuationsbereitschaft. Die Zufriedenheit wird regelmäßig mit einem „Barometer" erfasst und bis auf die Meisterebenen herunter gebrochen. Die Zufriedenheitswerte liegen für das Gesamtunternehmen derzeit bei knapp 75 %. In der Fertigung deutlich darunter (ca. 60 %). Ein sehr differenziertes Zielvereinbarungssystem ist seit längerem für alle Führungskräfte eingeführt. Maßgeblich mitgestaltend für das System war die Idee der Balanced Scorecard (BSC). Als gesundheitsbezogene Kernindikatoren für die Zielerfassung wurden festgelegt:

- die Fehlzeitenquote (kumulierte Jahreswerte erfasst über EDV)
- der Zufriedenheitswert (skalierter Gruppenwert erfasst über „Barometer")

Überdies wurde bereits Ende der 90er Jahre ein 4stufiges eskalativ ausgerichtetes Gesprächsmodell für die Behandlung von Fehlzeiten eingeführt und seitdem mit geringen Korrekturen aufrechterhalten.

2 | Anlässe und Auftragsklärung

Das Personalwesen stellte im Zuge eigener Untersuchungen fest, dass einige Führungskräfte „ihren" Krankenstand mitnahmen, wenn sie in andere Abteilungen versetzt wurde. Der Betriebsrat monierte, dass bezgl. der absehbaren demografischen Risiken keine strategischen Handlungsperspektiven existierten. Das Personalwesen trat dann an uns mit der Fragestellung heran, die bereits sichtbaren Ausfälle mit einem noch zu entwickelnden Handlungsansatz „in den Griff zu bekommen". Dabei wurde unternehmensseitig auch die Zielgruppe „Führungskräfte" ins Spiel gebracht. Seitens des Auftraggebers wurde vermutet, dass die Führungskräfte die gesundheitsbezogenen Zielvorgaben nicht „vollkonsequent" beachteten.

Wir haben dann zunächst mit dem Auftraggeber die Zielgruppe und die Ziele des Projektes festgelegt. In einem Workshop mit Vertretern der Unternehmensleitung, ausgewählten Führungskräften, der Personalabteilung, des Gesundheitswesens und des Betriebsrates wurden folgende grobe Zielstellungen festgelegt:

- Hauptziel: bessere Nutzung der Führungsressourcen zum Erhalt der Arbeitsfähigkeit von Mitarbeiter/innen
- Methodenentwicklung zur frühzeitigeren Einflussnahme auf gesundheitliche Fehlentwicklungen
- Erhöhung der Sensibilität von Führungskräften für Befindlichkeitsstörungen ihrer Mitarbeiter/innen
- Erhöhung der Handlungssicherheit von Führungskräften im Umgang mit „gesundheitssensiblen" Themen
- Schaffung einer Selbstreflexionsebene für gesunde Führung
- Erhöhung der Akzeptanz der Führungskräfte für die gesundheitsrelevanten Ziele im Zielvereinbarungs-Prozess

Als primäre Zielgruppe wurden die Meister und Abteilungsleiter aller Fertigungsbereiche definiert (N = 100).

3 | Projektdesign und Ausführung

Das Projekt fand im Zeitraum von Januar 2006 bis Dezember 2009 statt. Wir haben zunächst eine Voruntersuchung mit einigen Führungskräften des Fertigungsbereiches durchgeführt (N = 15). Dabei wurden die zufällig ausgewählten Führungskräfte in einem 2-tägigen Workshop intensiv zu ihrer Situation befragt. Zudem wurde mit den Teilnehmern ein Katalog von Verhaltensmerkmalen erarbeitet, die auf gesunde bzw. ungesunde Führung schließen lassen.

Es stellte sich im Workshop u. a. heraus, dass:

- die Führungskräfte rein ausgabeorientierte Ziele (z. B. Fehlzeitenquote) nicht ausreichend akzeptierten
- ergänzende (eingabeorientierte) Ziele in den Zielvereinbarungsprozess (ZVP) eingeführt werden sollten, um die Akzeptanz und damit die Steuerungswirkung der Ziele zu erhöhen
- die Einbindung von Angeboten des Gesundheitswesens in die Führungsgespräche nicht zufriedenstellend ist (Informations- und Motivationslücken)
- die Fokussierung auf ausschließlich anlassbezogene und formale Gespräche im Gesundheitskontext (Rückkehr-, Fürsorgegespräche, Personalgespräche) für die Betroffenen nicht nachvollziehbar und damit abzulehnen waren

Die Meister trugen im Workshop also typische Verhaltensweisen zusammen, die ihrer Meinung nach die Beziehungsgestaltung zwischen Führungskräften und Mitarbeitern eher positiv oder negativ beeinflussten. Aus diesen Aussagen und aus unserer eigenen Expertise entwickelten wir eine „Selbstbewertungscheckliste" mit insgesamt 13 positiven Verhaltensweisen („grüne" Liste) und 13 negativen („rote" Liste). Die Ausrichtung an konkreten Verhaltensmerkmalen war uns im Projekt ein besonderes Anliegen. Die Meister hatten bis dahin bereits viel über „gutes" Management gehört. Sie konnten auch Begriffe widergeben, wie „transaktionale Führung" oder auch „Business excellence". Doch sie verstanden nicht, was das konkret für sie in ihrer täglichen Arbeit bedeutet. Befragt danach, was denn gesunde Führung bedeuten könnte, gaben sie u. a. an:

- bringt klare Erwartungen rüber
- erklärt Zusammenhänge
- macht keine „Nasen-Politik"
- nimmt die Probleme der Mitarbeiter wahr und ernst
- ist hart aber gerecht und erträgt auch Widerstände
- begrüßt seine Mitarbeiter
- beobachtet Leistung und spiegelt sie
- …

Die Listen hatten danach in etwas folgendes Aussehen (siehe Tabellen 14 und 15). Sie wurden später verkleinert, laminiert und jedem Teilnehmer ausgereicht. Zielstellung der Checklisten war es, einen selbstreflexiven Hintergrund für die Führungskräfte bereitzustellen. Wir warben im Projekt darum, der „inneren" Zielvorgabekraft mehr Gewicht zu verleihen.

Tabelle 14: Auszug aus der „grünen" Liste
[Quelle: IfG GmbH]

Die Aussagen beziehen sich jeweils auf die letzte vollständige Arbeitswoche:
■ Ich habe meinen Mitarbeitern die aktuelle Arbeitssituation, die Ziele und Vorgehensweisen genau erläutert.
■ Ich habe mit jedem Mitarbeiter mindestens ein intensiveres Gespräch über Arbeitsbelange und/ oder Privates geführt.
■ Anmerkungen und/oder Vorschläge von Mitarbeitern habe ich aufgegriffen und entweder umgesetzt oder deren Nichtumsetzung begründet.
■ In den Gesprächen, die ich geführt habe, war ich immer aufmerksam und habe genau zugehört.
■ Ich bin aktiv auf meine Mitarbeiter zugegangen, um eine Rückmeldung über ihre Wahrnehmung der aktuellen Arbeitssituation zu bekommen.
■ Ich habe mir die Zeit genommen, (Fehl-)leistungen meiner Mitarbeiter wahrzunehmen und diese zurückzumelden.
…

Das zweite große Problem war die Fehlsteuerung im bisherigen ZVP. Wir haben dieses Thema über die Personalabteilung bei der Geschäftsleitung eingebracht und deutlich gemacht, dass ohne die gleichzeitige Änderung der Zielvorgaben kein Erfolg im Projekt zu realisieren sei. Unsere Zielstellung war, neben der Fehlzeitenquote als „Spätindikator" auch ganz konkrete Gesundheitsaktivitäten im Fall von Abweichungen zu vereinbaren. Die Führungskräfte sollten in die Lage versetzt werden, ihren persönlichen Erfolg auch zu erreichen. Das war nur möglich, indem sie

Tabelle 15: Auszug aus der „roten" Liste
[Quelle: IfG GmbH]

Die Aussagen beziehen sich jeweils auf die *letzte vollständige Arbeitswoche:*
■ Obwohl ich ausdrücklich von einem Mitarbeiter gefragt wurde, habe ich einen Gesprächswunsch aus „Zeitgründen" nicht erfüllt.
■ Ich habe mich trotz gemeinsamer Vereinbarungen mindestens einmal nicht an die Regeln gehalten.
■ Ich habe Vorschläge eines Mitarbeiters zurückgewiesen, ohne wirklich darüber nachzudenken und mit ihm darüber zu sprechen.
■ Es gab Gespräche, in denen ich einfach nicht richtig ■ zugehört habe.
■ Ich habe zu irgendetwas oder irgendjemanden in der Arbeitsgruppe herablassende Bemerkungen gemacht.
■ Obwohl ich gesehen habe, dass ein Mitarbeiter Probleme hatte, bin ich nicht darauf eingegangen und habe auch keine Vorschläge zur Verbesserung gemacht.
…

handlungsbezogene Ziele bekamen. Wenn also ein Mitarbeiter schon Fehlzeiten aufwies, dann sollte es nicht mehr darum gehen, mit ihm ein Gespräch zu führen, das dann zwar formal richtig aber eben auch wirkungslos war. Vielmehr sollte es darum gehen, dem Mitarbeiter konkrete Maßnahmen anzubieten und deren Inanspruchnahme zu verfolgen.

Mit so einem Verfahren war es dann auch möglich, die Angebote des Gesundheitswesens besser mit der Führungspraxis zu vernetzen. Zudem wollten wir auch präventive Ziele setzen, die nicht unmittelbar mit den Fehlzeiten – wohl aber mit der Fehlzeitenquote und dem Zufriedenheitsindex verbunden waren. Die Änderung des ZVP erwies sich als äußerst schwierig. Es herrschten große Unsicherheiten und auch z.T. Ablehnungstendenzen im Top-Management. Es ist uns dann aber dennoch gelungen, zumindest für den Pilotbereich (Fertigung) eine Veränderung herbeizuführen. Im neuen Ziel-Ansatz für den Pilotbereich diversifizierten wir die Adressaten und fokussierten auf drei Input-Variablen:

- Arbeitsbedingungen
- Gesundheitsangebote und
- Beziehungsklima

Die „alten" (Output-orientierten) Ziele blieben bestehen, wurden jedoch nun um „einbringende" oder auch „vorgelagerte" Ziele ergänzt (siehe auch Abbildung 113). Zudem wurde die „Ziellast" auf drei Adressatengruppen verteilt:

- die Geschäftsführung bzw. die Abteilungsleiter
- das Personalwesen bzw. das Gesundheitswesen
- die unmittelbaren Vorgesetzten (Meister)

Eine weitere vorbereitende Maßnahme des eigentlichen Personalentwicklungsprograms war die Konzeption und Durchführung von Informationsveranstaltungen

Abbildung 113: Veränderung des Zielsystems
[Quelle: Eigene Darstellung]

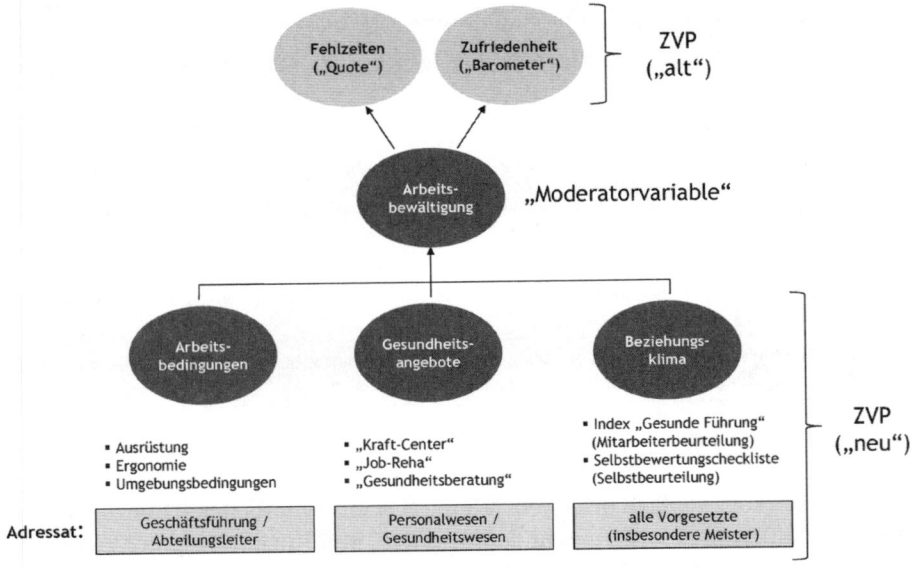

für die Führungskräfte der betroffenen Bereiche. Die Veranstaltung sollte genutzt werden, um Ängste abzubauen und aufzuzeigen, welche Vorteile das neue Verfahren für die Meister bringt. Da bereits konkret ausgesagt werden konnte, welche Ziele in den neuen ZVP eingebaut werden würden, konnte auch die Diskussion sehr präzise geführt werden. An den Veranstaltungen nahmen immer ein Vertreter der Geschäftsführung, der zuständige Personalreferent, der Betriebsrat, ein Vertreter des Gesundheitswesens und wir als externe Berater teil. Die Veranstaltungen wurden auf ca. 20 Führungskräfte limitiert, um die Intensität der Diskussion hoch zu halten. Zunächst bestand bezgl. des Vorhabens überwiegend Skepsis. Insbesondere glaubten die Führungskräfte nicht daran, dass sich „irgendetwas bewegt". Man solle lieber dafür sorgen, dass genügend Personal zur Verfügung stünde und die Jobs auch von Leuten gemacht werden könne, die älter und „verbrauchter" wären. Auch uns gegenüber traten einige Meister zurückhaltend bis ablehnend gegenüber. Man habe eh schon genug zu tun und jetzt solle man sich auch noch mit Checklisten rumschlagen. Von denen gäbe es genug.

Trotz der Widerstände gingen wir nun in den zweiten Teil des Projektes, in die Umsetzung (siehe auch Abbildung 114). Dabei half uns vor allem die Argumentation, dass wir das Projekt aus Ergebnissen der Voruntersuchung mit den Kollegen entwickelt hätten. Die Teilnahme am Programm hatte für alle betroffenen Meister und Abteilungsleiter verpflichtenden Charakter. Das Personalentwicklungsprojekt selbst (Umsetzung) gliederte sich in sechs Bausteine (siehe auch Abbildung 115):

Abbildung 114: „Gesundheit als Führungsaufgabe" (Gesamtprojekt)
[Quelle: Eigene Darstellung]

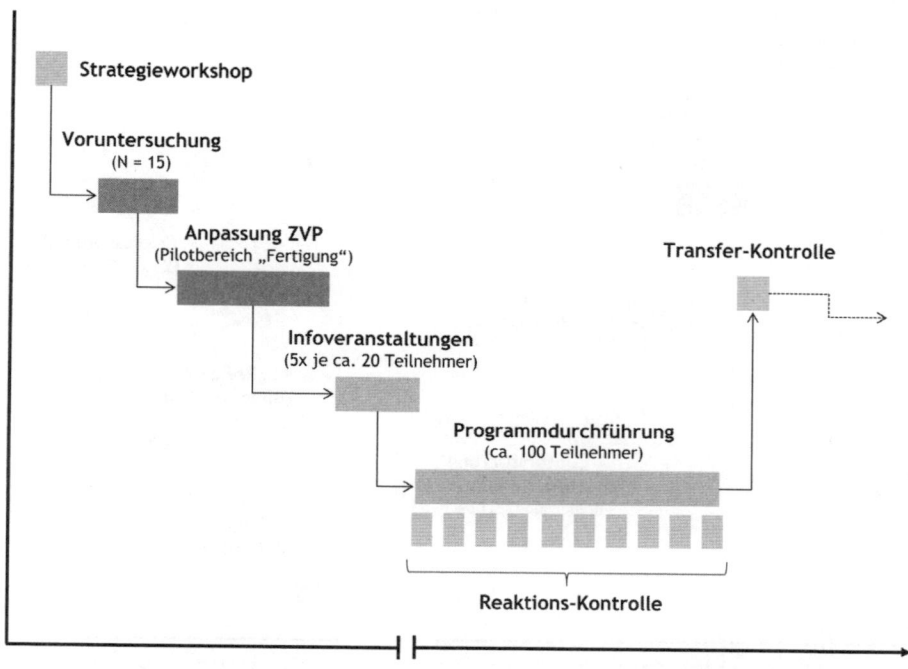

1. ein 2-tägiges Impulsseminar zur Aktivierung (off-the-Job)
2. ein erstes Gespräch mit der unmittelbaren Führungskraft zur Neujustierung der Ziele für die nächsten 12 Monate
3. die (freiwillige) Inanspruchnahme eines max. 4 stündigen Coachings für jede Führungskraft (Beratung zur Umsetzung)
4. eine ½-tägige kollegiale Fallberatung
5. einen 1-tägigen Bilanzworkshop zur Programmreflexion sowie
6. ein zweites Gespräch mit der unmittelbaren Führungskraft zur Prüfung, inwieweit die neuen Ziele auch akzeptabel bzw. erreichbar waren

Die Maßnahme sollte bei allen Betroffenen der Zielgruppe durchgeführt werden. Der Ansatz, die Meister und deren Abteilungsleiter als Zielgruppe anzusprechen, sollte eine hohe Durchdringung in die Gesamtbelegschaft und einen hohen Systemimpact sichern. Die Splittung in sechs Bausteine diente vor allem dem Abbau von Transferhindernissen, der Weiterentwicklung von persönlichen Handlungsstrategien sowie der Motivation und nachhaltigen Transfersicherung.

4 | Ergebnisse

Es nahmen im o.g. Zeitraum 96 Meister und Abteilungsleiter am Impulsseminar teil. Damit erreichten wir ca. 90 % der definierten Grundgesamtheit (N = 107). Der

Abbildung 115: „Gesundheit als Führungsaufgabe" (Detailplanung)
[Quelle: Eigene Darstellung]

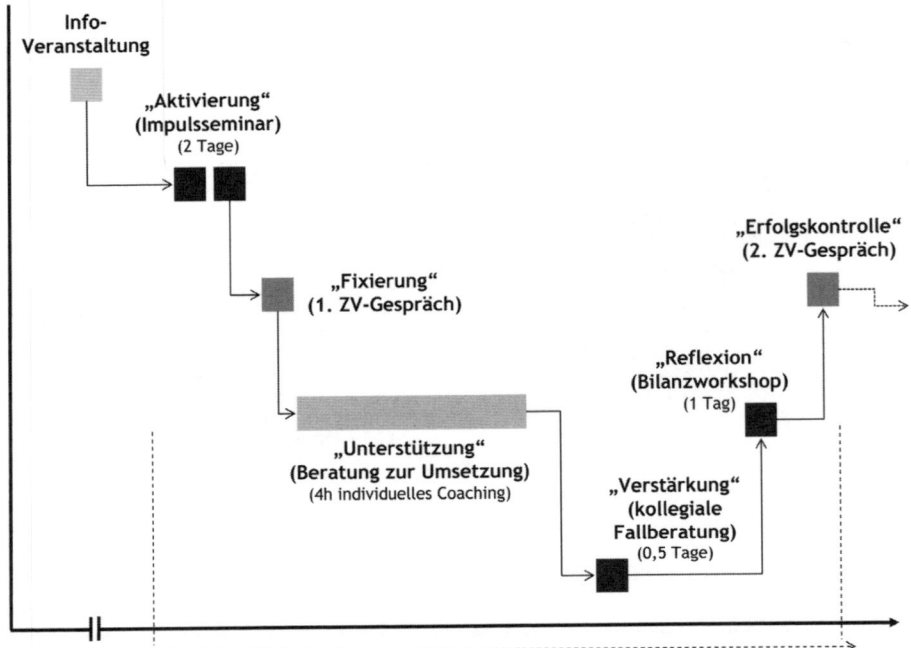

Drop-out von Baustein 1 (Impulsseminar) bis zum Baustein 5 (Bilanzworkshop) lag bei N = 11, d.h. es haben immer noch 85 Führungskräfte vollständig am Programm teilgenommen (Quote: 80 %). Wir haben uns zur Verlaufskontrolle im Projekt auf ein Evaluationsdesign verständigt, welches insgesamt drei Messzeitpunkte enthielt (siehe auch Abbildung 116). Dabei haben wir drei qualitativ verschiedene Erfolgsgruppen gemessen:

- Reaktionserfolge
- Transfererfolge
- Leistungserfolge

Zunächst sind alle Teilnehmer/innen unmittelbar nach dem Impulsseminar bezgl. ihrer Eindrücke und Einstellungen befragt worden (Reaktionserfolge). Wurden die Teilnehmer ausreichend motiviert? Fühlen sie sich sicher genug, die neuen Aufgaben anzugehen? Konnten die Trainer gut vermitteln und die Veranstaltung positiv gestalten? Die Resonanz auf die Impulsseminare war überaus erfreulich. Im Schnitt gab es >90 % Zustimmung auf die genannten Aspekte. Im Bilanzworkshop, ca. 6 Monate nach dem Auftaktseminar, wurden schließlich v. a. die Verhaltensmerkmale (Transfererfolge) befragt. Zeigen die Teilnehmer jetzt mehr „grüne" und weniger „rote" Verhaltensweisen? Glauben die Teilnehmer daran, dass sie mit diesen Veränderungen nicht nur das Beziehungsklima, sondern auch die Gesund-

Abbildung 116: Evaluationsdesign „Gesundheit als Führungsaufgabe"
[Quelle: Eigene Darstellung]

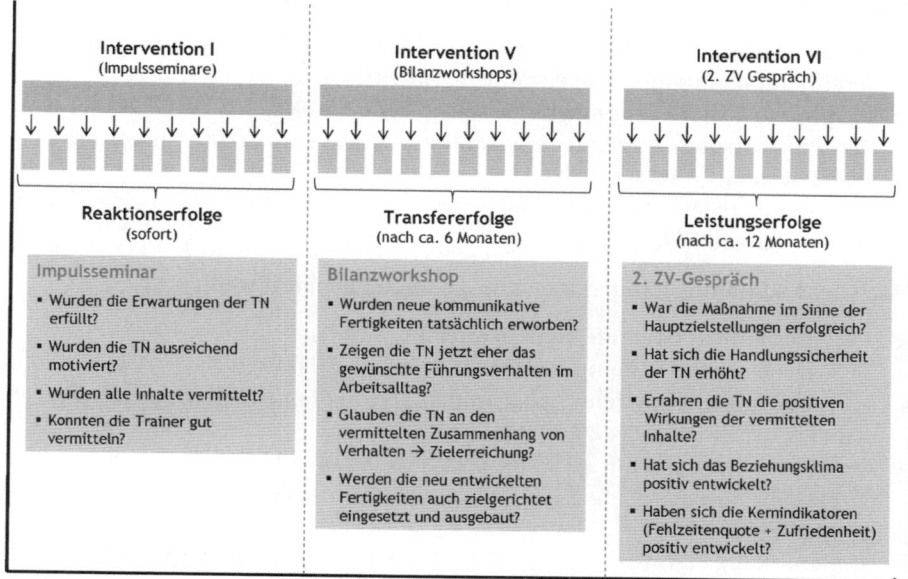

heitsquote positiv beeinflussen können? Hier sanken die Werte auf 72 % („Ich zeige jetzt weniger rote Verhaltensweisen."), 68 % („Ich zeige jetzt mehr grüne Verhaltensweisen."), 65 % („Mit meinen veränderten Verhaltensweisen sind positive Effekte auf das Beziehungsklima verbunden."), sowie 54 % („Mit den eingeleiteten Veränderungen sind positive Effekte auf die Gesundheitsquote zu erwarten."). Der dritte Messzeitpunkt markierte zugleich das Ende des PE-Programms. In einem zweiten Zielvereinbarungsgespräch mit der jeweiligen übergeordneten Führungskraft musste eingeschätzt werden, ob sich die eingebrachten Veränderungen auch positiv auf die Beziehungsgestaltung ausgewirkt haben und ob es auch bereits sichtbare positive Veränderungen bezgl. der Kernindikatoren gegeben hat. Hier gaben immerhin noch 48 % an, dass sich positive Veränderungen in der Beziehungsgestaltung ergeben haben. Knapp ein Viertel der Meister (22 %) gaben an, auch positive Effekte in Bezug auf die Leistungsrepräsentation und die Anwesenheit der Mitarbeiter/innen zu bemerken.

5 | Einordnung in das IDBM

Vor der Maßnahme konnten folgende Parameter genannt werden:

1. Es kann die Stufe 4 von 6 bezgl. der Betrachtungsebenen des IDBM erreicht werden (mehrere miteinander verbundene Arbeitssysteme).
2. Die prognostizierte Systempenetranz liegt bei 62,50 %.[142]
3. Der prognostizierte erreichbare Systemimpact liegt bei +20,00 % je getroffenem Arbeitssystem.[143]
4. Der prognostizierte Gesamtsystemimpact liegt (bei 100 % Trefferquote) ebenfalls bei +20,00 %.

Nach der Maßnahme können folgende Parameter genannt werden:

- 1. Das Projekt hat Stufe 4 von 6 erreicht.
- 2. Die erreichte Systempenetranz liegt bei ca. 50,00 %.[144]
- 3. Der erreichte Systemimpact in den getroffenen Arbeitssystemen liegt in etwa bei der Prognose (+ 20,00 %).[145]
4. Der tatsächlich erreichte Systemimpact liegt bei ca. + 11,2 %[146]

Es ist nicht völlig klar, wie groß die Gesamtreichweite und der Gesamtimpact des Projektes tatsächlich waren. Dafür sind das betrachtete System und deren Rückwirkungen zu komplex. Eine gewisse Unschärfe muss toleriert werden. Jedoch ist aufgrund der Ausrichtung des Projektes (Multiplikatorenansatz durch Führungskräfte) und den hohen Teilnehmerzahlen im Programm, sowie den Evaluationsergebnissen durchaus anzunehmen, dass wir diese Größenordnungen erreicht haben. Bei 20.000[147] potenziell zu erreichenden Systemelementen im Gesamtsystem

---

142 Annahme: Betrachtungsgegenstand ist die Fertigung mit N = 2.500. Es liegt ein indirektes, d. h. ein Multiplikatorendesign vor (Führungskräfte). Es wird mit 100 % Teilnahmequote kalkuliert. Ein Effekt ist zu erwarten auf mind. 5 von 8 Systemelementen (Arbeitsmittel, Arbeitsabläufe, Arbeitsaufgabe, Mensch, Arbeitsumgebung).

143 Annahme („best-case-Szenario"): Impacts für die getroffenen 5 Elemente (Maximalwert +10) Arbeitsmittel (+2), Mensch (+4), Arbeitsablauf (+2), Arbeitsaufgabe (+2), Arbeitsumgebung (+6). Das entspricht einem prognostizierten positiven Veränderungsimpuls von +20,00 % je Arbeitssystem.

144 N $_{Fertigung}$ = 2.500. Davon 80 % erreicht = 2.000. Wir nehmen der Einfachheit halber gleiche Führungsspannen an. Die Effekte sind auf 5 von 8 Systemelementen in der Transferabfrage nachweisbar.

145 Wir haben definiert, dass mit der Methode ca. +20 % Impact in den getroffenen Arbeitssystemen erreichbar ist. Ergebnisse der Evaluation belegen, dass die Meister in mind. 5 von 8 Systemelementen auch Veränderungen angebracht haben und sich daraus auch positive Rückwirkungen ergaben.

146 Ca. 70 % der teilnehmenden Meister gaben an, etwas verändert zu haben. Bei 80 % Teilnehmerquote im Programm entspricht das einem Anteil von 56 % aller Meisterbereiche der Fertigung. Wir haben also in 56 % aller erreichbaren Arbeitssysteme auch einen durchschnittlichen positiven Impact von +20,00 % erreicht. Das entspricht immerhin 1.400 von 2.500 Arbeitssystemen. Dementsprechend errechnet sich ein Gesamtsystemimpact von ca. +11,2 %.

147 Berechnung: 2.500 Arbeitssysteme x 8 Systemelemente = 20.000 Systemelemente.

(Fertigung) haben wir wahrscheinlich in mind. 7.000 irgendwelche positiven Effekte mit dem Programm erzielt. Das ist ein sehr hoher Wert für eine Gesundheitsmaßnahme. Bei Gesamtkosten für das Projekt in Höhe von knapp € 100.000[148] entspricht das einer Kosten-Wirksamkeits-Relation von ca. € 8.929 je Prozentpunkt positiven Impacts im Gesamtsystem (Fertigung). Man darf aber auch nicht vergessen, dass wir hier ein sehr großes Gesamtsystem haben. Die Kosten-Wirksamkeits-Relation der Maßnahme liegt in den tatsächlich veränderten 1.400 Arbeitssystemen bei nur noch € 3,60 je Prozentpunkt positiven Impacts.

3.5.2 Praxis: Gesundes Grünflächenamt

Wissen Sie, was ein Grünflächenamt (GFA) so alles für Sie tut? Sind Sie in der Lage auszusagen, wann ein GFA insgesamt leistungsfähig ist oder jeder einzelne Mitarbeiter? Und versetzen Sie sich einmal in die Lage eines GFA-Mitarbeiters, sagen wir mal im „Baumtrupp". Was glauben Sie: Kann Ihnen dieser Mitarbeiter die aufgeworfenen Fragen beantworten? Vor dem Hintergrund der Leistungsdiskussion im öffentlichen Dienst haben wir deshalb ein Projekt ausgewählt, das sehr deutlich macht, mit welchen Fragestellungen Sie sich im BGM beschäftigen sollten, wenn Sie Systemleistung fördern möchten.

1 | Ausgangslage

Das Projekt fand in einer Stadtverwaltung statt, die wir seit einigen Jahren in Sachen Arbeitssicherheit, Arbeitsmedizin und betriebliches Gesundheitsmanagement betreuen. Die Stadtverwaltung untergliedert sich in diverse Ämter: Hauptamt, Ordnungsamt, Bauamt, Schulamt, Zulassungsamt, Grünflächenamt etc. Insgesamt arbeiten in der Stadtverwaltung und ihren angegliederten Ämtern ca. 650 Mitarbeiter. Das hier angeführte Projekt fand im Grünflächenamt (GFA) statt (N = 60) und stand unter dem Motto „Mit dem GFA in die Zukunft der Stadt". Das Durchschnittsalter im GFA betrug etwa 47 Jahre.

2 | Anlässe und Auftragsklärung

Ausgangspunkt des Projektes waren multiple Unzufriedenheiten verschiedener Anspruchsgruppen (Amtsleitung, örtliche Vereine, Bürger ...) mit den Leistungen des GFA verbunden mit hohen Fehlzeiten. Viele Aufgaben dauerten zu lange, wurden qualitativ nicht ausreichend oder gar nicht erledigt. Zudem betrug die Fehlzeitenquote bereits über einen längeren Zeitraum konstant > 10%. Die BEM-Fälle stiegen binnen 5 Jahren um ca. 20% p. a. auf zuletzt 18 Fälle im Jahresverlauf. Da wir der Präventionspartner der Stadt waren, kam der GFA-Amtsleiter zunächst auf uns zu und war eher resigniert, da er nicht mehr an eine Lösung des Problems glaubte. Er meinte, dass weder eine Rückenschule noch ein Gesundheitszirkel helfen würden, das Problem in den Griff zu bekommen. Die Ideen des Amtsleiters können etwa folgendermaßen zusammengefasst werden: *„Wir haben halt das Fehlzeitenpro-*

---

148 Inklusive interne, externe und Sachkosten, exkl. Opportunitätskosten.

blem – müssen aber die Fußballplätze zeitgerechter einrichten – und wenn es nur für die Kreisliga ist – und wir müssen die Außenflächen und Blumenbeete herrichten, denn das Stadtfest steht an – und die Friedhöfe, das sind wir ja den Bürgern schuldig – und überdies kommt dann auch noch die Politik, die sagt, ihr seid ja eh viel zu teuer."

Aufgeladen mit diesen Gedanken haben wir uns zunächst zurückgezogen und intern und ohne Rücksicht auf die notwendige politische Korrektheit das Projekt diskutiert und analysiert. Eine unserer Leitfragen war: Was macht denn eine Stadtverwaltung arbeitsmarktpolitisch aus? Unsere Ideen kreisten um:

- Leute reinnehmen, die ansonsten auf dem Markt keine Chance haben?
- Gering ausgeprägte Leistungskultur?
- „Nehmerqualitäten" der Mitarbeiter auf Basis Kündigungsschutz?
- Warten auf die Rente?
- „Escapetaste" bereits Mitte 40 und bei wahrgenommenen Einschränkungen?
- Ohnmachtserleben bei Führungskräften?

Die Ergebnisse der Primäranalyse haben uns schwer zu schaffen gemacht. Das war ein richtiges Damoklesschwert auf dem Projektansatz. Wir wussten, wir bräuchten eine Strategie, die weit über Gesundheit und Krankheit hinausgehen muss. Diese musste Leistungs- und Bildungsaspekte genauso beinhalten, wie eine Haltestrategie für erkrankte und leistungsgewandelte Mitarbeiter. Wir wussten, dass würde eine sehr große Herausforderung für alle werden. Nach unserer internen Klausur haben wir dann in der Auftragsklärung zunächst einmal drei Fragen gestellt:

1. Was sind überhaupt die Aufgaben des GFA?
2. Wo will das GFA hin?
3. Kann das Ziel mit den gegenwärtigen Mitarbeiter/innen erreicht werden?

Keine der drei Fragen konnte uns der Amtsleiter spontan beantworten. Wir haben dann im örtlichen Arbeitsschutzausschuss eine Strategiesitzung anberaumt, um die Kernziele des Projektes zu definieren. Unter Beteiligung des Personalrates wurden folgende grobe Zielstellungen festgelegt:

- Hauptziel: Sicherung und Steigerung der Leistungsmenge des GFA
- Operationalisierung von Leistung im GFA (Zieldefinition)
- Ableitung von Anforderungsprofilen für die Mitarbeiter/innen im GFA
- Messung der Leistungsvoraussetzungen der Mitarbeiter/innen (Fähigkeitsprofile) und Abgleich mit den Anforderungsprofilen (Profilvergleich)
- ggf. Restrukturierung der Aufbau- und Ablauforganisation im GFA mit dem Ziel einer verbesserten Leistungsmenge
- Kontrolle und Zurückdrängung der BEM-Fallzahlen und damit einhergehend der Fehlzeiten

3 | Projektdesign und Ausführung

Die wichtigste Aufgabe bestand zunächst darin, die Leistungen des GFA messbar zu machen. Bis zum Zeitpunkt des Projektes waren diese eher vage (z. B. Bereitstellung

Abbildung 117: Aufbauorganisation Grünflächenamt
[Quelle: Eigene Darstellung]

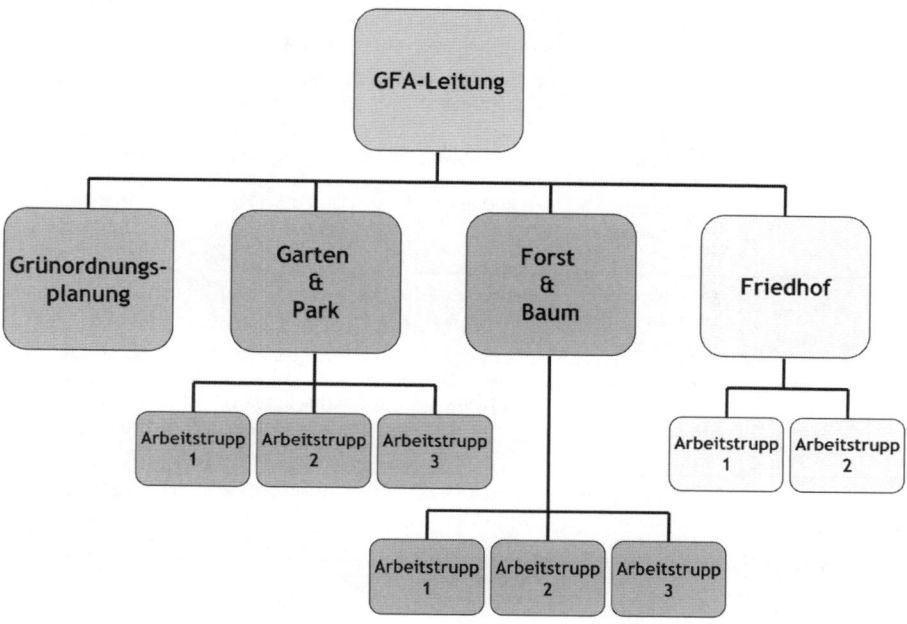

von Gräbern, Betrieb der eigenen Gärtnerei, Unterhalt, Erhalt und Pflege der stadt-
eigenen Grünanlagen, Natur- und Landschaftsschutz ...). Wir sind dann in eine
umfassende Zieldiskussion unter Einbindung der Führung und der Mitarbeiter
eingestiegen. Dabei haben wir für alle Organisationseinheiten Grobziele, Feinziele
und Feinstziele definiert und hierarchisch geordnet. Die Feinstziele entsprachen
den konkreten Leistungen, die erbracht werden mussten. Hierfür wurden Workshops in allen Einheiten (Aufbauorganisation siehe Abbildung 117) durchgeführt:

- Grünordnungsplanung
- Garten und Park
- Forst und Baum
- Friedhof

Es wurde in den Workshops immer wieder konkret gefragt: Was genau müsst ihr
tun? Daneben wurde auch festgelegt, wie viel Zeit man für die einzelnen Aufgaben
veranschlagen darf. Zunächst blieben die Diskussionen auf der Ebene der Grobziele. Stellvertretend für alle Organisationseinheiten soll der Bereich „Friedhof"
ausgeführt werden (siehe Tabelle 16). Für ihn kamen zunächst Aussagen, wie: „Ge-
nehmigung der Umbettung von Leichen und Feuerbestattung" oder „Unterhal-
tung und Verwaltung der eigenen Friedhöfe". Erst durch mehrmaliges strukturiertes Nachfragen konnten auch die Fein- und Feinstziele abgleitet werden

Tabelle 16: Finaler Zielkatalog „Friedhof"
[Quelle: Eigene Darstellung]

Friedhof				
Feinziele	Abwicklung der Verwaltung und Betriebsführung	Grünanlagen in Friedhöfen	Bestattungen und Einäscherungen	Bereitstellung von Gräbern
Feinstziele	■ Planung und Vergabe von 140 Gräbern und Parzellen p. a.	■ Hecke 2x im Jahr schneiden 8.800 m	■ Öffnung von 500 Gräbern/ Urnenlöchern p. a.	■ Wegebau neu 150 qm p. a.
	■ Kommunikation mit Mitarbeitern 1x pro Tag	■ Bäume ausästen 40 St. p. a.	■ Kremierungen ca. 1700 p. a.	■ Kantensetzung neu 200 lfd. m p. a.
	■ Kommunikation mit Bürgern 15x pro Tag	■ Wege unterhalten 14 km p. a.	■ Schließen von 500 Gräbern/ Urnenlöchern p. a.	■ Pflege von alten Gräbern 130 St. p. a.
	■ Kommunikation mit Instituten 20x pro Tag	■ Winterdienst von 14 km Wegen p. a.	■ Durchführung von 650 Bestattungen p. a.	■ Rückbau von Gräbern 140 St. p. a.
		■ Mähen ca. 6.000m² p. a.		
Summe h	2640 h	2150 h	3050 h	880h

Durch die exakte Aufstellung konnten Zeitwerte ermittelt werden, die für die Ausführung der Tätigkeiten zu veranschlagen waren. Für den Friedhof ermittelte sich ein Arbeitsvolumen von 8.720h. Bei 1.744h Jahresarbeitszeit waren das in der Prognose genau 5 Planstellen auf Vollzeit.

Im Anschluss an die Leistungsfestsetzung haben wir uns der Frage zugewandt, ob wir das überhaupt leisten können. Im Gesamthaushalt des GFA wurden ca. 70% für Personalkosten veranschlagt. Das bedeutete, dass die wichtigste Ressource im Arbeitssystem das Element Mensch war. Deshalb haben wir uns im weiteren Projektverlauf v. a. den Faktor Mensch angeschaut. Hauptfragestellung in dieser Projektphase war: Können die Mitarbeiter/innen die (ermittelten) Aufgaben überhaupt erfüllen? Hierfür haben wir zunächst die Arbeitsanforderungen erfasst, die mit der Aufgabenerfüllung einhergingen und diese mit den Leistungsvoraussetzungen der Mitarbeiter abgeglichen (Profilvergleich). Um Unsicherheiten abzubauen, haben wir zuerst mit allen Mitarbeitern gesprochen und ihnen erläutert, worum es im Projekt geht. Der Personalrat hat uns sehr unterstützt und so konnten wir die Bereitschaft der Mitarbeiter zur Mitwirkung rasch gewinnen.

Was haben wir festgestellt? Zunächst hat uns das Durchschnittsalter von 47 Jahren beunruhigt. Aufgrund des Einstellungsstopps in den letzten 10 Jahren hat sich dieser sehr schnell nach oben bewegt. In Verbindung mit den festgestellten alterskritischen Tätigkeitsmerkmalen (hohe körperliche Anforderungen, bücken, heben, tragen, knien, über Kopf arbeiten) und physikalischen Einwirkungen (Hitze, Kälte, Wind, Regen) waren wir zunächst überzeugt, dass es sich hierbei um strukturelle gesundheitliche Probleme handele. Umso überraschender waren für uns die Ergebnisse, dass die Mitarbeiter „50+" nicht signifikant mehr Fehlzeiten aufwiesen als die Jüngeren. Das war ein Problem aller Altersgruppen.

Um uns einen Überblick über die gesundheitliche Situation zu verschaffen und um das Risiko weiterer BEM-Fälle abzuschätzen, haben wir über unseren Arbeitsmediziner für alle Mitarbeiter die momentane Arbeitsbewältigungsfähigkeit ermitteln lassen und geprüft, wer welche Einschränkungen hatte. Die Daten wurden vertraulich behandelt. Wir haben eine Vielzahl von Einschränkungen festgestellt: Etliche Mitarbeiter hatten unspezifische Rückenbeschwerden, insgesamt vier Mitarbeiter nachgewiesene Bandscheibenvorfälle, bei je einem Mitarbeiter wurde ein Schlaganfall, Diabetes, Epilepsie, Depression und eine schwere Suchtkrankheit ermittelt. Wir waren vom Morbiditätsspektrum beeindruckt und es war für uns schwer vorstellbar, dass diese Gruppe immer noch so viel Leistung erbringen konnte. Überlegen Sie selbst: Würden Sie diese Mannschaft anheuern, wenn Sie auf eine lange und anstrengende Reise gehen wollten?

Es musste aber auch andere Gründe für die Leistungsdefizite geben. Im Zuge weiterer Beobachtungen und Interviews wurde uns schnell klar, dass wir es mit erheblichen Organisations- und Qualifikationsdefiziten zu tun hatten. Es wurde zwar dezentral in kleineren Arbeitstrupps gearbeitet, aber es gab z. B. insgesamt nur eine Person, die eine Motorsäge bedienen konnte, um den Baumschnitt vorzunehmen. Ausfälle dieses Mitarbeiters gingen zwangsläufig mit großen Leistungsverlusten der gesamten Arbeitsgruppe einher. Zudem haben sich die Arbeitsgruppen bereits vor Jahren „gefunden" und blieben in dieser Zusammensetzung auch unangetastet. Die Leistungskraft der Trupps war sehr unterschiedlich, ein System konnte in der Zusammenstellung nicht erkannt werden.

Die meisten Mitarbeiter waren Gartenhelfer mit einer Grundausbildung als Schlosser, Fleischer oder Schreiner. Zum Teil waren sie gänzlich ungelernt. Es gab also auch von der Basisqualifikation her Defizite in Sachen Grünpflege, Gartenbau und Landschaftsgestaltung.

Wir haben deshalb als abschließenden Analyseschritt eine Kompetenzliste für alle Mitarbeiter erstellt. Wer kann ein PKW fahren, wer einen LKW? Wer kann sich selbst sehr gut organisieren und wer zudem auch andere Mitarbeiter? Wir haben auch „softe" Kriterien in die Kompetenzerfassung einbezogen: Wer konnte Dinge gut erklären? Wer war in der Lage, der Leitung gegenüber die Bedürfnisse der Mitarbeiter zu artikulieren?

Nachdem klar war, dass wir es mit multiplen gesundheitlichen, arbeitsorganisatorischen und qualifikatorischen Problemen zu tun hatten, entwickelten wir einen Handlungsplan zur Minimierung der Defizite.

Wir haben zuerst *fachspezifische Fortbildungen* für Mitarbeiter organisiert. Das war auch zugleich eine Ansage bezgl. der Richtung des Projektes – nämlich Zukunft! Es wurden durchgeführt:

- ein Motorsägenlehrgang
- ein Schnittkurs
- ein Staudenseminar
- eine Fortbildung zur Baumkontrolle

Zudem wurden überfachliche Fortbildungen für die Leitungskräfte angeboten und durchgeführt:

- Führungskräftetraining („Gesund und erfolgreich führen")
- Schulung zur digitalen Leistungserfassung

Es sind auch Gruppenleiter ersetzt worden, die keine ausreichenden Führungskompetenzen besaßen. Interessanterweise waren diese erleichtert und entlastet, denn sie hatten sich nicht für diesen Job beworben, sie sind es einfach „geworden" oder haben sich nicht ausreichend gewehrt. Einigen war gar nicht klar, dass sie Leitungsfunktion besaßen.

Flankiert wurde die „Bildungsoffensive" mit einigen sicherheits- und gesundheitsbezogenen Fortbildungen:

- grundlegende Arbeitssicherheitsschulung
- Bewegungspausen am Arbeitsplatz (Mobilisierung, Kräftigung, Entspannung)
- Ersthelferschulung

Als Schritt 2 in der Handlungsstrategie wurde die *Arbeitsorganisation* in Angriff genommen. Alle Arbeitsgruppen im GFA wurden neu zusammengestellt. Dabei wurden die verfügbaren Kriterien herangezogen:

- Fachkompetenzen
- soziale Kompetenzen
- gesundheitliche Einschränkungen

Es wurde auch eine neue Gruppe geschaffen, die es bis dahin im GFA noch nicht gab – nämlich die Instandhaltung. Es gab drei Mitarbeiter, die aufgrund ihrer Vorbildung über Querschnittqualifikationen verfügten. Diese steckten aber bisher in den verschiedenen Trupps. Fiel ein Arbeitsmittel aus, wurden diese gerufen. Die Folge war, dass gleich mehrere Trupps nur noch eingeschränkt arbeiten konnten und sich die Reparaturen verzögerten. Mit der Einrichtung einer Instandhaltung wurde der Reparaturstau aufgelöst und auch neue Job-Perspektiven geschaffen.

Zur Leistungsermittlung und Optimierung der Arbeitsorganisation wurde bereits im Vorfeld ein *Grünflächenkataster* erstellt. Welche Flächen mussten intensiv (täglich), normal (wöchentlich), extensiv (monatlich) und anlassbezogen bearbeitet werden? Es wurden weiterhin für alle Bereiche Leistungen definiert: Unkraut jäten, gießen, pflanzen, mähen, zurückschneiden, Abfall entsorgen usw. Im Ergebnis kam eine umfangreiche Liste von Leistungen heraus, die folgendes Aussehen hatte:

- Stadtplatz: täglich Pflanzen gießen
- öffentliche Spielplätze: wöchentlich kontrollieren und Abfälle entsorgen
- Hänge an der Einfallstraße: monatlich zwischen April und Oktober mähen
- ...

Erst im letzten Schritt unserer Handlungsstrategie haben wir uns dem Themenfeld *Gesundheit & Krankheit* zugewandt. So haben wir uns mit den Erleichterungen im Job beschäftigt. Bei den beschriebenen Leistungseinschränkungen war klar, dass es solche geben musste. Innerhalb eines halben Jahres wurden im Rahmen von Gesundheitswerkstätten für die Arbeitstrupps mehrere technische Neuerungen eingeführt. Es wurde z. B. ein Kleintraktor angeschafft und für leistungsgewandelte Mitarbeiter in der „Langgrasgruppe" in Ergänzung zu den (schweren) benzinbetriebenen Motorsensen ein selbstfahrender Balkenmäher. Zudem wurde für den „Baumtrupp" ein gebrauchter Minibagger („BOBCAT") mit besonderer Hebe- und Tragefunktion angeschafft.

Krankheit wurde bisher durch die Führungskräfte hingenommen. Selbst das durch uns des Öfteren in unseren Projekten festgestellte Ohnmachtserleben von Führungskräften bei AU-Tagen von Mitarbeitern konnten wir nicht wahrnehmen. Es war den Führungskräften schlicht egal, wenn jemand fehlte. Es konnte ihnen auch egal sein, denn das ging ja nicht mit Leistungsverlusten einher, da überhaupt keine Leistungsparameter bekannt waren. Die laxe Praxis wurde standardisiert und gestrafft. Jeder Mitarbeiter, der krank wurde musste von nun an sofort eine Meldung an seine unmittelbare Führungskraft einreichen und eine Zeitprognose (voraussichtliche Dauer laut Krankschreibung) stellen. Mit jedem aus einer Fehlzeit zurückgekehrten Mitarbeiter musste die Führungskraft ein Gespräch führen. Dabei wurde es der Führungskraft überlassen, wann sie das Gespräch für angemessen hielt. Wir wollten bewusst kein Fehlzeitenmanagement machen – wir brauchten aber eine Handlungsgrundlage für die Führungskräfte und mussten die bis dato extrem lockeren Zügel etwas anziehen.

Dazu haben wir von 60 Mitarbeitern 10 BEM-Fälle bearbeitet. Davon sind acht erfolgreich wiedereingliedert worden. Ein Mitarbeiter ist z. B. im Zuge von BEM auf eigenen Wunsch vom Baumtrupp ins Gießfahrzeug gewechselt. Das ist insofern erwähnenswert, weil damit auch eine Zurückstufung auf eine niedrigere Lohngruppe verbunden war. Der betroffene Mitarbeiter hatte eine chronische Entzündung im Schulterbereich, möglicherweise aufgrund langer Überkopfarbeit. Er war erst 45 Jahre und wollte weiterhin im Job bleiben.

Ach ja, eh wir es vergessen. Wir haben im Projekt zusätzlich integriert:

- eine arbeitsplatzbezogene Ergonomie-Beratung für alle Mitarbeiter
- ein Rückenschule-Kursprogramm
- einen Kurz-Vortrag zum Thema „Stress"

Das waren unterstützende gesundheitsbezogene Sekundärmaßnahmen. Wir waren nach der Umsetzungsphase selbst etwas überrascht, wie viel Bildung, Arbeits-

Abbildung 118: „Gesundes Grünflächenamt" Projektplan (grob)
[Quelle: Eigene Darstellung]

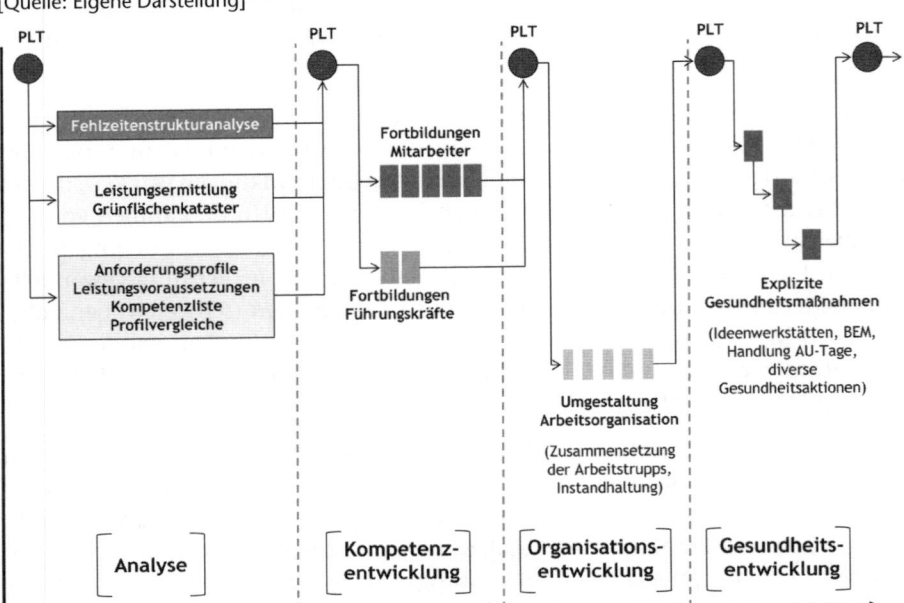

organisation und Arbeitserleichterung und wie wenig klassische Gesundheitsförderung das Projekt enthielt.

Das Projekt hatte eine Laufzeit von 3 ½ Jahren. Es wurde Anfang 2005 initiiert und Mitte 2008 beendet. Detailreiche Projektstruktur- und Projektablaufpläne wurden erarbeitet. Die Steuerung oblag einem Projektlenkungsteam (PLT), in dem neben dem Personalrat und der Amtsleitung auch die Leitung des Hauptamtes vertreten war. Die grobe Projektstruktur ist der Abbildung 118 zu entnehmen.

4 | Ergebnisse

Kommen wir noch einmal auf die Hauptzielstellung des Projektes zurück. Es ging um die Sicherung und Steigerung der Leistungsmenge des GFA. Es ging schlicht und ergreifend um die Systemleistung. Im Projekt haben wir zu Beginn noch nicht über systemleistungsrelevante Parameter verfügt. Keiner der Verantwortlichen war aussagefähig, was überhaupt geleistet wurde. Das war ja auch das Problem. Deshalb können wir auch nach Abschluss des Projektes nicht sagen, die Systemleistung wurde um x % gesteigert. Wir können nur sagen: Heute gibt es im GFA definierte Leistungen. Das war ein nicht unerhebliches Teilziel des Projektes, welches erreicht wurde. Im Projekt haben wir die Grundlagen geschaffen, Systemleistung zu messen und zu bewerten. Nun heißt ja der Titel unseres Buches auch „Systemleistung durch BGM". Insofern hatte das Projekt für uns damals visionären Charakter. Auch der Kommunalpolitik wurde im Verlauf des Projektes klar: „Da geht was!". Arbeitsrecht hin oder her, die Verantwortlichen wussten, dass sie mit den verfügbaren Ressourcen leben mussten. Wir haben viele Parameter im Projekt erhoben und auch zwei Befragungen durchgeführt. 2008 sahen sich trotz gestiegenen Durchschnittsalters noch 76 % in 2 Jahren im Job. 2005 waren es nur etwa mehr als 50 %. Die Fehlzeiten sind von 11,2 % (2005) auf 7,5 % (2008) zurückgegangen. Das entspricht einer Absenkung um ein Drittel! Die Fehlzeitenquote im GFA ist so niedrig, wie seit 20 Jahren nicht mehr. 2005 gab es 18 BEM-Fälle. Das entsprach einer Quote von 30 % der Belegschaft im GFA. Dieser Wert sank bis 2008 um 28 % auf 13 Fälle ab. Nachdem im Jahr 2007 erstmalig alle Leistungswerte vollständig erfasst wurden, konnte für das Jahr 2008 ein Produktivitätsgewinn (auf Basis der entwickelten und erfassten Leistungsparameter) von 6 % im Jahresvergleich festgestellt werden. Das war ein ungeheurer Schritt hin zur modernen Verwaltung. Die Ämter haben jetzt gesagt, was sie brauchten und das GFA konnte sagen, was es leisten kann. Solange das Leistungsmonopol da ist, fragt man sich nicht, was man überhaupt leistet. Das kommt erst mit dem Druck von außen oder im Zuge der Selbsthinterfragung.

Im Folgejahr nach Projektabschluss ist ein Systemaudit nachgeschoben worden. Dieses führen wir nun jährlich durch. Wir wählen zufällig 8 Mitarbeiter aus. Das sind ca. 15 % der Belegschaft. Diese werden nach ihrer Wahrnehmung/Einschätzung ihrer Arbeitslage und aller definierten Prozesse befragt (z. B. Arbeitsbewältigung, Gespräch nach Arbeitsunfähigkeit, Beurteilungsgespräche, Leistungserstellung ...). Daneben werden auch alle Gruppenleiter, Sachgebietsleiter und Amtsleiter befragt und die Dokumente eingefordert. Keiner ist vorbereitet. Das Audit wird aber mit dem Kunden im Vorfeld besprochen. Die Stadtverwaltung hat sich ganz bewusst gegen ein externes Benchmark entschieden, weil sie sich selbst zum Maßstab nehmen will. Sie will nicht die „Super Verwaltung Deutschland" werden, um das Ganze prestigeträchtig zu vermarkten – sie will echte Leistung.

5 | Einordnung in das IDBM

Vor der Maßnahme konnten folgende Parameter genannt werden:

1. Es kann die Stufe 4 von 6 bezgl. der Betrachtungsebenen erreicht werden (mehrere miteinander verbundene Arbeitssysteme).
2. Die prognostizierte Systempenetranz liegt bei nahezu 100,00 %.[149]
3. Der prognostizierte erreichbare Systemimpact je getroffenem Arbeitssystem liegt bei +43,75 %.[150]
4. Der prognostizierte Gesamtsystemimpact liegt (bei 100 % Trefferquote) ebenfalls bei +43,75 %.

---

149 Annahme: Betrachtungsgegenstand ist das GFA mit N = 60. Es liegt ein direkt-indirektes Modell vor (Mitarbeiter & Führungskräfte). Es werden alle Systemmitglieder erreicht. Ein Effekt ist zu erwarten auf allen 8 Systemelementen (Eingabe, Ausgabe, Arbeitsmittel, Arbeitsablauf, Arbeitsaufgabe, Mensch, Arbeitsstätte, Arbeitsumgebung).

150 Annahme („best-case-Szenario"): Impacts für die getroffenen 8 Elemente (Maximalwert + 10) Eingabe (+ 2), Ausgabe (+ 4), Arbeitsmittel (+ 7), Arbeitsablauf (+ 5), Arbeitsaufgabe (+ 3), Mensch (+ 7), Arbeitsstätte (+ 1), Arbeitsumgebung (+ 6). Das entspricht einem prognostizierten positiven Veränderungsimpuls von + 43,75 % je Arbeitssystem.

Das ist ein exorbitant hoher Wert für eine Gesundheitsmaßnahme!

Nach der Maßnahme können folgende Parameter genannt werden:

1. Das Projekt hat Stufe 4 von 6 erreicht.
2. Die erreichte Systempenetranz liegt bei 100,00 %.[151]
3. Der erreichte Systemimpact in den getroffenen Arbeitssystemen liegt ggf. sogar über der Prognose von +43,75 %[152]
4. Der tatsächlich erreichte Systemimpact liegt bei mind. +43,75 %.[153]

Wir haben in allen 480[154] potenziell zu erreichenden Systemelementen im Gesamtsystem (GFA) irgendwelche positiven Effekte mit dem Programm erzielt. Die Gesamtkosten für das Projekt betrugen ca. € 58.000[155]. Das entspricht einer Kosten-Wirksamkeits-Relation von ca. € 1.326 je Prozentpunkt positiven Impacts im Gesamtsystem (GFA). Wir haben es hier mit einem mittelgroßen System zu tun. Die Kosten-Wirksamkeits-Relation der Maßnahme liegt in den tatsächlich veränderten 60 Arbeitssystemen bei nur noch € 22,10 je Prozentpunkt positiven Impacts.

Wir haben viel in diesem Projekt gelernt. Z. B. haben wir früher im Kundenkontakt oftmals gefragt: Was wollen Sie? Das kam daher, weil uns viele Kunden angerufen haben und uns klar sagten, sie bräuchten jetzt dieses Seminar oder jene Befragung und wir dachten uns: „O. k. – that's business – let's do it!". Heute lauten unsere Eingangsfragen zumeist: Was leisten Sie? Können Sie das aussagen? Gibt es Engpässe in der Leistungserstellung? Sind diese Engpässe mit gesundheitlichen Problemen assoziiert? Solche Fragen passen jedoch nur auf Unternehmen, die eine echte Lösung ihres Problems anstreben und welche die Bereitschaft besitzen, ihren eigenen Weg zu gehen. Diese Unternehmen müssen auch genügend Durchhaltevermögen und Ressourcen mitbringen, um den Erfolg auch zu realisieren. Und Sie als Gesundheitsmanager? Was müssen Sie mitbringen, um in solchen Projekten Erfolg zu haben? Sie müssen verstehen, wie Verwaltungen laufen. Sie müssen verstehen, was die Leute an ihrem Leiden haben und … sie müssen verstehen, was ein Balken-

---

151 N $_{GFA}$ = 60. Davon 100 % erreicht = 60.

152 Wir wissen aus der Evaluation, dass die BEM-Zahlen rückläufig sind und die Fehlzeitenquote gesenkt werden konnte (Mensch). Wir wissen, dass erhebliche Veränderungen bezgl. der Ablaufgestaltung und der Arbeitsmittel eingebracht wurden. Wir wissen, dass die Mitarbeiter und Führungskräfte umfangreich qualifiziert worden sind (Arbeitsumgebung, Mensch). Wir wissen aus den Audits, dass die Führungskräfte jetzt viel stärker auf die Voraussetzungen, die Job-Performance und die Aufgabengestaltung achten (Arbeitsaufgabe, Arbeitsumgebung) und die Mitarbeiter jetzt besser mit ihren Aufgaben zurecht kommen. Wir haben also allen Grund anzunehmen, dass die Prognosewerte erreicht, wenn nicht sogar übertroffen worden sind.

153 Die Ergebnisse zeigen, dass die Maßnahmen in allen angezielten Arbeitssystemen angekommen sind.

154 Berechnung: 60 Arbeitssysteme x 8 Systemelemente = 480 Systemelemente.

155 Inklusive interne, externe und Sachkosten, exkl. Opportunitätskosten. Davon allein technische Ausstattungen (z. B. BOBCAT) in Höhe von € 25.000.

rasenmäher ist, wie er funktioniert, was er kann und wie teuer er (gebraucht) ist. Es reicht nicht aus, den Moderationskoffer rausholen und Punkte zu kleben.

3.6 Evaluation

Sie sind Evaluator und Evaluationsobjekt zugleich! Sie evaluieren den ganzen Tag und werden selbst evaluiert. In so ziemlich allem, was Sie tun oder lassen. Und zwar auf ganz natürliche Weise. Was sind ihre Erfahrungen? Wie gehen Sie vor, wenn Sie im Alltag evaluieren? Bei der Jobauswahl? Beim Autokauf? Bei der Auswahl des Urlaubsziels? Bei der Partnerwahl? Beim Kauf einer neuen Hose? Bei einem Fußballspiel? Bei einer Geburtstagsfeier? Nach dem Besuch der Putzfrau?

INFOBOX

Evaluation im Alltag: Autokauf

Zunächst einmal müssen Sie überhaupt den Wunsch entwickeln, ein neues Auto besitzen zu wollen. Wozu brauchen Sie das? Was bringt Ihnen das? Sie spüren zunächst diffus, dass es Ihnen mit einem neuen Auto wahrscheinlich irgendwie „besser" gehen wird. Manchmal gibt es auch handfestere Gründe. Vielleicht müssen Sie aufgrund einer Standortverlagerung von öffentlichen Verkehrsmitteln auf das Auto umsteigen. Doch welches Auto passt zu Ihnen? Ein Sportwagen? Ein verbrauchsgünstiger Kleinwagen? Ein Kombi? Sie Sammeln zunächst Informationen. Sie recherchieren im Internet, in Zeitschriften, in Tests. Dort gibt es Hinweise von Unbekannten, von Kollegen und von Freunden. Sie suchen nach Personen, die das gleiche Auto bereits haben. Sie überlegen: Sind die Berichte glaubwürdig? Haben sie Substanz? Sie können sich auch „beraten" lassen. Bei einem oder mehreren Autohändlern. Vielleicht machen Sie auch Testfahrten, um genauere Eindrücke über die Materialqualität und ein „Gefühl" für Fahreigenschaften zu bekommen. Entsprechend Ihres Budgets vergleichen Sie anschließend die Preise über ähnliche Alternativen. Wo bekommen Sie Ihre Wünsche zum günstigsten Preis vor die Tür gestellt? Danach drehen Sie noch eine „Extra-Runde" und nehmen noch Ihren Partner mit. Schließlich hat er/sie ein gehöriges Wort in dieser Sache mitzureden. Dann schlagen Sie zu. … Noch einige Wochen vergleichen Sie im Internet, ob Sie wirklich einen guten „Schnitt" gemacht haben.

Was ist die Botschaft dieses kleinen Exkurses? Wir sehen sieben Punkte: (1) Evaluation hat stets ein Ziel. (2) Evaluation zielt auf Entscheidungen ab. (3) Evaluation kann vor, während oder nach Entscheidungen stattfinden.[156] (4) Evaluation hat mehrere Interessengruppen. (5) Evaluation braucht Informationen zur Bewer-

---

156 Ziele: Vorher → Entscheidungsfindung/während → Entscheidungssicherung/nach → Entscheidungslegitimation.

tung. (6) Evaluation vergleicht Alternativen. (7) Evaluation braucht operable Kriterien und Maßstäbe für den Alternativenvergleich.

3.6.1   Was ist Evaluation?

Ein einheitliches Verständnis zur Begrifflichkeit und Bedeutung der Evaluation gibt es nicht. Das zeigt z. B. die große Anzahl synonym verwendeter Begriffe, wie „Erfolgskontrolle", „Wirkungskontrolle", „Nutzenkontrolle", „Evidenznachweis" oder auch „Qualitätskontrolle". In Evaluation steckt der Wortstamm „valuere" = „bewerten". Das grenzt Evaluation von jeder anderen Form nichtwertender Untersuchung ab. Evaluation ist also keineswegs objektiv, wohl aber versucht sie, die Informationssammlung und die Erkenntnisgewinnung zu objektivieren. Einfacher gesagt: Die Analyse ist die logische, die rationale, die intellektuelle Seite der Evaluationsmedaille. Die Bewertung der Analyseergebnisse hingegen stellt eher die irrationale, emotionale, gelegentlich auch intuitive Seite dar.

INFOBOX

Definition Evaluation

Evaluation ist die Verknüpfung festgestellter Sachverhalte mit individuellen oder kollektiven Präferenzen.

Also haben wir es in der Evaluation sozusagen mit „Teil A" und „Teil B" zu tun. Die systematische und pluralistische Informationssammlung im Teil A und die Bewertung der Datenlage in Bezug auf die Zielvorgaben und Intentionen des Auftraggebers oder anderer Anspruchsgruppen in Teil B. Idealerweise werden in Teil A verschiedene Arten von Informationen berücksichtigt (qualitativ/quantitativ) und auch verschiedene Informationsquellen genutzt (z. B. Selbst-/Fremdeinschätzung) Die Systematik bezieht sich auf methodische Regeln der Datenerhebung und Auswertung. Evaluation muss wissenschaftsgestützt erfolgen, was in erster Linie bedeutet, dass sie an die Einhaltung methodischer Regeln zu binden ist.

Zu diesen methodischen Regeln gehören:

1. die Formulierung des Hintergrundes und der Zielstellungen für die Evaluation (Warum muss evaluiert werden? Was ist der Zweck der Evaluation?)
2. die Definition des Evaluationsgegenstandes (Wer oder was wird evaluiert?)
3. die Bestimmung des Ortes der Evaluation (Wo wird evaluiert?)
4. die Entwicklung eines Evaluationsdesigns (Wie wird evaluiert?)
5. die Veröffentlichung der Ergebnisse der Evaluation (Welches sind die darstellbaren Ergebnisse?)

Die Evaluation orientiert sich an den *Zielvorgaben* des Auftraggebers oder weiterer Anspruchsgruppen (z. B. Mitarbeiter, Geldgeber etc.). Nehmen Sie nur ein Seminar her, das den Umgang mit einer neuen Businesssoftware erläutert. Ziele Geschäftsleitung: Die Abrechnung soll schneller erledigt werden als bisher. Die Kosten sollen niedrig sein. Ziele HR-Manager: Die Mitarbeiter sollen die neue Software beherrschen. Die Leute sollen verstehen, warum die neue Methode besser ist. Ziele Teilnehmer: Das Seminar soll nicht zu lange dauern. Es soll nicht langweilig sein. Ziele Referent: Möglichst viele Leute sollen an der Maßnahme teilnehmen. Die Leute sollen meinen Job gut finden. Verschiedene Parteien haben also verschiedene Interessen. Welche Interessen geben nun die Maßstäbe für die Evaluation vor? Das wird oftmals nicht konsequent durchdacht und nachvollzogen.

INFOBOX

Typische Ziele von Evaluationsvorhaben

- Informationssammlung („Hat die Einführung von Rückkehrgesprächen irgendetwas gebracht?")
- Durchsetzungs- und Rechtfertigungshilfe („Wir brauchen eindeutige Effekte im Pilotbetrieb, um BGM auch in allen anderen Betriebsteilen einführen zu können!")
- Entscheidungshilfe („Die Personalentwicklungsprogramme X und Y konkurrieren miteinander. Die kostenwirksamere Alternative bekommt den Zuschlag!")
- Kontroll- und Disziplinierungshilfe („Die Leistungen aller externen Anbieter kommen auf den Prüfstand!")
- Verantwortungsdelegation („Der Restrukturierungsplan wird durch die Unternehmensberatung Z entwickelt!)

Nicht immer ist klar, *wer oder was* evaluiert wird. So kann z. B. angenommen werden, dass es bei der Einführung der Bewertungen der Lehre an deutschen Universitäten Mitte der 90er Jahre vorrangig um die Disziplinierung der Lehrenden (der Professoren) und weniger um die Details der Lehre an sich ging.

Evaluation braucht einen *Ort*. Nicht „alles" und „überall" kann evaluiert werden. Das Institut für Qualität und Wirtschaftlichkeit im Gesundheitswesen (IQWiG)[157] konzentriert sich z. B. auf bestimmte Wirkstoffe, therapeutische Verfahren oder medizinische Geräte.

Jede Evaluation hat ein *Design*. Welcher methodische Ansatz wird verfolgt? Wie werden Informationen gesammelt? Welche Instrumente kommen zum Einsatz? Vorher-nachher-Vergleiche sind zweifellos sinnvoll. Ein prä-post-Design mit Kontrollgruppen werden aber die wenigsten in der Praxis hinbekommen. Eher schon ein ex-post-Design mit entsprechenden Aussageverlusten. Wird nur zu einem Messzeitpunkt (Querschnitt) oder an mehreren (Längsschnitt) untersucht? Gibt es Maßstäbe, Kennwerte oder Normen, an denen die Bewertung ausgerichtet werden

---

157 Das IQWiG ist ein staatlich finanziertes und (hoffentlich) unabhängiges wissenschaftliches Institut, das den Nutzen und Schaden medizinischer Maßnahmen für Patienten untersucht.

kann? Verhaltensbeobachtungen, Interviews, technische Messgeräte, Fragebögen können Auskunft über die Sachlage und die Entwicklungen geben.

Können alle Ergebnisse der Evaluation *veröffentlicht* werden? Wer hat Informationsvorrechte, wer muss sich hinten anstellen? Nicht selten lagern unerwünschte Ergebnisse in Berichtsform lange in den Schubladen der Auftraggeber. Über unerwünschte Nebenwirkungen von Medikamenten erfährt die Öffentlichkeit erst Jahre nach der Zulassung des Präparates. Die nachgewiesenen Fehlschläge bei betrieblichen Restrukturierungsmaßnahmen werden umgedeutet, unterschlagen oder „neu interpretiert".

3.6.2 Zum Evaluator

In den meisten Fällen ist der Umsetzer zugleich der Evaluator. Eine Personalentwicklungsfirma prüft zugleich seine Ergebnisse. Das ist natürlich ein klassischer Rollenkonflikt. Das eingegangene Kunden–Lieferanten–Vertragsverhältnis begründet naturgemäß eine Abhängigkeit des Evaluators in Bezug auf den Auftraggeber. Damit schränken sich seine Freiheitsgrade erheblich ein. Da im Allgemeinen mehrere Personengruppen von den Ergebnissen der Evaluation betroffen sind, existieren auch unterschiedliche, z.T. sehr inhomogene Zielstrukturen. Der Evaluator sollte sich deshalb einer Reihe von Techniken zur Konsensfindung bedienen, um im Spannungsfeld verschiedener Interessengruppen und Vorgaben seinen Auftrag ausführen zu können. Eine professionelle Arbeit ist schließlich nur unter der Bedingung möglich, dass der Evaluator einige Rahmenbedingungen akzeptiert. Die Akzeptanzabforderung beziehen sich auf:

- die Zielvorgaben des Auftraggebers
- die Wahrung der Auftraggeberinteressen
- Einschränkungen im methodischen Design
- die Akzeptanz der sukzessiven „Anpassung" der Evaluationsrichtungen sowie
- die Akzeptanz möglicher Einschränkungen hinsichtlich der Ergebnispublikation

Neben den Akzeptanzabforderungen sieht sich der Evaluator auch einer Reihe z.T. konträrer Funktionen gegenüber. Er soll als „Experte", „Informationsbeschaffer", „Berater", „Controller" und „Freund" in Erscheinung treten. Schnell resultiert daraus eine nicht zu unterschätzende Rollenambiguität. Trotz der vielfältigen Abhängigkeiten und Funktionen lassen sich die Hauptaufgabengebiete und Zuständigkeiten des Evaluators bestimmen. Er:

- hilft bei der Zieldefinition
- formuliert eine sinnvolle Methodik
- berät hinsichtlich der Realitätsnähe der Maßnahmen
- gibt Anregungen für den Handlungsbedarf
- unterstützt bei der Erweiterung der gegebenen Handlungsmöglichkeiten
- setzt Kommunikationstechniken zur Konsensfindung ein
- berät bei der Ausführung und
- ist zuständig für die Auswertung und Nutzenmessung

Abbildung 119: Hauptarten der Evaluation
[Quelle: in Anlehnung an WOTTAWA & THIERAU (2003)]

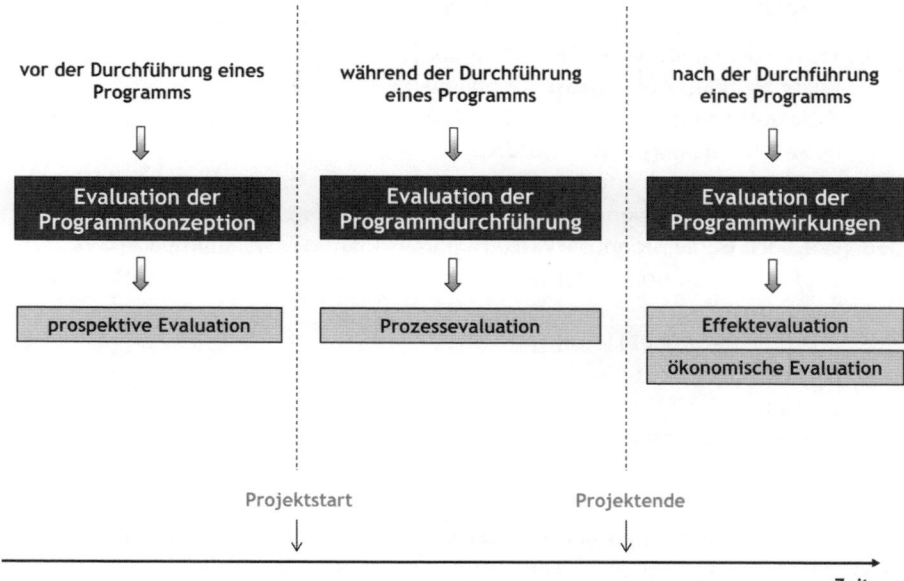

3.6.3 Evaluation im BGM

Im Zuge der steigenden Nachfrage nach betrieblichen Gesundheitsprogrammen wird auch in zunehmendem Maße die Überprüfung der Qualität, der Reichweite und der Wirksamkeit der Maßnahmen gefordert. Dies leistet die Evaluation. Die oftmals mit erheblichem Personal- und Sachaufwand forcierten Maßnahmen müssen (a) auf ihre theoretische und methodische Fundierung, (b) ihre praktische Umsetzung und (c) ihre tatsächliche Wirksamkeit hin geprüft werden. Ein Evaluationsvorhaben kann sich, je nach Zielstellung und Möglichkeiten, auf einen der drei genannten Bereiche konzentrieren (siehe auch Abbildung 119).

1 | Evaluation der Programmkonzeption

Die Evaluation der Programmkonzeption umfasst die theoretische Fundierung sowie die Ausarbeitung und Ausgestaltung der geplanten Maßnahmen (Methodik). Kernelemente der prospektiven Evaluation sind Überlegungen zur Kohärenz zwischen der Problemlage, den Programmzielen, den zur Verfügung stehenden Ressourcen und den vorgesehenen Maßnahmen. Des Weiteren können Überlegungen zur Angemessenheit der theoretischen Modelle, der Programmreichweite und zum potenziellen Systemimpact angestellt werden (Strukturqualität).

INFOBOX

Leitfragen zur Programmkonzeption

1. Was ist der Engpass? (Problemdefinition)
2. Wie mächtig ist der Engpass? (Problemausmaß)
3. Welche theoretischen Modelle zur Bestimmung und Überwindung des Engpasses sind herangezogen worden?
4. Welche Zielgrößen und Zielindikatoren wurden für das Programm festgelegt?
5. Wie groß ist die prognostizierte Programmreichweite? (Systempenetranz)
6. Wie hoch ist die prognostizierte Programmwirkung? (Systemimpact)
7. Sind die zur Verfügung stehenden Ressourcen angemessen zur Auflösung des Engpasses?
   a. Kompetenz der Akteure
   b. Zeit
   c. Budget
8. Wurde das Programm bisher ausreichend kommuniziert?

Die genaue Beschreibung über die Art, das Ausmaß und die Verteilung des Problems (des Engpasses!) ist deshalb so wichtig, weil die an der Programmplanung beteiligten Interessengruppen häufig sehr unterschiedliche Vorstellungen hierüber haben. Dies kann u.U. zu einer Über- bzw. Unterschätzung des tatsächlichen Programmbedarfs führen.

Für die spätere Bestimmung des Programmnutzens ist es zudem wichtig, dass bereits vor dem Projektstart genaue Zielgrößen definiert wurden. In der Regel erfolgt die Zielbildung anhand eines als erwünscht bewerteten Soll–Zustandes. Unsere Leitfrage hierzu lautet: „Wenn das Programm hier abgeschlossen ist ... woran erkennen wir, dass wir erfolgreich gewesen sind?" Gute Antworten auf diese Fragen haben drei Anteile: a) allgemeine Zielrichtungen, b) konkretere Zielindikatoren und c) präzise Messwerte (siehe auch Tabelle 17).

Wir empfehlen zur Zielfindung und Zieldefinition eine 3-Schritt-Strategie anzuwenden:

1. Sammlung von Zielen bezgl. der unterschiedlichen Anspruchsgruppen
2. Entwicklung einer einheitlichen Zielstruktur (Kausalmodell)
3. Ableitung von Parametern zur Darstellung der Zielerreichung (Messmodell)

2 | Evaluation der Programmdurchführung

Eine theoriegeleitete und fundierte Konzeption, sowie ausreichende Mittel sind allein noch kein Garant für das Gelingen der Maßnahme und die Erreichung der gesteckten Ziele. Die Prozessevaluation dient deshalb der kontinuierlichen Überprüfung der Umsetzung und Ausführung der geplanten Maßnahmen, um Fehlentwicklungen frühzeitig zu erkennen, notwendige Korrekturen vorzunehmen und

Tabelle 17: Ziele, Indikatoren und Messwerte im BGM (Auszug)

Goals (Zielrichtungen)	Objectives (Zielindikatoren)	Measured values (Messwerte)
Verbesserung der Gesundheitssituation	Erhöhung der Arbeitsbewältigung Verbesserung des Gesundheitsstandes Reduzierung von Stress Verminderung von Beschwerden ...	WAI-Wert Fehlzeitenquote Fragebogenwert Fragebogenwert ...
Verbesserung der Leistungssituation	verbesserte Nutzung betrieblicher Humanressourcen erhöhtes Engagement ...	Verringerung des Anteils leistungseingeschränkter Mitarbeiter Fragebogenwert ...
Verbesserung der Gesundheitskultur	Verbreiterung des betrieblichen Gesundheitsangebotes Erhöhung der Reichweite der Gesundheitsangebote Absicherung durch ausreichende Ressourcen Zunahme der Akzeptanz betrieblicher Gesundheitsaktivitäten ...	Anzahl der Gesundheitsmaßnahmen p. a. Quote der Inanspruchnahme p. a. Gesundheitsinvestment in Đ pro MA und Jahr Fragebogenwert ...

damit unerwünschte Nebenwirkungen zu vermeiden oder zumindest zu vermindern.

Die Evaluation der Programmdurchführung verfolgt im Wesentlichen zwei Ziele. Zum einen soll durch die Kontrolle der Programmausführung überprüft werden, ob die Maßnahmen in Kohärenz zur Konzeption und den spezifischen Vorgaben des Programmes ausgeführt werden (Prozessqualität). Zum anderen soll durch die Prüfung der Programmreichweite (Systempenetranz) geklärt werden, ob und in welchem Umfang die intendierte Zielgruppe erreicht wird. Als Methoden können in dieser Phase alle Formen der narrativen Protokollierung, die systematische Erfassung der Programmunterlagen und die direkte Befragung der Programmteilnehmer genutzt werden.

3 | Evaluation der Programmwirkungen

Selbst bei einer optimalen Umsetzung der Strategie, ist deren Wirkung in ihren Ergebnissen nicht a priori vorauszusetzen. Deshalb geht es nach Abschluss der durchgeführten Maßnahmen um eine Einschätzung und Bewertung der Programmwirkungen (Ergebnisqualität). Wurden die Ziele erreicht?[158] Bei der Bewertung und Bestimmung der Programmwirkungen lassen sich unterscheiden:

- die Prüfung der Haupt- und Nebeneffekte (Effektevaluation)
- die Bewertung des Programms aus Kosten-Nutzen-Erwägungen (ökonomische Evaluation)

Während die Prüfung der Primäreffekte heute nahezu Standard in den Betrieben ist, bleiben betriebswirtschaftliche Analysen eher eine Seltenheit. Dies liegt vor allem an methodischen Problemen und dem hohen Aufwand der hier betrieben werden muss. In den letzten Jahren ist eine Reihe von Veröffentlichungen auf den Markt gekommen, die Sicherheits- und Gesundheitsschutzmaßnahmen im Lichte ökonomischer Ideen beleuchten (vgl. auch ALDANA, 2001; FRITZ, 2005; DGfP, 2007; GLASER, HORNUNG & LABES, 2007; LANGHOFF, 2002; LANGHOFF, LANG & SCHMIDT, 2002; PENNIG & VOGT, 2007a und 2007b; SALVAGGIO, 2007).

3.6.3.1 Schwerpunkt ökonomische Evaluation

Lohnt sich ein Investment in BGM auch wirtschaftlich? Diese Frage ist bisher trotz aller Beteuerungen der Politik und positiver Berichte über glänzende „Return on Investments" (ROI) unbeantwortet. Betriebswirtschaftliche Analysen sind im operativen Bereich des BGM nicht zufällig immer noch eine Seltenheit. Anbieter müssen heute jedoch neben der *Wirksamkeitsfrage* auch die betriebliche *Kosten- und Nutzwertfrage* zufriedenstellend beantworten, um weiter zu kommen. Und genau hier befinden sie sich in einem erheblichen Argumentationsnotstand. Gründe für den Notstand liegen u. a. in der unvollständigen Darstellbarkeit aller Kosten- und Nutzengrößen, der fehlenden (monetären) Messbarkeit der Nutzengrößen sowie der unzureichenden kausalen Verknüpfung von Input und Output. Wir können diese Frage an dieser Stelle auch nicht pauschal beantworten, wollen jedoch zumindest den Stand der Diskussion wiedergeben.

---

158 Die Beantwortung dieser Frage ist insofern schwierig, da das Programm immer auch einer sehr komplexen sozialen Realität unterworfen ist und die Bruttowirkung mit an Sicherheit grenzender Wahrscheinlichkeit durch externe und interne Störfaktoren überlagert wird. Es kann zwischen programminternen und -externen Störfaktoren unterschieden werden. Interne Störfaktoren ergeben sich durch die Art der Evaluation selbst. Dazu zählen u. a. die mangelnde Zuverlässigkeit und Gültigkeit der eingesetzten Messinstrumente, die verzerrte oder unpassende Auswahl der Ergebnisindikatoren und Messzeitpunkte sowie Stichprobeneffekte. Unter externen Störfaktoren werden u. a. unkontrollierte betriebliche und gesellschaftliche Umwelteinflüsse subsumiert. Gelingt es, die immanenten Störquellen weitestgehend auszuschalten und wesentliche externe Störfaktoren zu kontrollieren, kann man sich der Bestimmung der Nettowirkung des Programmes deutlich annähern. Unter der Nettowirkung eines Programmes wird jener Anteil am beobachtbaren Gesamtergebnis verstanden, der ausschließlich auf die durchgeführten Programmmaßnahmen zurückzuführen ist.

◆ Kostendiskussion

Was kostet uns die Abwesenheit von Gesundheit? Was kosten uns Krankheit, Absentismus, Präsentismus, Fehler, Destruktion und mangelnde Arbeitszufriedenheit tatsächlich? Und vor allem: Was kostet uns die Hinführung zu gesunden Zuständen und deren Aufrechterhaltung? Ist das ein sinnvolles Kosten-Nutzen-Verhältnis? Kann man da einen „Return" auf sein Investment erzielen, der die Ausgaben übersteigt? Können wir uns das Investment überhaupt leisten? Haben wir die nötigen Ressourcen? Nicht selten scheitern Gesundheitsprojekte schlicht und ergreifend an den finanziellen Möglichkeiten. Nicht alle Menschen können sich einen Wellness-Urlaub auf den Malediven leisten. Viele bleiben gleich ganz zu Hause und sparen sich das Geld lieber für andere (wichtigere) Dinge. Es ist eine sehr anspruchsvolle Diskussion, die hier derzeit in Deutschland geführt wird. Gesundheit in „ZDF" – Zahlen, Daten, Fakten!

Schauen wir uns zunächst einmal nur die Kostenseite an. Es lassen sich zwei Arten von Kosten unterscheiden:

- Kosten der Abweichung von Gesundheit („Krankheitskosten")
- Kosten der Wiederherstellung und Aufrechterhaltung von Gesundheit („Gesundheitskosten")

Die *Gesundheitskosten* sind zumeist direkt messbar. In Betrieben werden Gesundheitskosten durch das Gesundheitspersonal (z. B. Gesundheitsmanager, Arbeitsmediziner, Sicherheitsfachkraft), die angestrebten Gesundheitsmaßnahmen (Seminare, Check-ups, Vorsorgeuntersuchungen) und die notwendigen Prüfungen (Untersuchungen, Audits) verursacht. Die innerbetrieblichen Gesundheitskosten lassen sich über die allgemeinen Kosten und die Projektbudgets recht gut abbilden. Hier hat der Unternehmer auch ein paar Spielräume, auf die Kostenbremse zu treten. In den wenigsten Unternehmen werden allerdings die Kosten für das Arbeits- und Gesundheitsschutzsystems auch ausgewiesen. Das ist unnötig, denn die Kosten ließen sich recht gut ermitteln. Oftmals steht der Bilanzierung ein kompliziertes Kostenstellenmodell entgegen, das echte Gesundheitskosten im Unternehmen über Sonder- und Projektkostenstellen diffundieren lässt. Die außerbetrieblichen Gesundheitskosten laufen v. a. im Gesundheitswesen für die Behandlung von Gesundheitsstörungen (z. B. Diagnostik, Medikamente, Psychotherapie …) auf. Betriebswirtschaftlich werden Sie in Form der Beiträge zur Krankenversicherung und Unfallversicherung wirksam. Sie sind durch die Unternehmen praktisch nicht zu beeinflussen.

Krankheitskosten entstehen auf direktem Weg durch die Lohnfortzahlung im Krankheitsfall, durch Produktionsausfälle, Mehrkosten für Ersatzkräfte und Überstunden anderer Arbeitnehmer, Strafen, sowie durch Kompensationskosten, wie Neueinstellungen und Abfindungskosten. Bei Unfällen fallen zudem Kosten für die Beseitigung der Unfallspuren, für die Neuanschaffung von Maschinen und Anlagenteilen, für erzwungene Produktionsstopps usw. an. Diese Folgekosten sind in der Kostenbilanz zu berücksichtigen. Auf indirektem Weg fallen weitere Krank-

Abbildung 120: Kostenarten im betrieblichen Gesundheitswesen

[Quelle: Eigene Darstellung]

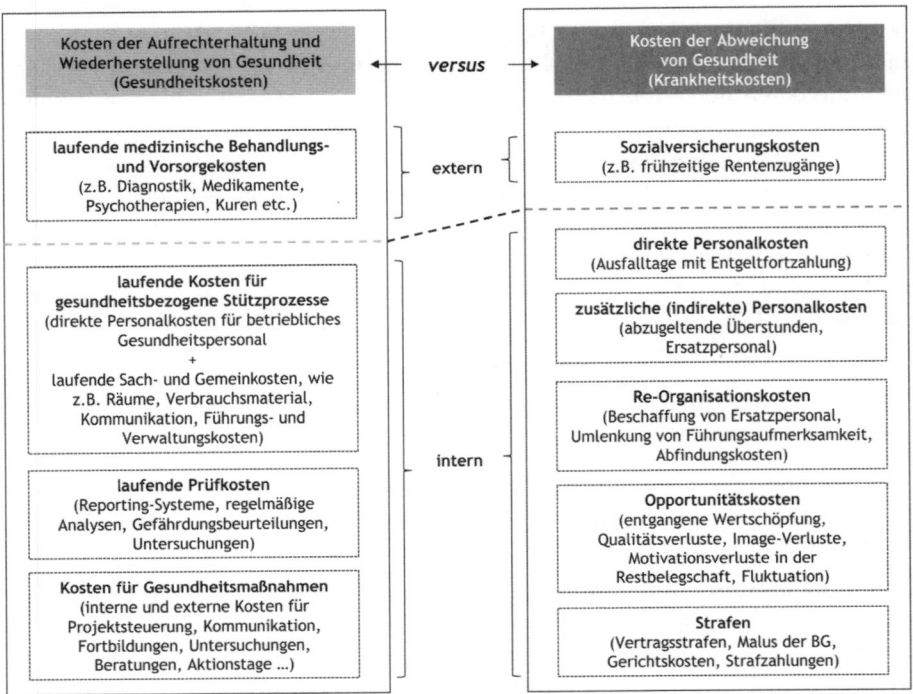

heitskosten an: entgangene Wertschöpfung, sinkendes Image, sinkende Motivation, ungewolltes Suchverhalten von anderen Mitarbeitern usw. Indirekte Krankheitskosten entstehen auch durch Präsentismus. Zwar fallen hier keine Entgeltfortzahlungen an, doch leisten die Betroffenen weniger, machen mehr Fehler und stecken im Zweifelsfall noch andere Mitarbeiter an. HEMP (2005) hat interessante Ausführungen zur Verteilung der Kosten gemacht. Er kommt auf einen Gesamtkostenanteil von über 60 % allein für Präsentismus. Wir glauben, dass dieser Anteil überschätzt ist, dennoch ist unzweifelhaft, dass Präsentismus eher ein Wertschöpfungs- und Kreativitätsvernichter ist, denn ein Pusher. Wissenschaftler und betriebliche Fachleute haben große Probleme, die genannten Krankheitskosten darzustellen und abzugrenzen. Überstunden fallen ja nicht nur an, wenn Menschen krank sind. Überstunden können einerseits ein Zeichen für Wachstum andererseits aber auch für chronisches Missmanagement sein. Was kostet ein gut eingestellter Diabetes-2-Typ in der Bilanzierung der Humanressourcen? Was ein Depressiver? Die Fallpauschalen der GKV weisen sich hier sicherlich als valider Gradmesser für die Kostenintensität in der Sozialversicherung aus, wohl kaum aber sind sie anwendbar auf die betriebliche Praxis.

In den Krankheitskosten ist auch der potenzielle Nutzenentgang (sog. Opportunitätskosten) zu inkludieren. Auch dieser wird allzu oft vernachlässigt und ist überdies nur schwer messbar. Entfällt der Beitrag eines Arbeitnehmers zur Wertschöpfung durch Krankheit, sind damit neben den Lohnfortzahlungen ohne Gegenleistung eine Reihe weiterer Kosten verbunden: Aufgaben können nicht erledigt, Termine nicht eingehalten werden, möglicherweise verliert das Unternehmen auch an Attraktivität, Leumund und letztlich auch an Kunden.

Letztlich sollten auch die Kapitalkosten in die Gesamkostenbilanz einfließen. Diese fallen sowohl bei den Gesundheits- als auch bei den Krankheitskosten an. Investitionen in den Gesundheitsschutz zieht Kapital ab, ebenso Korrekturinvestments in Bezug auf die Abweichungskosten. Diese müssen versteuert, abgezinst und abgeschrieben werden.

In den einschlägigen Veröffentlichungen zur Kostenbilanz wird zumeist auf die Gegenüberstellung von projektbezogenen Gesundheitskosten zu den direkten Personalkosten rekurriert.[159] Die Ergebnisse fallen i. d. R. positiv aus. Wesentliche laufende Gesundheitskosten werden jedoch nicht berücksichtigt, was zu einer deutlichen Überschätzung des ROI führt.

Doch selbst eine vollständige ökonomische Evaluation, die alleinig auf Kostenbetrachtungen abzielt, ist immer noch eine verkürzte Evaluation. Sie vernachlässigt nämlich noch die *Nutzendimensionen* des Arbeits- und Gesundheitsschutzes. Mit Investments in Gesundheit werden nämlich nicht nur die Krankheitskosten minimiert, es werden auch unabhängige Nutzwerte erzielt. Diese gilt es zu erfassen und zu kategorisieren.

◆ Nutzendiskussion

Investments in Gesundheit und Sicherheit machen immer dann Sinn, wenn deren Kosten auf der einen, größere positive Wirkungen auf der anderen Seite gegenüberstehen. Die positiven Wirkungen beziehen sich sowohl auf die Verringerung der Krankheitskosten, also auch auf die Gewinnung von weiteren Nutzwerten.

Was ist der Kernnutzen von BGM? Diese Frage wurde in den letzten 20 Jahren intensiv diskutiert. Man hört zumeist Aussagen, wie „Erhöhung der individuellen Gesundheitskompetenz", „Verbesserung der Arbeitsbewältigung", „Absenkung des Risikos emotionaler Erschöpfungszustände", „Absenkung der innerbetrieblichen Widerstände bei anstehenden Veränderungsprozessen", „Sicherstellung von Störungsfreiheit bei der Abwicklung von betrieblichen Kernprozessen", „Senkung der Fehlzeiten", „Erhöhung der Arbeitszufriedenheit" und „Verbesserung der Attraktivität des Arbeitgebers". Das ist auch alles richtig.

Kompliziert wird es, wenn man berücksichtigt, dass die erzielbaren Nutzwerte abhängig von der Perspektive der relevanten Stakeholder sind. Diese haben z.T. sehr unterschiedliche Interessen und arbeiten folglich auch mit sehr unterschiedlichen

---

159 Beispiel: € 25.000 Programmkosten haben über einen 5-Jahreszeitraum zu Einsparungen bezgl. der direkten Personalkosten (Entgeltfortzahlung) von € 100.000 geführt. Der ROI beträgt 1:4.

Abbildung 121: Stakeholder bei der ökonomischen Evaluation von Arbeits- und Gesundheitsschutz-maßnahmen
[Quelle: PENNIG, KREMESKÖTTER, NOLLE, KOCH, MAZIUL & VOGT (2006)]

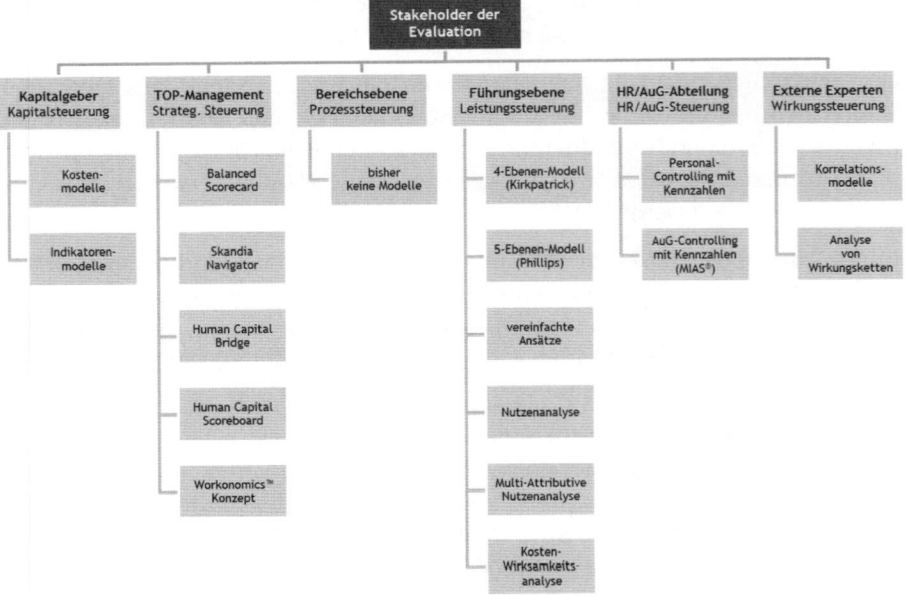

Nutzenmodellen. Eine sehr eingängige Abhandlung hierzu haben PENNIG, KRE-MESKÖTTER, NOLLE, KOCH, MAZIUL & VOGT (2006) vorgelegt. Sie differenzieren die Stakeholder konsequent und suchen nach deren Interessen. Dabei unterscheiden Sie in die in Abbildung 121 genannten Stakeholder.

Die *Kapitalgeber* interessiert es i. d. R. nicht, ob Mitarbeiter nach Gesundheitsmaß-nahmen besser mit ihrer Arbeitssituation zurechtkommen. Sie haben eine andere Logik. Die operablen Treiber des Humankapitals verschließen sich ihrer direkten Beobachtung und Bewertung. Kapitalgeber machen sich eher Gedanken über die Differenz zwischen Marktwert (Börse) und Buchwert (Bilanz). Sie fokussieren auf eine Nutzenmatrix, die sich zwischen Cash Flow, Personalkosten, Abzinsungsfak-toren und Dividendenerwartungen aufbaut. Für Kapitalgeber sind lediglich Daten auf dem höchsten, dem unternehmensweiten und vor allem monetarisierbaren Aggregationsniveau bedeutsam.

Das *Top-Management* hat eher einen Blick auf die langfristigen Unternehmensziele. Die Verantwortlichen greifen die Faktoren „Gesundheit" und „Personal" als wich-tige strategische Wettbewerbsvorteile auf und beziehen die wertschöpfende Arbeit des Arbeits- und Gesundheitsschutzes in ihre Betrachtungen ein. Ihre Modelle sys-tematisieren diese Prozesse im Sinne der Potenzialbildung (BSC, Skandia Naviga-tor, Human Capital Bridge ...) zur Erreichung der strategischen Unternehmens-ziele. Sie integrieren Leistungsprozesse, vorhandenes Know-How, Fehlzeiten, Pa-tente und Qualitätsideen in ihre strategische Bilanz.

Abbildung 122: Treibermodell der Unternehmensleistung
[Quelle: verändert in Anlehnung an Neumann (2007)]

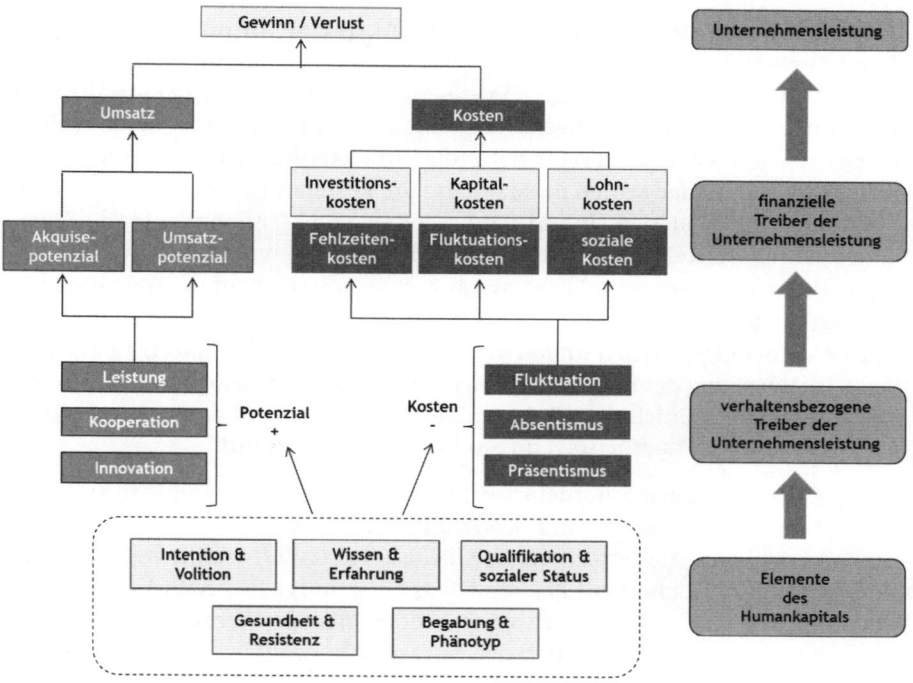

Die *Bereichsleitung* ist verantwortlich für die Steuerung aller Prozesse ("Workflow"). In den Prozessen findet die eigentliche Wertschöpfung statt. Hier wird das Produkt oder die Dienstleistung entwickelt, konstruiert, gefertigt und vertrieben. Die wechselseitigen Abhängigkeiten dieser Prozesse sind überaus komplex und nicht immer gleichgerichtet. Das macht die Einschätzung der Wirkung von HR- und AuG-Maßnahmen auch so schwierig. Ein motivierter, resilienter und gesunder Softwareentwickler (Humankapital) allein macht noch keinen Staat. Seine Ideen müssen auch umgesetzt und in den Markt hineingetragen werden (Treiber der Unternehmensleistung). Es ist deshalb auch nicht verwunderlich, dass bisher keine Modelle und Studien vorliegen, welche die Bewertung der Effektivität und Effizienz von HR- und AuG-Maßnahmen auf die Leistungsprozesse im Unternehmen aufzeigen und systematisieren. Wohl gibt es aber Treibermodelle der Unternehmensleistung, die auf prozessuale Aspekte, wie Innovation, Kooperation und Leistungsdarbietung abstellen (siehe auch Abbildung 122.)

Die *operative Führungsebene* ist verantwortlich für die aufgabenbezogene Steuerung. Sie kümmert sich um die individuelle Leistungssteuerung. In unserem Praxisbeispiel in Kapitel 3.6.3.2 rekurrieren wir exakt auf diese Betrachtungsebene. Mitarbeiter kommen nach Gesundheitsinterventionen besser mit ihren Aufgaben zurecht und arbeiten zuverlässiger und gleichmäßiger. Die Evaluation bezieht sich auf das Verhalten und die Leistungen einzelner Mitarbeiter als direkte Ergebnisgrößen. Die Modelle haben zumeist einen verhaltenswissenschaftlichen oder organisationspsychologischen Hintergrund und sind gut erforscht.

Auch die *HR- oder AuG-Abteilung* selbst ist ebenfalls eine Anspruchsgruppe in der ökonomischen Evaluation. Sie initiiert schließlich die Maßnahmen und trägt die Fachverantwortung für deren Ergebnisse. Sie entwickelt eigene Kennzahlensysteme zum Controlling (z. B. diverse HR-Scorecards, MIAS®). Dabei berücksichtigt sie zwei Steuerungsaspekte: (1) Effizienz (die Kostenkennzahlen, z. B. laufende Personalkosten, einmalige Kosten für Maßnahmen, Kosten für Kompensation ...) und (2) Wirkung (Blick auf den Unterstützungsbeitrag von Maßnahmen für die Qualität der Leistungserstellung und die Systemleistung). Die monetäre Bewertung der angestrebten Verhaltens- und Leistungsänderungen basiert auf der Ableitung von nutzwertbezogenen Ideen mit Verbindungen zu übergeordneten Zielen und wird zumeist *vor* der eigentlichen Intervention vorgenommen. Die Entscheidungen erfolgen in Abwägung der Kosten-Nutzen-Verhältnisse über verfügbare Alternativen (z. B. Alternative A „nichts tun" versus Alternative B „etwas tun"). Diese Vorgehensweise wird im Praxisbeispiel im Kapitel 3.6.3.3 ausgeführt.

Externe Experten machen unternehmensübergreifende Untersuchungen. Sie haben keinen Bezug zur Steuerung und Bewertung der Gesundheitsarbeit eines einzelnen Unternehmens. Sie betrachten die Effekte auf volkswirtschaftlicher oder Branchenebene. Sie versuchen mit Pfadmodellen die grundsätzliche Wirksamkeit und Bedeutung von AuG-Maßnahmen zu ergründen. Sie korrelieren z. B. die Investitionsneigung von Unternehmen in den AuG mit Kennzahlen zur Finanzlage.

3.6.3.2   Praxis: Effektevaluation eines Stressbewältigungstrainings

In einem Verwaltungsbetrieb wurden durch uns in den Jahren 2006–2008 insgesamt 166 Mitarbeiter/Innen und Führungskräfte zum Thema „Stressbewältigung" fortgebildet. Die Maßnahme kam zunächst auf Drängen der Mitarbeiter und Personalvertretung zu Stande, wurde jedoch auch von den örtlichen Führungskräften unterstützt.

Vor dem Start des Programms wurde ein Workshop durchgeführt, in dem die Zielstellungen, die genutzten Modelle, das Programmdesign und das Evaluationsdesign diskutiert wurden. Was waren die Ziele? Es gab nicht nur ein Ziel sondern gleich mehrere. Die Mitarbeiter hatten einen gewissen Leidensdruck wegen „Arbeitsdruck", „Unsicherheit" und „Stress". Sie zeigten Überforderungserleben im Umgang mit den wechselnden Bedingungen und Anforderungen. Darauf reagierte die Personalvertretung mit dem Einbringen eines Vorschlages zur Abhilfe. Die unmittelbaren Führungskräfte hatten eher andere Sorgen. Sie hatten mit mehr oder weniger offensichtlichem Verweigerungstendenzen zu kämpfen, mit Leistungsverlusten und Fehlzeiten. Sie wollten mehr Stabilität im Arbeitssystem. Die Leitung wiederum monierte insbesondere die hohen Kosten aufgrund von Fehlzeiten und die allgemein schlechte Stimmung.

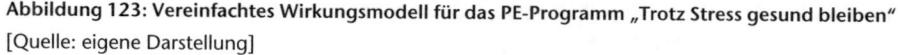

Abbildung 123: Vereinfachtes Wirkungsmodell für das PE-Programm „Trotz Stress gesund bleiben"
[Quelle: eigene Darstellung]

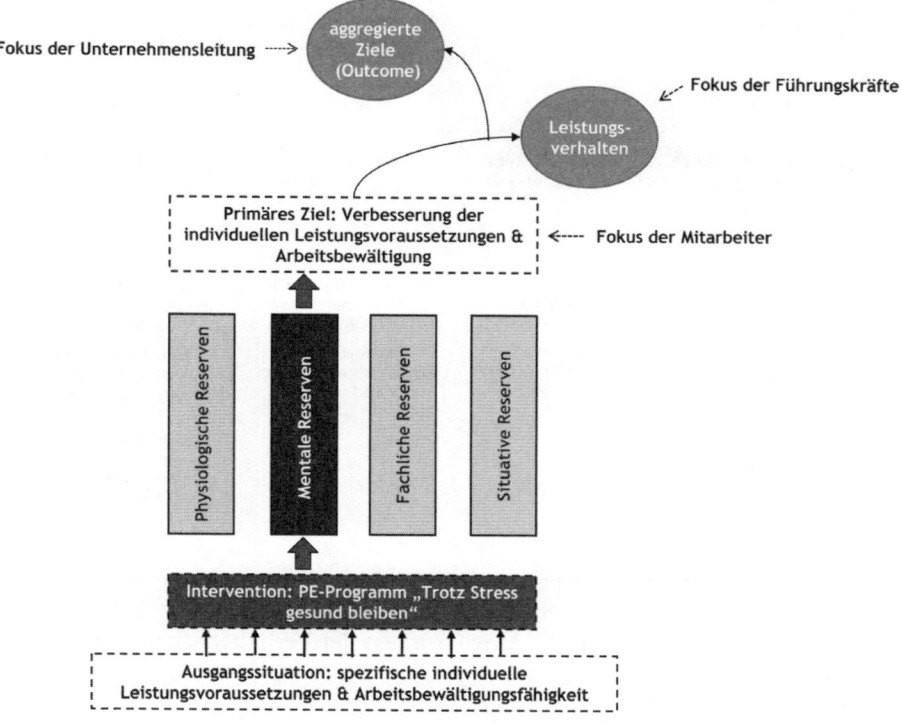

Aus diesen Anmerkungen haben wir dann eine Zielmatrix entwickelt und in einen treiber-logischen Ansatz integriert (siehe Abbildung 123). Der Ansatz entspricht einem vereinfachten kausalen Wirkungsmodell, in dessen Zentrum die Idee verbesserter Arbeitsbewältigung durch mehr Stressbewältigungskompetenz stand. Durch das Programm sollte vor allem die mentale Säule der Arbeitsbewältigung gestärkt werden. Eine verbesserte Arbeitsbewältigung wiederum muss positive Effekte auf das Leistungsverhalten und dieses wiederum auf den Outcome (echte Leistung, Finanzkennzahlen) haben.

Nachdem die Zielarchitektur und das Design entwickelt waren, diskutierten wir die Evaluation. Dabei haben wir uns auf das 4-Stufen-Modell von KIRKPATRICK (1994) bezogen. Dieses wird häufig für HR-Maßnahmen genutzt. Es unterscheidet vier Ebenen:

1. Reaktionsebene (beschreibt die Zufriedenheit der Teilnehmer mit den Maßnahmen, deren Inhalten, Methoden, organisatorischen Rahmenbedingungen und der Trainerleistung)
2. Lernebene (beschreibt Effekte auf die Wissensbasis und Einstellungsebene)
3. Verhaltensebene (beschreibt Effekte, das Gelernte auch in das Arbeitsverhalten zu übertragen)

Abbildung 124: Evaluationsdesign PE-Programm „Trotz Stress gesund bleiben"
[Quelle: in Anlehnung an KIRKPATRICK (1994)]

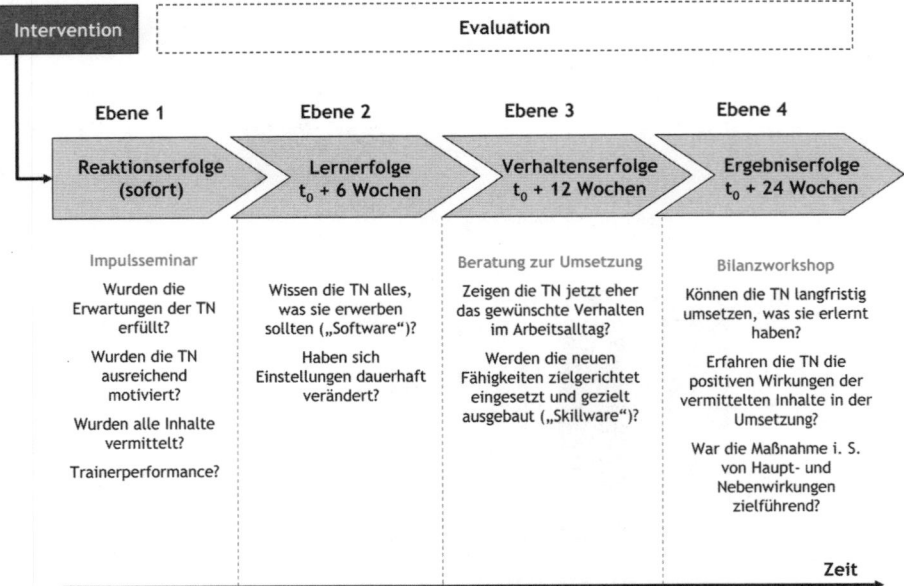

4. Ergebnisebene (beschreibt die Auswirkungen der Verhaltensebene auf die Zielstellungen des Programms)

Mit Hilfe des Modells gelang es, ein „smartes" Evaluationsdesign zu entwickeln, das an drei Messzeitpunkten zumindest die Ebenen 1, 3 und 4 abbilden konnte (siehe auch Abbildung 124). Aus Kostengründen wurden auf allen Ebenen insgesamt nur 14 Items für die Evaluation ausgewählt (siehe auch Abbildung 125).

Das Programm selbst unterteilte sich in drei Bausteine:

1. ein 2-tägiges Impulsseminar
2. eine max. 4-stündige individuelle Beratung zur Umsetzung
3. einen ½-tägigen Bilanzworkshop

Für die Teilnehmer/innen war die Inanspruchnahme aller drei Bausteine absolut freiwillig. Es wurden Gruppen zu je 13–15 Teilnehmern gebildet, die über eine Laufzeit von 6 Monaten das Programm durchliefen. Insgesamt wurden 12 Gruppen gebildet. Von 299 Mitarbeitern nahmen 166 an der Impulsveranstaltung teil (Quote: 55,5 %). Den Baustein 2 (Beratung zur Umsetzung) nahmen 104 Teilnehmer in Anspruch (relative Quote: 62,6 %). Im Bilanzworkshop konnten wir 145 Teilnehmer begrüßen (relative Quote: 87,3 %).

Das Programm erhielt den Titel „Trotz Stress gesund bleiben". Der Titel wurde aus dem bereits in Kapitel 2.9 dargestellten „Puffermodell" abgeleitet, das ja besagt, dass nicht das Ausmaß und die Intensität der Stressoren ausschlaggebend für das

Abbildung 125: Itemliste Evaluation Programm „Trotz Stress gesund bleiben"
[Quelle: IfG GmbH]

Programmevaluation „Trotz Stress gesund bleiben"					
	Messzeitpunkt 1 (nach Imputsveranstattung)				
Referent & Organisation	un-genügend	aus-reichend	zufrieden-stellend	gut	sehr gut
1 Ich bewerte den Trainer hinsichtlich seiner VermittLungskompetenz ...					
2 Ich bewerte den Trainer hinsichtlich seiner Fachkompetenz ...					
3 Die Rahmenbedingungen (Vorinformation, Verpflegung, Räume etc.) waren ...					
Ergebnisse	trifft gar nicht zu	trifft eher nicht zu	teils, teils	trifft eher zu	trifft völlig zu
4 Ich kann meinen Kollegen die Teilnahme an der Impulsveranstaltung empfehlen					
5 Die Vemnstaltung hat mich motiviert, dem Thema „Stress" mehr Aufrnerksamkeit zu schenken."					
6 Ich habe mir vorgenommen, irgendwelche vermittelten Methoden und Techniken zur Stressbewältigung anzuwenden.					
	Messzeitpunkt 2 (nach Beratung zur Umsetzung)				
Ergebnisse	trifft gar nicht zu	trifft eher nicht zu	teils, teils	trifft eher zu	trifft völlig zu
7 Ich kann meinen Kollegen die Teilnahme an der Beratung zur Umsetzung empfehlen.					
8 Die Beratung hat mir geholfen, meine Denk- und Verhaltensmuster in Stressituationen besser einschätzen zu können					
9 Die Beratung hat mir gehoLfen, die vermittelten Methoden und Techniken wirksametr umzusetzen.					
10 Ich habe seit Programmbeginn irgendwelche vermittelten Methoden & Techniken zur Stressbewältigung ausprobiert.					
11 Ich achte seit Programmbeginn stärker darauf, persönliche Puffer zu erhalten oder aufzubauen.					
	Messzeitpunkt 3 (nach Bilanzworkshop)				
Ergebnisse	trifft gar nicht zu	trifft eher nicht zu	teils, teils	trifft eher zu	trifft völlig zu
12 Ich kann meinen Kollegen die Teinahme am Programm empfehlen.					
13 Es gelingt mir jetzt besser mit Stresssituationen umzugehen.					
14 Ich komme jetzt insgesamt besser mit meinem Job zurecht.					

Abbildung 126: Item 5 „Das Seminar hat mich motiviert, dem Thema ‚Stress‘ mehr Aufmerksamkeit zu schenken.“
[Quelle: Eigene Untersuchung. N = 166.]

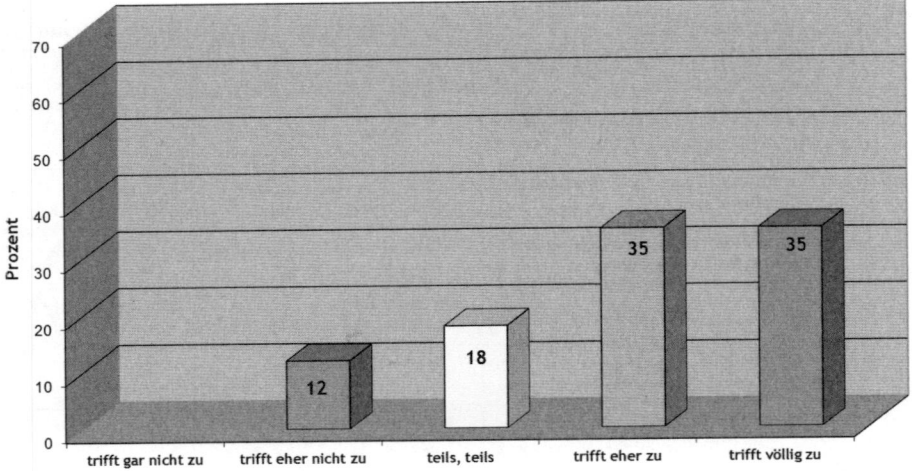

Befinden sind, sondern deren Verhältnis zu den individuellen Ressourcen (Puffer) und Bewältigungsmöglichkeiten (Coping). Das Programm wurde als reines Personalentwicklungsprogramm (PE-Programm) ohne situative Anteile konzipiert.

1 | Reaktionserfolge

Wir verzichten an dieser Stelle auf die Ausführungen zur unmittelbaren Bewertung der Impulsveranstaltung. Nur so viel: Es ist vollkommen klar, dass die „Happiness-Sheets“ mit ihren „Smilies“ in die richtige Richtung zeigen müssen, um zu dokumentieren, dass die Trainer in der Lage waren, eine positive Beziehung zu den Teilnehmern aufzubauen und das auch sonst weitestgehend alles im „grünen Bereich“ war. Wir führen stattdessen stellvertretend Item 5 aus (Abbildung 126).

Ergebnis: Mind. 70 % der Teilnehmer nehmen vor, in Zukunft aufmerksamer mit dem Thema umzugehen („trifft eher zu“ + „trifft völlig zu“). Auch für das Item 6 (*„Ich habe mir vorgenommen, irgendwelche vermittelten Methoden und Techniken zur Stressbewältigung anzuwenden.“*) wurden ähnliche Werte ermittelt (64 %). Das „Verhaltenspotenzial“ der Maßnahme beträgt also knapp 70 %.

2 | Lernerfolge[160]

---

160 Diese wurden hier nicht erhoben. Ein Wissenstest o. ä. war in solch einem Projekt nicht angezeigt und auch nicht durchsetzbar. In anderen Gesundheitsprogrammen, so z. B. in unserem Gesundheitsbildungsprogramm für Auszubildende (Azubifit®) ist diese Ebene dagegen von großer Bedeutung und wird zwingend erhoben.

Abbildung 127: Item 10 „Ich habe seit Programmbeginn irgendwelche vermittelten Methoden und Techniken zur Stressbewältigung ausprobiert."
[Quelle: Eigene Untersuchung. N = 123.]

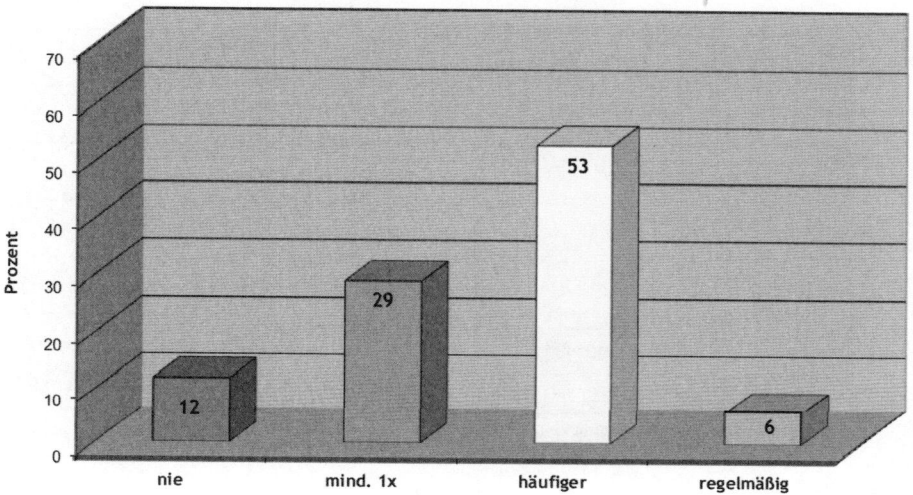

3 | Verhaltenserfolge

Konnten die Verhaltensintentionen auch in echtes Verhalten umgewandelt werden? Dieser Frage sind wir nach dem Baustein 2 (Beratung zur Umsetzung) nachgegangen. Alle Teilnehmer des Programms sind online befragt worden. Es spielte keine Rolle, ob sie das Treatment mitgemacht hatten oder nicht. Differenzierte Untersuchungen zu Wirksamkeitsvorteilen der Inanspruchnahme dieses ergänzenden Bausteins wurden jedoch nicht beauftragt und deshalb auch nicht vorgenommen. Stellvertretend wird Item 10 ausgeführt (Abbildung 127).

Wir hatten ja soeben ein „Verhaltenspotenzial" von ca. 70% festgestellt. Konnte dieses annähernd umgesetzt werden? Ergebnis: 88% der Teilnehmer gaben an, zumindest 1x etwas probiert zu haben. Bei der Abfrage war es unerheblich, welche Verhaltensweisen gezeigt wurden (z.B. Aktivpause, Kurzentspannung, Techniken der gedanklichen Neustrukturierung etc.). Stabilere Verhaltensveränderungen zeigten immer noch 59%.

4 | Ergebniserfolge

Haben die Verhaltensänderungen auch die gewünschten Ergebnisse gezeitigt? Stellvertretend wird Item 13 ausgeführt: 37% der Befragten quittieren die Aussage mit einem positiven Antwortmuster.[161] Für Item 14 (*„Ich komme jetzt insgesamt besser mit meinem Job zurecht"*) waren es noch 29%.

---

161 Dieses Item implizit, dass keine kontraproduktiven Effekte durch die Maßnahmen zu erwarten sind. Streng genommen müssten alle Maßnahmen auch auf potenzielle gegenläufige Effekte geprüft werden.

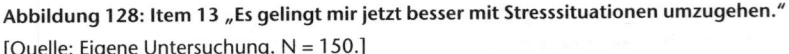

Abbildung 128: Item 13 „Es gelingt mir jetzt besser mit Stresssituationen umzugehen."
[Quelle: Eigene Untersuchung. N = 150.]

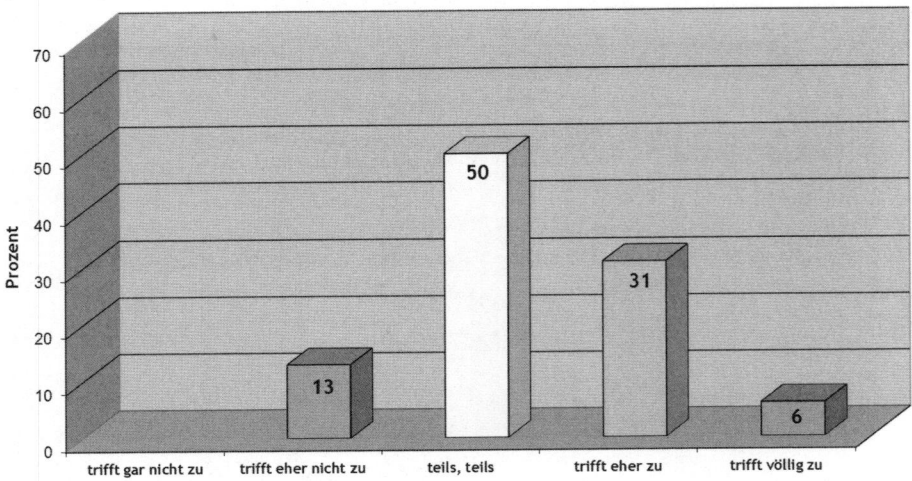

3.6.3.3   Praxis: Kosten-Wirksamkeitsanalyse des Projekts „Safety 1st"

Wir hatten bereits ausgeführt, dass die rein monetäre Überführung von Programm-wirkungen und Programmkosten und deren Vergleich bisher methodisch nicht ge-lungen ist. Eine zufriedenstellende Kosten-Kosten-Analyse (KKA) oder auch Kosten-Nutzen-Analyse (KNA) von Arbeitssicherheits- oder BGM-Maßnahmen scheiterte bisher. Alternativ zur KNA (vgl. auch HANUSCH, 1994) kann vor und nach Invest-ments jedoch zumindest eine erweiterte Wirtschaftlichkeitsberechnung vorgenom-men werden (vgl. auch ZANGEMEISTER, 2000). Es bieten sich hierbei sog. „Kosten–Wirksamkeitsanalysen" (KWA) an. Im Unterschied zur KNA werden in der KWA nur die Programmkosten monetär bestimmt und zu den erzielbaren (nicht mone-tarisierbaren) Effekten in Beziehung gesetzt. Eine KWA kann vor den Interventio-nen (prospektive KWA) und nach den Interventionen (retrospektive KWA) ange-stellt werden. Solche Analysen machen jedoch nur dann Sinn, wenn mehrere alter-native Vorgehensweisen mit gleicher Zielsetzung vorliegen. In einer KWA werden also die entstehenden Kosten eines Programms nicht mehr dem (erwarteten) mone-tären Nutzen gegenübergestellt, sondern geprüft, auf welchen Wegen ein sozio-öko-nomisches Ziel (z. B. stressresiliente Mitarbeiter, perfekte Arbeitsschutzorganisation, Systemsicherheit …) am kostengünstigsten zu erreichen ist. Anders ausgedrückt: Es wird geprüft, wo 1 € Investitionssumme am zielführendsten ist.

KWA haben i. d. R. mehrere Zielebenen. Ein monofinales Ziel (z. B. Systemsicher-heit) wird in operationalisierte Subziele aufgespalten und auf abgrenzbare Arbeits-systeme bezogen. Die Feinziele leisten alle einen bestimmten Beitrag zur Errei-chung gröberer Ziele und diese wiederum zur Erreichung des höchsten Zieles. Die-ses Modell der „hierarchischen Effektplanung" ist zudem kausal angelegt und durchläuft insgesamt 9 Phasen (siehe auch Abbildung 129).

Abbildung 129: Ablauf einer KWA
[Quelle: Eigene Darstellung]

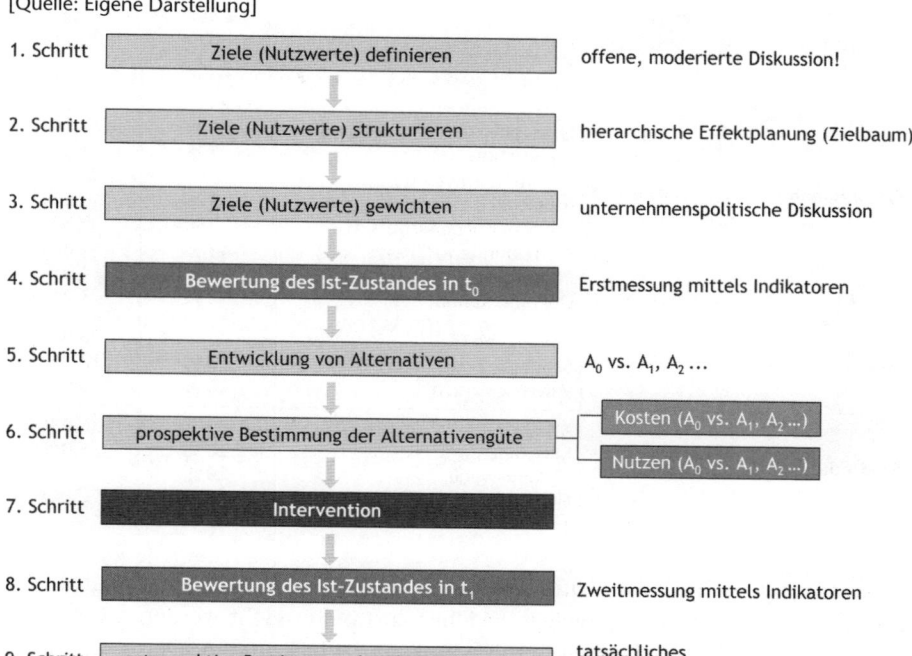

1. Schritt	Ziele (Nutzwerte) definieren	offene, moderierte Diskussion!
2. Schritt	Ziele (Nutzwerte) strukturieren	hierarchische Effektplanung (Zielbaum)
3. Schritt	Ziele (Nutzwerte) gewichten	unternehmenspolitische Diskussion
4. Schritt	Bewertung des Ist-Zustandes in t_0	Erstmessung mittels Indikatoren
5. Schritt	Entwicklung von Alternativen	A_0 vs. A_1, A_2 ...
6. Schritt	prospektive Bestimmung der Alternativengüte	Kosten (A_0 vs. A_1, A_2 ...) / Nutzen (A_0 vs. A_1, A_2 ...)
7. Schritt	Intervention	
8. Schritt	Bewertung des Ist-Zustandes in t_1	Zweitmessung mittels Indikatoren
9. Schritt	retrospektive Bestimmung der Alternativengüte	tatsächliches Kosten-Wirksamkeits-Verhältnis

Im vorliegenden Fall ging es um ein Unternehmen der chemischen Industrie. Nennen wir das Unternehmen Chemical Superior AG ($N = 655$). Die Firma sah aufgrund mehrerer kritischer Ereignisse, Beinaheunfälle und eines schwerwiegenden Unfalls mit Verletzungsfolgen Anlass zur Verbesserung der Systemsicherheit. Ein Programm mit dem Namen „Safety 1st" wurde aufgelegt. Zunächst wurden nur Ziele im Bereich der Arbeitssicherheit definiert und operationalisiert. Die Zielmatrix entspricht einer unvollständige MIAS®-Zielmatrix (vgl. auch Kapitel 3.4.2.1). Die formulierten Grob-Zielfelder (Organisation, Verhalten, Gefährdungen) wurden weiter aufgespalten. Es entstand ein Zielbaum, an dessen Wurzel 17 Feinziele standen. Jedes Grob- und Feinziel wurde danach gewichtet (siehe auch Tabelle 18).

Die Gewichte bringen zum Ausdruck, in welcher Relation die Zielfelder zur angestrebten Vision stehen. In dieser Phase mussten die Verantwortlichen der Chemical Superior AG erklären, wie viel Ihnen die einzelnen Aspekte zur Erreichung von Systemsicherheit „wert" waren, d.h. welchen Beitrag sie zur Erreichung der Vision (hier Systemsicherheit) leisten. Die Zielfindung und Zielgewichtung fand im Rahmen moderierter Arbeitsschutzausschusssitzungen statt, an denen die Unternehmensleitung, die Fachkraft für Arbeitssicherheit, der Arbeitsmediziner, mehrere Sicherheitsbeauftragte und der Betriebsrat teilnahmen. Anschließend wurde überlegt, wie die einzelnen Ziele erfasst werden konnten. Es wurden Dokumente,

Tabelle 18: Zielmatrix Projekt „Safety 1st"

Hauptziele	Gewicht (absolut)	Unterziele	Gewicht (relativ)	Gewicht (absolut)
Organisation	40%	Pflichtenübertragung	12%	4,8%
		Unterweisungen	25%	10,0%
		Erste Hilfe	7%	2,8%
		Brandschutz	7%	2,8%
		Beauftragtenwesen	7%	2,8%
		Arbeitsmedizinische Vorsorge	5%	2,0%
		Arbeitsschutzausschuss	7%	2,8%
		Fortbildungen	12%	4,8%
		Prüfungen	10%	4,0%
		Dokumentation	8%	3,2%
Verhalten	30%	Tragen von PSA	40%	12,0%
		Beachtung der Vorschriften	40%	12,0%
		Verbesserungen	20%	6,0%
Gefährdungen	30%	Arbeitsstätte	20%	6,0%
		Maschinen	20%	6,0%
		Verkehrswege	20%	6,0%
		Gefahrstoffe	40%	12,0%

Beobachtungen, Checklisten und eine Kurzbefragung herangezogen.[162] Für alle Indikatoren wurde danach festgelegt, welcher Zustand erreicht werden müsste, um „volle Punktzahl" auf einer einheitlichen Skala zu bekommen. Der Skalierungshintergrund variierte von 1 („sehr geringe Zielerreichung") bis 10 („volle Zielerreichung").[163] Der Skalierungshintergrund kann hierbei variieren, muss aber zum Zweck der Vergleichbarkeit für alle Merkmale gleich sein. Alle Daten gingen anschließend in eine Berechnungsformel ein, deren Grundlage SCHWERES, SENGOTTA und ROESLER (1999) geschaffen haben.

Nachdem alle Ziele formuliert, strukturiert, gewichtet und in der Erstmessung bewertet wurden, ergab sich folgendes Ergebnis:

Man sieht sehr schön, dass insbesondere die verhaltensbezogenen Aspekte schlecht bewertet wurden. Dies betraf die unmittelbaren Indikatoren (Tragen von PSA, Beachtung von Arbeitsschutzvorschriften, Einbringen von Verbesserungsvorschlägen) genauso wie die indirekten (z. B. Unterweisungen, Fortbildungen). Es errechnete sich eine Performanz bezgl. der Systemsicherheit (Vision) von 49% in der Erstmessung. Bezgl. der Subziele gab es erhebliche Unterschiede: die Arbeitsschutzorganisation (60%) und die aktuellen Gefährdungspotenziale (71%) wurden deutlich besser bewertet, als das Arbeitssicherheitsverhalten (35%).

---

162 Auf die Details der Operationalisierung wird hier nicht näher eingegangen.

163 Bsp.: Für das Ziel „Unterweisungen" wurde als Zielwert für eine 10 festgelegt, dass jeder Mitarbeiter alle notwendigen Unterweisungen pünktlich erhalten hat. Für das Ziel „Arbeitsmedizinische Vorsorge" wurde der Zielwert 10 gleichgesetzt mit dem Zustand, dass alle notwendigen Pflicht- und Angebotsuntersuchungen fristgerecht durchgeführt wurden.

Abbildung 130: Zustand nach Erstmessung bei Chemical Superior AG (t_0)
[Quelle: Eigene Untersuchung]

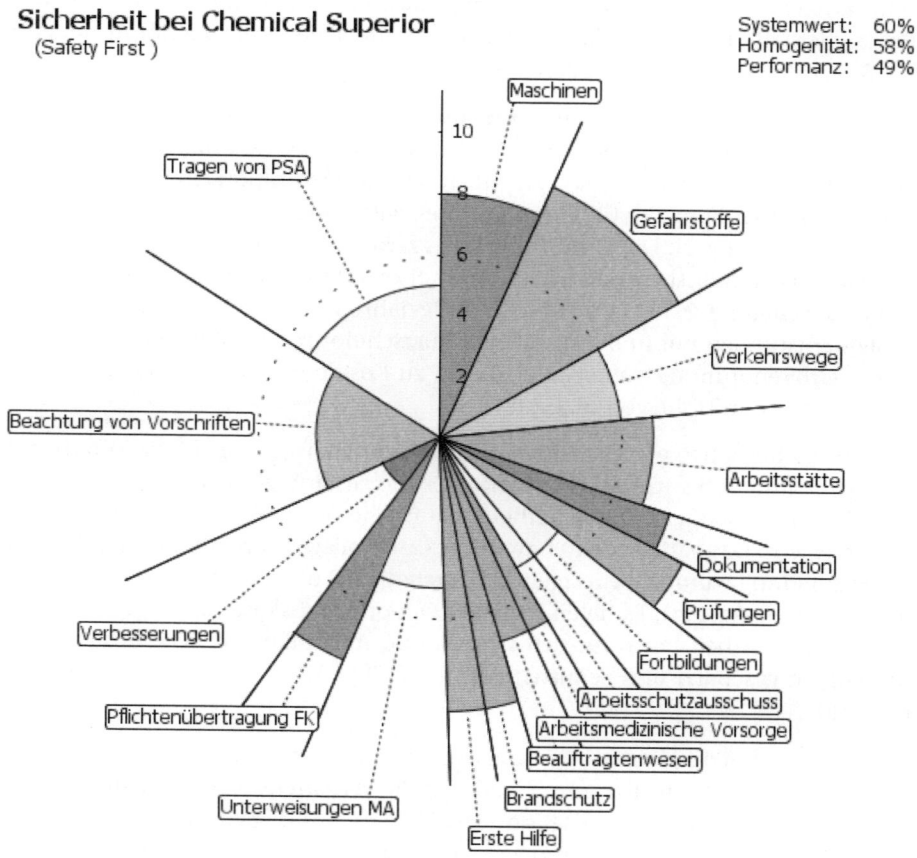

Sicherheit bei Chemical Superior
(Safety First)

Systemwert: 60%
Homogenität: 58%
Performanz: 49%

Jeder Teilaspekt trägt aufgrund seines absoluten Gewichts und seiner momentanen Bewertung ein unterschiedlich großes Nutzenpotenzial zur Verbesserung der Gesamtperformance in sich. Im Fokus der Interventionen müssen folglich Aspekte stehen, die hoch gewichtet und aktuell schlecht bewertet sind. Bei wirksamen Veränderungen in diesen Aspekten wird das Gesamtsystem bei gleichem Ressourceneinsatz erheblich weiter vorangebracht, als z. B. durch die Bearbeitung von Aspekten, die eher gering gewichtet und ohnehin schon gut bewertet wurden. Hierdurch wird es möglich, die *beste* Alternative zur Zustandsverbesserung von der *billigsten* zu unterscheiden.

Was waren die Alternativen?

Die kostengünstigste Alternative war zunächst, alles so zu lassen, wie es ist. Das meinen wir ernst, denn mit dieser Alternative gehen zwar definitiv keine signifikanten Gewinne in Richtung mehr Systemsicherheit einher, aber sie weist eben auch die geringsten Kosten auf. Es fallen nur die Erhaltungskosten und keine weiteren Investments an. Die laufenden Kosten für die Aufrechterhaltung des Arbeitsschutzsystems (Arbeitsmediziner, Sicherheitsfachkraft) inkl. notwendiger Prüfkosten (Sicherheitszertifikat, Anlagen) betrugen bei der Chemical Superior AG im Jahr 2008 ca. € 35.000. Das ist die „Baseline".

Denkbar war auch die Einrichtung eines umfassenden Arbeitsschutzmanagementsystems inkl. Dokumentenlenkung und anschließender Zertifizierung. Die Idee hinter dieser Alternative ist, dass die Arbeitsschutzorganisation ein wichtiger Treiber für die Absenkung der Gefährdungspotenziale und auch zur Verbesserung der Verhaltensleistung ist. Die Einführung eines zertifizierungsfähigen Systems würde mit Zusatzkosten (insbesondere Beratungshonorare) in Höhe von € 15.000 im ersten und weiterer € 2.500 in den beiden Folgejahren einhergehen. Opportunitätskosten entstünden nur in Bezug auf eine Kurzschulung der ersten Führungsebene in der Größenordnung von etwa 20 Tagen zu Kosten in Höhe von etwa € 400 je Arbeitstag also in Höhe von ca. € 8.000.

Die dritte Alternative war ein reiner Multiplikatorenansatz, um an die Mitarbeiter heranzukommen. Es wurde diskutiert, über die zuständige Berufsgenossenschaft den Verteilungsschlüssel für Sicherheitsbeauftragte von derzeit 1:20 auf dann 1:10 zu verbessern. Das hätte bedeutet, weitere ca. 30 Kollegen fortzubilden. Die Kosten der Fortbildung würden weitestgehend durch die BG übernommen werden (Sach- und Schulungskosten). Es fielen lediglich Opportunitätskosten in Höhe von 180 „verlorenen" Arbeitstagen für den Grund- und Aufbaukurs an. Die Kosten hierfür wurden geschätzt und gemittelt auf ca. € 280 je Arbeitstag, also umgerechnet € 50.400.

Die vierte und letzte Alternative, die ins Feld geführt wurde, war sowohl an den betroffenen Mitarbeitern anzusetzen, als auch die verhaltensrelevanten Stellschrauben in der Arbeitsschutzorganisation zu verbessern. Konkret ging es um die Fortbildung aller Führungskräfte zur moderierten Unterweisung von Mitarbeitern, inkl. Weitergabe bildgestützter Kurzinformationen, um die Einrichtung eines Online-Unterweisungstools, um die Entwicklung einer EDV-gestützten Personalmatrix, um sofort zu sehen, wann Mitarbeiter unterwiesen werden müssen, um die direkte Fortbildung der Mitarbeiter zu sicherem Verhalten als arbeitsplatznahe Inhouse-Schulung sowie um die Initiierung einer Kampagne „Safety 1st" inkl. Ideenwettbewerb. Diese Alternative würde mit Zusatzkosten laut Projektplanung von € 124.000 inkl. Opportunitätskosten über einen Zeitraum von 24 Monaten verbunden sein.

Für alle Alternativen wurden Nutzwerte prognostiziert. Dabei wurde gefragt, an welchen Indikatoren die Maßnahmen vorrangig ansetzen würden und welchen positiven Impact man zu erwarten hätte. Diese Erwartungswerte sind als Verbesserungen auf der Bewertungsskala in Richtung der „10" zu verstehen. Die Prognosen wurden so konservativ wie möglich entwickelt. Aus den Prognosewerten für jeden einzelnen Indikator konnten die erwarteten Verbesserungen bezgl. des Systemzustandes abgeleitet werden (Performanz). Die Differenz zwischen Ausgangswert und prognostiziertem Wert stellt das Nutzenpotenzial der Alternative dar. Nun können

Tabelle 19: Alternativenvergleich Projekt „Safety 1st"

Alternative	Kosten*	Nutzwert-potenzial**	Kosten-Nutzwert-Verhältnis***
A_1: nur Aufrechterhaltung des bisherigen Systems	€ 35.000	+1%	35.000
A_2: Einführung eines umfassenden Arbeits-schutzmanagementsystems	€ 63.000	+6%	10.500
A_3: Schulung zusätzlicher Sicherheits-beauftragten (Multiplikatorenansatz)	€ 85.400	+9%	9.489
A_4: komplexe Veränderungen zur direkten und indirekten Verbesserung der Verhal-tensleistung	€ 159.000	+25%	6.360

* nur Gesundheitskosten (Aufrechterhaltungskosten, Zusatzkosten, Opportunitätskosten)
** prognostiziert bezgl. des globalen Zugewinns „Systemsicherheit"; Performanz $t_0 = 49\%$
*** Vergleichsmaßstab: $€_{Investment}$ je Prozentpunkt $_{Zugewinn}$ (je niedriger der Wert, desto besser)

die Kosten diesem standardisierten und gewichteten Nutzenpotenzial gegenüber-gestellt werden und geprüft werden, welche Alternative die kostenwirksamste ist.

Man kann in Tabelle 19 erkennen, dass die Alternative 4 zwar mit Abstand die teu-erste ist, aber eben auch die wirksamste und zugleich die kostenwirksamste. Mit einem Einsatz von ca. € 6.360 je Prozentpunkt Zugewinn ist sie deutlich günstiger einzuschätzen als die anderen Alternativen. Dennoch kann es sein, dass diese Al-ternative nicht in die Umsetzung gelangt. Dies kann z.B. an Kostenrestriktionen liegen. Überschreiten die Kosten die Budgetgrenzen fällt diese Alternative aus dem Raster. Andererseits ist es nicht ungewöhnlich, dass einige kostengünstige Alter-nativen ebenfalls ausgeschlossen werden, weil sie z.B. die Mindestwirksamkeits-erwartungen nicht erfüllen. Es ist daher wichtig, Schranken zu formulieren (siehe auch Abbildung 131). Die Chemical Superior AG hat sich entschlossen, die Al-ternative 4 in die Umsetzung zu bringen. Über einen Zeitraum von 24 Monaten wurde ein ganzes Maßnahmenbündel umgesetzt.

Sie sehen, eine KWA ist nur auf der Kostenseite ein objektives Verfahren. Die Nutz-wertbestimmung und prognostische Ableitung unterliegt Unsicherheiten. Ein Vorteil des beschriebenen Vorgehens liegt aber insbesondere in der veränderten Wahrnehmung des Angebotes selbst. Aus einer (möglicherweise auch noch extern co-finanzierten und damit politisch anfälligen) „good–will–Aktion" wird ein ech-tes „Präventionsinvestment" mit kalkulierbarem Rückfluss – vorausgesetzt, die in-tendierten Effekte (z.B. nachhaltige Verhaltens- und Verhältnisänderungen) tre-ten auch wirklich ein.

Nach Umsetzung der Maßnahmen wurde eine Zweitmessung vorgenommen, um einschätzen zu können, ob die Interventionen auch wirksam waren. Es konnte auf der Betrachtungsebene Gesamtsystem (globales Ziel Systemsicherheit) ein Zu-gewinn von +21% festgestellt werden. Damit verfehlte die ausgewählte Alterna-tive die Prognose um 4%. Dennoch ist das ein beachtlicher Erfolg. Bei der Be-

Abbildung 131: Durchführbarkeit von Alternativen in der KWA
[Quelle: Eigene Darstellung]

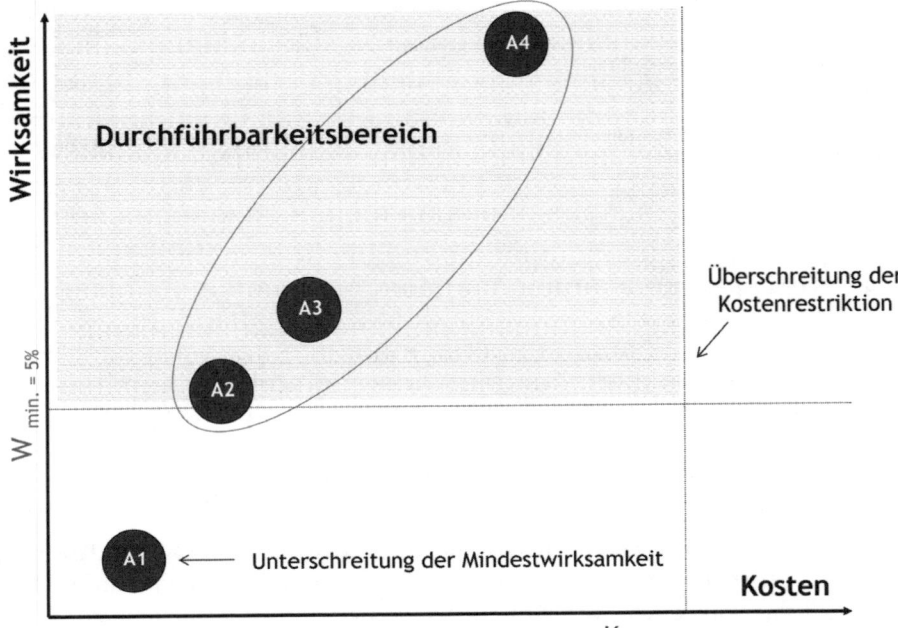

trachtung der wichtigsten Teilziele lassen sich deutliche Unterschiede in der Performanz und den anderen beiden Hauptkennwerten feststellen. Nicht unerwartet wurde im Teilziel Verhalten der höchste Zugewinn (+ 30 %) an Performanz gemessen (siehe Tabelle 20). Da die Kostenvorgaben weitestgehend eingehalten wurden, beläuft sich das Kosten-Nutzwert-Verhältnis in etwa auf die prognostizierte Größe.

Tabelle 20: Entwicklung der Hauptkennwerte bezgl. der Teilziele (prä-post)
[Quelle: Eigene Untersuchung]

Hauptziele	SW t0 (2008)	SW t1 (2010)	+/- (in %)	Ho t0 (2008)	Ho t1 (2010)	+/- (in %)	Pe t0 (2008)	Pe t1 (2010)	+/- (in %)
Organisation	69 %	81 %	+ 22	66 %	80 %	+ 14	60 %	76 %	+ 16
Verhalten	40 %	70 %	+ 30	78 %	78 %	0	35 %	65 %	+ 30
Gefährdungen	77 %	79 %	+ 2	77 %	83 %	+ 6	71 %	75 %	+ 4

Abbildung 132: Entwicklung des Systemzustands (Gesamtsystem) [Quelle: Eigene Untersuchung]

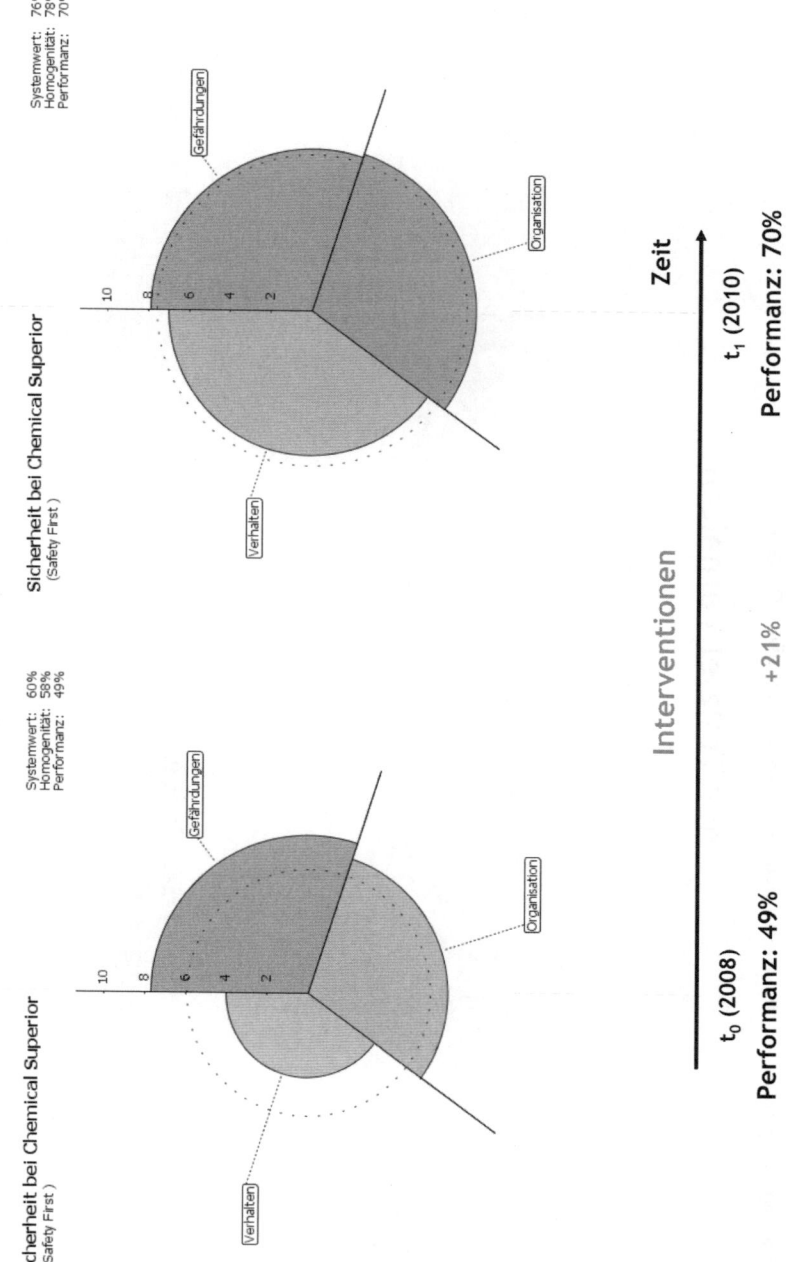

Abbildung 133: Entwicklung des Systemzustandes (nur Teilziel Verhalten) [Quelle: Eigene Untersuchung]

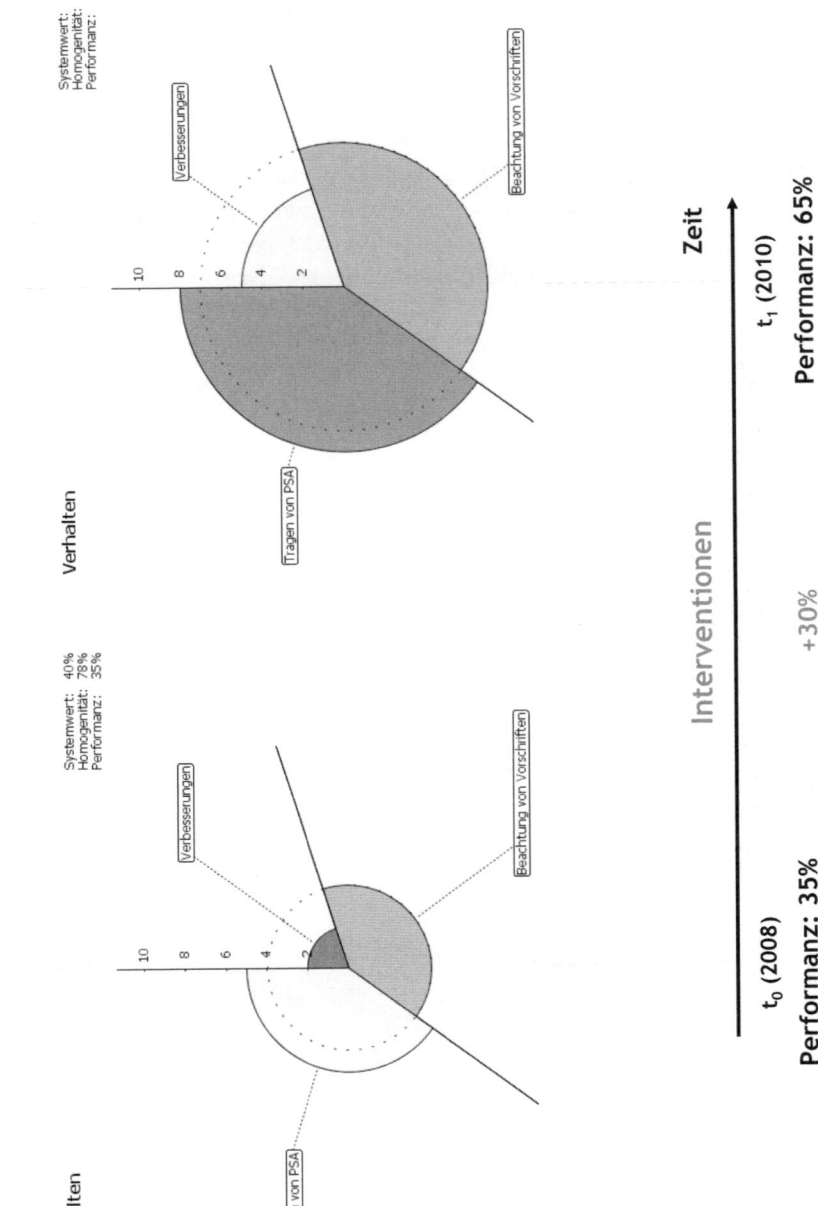

4. Beratungsbox

4.1 Projektmanagement

Kurzer Witz

Über das Wesen von Projektmanagern ...

In der Kneipe steht ein in etwa zur Hälfte gefülltes Glas Wasser auf dem Tresen. Drei Leute sitzen davor und schauen sich das Glas an.

1. Der erste (ein Optimist) denkt: „Das Glas ist halb voll."
2. Der zweite (ein Pessimist) denkt: „Das Glas ist halb leer."
3. Der dritte (ein Projektmanager) denkt: „Das Glas ist doppelt so groß wie notwendig."

4.1.1 Merkmale von Projekten

Unter einem Projekt versteht man laut DIN 69901 ein Vorhaben, das im Wesentlichen durch die in der Infobox skizzierten sechs Merkmale gekennzeichnet ist.

INFOBOX

Merkmale von Projekten nach DIN 69901

1. Neuartigkeit und Einmaligkeit (jedes Projekt beschäftigt sich mit einer innovativen, einmaligen und neuartigen Aufgabenstellung)
2. bereichsübergreifende Zusammenarbeit (nicht nur eine Stabsabteilung, sondern weitere Stabstellen, Führungskräfte, Betriebsräte und Mitarbeiter)
3. zeitliche Befristung (klar definierter Start- und Abschlusstermin)
4. definierte Endergebnis (spezifisches und eindeutig formuliertes Ergebnis)
5. Rahmenbedingungen (das Endergebnis ist bei begrenzten personellen, finanziellen und zeitlichen Ressourcen anzustreben)
6. Komplexität (die im Projekt zu bearbeitende Aufgabenstellung ist komplex und benötigt deshalb die o. g. Rahmenbedingungen)

Projektmanagement ist auch begrifflich eine Zusammensetzung von „Projekt" und „Management". Management im Sinne von Zielsetzung, Planung, Steuerung, Organisation der Umsetzung, Kontrolle und Handlungsanpassung. So wie wir es schon Kapitel 2.11 (BGM) beschrieben haben. Das Projektmanagement besteht aus den Aufbauelementen, wie sie in Abbildung 134 dargestellt sind.

Abbildung 134: Projektmanagement
[Quelle: Eigene Darstellung]

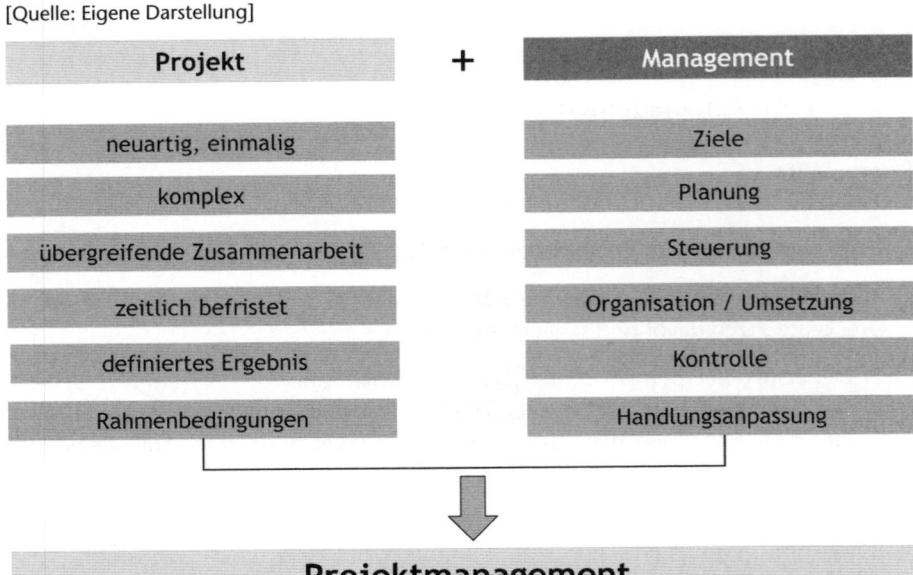

Betriebliches Gesundheitsmanagement wird oftmals in Projektform eingebracht und nicht selten verbleibt es auch in dieser Form, obwohl das Ziel anders formuliert ist. Insbesondere in der Phase der erstmaligen Einbringung des Themas in den Betrieb empfehlen wir jedoch diese Arbeitsform. Die Projektform reduziert in erheblichem Maß die Risikowahrnehmung der Führungselite und hilft uns so, einen Fuß in die Tür zu bekommen.

Man kann in Projekten mehr falsch als richtig machen. Das haben wir selbst leidvoll erfahren. Die folgenden Seiten können dann interessant für Sie sein, wenn Sie auch immer wieder spüren, in den „Grenzbereichen" zu navigieren und Ihnen die Dinge nicht so leicht von der Hand gehen.

4.1.2   Projektablauf

1 | Projektauftrag

Die Abbildung 135 zeigt die Ablaufphasen eines Projektes. Die Notwendigkeit einer sauberen Auftragsklärung wurde bereits im Kapitel 3.1 (Auftragsklärung und Beauftragung) erläutert. An dessen Ende steht der *Projektauftrag*. Erst nach Auftragserteilung sollten Sie sich daran machen, das Projekt final zu planen. Ansonsten laufen Sie Gefahr, Ihre Projektplanungsleistung zum Nulltarif an den Kunden abzugeben. Die Planung ist immer dann recht einfach, wenn der Projektauftrag klar formuliert ist. Wesentliche Inhalte eines Projektauftrags sind:

- Projektname & Auftraggeber
- Anfangs- und Endtermin

Abbildung 135: Projektablaufphasen
[Quelle: Eigene Darstellung]

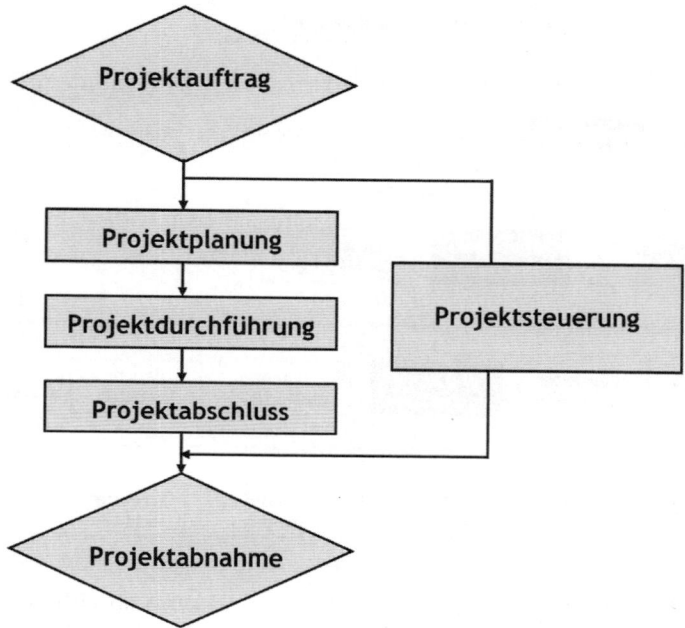

- Projektleiter (und Projektteam)
- Wege der Zielerreichung (Maßnahmen, Module, Instrumente)
- klare Definition der angestrebten Endqualität
- Gesamtbudget und Rahmenbedingungen (Abgrenzung zu anderen Projekten)

2 | Projektplanung

Die eigentliche *Projektplanung* sollte sich unterteilen in:

- Projektstrukturplanung
- Projektablaufplanung und
- Ressourcenplanung
- Qualitätsplanung

Die Projektstrukturplanung umfasst alle Bausteine, die zur erfolgreichen Abwicklung des Projektes voraussehbar und notwendig sind. Die Visualisierung eines Projektstrukturplanes (PSP) erfolgt vom Groben zum Detail. Die Gliederung erfolgt ähnlich eines Organigramms auf verschiedenen Ebenen (siehe auch Abbildung 136). Die Aufgaben werden untergliedert in:

- Teilaufgaben (TA) verschiedener Ebenen
- Arbeitspakete (AP)

Teilaufgaben bestehen immer aus mehreren Arbeitspaketen. Die AP sind die konkretesten Bausteine im PSP. Aus ihnen geht hervor, was gemacht werden muss

Abbildung 136: Projektstrukturplan
[Quelle: Eigene Darstellung]

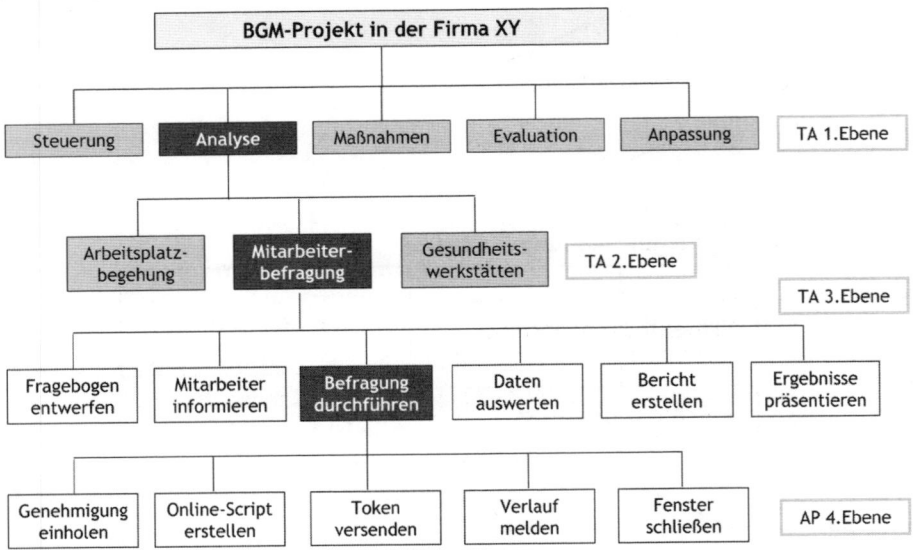

(Handlung). Nur über die Formulierung präziser AP kann anschließend die Ressourcenplanung vorgenommen werden: Welches Ziel hat das AP? Welchen Nutzwert für das Projekt? Wer macht das? Bis wann? Zu welchen Kosten? Je detaillierter der PSP, umso leichter und präziser ist auch die Aufwandabschätzung.

Alles, was nicht unmittelbar vorhersehbar ist, muss in Sekundärprojekten neu geplant, budgetiert und abgearbeitet werden. In unserem Beispiel aus Abbildung 136 geht es um die Planung der Einführung eines BGM (Teilaufgabe Ebene 1). Dazu brauchen wir u.a. die Planung einer Analysephase (Teilaufgabe Ebene 2). Ein Instrument könnte eine Mitarbeiterbefragung (MAB) sein. Ziel der Mitarbeiterbefragung ist es, umfangreiche Daten zur subjektiven Wahrnehmung der Mitarbeiter bezgl. Ihrer Arbeitssituation zu bekommen. Zugleich schafft die MAB die Voraussetzungen, weitere (z.B. qualitative) Analysemethoden anzusetzen. Der Nutzwert einer MAB ist die Verringerung von Streuverlusten bei später anzusetzenden Maßnahmen. Es müssen weitere Überlegungen angestellt werden, z.B. wie eine MAB von A bis Z durchgeführt werden kann (Teilaufgabe Ebene 3). Ein Arbeitspaket aus den TA der 3. Ebene ist es, die Daten zu erheben. Hierfür müssen konkrete Handlungen definiert werden (Arbeitspakete Ebene 4). Die abzuleitenden Maßnahmen sind im PSP an dieser Stelle noch nicht planbar. Deshalb werden sie in ein Sekundärprojekt ausgelagert.

Wann etwas zu tun ist, kann mit Hilfe eines Projektablaufplans (PAP) festgelegt werden. Die terminliche Projektplanung, erfolgt zumeist in Form von Terminlisten, Balkenplänen oder Netzplänen. Innerhalb des PAP erfolgt auch die Setzung von Meilensteinen. Das sind Ereignisse von herausragender Bedeutung im Projektverlauf. Die Vorstellung der Ergebnisse einer Mitarbeiterbefragung im Projektlen-

Abbildung 137: Projektablaufplan
[Quelle: Eigene Darstellung]

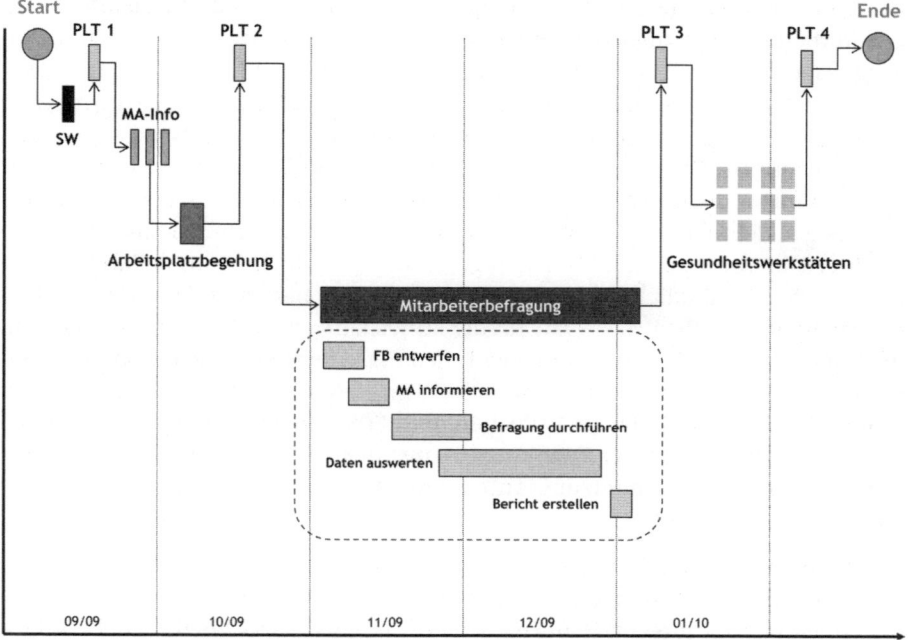

kungsteam (PLT) zählt sicherlich dazu. Bitte bedenken Sie: Meilensteine sind auch potenzielle Abbruchlinien. Die Frage ist dann, ob es nach der Ergebnisvorstellung auch weiter geht.

Der PAP in Abbildung 137 bricht bis auf die 3. Ebene der Teilaufgaben herunter. In visualisierter Form würde die Aufführung der 4. Ebene (Arbeitspakete) zu Unübersichtlichkeit führen. Deshalb bietet es sich an, die Arbeitspakete mit Hilfe von Microsoft Excel® oder Spezialsoftware aufzuführen und zu kontrollieren.

Um die notwendigen Ressourcen zu ermitteln, wird jedes Arbeitspaket zunächst einzeln bewertet und diese anschließend summiert. Welche Materialien, Dienstleistungen, Örtlichkeiten etc. werden benötigt? In größeren Unternehmen werden in die Ressourcenplanung nicht nur die externen und die Sachkosten integriert, sondern auch interne Verrechnungen vorgenommen. Schließlich werden durch das Projekt interne Kostenstellen bemüht (z. B. IT-Administrator, interne Kommunikation, internes Gesundheitswesen etc.). Das pusht natürlich die Projektsummen, macht aber auch deutlich, wie groß der Gesamtumfang des Projektes wirklich ist. Wir empfehlen, die Ressourcenplanung mit einem Puffer von mind. 15 % zu versehen. Mit dem Puffer können unvorhersehbare Entwicklungen aufgefangen und Projektabbrüche vermieden werden. Uns ist klar: Im freien Wettbewerb kann das bedeuten, dass man den Auftrag nicht bekommt. Nur, lieber kein Auftrag, als ein verlustreicher.

Die Projektplanung ist mit der Ressourcenplanung noch nicht abgeschlossen. Es ist nämlich noch nicht geklärt, wie es zu tun ist. Das „Wie?" ist gleichzusetzen mit der Diskussion um die Qualität im Projekt. Nach der DIN 8402 ist „Qualität … die Gesamtheit von Merkmalen einer Einheit bzgl. ihrer Eignung, festgelegte und vorausgesetzte Erfordernisse zu erfüllen". Es geht also darum, die festgesetzten und vorausgesetzten Anforderungen zu erfüllen. Das setzt jedoch voraus, dass wir genau diese Festsetzungen haben! Die Qualitätsplanung bezieht sich sowohl auf die einzelnen Bausteine (Produktqualität) als auch auf deren Verknüpfung (Prozessqualität). So muss z. B. im Rahmen einer Mitarbeiterbefragung für den zu nutzenden Fragebogen definiert werden, welche Anforderungen er zu erfüllen hat. Die Anforderungen können sich auf die Hauptgütekriterien (Objektivität, Reliabilität, Validität), die Verständlichkeit, Länge, Skalierung usw. beziehen. Das wäre die Produktqualität. Dass die Betriebsräte bei der Entwicklung eines Fragebogens beteiligt, die Mitarbeiter vor der Umsetzung der Erhebung informiert, eine Datenschutzvereinbarung aufgesetzt, die Daten mit SPSS® mind. in der Version 17.1 und der Abschlussbericht nicht später als 4 Wochen nach Erhebungsende eingereicht werden muss, sind Merkmale einer definierten Prozessqualität. Die Qualitätsplanung liefert uns später in der Umsetzung Antworten auf die Frage „Wie gut läuft das Projekt?".

Noch ein abschließendes Wort zur Planung: Bitte werden Sie nicht nervös, wenn die Planungsphase ordentlich Zeit beansprucht. Hier kam man früher mit 5–10 % der Projektlaufzeit zurecht. Heute brauchen komplexe BGM-Projekte eher 20–35 % Vorlaufzeit. Konkret heißt das, dass Sie bei einem 24-Monats-projekt durchaus ein ¾ Jahr Planungszeit kalkulieren müssen. Sagen Sie das dem Kunden! Gute Projekte brauchen eine perfekte Planung! Wilder Aktionismus nach dem Motto „Hauptsache es passiert was" bringt keinem was.

3 | Projektdurchführung & Projektsteuerung

Die *Projektsteuerung* ist durch den fortlaufenden Abgleich von Soll und Ist gekennzeichnet. Das betrifft sowohl die inhaltliche Erstreckung (welche Bausteine wurden bereits abgearbeitet?) als auch die zeitliche Dimension (liegen Sie gut im Zeitplan?). Die Planung gibt sozusagen dass „Soll" der Umsetzung vor. Die Qualitätsprüfung gleicht das „Ist" mit dem „Soll" ab. Sind wir im Zeitplan? Haben wir alles gemacht, was wir uns laut Planung vorgenommen haben? Müssen wir beschleunigen, nachholen, drosseln? Die *Projektdurchführung* geht natürlich nicht von allein. Sie kennen das womöglich aus eigener Erfahrung. Ein perfekter Bauplan für ein tolles Haus nützt Ihnen noch gar nichts, wenn Sie nicht akribisch auf dessen Einhaltung achten. Selbst wenn alle Akteure wissen, um was es geht und diese sogar Arbeitspakete übernommen haben, kommt es immer wieder vor, dass es nicht oder nur unzureichend nach vorne geht. Sie als Projektleiter müssen aktiv sein und dran bleiben. Um alle „wachzurütteln" bietet es sich an, zunächst einen Event („Kickoff-Veranstaltung") zu organisieren. Dokumentieren Sie den Projektfortschritt! Viele Neuerungen sind abstrakt und wenig anschaulich. Eine neue Führungskultur? Veränderte Aufgabenstellungen? Mehr Zeitelastizität? Das sind echte Errungenschaften, aber eben auch abstrakte Dinge. Das können Sie nicht anfassen. Deshalb sollten diese Neuerungen auch intensiv kommuniziert werden.

4 | Projektabschluss und Projektabnahme

Denken Sie auch daran, nach erfolgreicher Projektdurchführung Ihre Erfolge gebührend zu feiern. Der *Projektabschluss* macht sowohl Ihrem Projektteam, als auch allen anderen Beteiligten klar, dass Sie mit Ihrem Projekt „durch" sind und Sie sich von nun an, neuen Aufgaben zuwenden. Lassen Sie sich den Abschluss auch schriftlich quittieren. Erst durch eine schriftliche *Projektabnahme* sind Sie wirklich entlastet.

4.1.3 Tücken in Projekten

Jeder, der schon länger mit Projektarbeit zu tun hat, weiß: Die meisten Projekte scheitern – wenn man „Scheitern" mit der Nichterreichung und/oder Teilnichterreichung der Projektziele definiert. Schätzungen schwanken zwischen 50 % und 70 % Misserfolgsquote in Bezug auf die zuvor formulierten Ziele. Diese Misserfolge haben harte finanzielle Konsequenzen und brennen sich zudem ins kollektive Gedächtnis der Belegschaft ein. Viele in den Projekten definierte Begriffe sind heute „no go". Mitarbeiter sind zudem nicht selten entmutigt.

Die Ursachen für die „Misserfolgsorientierung" von Projekten sind vielfältig. Störungen von außen, Veränderungen in den Prioritäten, Sachzwänge, Personalwechsel. Eine bedeutsame Ursache ist jedoch die Methode selbst. Sie birgt nicht unbeträchtliche, zunächst verdeckte Risiken. Schauen wir uns die Projektstruktur- und Projektablaufpläne in so manchem BGM-Projekt an, dann sind wir beeindruckt von deren Differenziertheit, Komplexität und Länge. Die Gesamtprojekte werden nicht selten in „Teilprojekte" und diese wiederum in „Teilaspekte" und diese wiederum in „Arbeitspakete" und diese wiederum in „Handlungen" („to-do"-Liste!) untersetzt. Alle Teilergebnisse sollen in einem großen Ziel zusammenfließen. Es ist nicht besonders schwer, sich vorzustellen, dass in komplex-dynamischen Systemen, wie Betriebe es nun mal sind, die Planung oft bereits vor dem Projektstart überholt ist. Zudem besteht das Risiko von inhaltlichen Lücken. Nicht alles kann vorausgesehen werden. Inhaltliche Lücken wiederum erzeugen Finanzierungslücken.

Projekte bergen aber nicht nur Ausführungs- sondern auch strategische Risiken. Insbesondere kann es sein, dass sie nicht „anschlussfähig" an übergeordnete Zielstellungen, parallele Projekte und an das „Tagesgeschäft" sind. Hier kann man auch von einem projektinhärenten „Integrationsrisiko" sprechen.

MATTA & ASHKENAS (2004) empfehlen deshalb, vom klassischen Modell des „großen" Projektmanagements Abstand zu nehmen und sich stattdessen darauf zu konzentrieren, viele kleine, zunächst unabhängig voneinander voranzutreibende Projekte zu forcieren. Größter Vorteil dieser „Miniprojekte" ist das Erreichen schneller Ergebnisse und eine deutlich höhere Dynamik. Wir wollen hier nicht dem Aktionismus frönen, das wissen Sie, wenn Sie das Buch bis hierher gelesen haben. Die Erfahrungen lehren uns aber, dass wir in der Projektsteuerung umdenken müssen. Parallele Miniprojekte bedeuten nicht, dass diese isoliert voneinander organisiert werden sollen – ganz im Gegenteil. Diese, von den Autoren „Initiativen für schnelle Ergebnisse" genannten Projekte müssen jedoch Teilmengen des angestrebten Endresultates sein. Wir können dieses Vorgehen als Umkehr des bisherigen Ansatzes verstehen. Nicht mehr von „groß" zu „klein", sondern von „klein" zu „groß" sollten die Projekte eingebracht werden. Das Ganze ist dann mehr als die Summe seiner Teile – jedoch nur, wenn „das Ganze" (i. S. der Hauptergebnisse) auch die Klammer bildet. Im Kapitel 2.11 haben wir die „Multi-Nucleus-Strategie" ausgeführt. Diese erscheint uns (aus einer empirisch nicht gesicherten Erfahrungsbildung heraus) für BGM besonders geeignet.

Die Vorteile dieses Vorgehens im Verhältnis zum Standardprojektmanagement liegen auf der Hand:

- niedrigere Komplexität
- höhere Dynamik
- bessere Erfolgsaussichten
- schnellere Erfolge
- breiter verteiltes Risiko und
- höhere Motivation der Projektmitarbeiter

„Miniprojekte" müssen, genau wie Großprojekte auch, Abteilungs- und Hierarchiegrenzen durchdringen – eben nur smarter. Die Strategie multipler Miniprojekte ist nicht zu verwechseln mit der Attitüde vieler Unternehmen, zunächst „Pilotprojekte" zu organisieren. Pilotprojekte sollen ja eigentlich der Risikominimierung, des Lernens und der Erhöhung der Handlungssicherheit für das kommende „rollout" dienen. Sie stellen aber definitiv keine geeignete Methode dar, um die betriebliche Gesundheitsarbeit wirksam nach vorne zu treiben. Sie implizieren bereits eine erhebliche Angst vor den Folgen der eigenen Handlungen, finden zumeist in mikroskopisch kleinen Gruppen statt, sind statisch und bilden auch nicht adäquat die notwendigen Aufwendungen der späteren Steuerung ab. Im schlimmsten Fall dienen sie als betriebspolitischer Spielball und sind damit bereits im Vorfeld zum Scheitern verurteilt. Viel Spaß mit diesem „Rohrkrepierer"! Wenn Sie also in Zukunft jemand auffordert, zunächst einen „Piloten zu fahren", dann fragen Sie ihn doch bitte „wozu?" oder noch besser „wohin?". Lassen Sie sich auch nicht abspeisen mit nicht signifikanten Zugangszahlen. Fordern Sie eine Penetranz bezgl. der anvisierten Zielgruppe von mind. 10 % der Grundgesamtheit. In einem Unternehmen mit 500 Mitarbeitern entspräche dies gerade einmal 50 Teilnehmer/innen.

4.2 Marketing und Vertrieb

4.2.1 Merkmale von Dienstleistungen

Vermarktung und Akquise sind nichts Schlechtes. Ganz im Gegenteil. Sie sind etwas höchst Interessantes und auch Spannendes. Sie sind der Gradmesser Ihrer eigenen Potenziale – aber auch Ihrer Grenzen. Es ist nicht leicht, Leistungen des betrieblichen Gesundheitsmanagements zu verkaufen. Das gilt für interne Akteure genauso, wie für Anbieter im freien Markt. Das liegt v. a. daran, dass es sich bei diesen Angeboten zumeist um immaterielle Dienstleistungen handelt: Eine Strategieberatung, die Durchführung einer Mitarbeiterbefragung, ein Gesundheitstag, ein Führungsseminar zur gesunden Gestaltung von Arbeitsbeziehungen. Anders als ein physisches Produkt, wie beispielsweise ein Auto oder eine Tafel Schokolade, gibt es hier keine Sinnesreize, die angesprochen werden könnten. Gesundheitsmanagement wiegt nichts, riecht nicht, hat keine Oberflächen, ist körperlos. Auch kann man die versprochenen Leistungen nicht „Probefahren" oder „anprobieren" – mal abgesehen vom gerade erwähnte „Piloten", den ja viele Betriebe zunächst fahren, um sich noch sicherer zu werden, dass Personen und Leistungen aus einer Projektidee auch ins Arbeitssystem passen und die eigenen Bedürfnisse (Erfolgskriterien) erfüllen können. Auch der Umtausch der Leistungen ist i. d. R. nicht möglich. Dienstleistungen sind personengebundene Leistungen. Das limitiert sie auch. Sie können diese Leistungen nicht beliebig vervielfachen. Dienstleistungen sind auch nicht transportabel. Sie werden dort erbracht, wo die handelnden Personen sind. Dienstleistungen kann man nicht lagern und abrufen, wenn man sie braucht. Sie sind zeitlich flüchtig, eben nichts für die Ewigkeit.

INFOBOX

Merkmale und Verkaufsrisiken für (BGM)-Dienstleistungen

1. immaterielle Leistungen (hohes Kaufrisiko)
2. Produktion und Konsumtion fallen zusammen (kein Rückgaberecht)
3. personengebunden (Qualität der Leistungen schwankt)
4. Kunde ist Co-Produzent (Leistung ist abhängig von der eigenen Aktivität)
5. nicht transportabel (Erfolg ist abhängig von den Umgebungsbedingungen)
6. nicht lagerfähig (Leistungserstellung erfolgt ad hoc)

Sie sehen in der Infobox auch: Der Kunde ist Co-Produzent! Diese Rolle erzeugt in manchen Kunden Unbehagen, weil die eigenen Anteile an den Erfolgsaussichten wahrnehmbar werden. Bsp.: Sie haben die Durchführung arbeitsplatznaher Gesundheitsberatung für Mitarbeiter/innen an Bildschirmarbeitsplätzen vereinbart. Sie sollen jetzt den Kollegen aufzeigen, wie sie mehr Bewegung in ihren Arbeitsalltag bringen können und nehmen die Ihnen angetragene Rolle des „Gesundheitscoaches" auch an. Der Erfolg dieses Projektes ist aber nicht alleinig von Ihrer Beratungsleistung abhängig. Auch die Gewährleistung des Zugangs zu den Teilnehmern, die Vorinformationen und das Verhalten der Führungskräfte nach der Maßnahme sind Erfolgsfaktoren für solch ein Projekt. Nehmen Sie Ihre Kunden also gleich zu Beginn in die Pflicht. Projekte können nie besser werden, als es Ihre Kunden zulassen!

4.2.2 Erfolgreicher Vertrieb von Dienstleistungen

Bei der Bewertung von Dienstleistungen stellen sich Interessenten implizit immer die gleichen Fragen:

1. Habe ich überhaupt einen durch mich nicht auflösbaren Engpass?
2. Benötige ich zur Auflösung die angebotene Dienstleitung?
3. Welchen Preis muss/kann ich dafür bezahlen?
4. Was bekomme ich für mein Geld?

Oberflächlich gesehen, sind diese Fragen typisch für jeden Kauf. In der Regel fragt sich jeder Interessent, ob der Erwerb nötig, der Preis angemessen und der Nutzen den Erwartungen entsprechend ist. Die Tatsache aber, dass Dienstleistungen schwer wahrzunehmen sind, erzeugt Unsicherheiten bei Ihren Kunden und damit verbunden auch tieferliegende Fragen:

- Fühle ich mich bei Ihnen gut aufgehoben?
- Sind Sie als Anbieter in der Lage, Ihre Aufgabe zu erfüllen?
- Garantieren Sie den Erfolg?
- Ist Ihre Leistung den Preis wert?

Die ersten drei Fragen können in einer einzigen zusammengefasst werden: Die Frage lautet: *Kann ich Ihnen vertrauen?* Insofern veräußern Sie streng genommen gar keine Dienstleistung, sondern lediglich das Vertrauen in Ihre Person, das Leistungsversprechen auch zu erfüllen! Sie bieten Ihre Identität und Erfolgssicherheit an. Nur, wie stelle ich Vertrauen her? Drei Wege haben sich als besonders erfolgreich herausgestellt:

- Erfahrung
- Transparenz
- Zuwendung

Vertrauen kann man nicht erzwingen. Auch nicht durch Floskeln, wie „professionell" oder „Qualität". Wir sind jetzt bereits einige Jahre in diesem Metier aktiv und möchten deshalb unsere Eindrücke zu den Erfolgsfaktoren für Vertrauen weitergeben:

- bereits erfolgreich umgesetzte Projekte
- Kunden-Empfehlungen
- Image
- „Story-Telling" [164]
- äußere Erscheinung

---

[164] Und zwar nicht über Ihre tollen Eigenschaften (der Beste, der Günstigste, der Innovativste), sondern über erfolgreiche Problemlösungen bei Kunden. Story-Telling kann auf der Beiläufigkeitsebene erfolgen.

Eng an die Vertrauensfrage ist also die Erfolgsfrage geknüpft. Man kann es auch so ausdrücken: *Kunden kaufen nur bei Gewinnern!* Das hört sich rabiat an und ist es auch. Sie machen das auch so, wenn Sie zum Arzt gehen oder Ihre Waschmaschine reparieren lassen wollen! An genau dieser Stelle beginnt Ihre Arbeit als „Verkäufer". Der Verkauf einer Dienstleistung ist immer auch der glaubhafte Verkauf eines Versprechens. Ihre Aufgabe ist es also, in Ihrem Kunden das Vertrauen aufzubauen, Ihr Versprechen auch glaubhaft einlösen zu können.

Weiter: *Verkauf erfolgt entlang von Engpässen!* Ihre Dienstleistungen müssen immer Teil der Problemlösung und damit Teil der Auflösung des Engpasses Ihres Kunden sein. Die kundenseitigen Engpässe müssen Ihnen deshalb bewusst sein. Erst danach können Sie Ihr Produkt ggf. so anpassen, dass Sie auch ein konkretes Versprechen zur Problemlösung abgeben können. Ansonsten können Sie keinen Erfolg haben.

INFOBOX

Erfolgreicher Verkauf von (BGM)-Dienstleistungen

1. Kunden kennen Sie!
2. Kunden vertrauen Ihnen!
3. Kunden glauben an Ihre Erfolgssicherheit!
4. Kunden sehen in Ihnen einen Gewinner!
5. Kunden spüren, dass Sie ihren Engpass erkannt und verstanden haben!
6. Kunden sehen in Ihnen einen Teil Ihrer Problemlösung!
7. Kunden kommunizieren regelmäßig mit Ihnen!
8. Kunden habe eine positive emotionale Beziehung zu Ihnen!

Wir hatten festgestellt: Kunden sehen zunächst ihr eigenes Problem und spüren einen Engpass: Führungskräfte werden müde, die Fehlzeiten steigen, der Betriebsrat findet nur noch den Weg in die Einigungsstellen, das Top-Management will jetzt auch BGM. Ein großes international operierendes Pharmaunternehmen kam vor geraumer Zeit z.B. auf uns mit folgendem Problem zu: „Wir haben zu hohe Fehlzeiten in der Kommissionierung. Bisherige Versuche mit diversen Anbietern sind gescheitert. Sie wurden uns empfohlen. Wir haben Handlungsdruck." Upps. Da ist man zunächst geschmeichelt und fühlt sich kurze Zeit später doch sehr unbehaglich. Wollen Sie jedoch den Job, müssen Sie als Dienstleister jetzt sehr schnell Teil der Problemlösung werden.

Einige machen jetzt den Fehler, das Kundenproblem in ihre eigenen Denkmuster und Kategorien zu zwängen und beginnen über „Fehlzeitengespräche" oder „Gesundheitszirkel" zu palavern. Das stößt Kunden ab, weil sie nicht erkennen können, dass Sie nun Teil ihrer Problemlösung sind. Die Kunden fühlen sich missbraucht. Die angebotenen Leistungen sind unglaubwürdig.

Wir haben dem Kunden zugesagt, zunächst aber erklärt, dass wir das Problem erst einmal verstehen müssten und nicht eben wenig Zeit darauf verwendet, mit den

Protagonisten zu sprechen: Personalreferenten, Betriebsrat, Betriebsteilleiter, Mitarbeiter. Bereits in den Vorgesprächen wurde der eigentliche Engpass deutlich: Die Fehlzeiten waren nämlich nicht „zu hoch", sondern im „Benchmark zu hoch". Das hört sich jetzt nicht bedeutsam an – ist es aber. Die Kommissionierung in besagtem Unternehmen bestand aus ca. 80 schlecht bezahlten, zumeist weiblichen Mitarbeiterinnen im Alter jenseits der 50, die schon sehr lange im Unternehmen beschäftigt waren. Diese mussten schnelle, wiederholende und einseitige Handlungen vornehmen. Keine guten Voraussetzungen für geringe Fehlzeiten. Die Quote von ca. 8 % war sehr hoch – sicherlich. Doch das Kunden-Problem wurde erst vor dem Hintergrund kürzlich eingeführter werksübergreifende, internationaler Vergleichsmaßstäbe sichtbar. Hier schnitt besagter Bereich sehr schlecht ab. Statt jedoch über die Sinnhaftigkeit des Vergleichs personell und arbeitsrechtlich unterschiedlich ausgestatteter Arbeitssysteme zu diskutieren, wurde zunächst versucht, die Zahlen zu egalisieren. Zudem sah die Personalleitung erst kürzlich vereinbarte weitere Maßnahmen zum betrieblichen Gesundheitsmanagement in Gefahr, wenn die Zahlen „nicht stimmten". Der Druck kam aus dem Ausland. Von der „Mutter". Die betrieblichen Verantwortlichen vor Ort wussten sehr wohl um die guten Leistungen der Mitarbeiter/innen in besagter Abteilung. Im Output nämlich konnte sich der Bereich sehen lassen. Sie waren auch profund aussagefähig über die Ursachen der hohen Quote (v. a. Langzeiterkrankte). Es fehlte ihnen jedoch an Fähigkeit und Mut, die Situation gegenüber ihren Vorgesetzten zu artikulieren.

Wir haben das dann für sie getan. Das war die notwendige Unterstützung, um den Engpass aufzulösen. Selbstverständlich haben wir auch im Arbeitssystem interveniert. Die Personalstruktur wurde durch Zufluss jüngerer Mitarbeiter angepasst, die psychologischen Verträge mit den Mitarbeiter/innen erneuert, Perspektivgespräche unter Einbindung der Betriebsräte geführt und kleinere Prozesskorrekturen vorgenommen. Doch das war nicht der Engpass des Kunden. Das war eigentlich nur ein „ad on". Das muss man verstehen, wenn man erfolgreich Dienstleistungen in Unternehmen einbringen will. Die Quote im besagten Betriebsteil liegt derzeit übrigens bei ca. 7 %.

Ist der Engpass erkundet, hilft uns das weiter. Doch es muss auch die Beziehung zum Kunden stimmen. Dienstleistungsgeschäft ist „People Business". Deshalb: *Kunden wollen eine positive Beziehung zum Dienstleister aufbauen!* Kennen Sie Ihre Kunden? Wir projizieren gerne unsere Vorstellungen über die formale Position des Stelleninhabers in diesen selbst hinein. Ein „Betriebsrat", eine „Unternehmer", ein „Personalchef". Aber diese Positionsinhaber haben viel mehr Rollen inne. Sie sind auch Frauen und Männer, Absolventen und Altgediente, Mütter und Väter, handlungssichere und unsichere Persönlichkeiten, Narzissten und Abhängige. Wissen Sie das? Können sie das aussagen? Wenn Sie diese Frage mit „Nein" beantworten, dann wird es Ihnen schwerer fallen, eine angemessene Arbeitsbeziehung aufzubauen.

Wir wollen darauf hinaus, dass es immer zwei Handlungsstränge für „Teil der Problemlösung" gibt: Der erste bezieht sich auf den betrieblichen Anteil, die Aufgabe, das Ziel (z. B. Fehlzeiten senken, Gesundheitskommunikation betreiben, Stressresistenz bei Führungskräften erzeugen, einfach ein „tolles" Seminar machen). Der zweite bezieht sich auf Ihren Auftraggeber selbst, auf die handelnden Personen. Was brauchen diese Menschen wirklich?

4.2.3 Vertriebsprozess

Sie sind aktiviert und wollen loslegen? Dann können Ihnen die folgenden Ideen helfen, Ihre Dienstleistungen erfolgreich im Markt zu platzieren.

Am Anfang steht Ihre *Idee*. Sie können diese selbst entwickelt oder aber auch kopiert haben. Z.B wollen Sie individuelles Gesundheitscoaching für Mitarbeiter anbieten.

Aus der Idee erstellen Sie zunächst ein *Dienstleistungsprodukt*, das der Markt entweder schon kennt oder aber das vollkommen neu ist. Z. B. sagen Sie, dass Ihr Gesundheitscoaching aus drei Teilen bestehen soll: 1. einem „Aktiv-Workshop" inkl. Gesundheits-Check-up über 2 Tage, 2. einer telemedizinischen Betreuung über zunächst fünf Monate und 3. einem „Bilanz-Workshop" zur Erfolgsmessung. Sie konzentrieren sich inhaltlich auf die Themen Bewegung, Ernährung und Entspannung.

Jetzt muss das Dienstleistungsprodukt „in Form" gebracht werden. Es braucht eine Hülle, eine Verpackung, ein *Design*. Es braucht jetzt auch einen Titel und muss näher erläutert werden. Sie konkretisieren Ihr Produkt oder besser: Sie materialisieren Ihre Leistungen. Ihr Produkt könnte z. B. heißen: „BEE-Yourself". Das hört sich gut an und nimmt noch mal Bezug auf die drei Themen Bewegung, Ernährung und Entspannung. Das machen Sie, um das empfundene Kaufrisiko beim Interessenten zu minimieren. Die Verpackung ist zumeist audio-visueller Natur. Ihr Produkt wird vielleicht in Internetspots, auf Papier oder anderen Medien in den Markt hineingetragen.

Das ist der nächste Schritt. Sie gehen in den *Markt*. Der Markt ist überall dort, wo Ihre Kunden sind. Die Verpackung enthält ja bereits Ihre Argumentationslogik und beschreibt den Engpass (das Problem) Ihres Kunden und die Problemlösefähigkeit Ihres Produktes. Z. B. könnten Sie behaupten, dass Ihr Gesundheitscoaching überforderte Manager oder schlappe Bürohengste wieder auf Trab bringt. Und das sehr effizient. Sie vermeiden sogar Wörter wie „Qualität" oder „professionell", weil das sowieso jeder von Ihnen erwartet und Sie sich nicht lächerlich machen wollen. Sie können jetzt hier an zwei Punkten stehen:

1. Sie sind bereits im Markt bekannt. (Ihre Kunden kennen Sie!)
2. Sie sind noch unbekannt. (Sie müssen Ihre Kunden erst kennen lernen!)

Ersteres ist natürlich komfortabler. Man vertraut Ihnen eher. Sie können bereits gehört werden und Ihre Produktidee vortragen. Letzteres bedeutet zunächst einmal, dass Sie Aufmerksamkeit erzeugen und Ihre Kunden erreichen müssen. Dafür stehen Ihnen zur Verfügung: Internet, Telefon, Fax, Mail, eigene Aktivitäten in Seminaren & Projekten, Messen, Zeitschriften etc.

Jetzt kommt sozusagen der Fisch zum Köder. Jetzt geht es darum, aus Aufmerksamkeit Vertrauen zu machen. Jetzt beginnt die *aktive Beziehungsgestaltung* zum Kunden. Jetzt können Sie argumentieren, erkennen und zuhören – kurz: jetzt können Sie überzeugen. Wer Erfolg haben will, muss überzeugen. Ansonsten sind Sie bereits auf der Verliererstraße. Sie holen Ihren Kunden dort ab, wo er steht und versuchen seinen Engpass zu erkunden. Sie müssen nun auch Ihr Produkt an die Kundenbedürfnisse anpassen. Dieser will zwar Gesundheitscoaching haben und er findet auch die Idee der persönlichen Beratung sehr schön, aber er hat eigentlich einen ganz anderen Engpass. Ihr Kunde ist Personalleiter eines Chemieunternehmens und sieht Defizite in der persönlichen Gesundheitskompetenz bei Mitarbeiter/innen in der Leitwarte. Diese sollen nun aktiviert werden und lernen, wie man sich am Arbeitslatz mobilisieren, kräftigen und entspannen kann. Zudem geht „BEE-Yourself" in dieser Zielgruppe gleich gar nicht. Sie konzipieren also eine 20minütige Kurzberatung ohne Telemedizin und Bilanzworkshop mit dem Titel „Fit in der Leitwarte" und formulieren ein *Angebot*. Nach zwei weiteren Gesprächen und 10 % Preisnachlass sind Sie am Ziel: Ihr Angebot wird angenommen.

Den Abschluss des Akquiseprozesses stellt der *Vertrag* dar. In ihm werden alle Details der Umsetzung, der Qualitätssicherung, der gegenseitigen Pflichten, der Haftung und der Vergütung geregelt. Dyadische Beziehungen wie in unserem Beispiel sind häufig. Wir beschäftigen uns aber zunehmend mit multilateralen Projekten. Hier haben wir es mit sehr komplexen Versprechen zu tun, die sich in umfangreichen Projektplänen und Verträgen ausdrücken. Nicht selten sind weitere Kooperationspartner an Bord: Spezialdienstleister, Krankenkassen, Unfallversicherungen, Verbände. Einige Dienstleister mögen lax mit dem Thema „Verträge" umgehen. Hier sehen wir aber nicht zuletzt ein haftungsrechtliches und ein beschäftigungsrelevantes Handlungsfeld, welches Umsicht und Vorsicht gebietet. Deshalb sollten Dienstleistungen auch vertraglich sauber geregelt werden. Mit der Unterschrift zu „Fit in der Leitwarte" sind Sie also im Geschäft.

Hier schließt sich der Kreis zu unseren Ideen zum Thema „Vertrauen". Jetzt haben Sie es in der Hand, einen Meilenstein zu setzen und Ihre Aufgaben zur Zufriedenheit des Kunden zu erfüllen. Jetzt können Sie die Grundlage für Empfehlungen und damit zukünftigen Erfolg schaffen. Jetzt kommt die *Umsetzung*!

Wir wollen hier keinen falschen Eindruck erwecken. Die Mehrzahl der Kundenkontakte und viele Angebote führen nicht zu einem Auftrag (Vertrag). Das ist auch gut so. Schließlich wird auch nicht jedes gute Auto auch tatsächlich vom ersten potenziellen Käufer oder Interessenten gekauft.

Uns hat die Analyse und Definition unserer Kompetenzgrenzen sicherer im Markt gemacht. Wir machen keine Versprechen, die wir nicht auch voll erfüllen können. Wir haben sogar sehr positive Erfahrungen damit gemacht, potenzielle Aufträge abzulehnen, bei denen wir nicht davon überzeugt waren, diese in der perfek-

Abbildung 138: Vertriebsprozess: Von der Idee zur Umsetzung
[Quelle: Eigene Darstellung]

ten Qualität abliefern zu können. So kam z. B. ein Kunde auf uns zu und bat um uns im Zuge eines durch uns initiierten Führungskräfteentwicklungsprogramms um „Coaching" für einen „eher schwierige Führungskraft". Wir haben natürlich zunächst versucht zu erfahren, um welches Problem es sich handelt, und was genau der Auftrag sei. Schnell wurde klar, dass es hier um eine quasi-therapeutische Dienstleistung ging, die so durch uns nicht zu erbringen war, weil wir damals „Coaching" als Begleitung und nicht als Heilung verstanden haben. Der Fall wurde durch uns ins psychotherapeutische Netzwerk abgegeben. Wir haben später über Umwege erfahren, dass der betroffene Mitarbeiter wieder voll leistungsfähig ist.

5. Kompetenzbox

5.1 Der Gesundheitsmanager im Betrieb

Das BGM boomt in den letzten Jahren. Eine größere betriebliche Nachfrage bedeutet mehr Projekte, bedeutet mehr Nachfrage nach professionellen Trägern. Immer mehr Unternehmen erkennen, dass „Gesundheit" nicht nur operabel gemacht und betrieblich strukturiert werden muss, sondern dass erfolgreiche betriebliche Gesundheitsarbeit nicht „auch", sondern „insbesondere" abhängig ist von der Qualifikation ihrer Träger. Dies betrifft nicht nur die Gesundheitsmanager/innen, um die es hier vordergründig geht. Dies betrifft auch alle direkt oder indirekt beteiligten Akteure: Mitarbeiter, das Management, Betriebsräte, Fachkräfte für Arbeitssicherheit, Arbeitsmediziner, Personalverantwortliche, Kooperationspartner, Präventionsfachleute der Unfallversicherungen und Krankenkassen, Aufsichtspersonen. Entsprechend groß ist die Nachfrage nach qualifizierten Angeboten zur Aus- und Fortbildung von Gesundheitsmanager/innen. Dennoch ist derzeit weder der Zugang zum Berufsbild „Gesundheitsmanager", noch der Begriff selbst geregelt, bzw. geschützt. Es gibt verschiedene Bestrebungen, die Interpretationshoheit darüber zu erlangen, was Gesundheitsmanager in der Praxis machen sollen (und was nicht), wie sie in diese formale Position kommen können und vor allem, wie eine angemessene Aus- und Fortbildung auszusehen hat. Unabhängig von diesen aktuellen Diskussionen wollen wir uns dem Kompetenzträger Gesundheitsmanager und seinem Kompetenzfeld ganz klassisch nähern.

5.1.1 Positionierung in der Aufbauorganisation

Betriebliche Gesundheitsarbeit ist eine anspruchsvolle Managementaufgabe mit Integrationserfordernissen, sowohl in die Aufbau-, als auch in die Ablauforganisation. Bevor man aber die Fragen nach den Aufgaben stellen kann, sollte man zunächst den Gesundheitsmanager im Unternehmen positionieren. I. d. R. sind Gesundheitsmanager in der Aufbauorganisation formal als temporäre oder feste *Stabsstelle* gekennzeichnet. Temporärer Natur sind sie dann, wenn sie im Zuge eines Projektes als Projektstelle überhaupt erst eingerichtet wurden. Fest sind sie nach ihrer Institutionalisierung. Sie besitzen keine Weisungsbefugnisse und zumeist auch kein eigenes Budget.

Oftmals sind sie der Personalabteilung angegliedert, manchmal auch dem Arbeitsschutz, selten stellen sie eine eigene Abteilung dar. Die Kostenstellenverantwortung liegt jedoch fast immer bei den verantwortlichen Führungskräften, was erheblichen Konfliktstoff birgt. Z.T. fallen die Positionsinhaber durch Doppelfunktion auf, d.h. der Personalchef, die Fachkraft für Arbeitssicherheit, die Arbeitsmedizinerin bzw. eine bereits ausgewiesene örtliche Führungskraft ist zugleich Gesundheitsmanager/in. In diesen Fällen müssen die Funktionsträger ihre Aufgaben und Rollen sauber

trennen, was nicht immer leicht fällt. Wir konnten in unserer betrieblichen Praxis auch mehrfach beobachten, dass Gesundheitsmanager/innen einen Positions-
status innehatten, der weit oberhalb ihres formalen Status' lag. Die Betroffenen hatten z. B. eigene Budgets, waren entkoppelt vom Personalwesen und berichteten der
Geschäftsleitung direkt. Wir wollen damit nicht sagen, dass da dem Gesundheitsmanager Entscheidungsbefugnisse in die Hand gelegt werden, die ihm/ihr eigentlich nicht zustehen. Ganz im Gegenteil. Wir wollen damit lediglich darauf hinwei-
sen, dass es *die* Position des Gesundheitsmanagers in der Aufbauorganisation nach
wie vor nicht gibt. Dies liegt nicht zuletzt daran, dass es große Vorbehalte gegenüber
einer Veränderung des Arbeitssicherheitsgesetzes (ASiG) gibt. Dieses datiert, in leicht
veränderter Form, seit dem 12. Dezember 1973 und regelt die betriebliche Betreuung mit Fachkräften für Arbeitssicherheit („technischer" Gesundheitsmanager) und
Arbeitsmedizinern („physiologischer" Gesundheitsmanager). Wirklich revolutionär
wäre die Verankerung eines dritten – eines „psycho-sozialen" Gesundheitsmanagers
inklusive Betreuungspflicht. Ein Aufschnüren des Gesetzes birgt jedoch die Gefahr,
dass es gänzlich in Frage gestellt wird. Die Ängste darüber verhindern bei den direkt
und indirekt Betroffenen derzeit eine angeregte Diskussion.

5.1.2   Aufgabenbeschreibung

Was haben Gesundheitsmanager/innen zu tun? Diese Frage kann man in einen
formellen (expliziten) und einen informellen (impliziten) Anteil unterteilen. *For-
mell* haben sie auf die Sicherstellung einer wirksamen, effizienten und raschen
Umsetzung von betrieblichen Gesundheitsmaßnahmen hinzuwirken. Sie haben
weiterhin Planungs-, Analyse- und Umsetzungsprozesse zu initiieren, die operative Umsetzung von betrieblichen Gesundheitsmaßnahmen zu begleiten und deren Qualität zu sichern, sowie die Wirksamkeit der Maßnahmen zu prüfen und
die Prüfergebnisse zu dokumentieren. Gesundheitsmanager/innen bereiten darüber hinaus mitbestimmungspflichtige Umsetzungsentscheidungen durch die betrieblichen Partner vor und berichten den Beschlussgremien. Sie richten gesundheitsbezogene Monitoringsysteme ein und halten diese aufrecht. Gesundheitsma-
nager/innen koordinieren die interne Kommunikationsarbeit in allen Projektpha-
sen und sorgen für eine angemessene Verbreitung der Gesundheitsaktivitäten über
die betrieblichen Grenzen hinaus. Sie sind erster Ansprechpartner für Anfragen der
Medien oder Wissenschaft. Gesundheitsmanager/innen definieren letztlich auch
das hinreichend notwendige Qualifikationsniveau aller (internen und externen)
Akteure und sorgen dafür, dass Qualifikationsdefizite angebaut werden.

Gesundheitsmanager/innen haben in allen Phasen und zu jeder Zeit auch *informelle* Aufgaben. Diese werden ihnen mehr oder weniger ausdrücklich zugeschrieben, obwohl sie so nicht in der offiziellen Aufgabenbeschreibung zu finden sind.
So haben sie z. B. in der Phase der Initiierung von Maßnahmen erhebliche betriebliche Überzeugungsarbeit zu leisten, Ängste abzubauen und Widerstände zu verringern. Sie sind z.T. „Sprachrohr" für Mitarbeiter und Betriebsräte im Top-Management und manchmal auch Entlastungsebene für Führungskräfte.

Um es kurz und persönlich zu machen: Der Gesundheitsmanager im Betrieb ist die beste Stelle, die wir uns vorstellen können. Es gibt nur wenige Aufgaben, die vielseitiger und anspruchsvoller sind!

5.1.3 Anforderungsprofil

Nach erfolgter Analyse der Positionierung, des Aufgabenspektrums und der Besonderheiten der (Projekt-)Stelle ergeben sich verschiedene Anforderungsarten, deren Ausprägungen in einem Anforderungsprofil abgebildet werden sollten. Anforderungen sind Soll-Beschreibungen für Fähigkeiten und Kompetenzen die der Stelleninhaber zur optimalen Aufgabenerfüllung braucht. Schließlich gilt für den Gesundheitsmanager das Gleiche, wie für alle anderen Mitarbeiter auch: Er soll seine Arbeit versiert, produktiv und gesund bewältigen können. Die Anforderungen können später mit den individuellen Fähigkeiten und Fertigkeiten abgeglichen werden, um so geeignete Bewerber zu finden.

Grundsätzlich können zwei Vorgehensweisen zur Erstellung eines Anforderungsprofils herangezogen werden:

- Expertenbefragung
- Verfahren der kritischen Verhaltensbeschreibung

Für die Erstellung des nachfolgend dargestellten Anforderungsprofils wurde in einer eigenen Untersuchung auf beide Methoden zurückgegriffen. Zunächst wurden ca. 70 Gesundheitsmanager/innen unterschiedlichster Ausrichtung persönlich befragt. Alle Befragten waren Teilnehmer/innen der „Weiterbildung zum Gesundheitsmanager im Betrieb", die wir seit 1998 als Kooperationspartner der Bundesanstalt für Arbeitsschutz und Arbeitsmedizin (BAuA) durchführen. In den teilstandardisierten Interviews wurden auch innerbetriebliche „kritische" Vorfälle für die Arbeit von Gesundheitsmanagern gesammelt. Diese „critical incidents" (vgl. auch FLANAGAN, 1954) wurden anschließend durch unsere eigenen Erfahrungswerte ergänzt. Das entstehende Profil wurde zunächst in Anforderungs- und Kompetenzbereiche unterteilt und anschließend mit Bewertungskriterien untersetzt. Für die oben angegebene Stelle können folgende Anforderungs- und Kompetenzbereiche unterschieden werden:

- formale Qualifikationsanforderungen
- fachliche Kompetenz
- methodische Kompetenz
- sozial-kommunikative Kompetenz und
- persönliche Kompetenz

Die *formalen Qualifikationsanforderungen* beschreiben die Grundqualifikationen, wie Studienabschlüsse und/oder Zusatzqualifikationen, die für eine Ausübung der Stelle notwendig, jedoch noch nicht hinreichend sind.

Die *fachliche Kompetenz* beschreibt die notwendigen spezifischen und fachübergreifenden Kenntnisse, die für die sachgerechte Aufgabenerfüllung notwendig sind.

Die *methodische Kompetenz* beschreibt die Fähigkeiten und Fertigkeiten, die zur Planung, Durchführung und Kontrolle der Aufgaben benötigt werden.

Die *sozial-kommunikative Kompetenz* beschreibt die Fähigkeiten und Fertigkeiten, mit denen der Stelleninhaber mit anderen Personen erfolgreich kommunizieren und kooperieren kann.

Die *persönliche Kompetenz* bezieht sich auf Persönlichkeits- und Verhaltensmerkmale des Stelleninhabers, die für eine erfolgreiche Aufgabenausführung unerlässlich sind.

Die Anforderungsübersicht macht deutlich: Die Positionsinhaber müssen über ein sehr breit aufgestelltes Kompetenzportfolio verfügen. Die meisten der „sehr wichtigen" Kompetenzbereiche sind zugleich gut durch Aus- und Fortbildung zu entwickeln. Wir gehen davon aus, dass mit Hilfe der Übersicht auch die Verfah-

Tabelle 21: Anforderungsübersicht Stelle „Gesundheitsmanager/in"

Bereich	Konkrete Anforderung	Bedeut-samkeit	Konkrete Merkmale	Trainier-barkeit
Formale Qualifi-kations-anforde-rungen	Hochschul- oder Fachhochabschluss (Diplom, Master, Bachelor)	3	Studienabschluss Psychologie, Soziologie, Pädagogik, Sportwissenschaft (Schwerpunkt Prävention/Rehabilitation), Gesundheitsmana-gement, Humanmedizin, Sicherheitstechnik, Ergonomie o.ä.	0
	Fachschulabschluss	1	Fachschulabschluss Gesundheitswirtschaft, Physiotherapie, Ernährungswissenschaft o.ä.	0
	staatlich anerkannte Zu-satzqualifikationen	1	Fachkraft für Arbeitssicherheit, Facharzt für Arbeitsmedizin	1
	andere Zusatzqualifika-tionen	3	zertifizierte Abschlüsse in BGM, Ergonomie, Coaching, Fitnesstrainer A-B-C Lizenz, Arbeits-schutz, Betriebswirtschaft o.ä.	3
Fachliche Kompe-tenz	allgemeine, fachüber-greifende Kenntnisse	2	Kenntnisse in der Systemtheorie, über Verände-rungsprozesse, Management, Managementsys-teme, Führung, Führungsinstrumente, betriebs-wirtschaftliches Grundlagenwissen, Kenntnisse über das Gesundheitssystem, das Versicherungs-system und den Gesundheitsmarkt, arbeitsrecht-liches Grundlagenwissen, Geschichte der (betrieblichen) Gesundheitsförderung	3
	spezifische arbeits- und gesundheitswissenschaft-liche Kenntnisse	3	vertiefte Kenntnisse in der Prävention, Anato-mie, Sinnes-physiologie, Arbeits- und Organisa-tionspsychologie, Epidemiologie, Veränderung menschlichen Verhaltens, Arbeitssystemgestal-tung, Arbeitsfähigkeit, Arbeitsverhalten, Arbeits-sicherheit, Arbeitsmedizin, Gesundheit und Krankheit, Salutogenese und Pathogenese, be-triebliches Gesundheits-, Eingliederungs-, Fehl-zeiten- und Arbeitsschutzmanagement	3
	Softwarekompetenz	2	sicherer Umgang mit Office-Standardsoftware (z.B. MS WORD®, MS PPT®, MS EXCEL®), sicherer Umgang mit Statistikprogrammen (z.B. SPSS®), Grundlagenwissen über weitere Visuali-sierungs- und Projektmanagementsoftware (z.B. MS Project®, SusA®)	3

Bereich	Konkrete Anforderung	Bedeut-samkeit	Konkrete Merkmale	Trainier-barkeit
Metho-dische Kompe-tenz	Planungs- und Zielbil-dungskompetenz	3	Fähigkeit zur strategischen, taktischen und operativen Planung von Zielen, Kenntnisse über relevante Kennzahlen und deren Messung	2
	analytische Kompetenz	3	Kenntnisse der empirischen Sozialforschung (qualitativ-quantitativ), Fertigkeiten in der Durchführung von mehrschichtigen explorativen und/oder kennzahlenbasierten Arbeitssystemanalysen (z. B. Fehlzeitenstrukturanalysen, Altersstrukturanalysen, Mitarbeiterbefragungen, Einzel- und Gruppeninterviews , Fähigkeit zur Informationsreduktion)	2
	Umsetzungskompetenz	3	Fähigkeit zur Ableitung und Gewichtung von relevanten betrieblichen Gesundheitsmaßnahmen, profunde Fertigkeiten in der Initiierung, Begleitung und im Abschluss der Gesundheitsmaßnahmen, Fertigkeiten im Projektmanagement und in der Qualitätssicherung	3
	Evaluationskompetenz	3	vertiefte Kenntnisse und Fertigkeiten in der prospektiven, formativen und summativen Interventionsbewertung (effektbezogen, wirtschaftlichkeitsbezogen)	2
Sozial-kommu-nikative Kompe-tenz	Kommunikationsstärke	3	rhetorische Fertigkeiten (Drive, Überzeugungskraft), Fremdsprachenkenntnisse (insbesondere Englisch), Fertigkeiten in der Moderation von Gruppenprozessen, Fertigkeiten in der Abstrahierung von Sachverhalten, Fertigkeiten in der Präsentation	2
	Konfliktfähigkeit und Durchsetzungsvermögen	3	Durchsetzungsvermögen (auch in Bezug auf Führungskräfte), Beharrlichkeit, Fähigkeiten zum selbstwertunterstützenden Geben von Kritik, eigene Kritikfähigkeit	2
Persön-liche Kompe-tenz	kognitive Stärke	2	Fähigkeit zum abstrakt-logischen Denken, hohe Lerngeschwindigkeit, hohe Verarbeitungsgeschwindigkeit, hohe Merkfähigkeit	1
	effiziente Arbeitsweise	2	Fertigkeiten zur Selbstorganisation, Selbständigkeit, Sorgfalt, Zuverlässigkeit	2
	positiver Bezug zu sich selbst	2	Selbstaufmerksamkeit, Selbstüberzeugung (Selbstbewusstsein), Selbstreflexionsfähigkeit, Lernbereitschaft, Verantwortungsbereitschaft	2
	positiver Bezug zur eigenen Gesundheit	2	robuster Gesundheitszustand, positives eigenes Gesundheitsverhalten	2

Rating „Bedeutsamkeit": 1 „weniger wichtig"/2 „wichtig"/3 „sehr wichtig"
Rating „Trainierbarkeit": 1 „schlecht trainierbar"/2 „gut trainierbar"/3 „sehr gut trainierbar"

ren der Eignungsuntersuchung bezgl. dieses Berufsbildes verbessert werden können. Die neue DIN 33430 („Eignungsbeurteilungen")[165] liefert hier bereits gute Standards, auf die zurückgegriffen werden kann. Weitere Vorarbeiten (z. B. KOCH,

---

165 Die DIN 33430 liefert Richtlinien für die Auswahl, Zusammenstellung, Durchführung und Auswertung von Instrumenten zur Planung und Durchführung von berufsbezogenen Eignungsbeurteilungen. Mit einer international verbindlichen Norm wird bereits ab 2011 gerechnet.

KICI, STROBEL & WESTHOFF, 2006) sind bereits erfolgt. Ebenfalls engagiert in der Sammlung und Aufbereitung von Qualifikationsanforderungen im Arbeits- und Gesundheitsschutz ist das Europäische Netzwerk Aus- und Weiterbildung in Sicherheit und Gesundheitsschutz (ENETOSH).[166] Es ist das erste und derzeit noch einzige transnationale Netzwerk für die Aus- und Weiterbildung in Sicherheit und Gesundheitsschutz in Europa.

5.1.4   Gesundheitsmanager in der Praxis: Ergebnisse einer Studie

Wir[167] haben seit 1998 in Zusammenarbeit mit der Bundesanstalt für Arbeitsschutz und Arbeitsmedizin (BAuA) knapp 300 Teilnehmer/innen zu „Gesundheitsmanager/innen im Betrieb" fortgebildet. Für uns war es nun sehr interessant herauszufinden, inwieweit diese Kollegen auch in der Praxis erfolgreich sind. Deshalb haben wir 2009 eine umfangreiche Untersuchung über das Wirken von Gesundheitsmanagern in der Praxis angestellt und auch deren Bedarfe bezgl. der Aus- und Fortbildung ermittelt. Hierzu haben wir zunächst alle Teilnehmer/innen versucht zu kontaktieren. Knapp 100 konnten wir erreichen. Von diesen konnten immerhin 60 vollständig in die Untersuchung einbezogen werden. Diese wirken direkt oder indirekt auf mehr als 100.000 Beschäftigte ein. Die Gesundheitsmanager/innen wurden mit Hilfe eines teilstandardisierten Fragebogens zu ihren Erfahrungen, Kompetenzen, betrieblichen Aktivitäten und Ideen zur Fortbildung befragt. In der Abbildung 139 finden Sie zunächst die Ergebnisse bezgl. der Umsetzung von Methoden des BGM in die betriebliche Praxis.

Es wird sehr deutlich: Die Gesundheitsmanager/innen können die vermittelten Methoden sehr gut in die Praxis transferieren. Dies betrifft insbesondere die Umsetzung von Gesundheitsmaßnahmen (Systeminterventionen). Über 80 % der Befragten haben bereits in ihren Betrieben BGM-Maßnahmen eingebracht. Immerhin 75 % der Befragten gaben an, auch Analysen in ihren Projekten durchgeführt zu haben. Über 60 % haben auch evaluiert. Knapp 60 % gaben an, auf die Ergebnisse der Maßnahmenbewertung reagiert und Korrektur-, Gegen- oder Verstärkungsmaßnahmen eingeleitet zu haben. Bedenklich stimmt die verhältnismäßig geringe Ankopplung des Handelns in Bezug auf die Zielbildungs- und Strategieentwicklungsprozesse. Deutlicher werden diese Defizite, wenn man den Praxistransfer aus den groben Clustern auf die nächste Auflösungsebene hebt und genauer nachfragt. Wir haben hier konkret nach der Bildung von Gesundheitszielen und nach deren Anbindung an höherrangige Unternehmensziele gefragt. Die Detailergebnisse sind in Abbildung 140 dargestellt.

---

166 http://www.enetosh.net
167 „Wir" meint das Institut für Gesundheit und Management (IfG GmbH).

Abbildung 139: Umsetzung von BGM-Methoden in die Praxis (grob)
[Quelle: IfG GmbH. N = 60 Befragte. (Untersuchung 2009)]

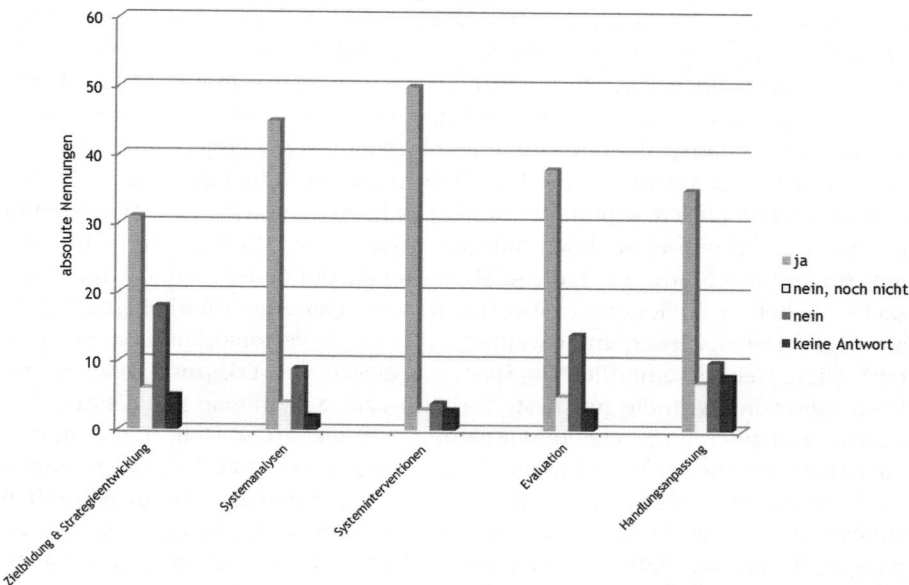

Abbildung 140: Umsetzung von BGM-Methoden in die Praxis (detailliert)[168]
[Quelle: IfG GmbH. N = 60 Befragte. (Untersuchung 2009)]

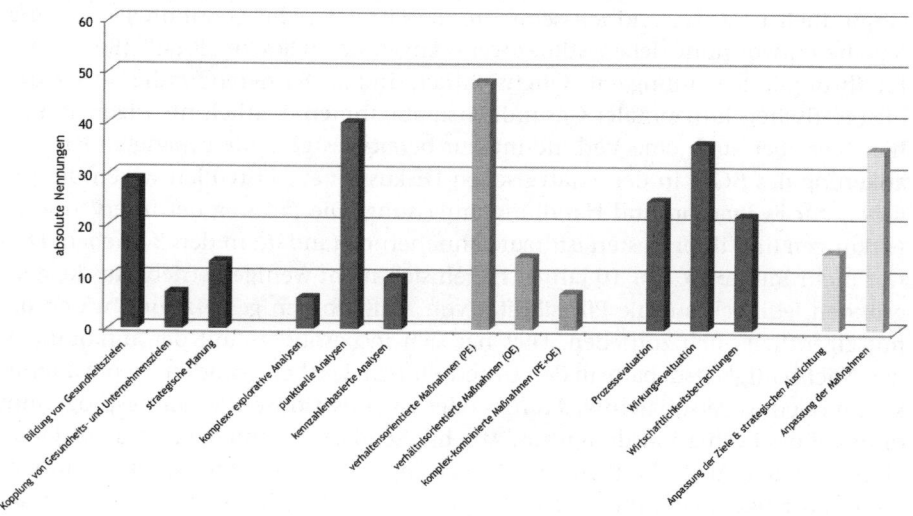

---

168 Die Angaben der Befragten aus dem Interview wurden zu Clustern gemäß dem integrierten Denk- und Beratungsmodell (IDBM) zusammengefasst. Die Säulen geben also an, wie viele Befragte in den Clustern mit „ja" geantwortet haben.

Bezgl. der Strategiebildung wird deutlich, dass zwar knapp 50 % der Befragten Gesundheitsziele gebildet haben, die Kopplung der Ziele an weitere Unternehmensziele jedoch nur selten gelingt (<10 %). Zudem sind die Gesundheitsmanager/innen offensichtlich nur eingeschränkter Bestandteil der strategischen Planung in den Betrieben. Dieser Bereich muss stärker als wichtiges Handlungsfeld erkannt werden. Hier werden die Weichen dafür gestellt, ob Gesundheit ein ernst zunehmendes Unternehmensthema wird, oder ob es im ewigen Projektstatus verharrt. Auch in den anderen vier Methoden-Clustern gibt es Auffälligkeiten. So werden eher selten komplexere explorative Systemanalysen angestellt (ca. 10 %). Hiermit meinen wir verknüpfte Analysen mit quantitativen und qualitativen Instrumenten. Zumeist beschränken sich die Analysen auf die punktuelle Untersuchung von Sachverhalten (z. B. Gesundheitsbedarfe werden über eine Mitarbeiterbefragung erfasst, Fehlzeitenschwerpunkte werden mit Hilfe der Personalstammdaten ermittelt). Diese weisen vermutlich im Spannungsbogen von Erkenntnisgewinn und Kosten das vordergründig günstigste Verhältnis auf. Schaut man sich die Angaben zu den tatsächlich umgesetzten Maßnahmen genauer an, so stellt man fest, dass die nachgewiesenermaßen wirksamsten „Präventionspräparate", nämlich kombinierte verhaltensbezogene und verhältnisorientierte Maßnahmen nur sehr selten eingebracht werden (z. B. tätigkeitsbezogene Gesundheitsberatung + Arbeitssystemgestaltung). Wir hatten ja bereits festgestellt, dass diese am ehesten „systemrelevant" sind und Impact erzeugen. Zumeist bleibt es auf der Ebene verhaltensorientierter Angebote. Diese werden mehr als 3x so häufig durchgeführt, wie verhältnisorientierte Maßnahmen (z. B. Arbeitszeitgestaltung, Ergonomie). Stellvertretend für verhaltensbezogene Maßnahmen wurden in den Interviews genannt: Gesundheitstage, Gesundheitsseminare, arbeitsplatznahe Gesundheitsberatung, Raucherentwöhnung, lebensstilbezogene Angebote im Sektor „B-E-E" (Bewegung-Ernährung-Entspannung) etc. Offensichtlich sind die Barrieren für die Umsetzung unspezifischer, horizontaler Gesundheitsmaßnahmen deutlich niedriger. Wir sehen hier aber auch eine Verbindung zur bereits festgestellten mangelnden Verankerung des BGM in den strategischen Diskussionen. Erfreulich waren die Angaben zur Evaluation und Handlungsanpassung. Die Prüfung der Interventionswirkungen und ihrer Kosten ist heute annähernd Standard in den Betrieben. Dies war nicht immer so. Vor 10 Jahren haben sich nicht wenige Betriebe aus Kostengründen lediglich auf die Plausibilität von Maßnahmen gestützt und waren damit eigentlich auch zufrieden. Dies hat sich insbesondere mit der aufkommenden Nachhaltigkeitsdebatte in den Unternehmen deutlich geändert. Heute kommt kein modernes Personalentwicklungs- oder Organisationsentwicklungsprogramm ohne solides Evaluationsdesign aus. Abschließend ist zu bemerken, dass auf der reaktiven Seite („Act") die Befragten Anpassungsoptionen auf Seiten der Maßnahmen bevorzugen. Dies macht auch Sinn, wenn man sich vorgenommen hat, an den Zielstellungen festzuhalten. Dies ist ein wichtiger Hinweis auf die Dynamik der Prozesse. Erfolgen nämlich die Anpassungsreaktionen nicht, dann ist das Projekt i. d. R. tot.

5.1.5 Gesundheitsmanager in der Ausbildung: Markt-Untersuchung

Wer bietet eigentlich heute (2010) Aus- und Fortbildungen zum „Gesundheitsmanager im Betrieb" an? Immerhin gibt es derzeit weder eine regulierte Aus- und Fortbildung, noch eine geschützte Berufsbezeichnung. Dementsprechend kann sich aktuell auch jeder in der Bundesrepublik Deutschland „betrieblicher Gesundheitsmanager" nennen – auch ohne Aus- oder Fortbildung. Wir haben hierzu im Zuge der Recherche zu diesem Buch eine umfangreiche Untersuchung des Anbieter-Marktes durchgeführt und u. a. nach Ausbildungskonzepten, Ausbildungsdauer und -kosten gefragt. Dabei konnten wir 33 Anbieterinstitutionen ermitteln, die sich auf sechs Cluster verteilen:

1. private Hochschulen, Fachhochschulen und Fachschulen
2. staatliche Hochschulen und Fachhochschulen
3. gemeinnützige Bildungswerke
4. private An-Institute staatlicher Hochschulen
5. private Bildungsanbieter
6. Unfallkassen, Berufsgenossenschaften bzw. deren Dachverband (DGUV)

Die beiden erstgenannten Institutionen bieten Erst- und postgraduale Studiengänge i. S. eigenständiger Grund- und Zusatzausbildungen an. Man kann sich z. B. den Titel eines: „Bachelor of Sc. Health Care", „Master of Sc. Health and Social Services", „Dipl.-Betriebswirt Gesundheitsmanagement (FH)" usw. erarbeiten. Die Ausrichtungen der Studiengänge unterschieden sich z. T. erheblich. Allen gemeinsam ist, dass sie ein besonderes Augenmerk auf die Vermittlung von Gesundheitswissen in Kombination mit der Vermittlung von Managementgrundlagen legen. Unterschiede gibt es in der Beimischung weiterer Bildungsangebote: Hier variieren die angebotenen Themen von Betriebswirtschaft über Statistik bis hin zu Tourismus und Wellness. Man kann festhalten, dass es derzeit *keine einheitliche Ausrichtung* bezgl. der BGM-relevanten Studiengänge gibt.

Die vier letztgenannten Gruppen bieten Fortbildungen unterschiedlichster inhaltlicher Ausrichtung, Länge und Methodik an. Sie sprechen eher Personen an, die über eine abgeschlossene Berufsausbildung und/oder ein Hochschulstudium verfügen und bereits in den Betrieben aktiv sind oder dies werden wollen. Vom „Powerseminar zum betrieblichen Gesundheitsberater" (Dauer: 1 Tag) über Kompaktkurse zur „Fachkraft für Gesundheitsmanagement" bis hin zu einjährigen berufsbegleitenden Fortbildungsgängen mit quasi-universitärem Anstrich hat man eine große Auswahl. Die Auswertung der uns zur Verfügung gestellten Unterlagen zu den Inhalten und zur Ausrichtung ergab die Schwerpunkte, welche in Abbildung 141 ausgeführt werden.

Wir haben zur inhaltlichen Bewertung der Bildungsangebote die bereits weiter oben ausgeführte Anforderungsmatrix für betriebliche Gesundheitsmanager als Grundlage hergenommen und geprüft, inwieweit die Angebote die Kompetenzmatrix berücksichtigen. Obwohl die Intentionen der Ausbildungsangebote und die Zielgruppen nicht unmittelbar vergleichbar sind (z. B. Hochschulstudium vs.

Abbildung 141: Inhaltliche Ausrichtung von Aus- und Fortbildungsangeboten im Themenfeld „betrieblicher Gesundheitsmanager"

[Quelle: IfG GmbH. N = 33 Bildungsangebote. (Untersuchung 2010)]

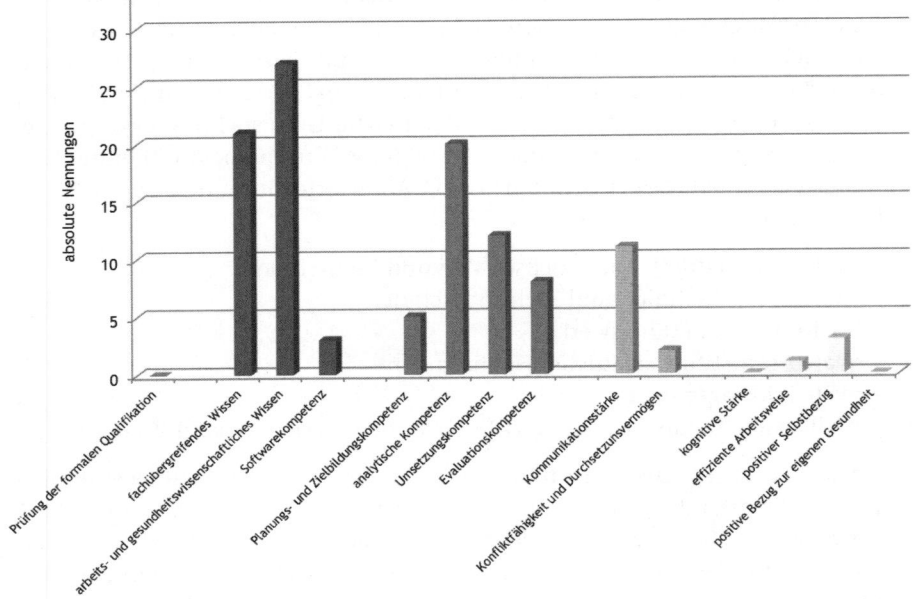

Fortbildung in der Erwachsenenqualifikation) wird doch recht deutlich, dass einige Kompetenzbereiche eher unterrepräsentiert sind. Dies sind insbesondere:

1. methodische Kompetenzen (Planungs- und Zielbildungskompetenz)
2. sozial-kommunikative Kompetenzen (Konfliktfähigkeit und Durchsetzungsvermögen
3. sämtliche Aspekte der persönlichen Kompetenz, sowie
4. die Softwarekompetenzen

Dies ist auch nicht verwunderlich, sind doch die Punkte 1 bis 3 besonders stark abhängig von der praktischen Erfahrungsbildung der Ausbildungsträger. Die genannten Punkte sind ohnehin einem Supervisionsansatz oder Mentoring zugänglicher als einer Aus- oder Fortbildung. Überrascht waren wir von der geringen Durchdringung der personalen Anteile in den Aus- und Fortbildungsgängen.

Neben der inhaltlichen Ausrichtung ist die methodische Konzeption des Angebotes wichtig, um die wesentlichen beschriebenen Kompetenzmerkmale zu erreichen. Im Zuge unserer Markt-Untersuchung konnten wir nur eingeschränkt Informationen über die verwendeten Lehr- und Lernmethoden bekommen. Insofern können wir auch keine Aussage über die Bildungslandschaft in diesem Punkt geben. Moderne Fortbildungsangebote dieses Umfangs haben jedoch heute zumindest folgende lernmethodischen Merkmale:

- hoch interaktive Präsenzphasen
- inhaltsstarke Selbstlernphasen zur Vor- und Nachbereitung
- tutorielle Begleitangebote (Mentoring) sowie
- einen Praxisanteil mit Berichterstattung

Es stellt sich mit der Teilnahme an solchen Fortbildungen auch die Frage nach dem Abschluss und dem Wert dieses Abschlusses. Heute kann rechtlich immer noch jeder in Deutschland ein Zertifikat ausstellen, auf dem bescheinigt wird, dass Sie an einer Fortbildung „X" teilgenommen haben und zum „Y" geworden sind. Der Wert dieses Zertifikates ist schwer messbar. Es gibt – insbesondere im freien Fortbildungsmarkt kein „offizielles", d.h. staatlich gestütztes Zertifikat. Für Bildungsmaßnahmen, die von der Agentur für Arbeit (BA) gefördert werden, wurde dagegen 2004 die Anerkennungs- und Zulassungsverordnung Weiterbildung (AZWV) in Kraft gesetzt. Sie regelt die Anerkennung von „fachkundigen Stellen" (Akkreditierung) und die Zulassung von Bildungsträgern und Bildungsmaßnahmen (Zertifizierung). Für den freien Bildungsmarkt kann die AZWV jedoch nur bedingt übertragen werden. Es wird derzeit diskutiert, wie die BA in der Zulassungsprozedur für Weiterbildungsträger als zentrale Anerkennungsstelle fungieren kann oder ob diese Aufgabe an die Privatwirtschaft zurückgegeben wird. Um also im Dschungel der Angebote den Überblick zu behalten und „gute" Fortbildungsangebote zu finden, sollten Sie sich einen Fragenkatalog zurechtlegen und mit den Anbietern diskutieren. Wir haben für Sie die wichtigsten in der unten stehenden Infobox zusammengestellt.

INFOBOX

Fragenkatalog zu Fortbildungen zum Gesundheitsmanager im Betrieb

1. Wie lautet die konkrete Bezeichnung der Fortbildung?
2. Wer sind die Zielgruppen der Fortbildung?
3. Mit welchem Abschluss beende ich die Fortbildung?
4. Wie ist der äußere methodische Rahmen der Fortbildung (z.B. Präsenz- und Selbstlernphasen)?
5. Wie ist der innere methodische Rahmen (z.B. Lehr- und Lernformen)?
6. Wie wird der Praxistransfer gesichert (z.B. integriertes und betreutes Praktikum)?
7. Wie lange dauert die Fortbildung?
8. Welche inhaltlichen Qualifizierungsschwerpunkte werden angeboten?
9. Ist die Beratung der Teilnehmer/innen während der Fortbildung integraler Bestandteil (Mentoring)?
10. Wie sind Qualität und der Umfang der Studienmaterialien einzuschätzen?

11. Werden Prüfungen durchgeführt?
12. Bekomme ich ein Zertifikat – wenn ja welches?
13. Besteht die Notwendigkeit einer Re-Zertifizierung?
14. Welche formalen Voraussetzungen zur Teilnahme gibt es?
15. Mit welchen Kosten (Abschlusskosten, Kosten der Aufrechterhaltung) ist die Fortbildung verbunden?
16. Wer hat die Bildungsleitung inne?
17. Wer sind die Referenten?
18. Über welche Kompetenzen verfügen die Referenten?
19. Wer sind die organisatorischen Ansprechpartner?
20. Wo wird die Fortbildung durchgeführt?
21. Wie sehen die allgemeinen Geschäftsbedingungen (AGB) aus?
22. Welche Kooperationspartner gibt es?
23. Wer hat bisher an der Fortbildung teilgenommen?

5.1.6   Ausbildung zum Corporate Health Manager Professional

Wir haben bereits weiter oben ausgeführt, dass wir seit 1998 in Zusammenarbeit mit der Bundesanstalt für Arbeitsschutz und Arbeitsmedizin (BAuA) und seit 2008 auch mit der Deutschen Gesetzlichen Unfallversicherung (DGUV) die „Weiterbildung zum Gesundheitsmanager im Betrieb" durchführen. Das Hauptaugenmerk der Fortbildung lag zunächst in der in der Vermittlung fachlicher („Wissensbox") und methodischer („Methodenbox") Grundlagen. Primärzielstellung war die Erhöhung der Handlungssicherheit und Handlungsvielfalt der angehenden Gesundheitsmanager/innen.

Die Transferrückmeldungen der Teilnehmer machte jedoch schnell klar: Mitentscheidend für eine erfolgreiche Umsetzung in die Unternehmen waren vor allem praktisches Beratungs-know-how („Beratungsbox") und personale Kompetenzen, wie Durchsetzungsfähigkeit, Überzeugungskraft und Selbstaufmerksamkeit („Kompetenzbox"). Diese sind wichtige Verhaltenstreiber z. B. für tatsächliche Initiativen oder auch die Behandlung von Widerständen und Irritationen. Die bereits erwähnte Befragung der bisherigen Teilnehmer im Jahr 2009 wurde genutzt, um Gestaltungshinweise für die anstehende Neukonzeption der Fortbildung zu erhalten. Von den 60 befragten Gesundheitsmanager/innen sahen 87 % die klassische Vermittlung von Wissen über „Frontalunterricht" eher kritisch und/oder „wenig zeitgemäß". Ähnlich viele wünschten sich jedoch auch einen hohen Anteil von Praxisbeispielen. 66 % befürworteten die Einbindung elektronischer Medien und des Internets in die Fortbildung und immerhin 55 % konnten sich vorstellen, im Zuge des Erfahrungsaustausches an Foren und/oder „Minikongressen" teilzunehmen. Die genannten Merkmale wurden sukzessive in die Ausbildung aufgenommen und fanden ihren Niederschlag in der jetzt vorliegenden Neukonzeption zum „Corporate Health Manager Professional". Sie entspricht nun einem mehrstufigen

Abbildung 142: Ausbildungskonzeption „Corporate Health Manager Professional" (Übersicht)
[Quelle: IfG GmbH]

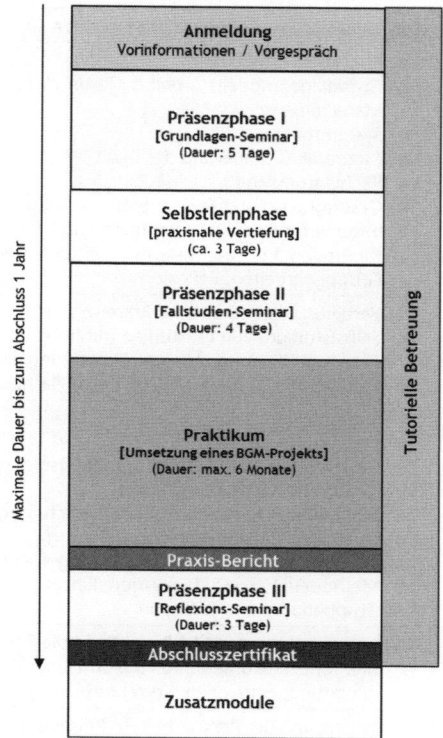

Ausbildungsprogramm mit signifikanten Praxisanteilen, welches den komplexen Anforderungsbezug eines(r) Gesundheitsmanagers/in noch besser abbildet.

Zudem wird während der gesamten Ausbildung – insbesondere aber während des Praktikums – eine tutorielle Betreuung der Teilnehmer/innen angeboten. Sämtliche Lernunterlagen sind im Internet hinterlegt. Bereits im Zuge der Anmeldung werden mit dem Interessenten Vorgespräche über Vorqualifikation, Zielstellungen und die aktuelle berufliche Situation geführt.

Die Fortbildung gliedert sich nun in acht Teile. Die Ausbildungskonzeption entnehmen Sie bitte der Abbildung 142.

Um eine hohe Lerndichte und Lerngeschwindigkeit sicherzustellen, wurde der Zeitraum von der Anmeldung bis zum Abschluss der Präsenzphase III auf 1 Jahr begrenzt. Der praktische Nachweis der Umsetzungsfertigkeit innerhalb eines BGM-Projektes (Praxis-Bericht) ist zugleich das Prüfkriterium für den Erhalt des Abschlusszertifikats.

Tabelle 22: Ausbildung zum Corporate Health Manager Professional

\multicolumn{4}{l}{**Ausbildungsinhalte Corporate Health Manager Professional**}			
Nr.	**Teil**	**Inhalte & Methoden**	**Dauer**
1	Präsenzphase I [Grundlagen-Seminar]	■ Projektion Arbeitswelt ■ Grundlagenmodelle Arbeit & Gesundheit ■ Management ■ Systemtheorie ■ Methodik & Steuerung des BGM ■ Rechtsgrundlagen ■ Gesundheitsmarkt & Kooperationspartner ■ Integriertes Denk- und Beratungsmodell [IDBM] ■ Methoden: Vortrag, Diskussion, Einzel-, Zweier- und Gruppenarbeiten, Reflexion	5 Tage [32 LE]
2	Selbstlernphase [praxisnahe Vertiefung]	■ Vertiefung der Inhalte aus Präsenzphase I ■ Selbststudium von Fallstudien mit unterschiedlichen Akzenten [Planung, Analyse, Umsetzung, Evaluation] ■ Methoden: CD-Manual, Kurs-Buch, Flashbooks	ca. 3 Tage [24 LE]
3	Präsenzphase II [Fallstudien-Seminar]	■ Strategieentwicklung ■ Organisationsdiagnostik ■ Umsetzung betrieblicher Gesundheitsmaßnahmen [unterschiedliche Ausrichtung] ■ Evaluation & Wirtschaftlichkeitsberechnungen ■ Qualitäts- & Nachhaltigkeitssicherung ■ Integration in übergeordnete Managementsysteme ■ Methoden: Vortrag, Diskussion, Einzel-, Zweier- und Gruppenarbeiten, Reflexion	4 Tage [28 LE]
4	Praktikum inkl. Praxis-arbeit	■ Umsetzung eines BGM-Projektes in die Praxis ■ Methode: Dokumentation in Form einer Praxisarbeit [Beratung, Einreichen, Korrektur]	max. 1 Jahr
5	Präsenzphase III [Reflexions-Seminar]	■ Vorstellung der Praxisarbeiten [Präsentation] ■ Einordnung der Arbeiten in das IDBM ■ Erfahrungsaustausch ■ Personale Erfolgsdeterminanten ■ Methoden: Vortrag, Diskussion, Übungen, Reflexion	3 Tage [24 LE]
		Zertifikat	
6	Zusatzmodule [Schwerpunkte]	■ **Gesundheitskommunikation & Öffentlichkeitsarbeit im BGM** [Begleit-Kampagnen, Medien, interne Kommunikation, externe PR]	2 Tage [14 LE]
		■ **Kommunikations- und Konfliktkompetenz für Gesundheitsmanager** [Rhetorik, Moderation, Präsentation, Überzeugung, Verhandlung]	2 Tage [14 LE]
		■ **BGM erfolgreich umsetzen** [Projektplanung, Initiierung, Projektmanagement, Institutionalisierung, Qualitätssicherung]	2 Tage [14 LE]
		■ **Betriebliches Fehlzeiten- und Eingliederungsmanagement** [Rechtsgrundlagen, Prozessgestaltung, Partner, Case-Studies]	2 Tage [14 LE]
		■ **Psychische Belastungen** [Erfassung im Zuge der Gefährdungsermittlung, Prävention durch Arbeitsgestaltung, Umgang mit psychischen Störungen]	3 Tage [20 LE]
		■ **Führung und Gesundheit** [Führung als Ressource und Belastung, Ambivalenzen, Merkmale gesunder Führung, Selbstbewertung]	2 Tage [14 LE]

Literaturverzeichnis

Ackoff, R. L. (1989): From Data to Wisdom – Presidential Address to ISGSR June 1988. In: *Journal of Applied Systems Analysis*. 16.

Aldana, S. G. (2001): Financial Impact of health promotion programs: A comprehensive review of the literature. In: *American Journal of Health Promotion*. 15 (5). pp. 296–320.

Antoni, C. H. (1990): *Qualitätszirkel als Modell partizipativer Gruppenarbeit*. Bern: Huber.

Antonovsky, A. (1979): *Health, stress and coping*. San Francisco: Jossey-Bass.

Antonovsky, A. (1987): *Unraveling the mystery of health. How people manage stress and stay well*. San Francisco: Jossey-Bass.

Aretz, H.-J. & Hansen, K. (2002): *Diversity und Diversity Management im Unternehmen – Eine Analyse aus systemtheoretischer Sicht*. Münster: LIT.

Ashby, W. R. (1956): *An Introduction to Cybernetics*. London: Chapman & Hall.

Ballod, M. (2007): *Informationsökonomie – Informationsdidaktik. Strategien zur gesellschaftlichen, organisationalen und individuellen Informationsbewältigung und Wissensvermittlung*. Bielefeld: Bertelsmann.

Barnes, P. (2008): *Kapitalismus 3.0. Ein Leitfaden zur Wiederaneignung der Gemeinschaftsgüter*. Hamburg: VSA.

Bellinger, G; Castro, D. & Mills, A. (2006): *Data, Information, Knowledge, and Wisdom: Systems Thinking*. http://www.systems-thinking.org

Blaxter, M. (1990): *Health and lifestyles*. London: Routledge.

Brehmer, W. & Seifert, H. (2007): *Wie prekär sind atypische Beschäftigungsverhältnisse? Eine empirische Analyse*. Düsseldorf: WSI in der Hans-Böckler-Stiftung.

Boorse, C. (1977): Health as a theoretical Concept. In: *Philosophy of Science*. 44. pp. 542–573.

Borg, I. (2003): *Führungsinstrument Mitarbeiterbefragung: Theorien, Tools und Praxiserfahrungen*. Göttingen: Hogrefe.

Capra, F. (1983): *Wendezeit*. Bern/München: Scherz-Verlag.

Capra, F. (1998): *Die Capra-Synthese*. Bern/München: Scherz-Verlag.

Chan K. W. & Mauborgne, R. (1997). Fair process: Managing in the knowledge economy. In: *Harvard Business Review*. 4. pp. 60–70.

Cohn, R. C. (1975): *Von der Psychoanalyse zur themenzentrierten Interaktion. Von der Behandlung einzelner zu einer Pädagogik für alle*. Stuttgart: Klett-Cotta.

Deming, W. E. (1982): *Out of the Crisis*. Cambridge: MIT.

DGfP – Deutsche Gesellschaft für Personalführung (2006): *Human Capital messen und steuern. Annäherungen an ein herausforderndes Thema*. Bielefeld: Bertelsmann.

DIN EN ISO (2004): *Grundsätze der Ergonomie für die Gestaltung von Arbeitssystemen (ISO 6385:2004)*. Deutsche Fassung der EN ISO 6385:2004. Berlin: Beuth.

Drucker, P. F. (1954): *The Practice of Management*. New York: Harper & Row.

Ducki, A. (1998): *Ressourcen, Belastungen und Gesundheit.* In: E. Bamberg, A. Ducki & A.-H. Metz (Hrsg.): Handbuch Betriebliche Gesundheitsförderung (S. 145 ff.) Göttingen: Hogrefe.

Ducki, A. (1998). *Arbeits- und organisationspsychologische Gesundheitsanalysen.* Unveröffentlichte Dissertation. Leipzig: Institut für Klinische- und Gesundheitspsychologie.

Endruweit, G. & Trommsdorff. G. (Hrsg.) (2002): *Wörterbuch der Soziologie.* 2. Aufl. Stuttgart: Lucius & Lucius.

Epstein, S. (1991): *Cognitive-experiental self-theory: An integrative theory of personality.* In R. C. Curtis (Hrsg.): The relational self: Theoretical convergences in psychoanalysis and social psychology *(S. 111–137).* New York: Guilford.

Flanagan, J.C. (1954): The critical incident technique. *Psychological Bulletin. 51.* pp. 327–358.

Flemming, N. D. (1996): *Coping with a Revolution: Will the Internet Change Learning?* Lincoln [NZ]: Lincoln University Press.

Forrester, J. W. (1972): *Der teuflische Regelkreis. Kann die Menschheit überleben?* München: Deutsche Verlags-Anstalt.

Friczewski, F. (1994): *Gesundheitszirkel als Organisations- und Personalentwicklung: Der Berliner Ansatz.* In: G. Westermayer & B. Bähr (Hrsg.): Betriebliche Gesundheitszirkel (S. 14–24). Göttingen: Hogrefe.

Frieling, E., Bernhard, H., Bigalk, D. & Müller, R. F. (2006): *Lernen durch Arbeit. Entwicklung eines Verfahrens zur Bestimmung der Lernmöglichkeiten am Arbeitsplatz.* Münster: Waxmann.

Fritz, S. (2005): *Ökonomischer Nutzen „weicher" Kennzahlen. (Geld-)Wert von Arbeitszufriedenheit und Gesundheit.* Zürich: vdf Hochschulverlag.

Gairola, A. (2003): Das Unternehmen umbauen. In: *Harvard Business Manager.* 10. S. 61–80.

Geißler-Gruber, B., Geißler, H. & Frevel, A. (2007): *Die Dinge in die eigene Hand nehmen! Arbeitsbewältigungs-Coaching als Antwort auf veränderte Bedürfnisse und Arbeitswelten.* In: Schriftenreihe der Bundesanstalt für Arbeitsschutz und Arbeitsmedizin (Hrsg.): Why WAI? Der Work Ability Index im Einsatz für Arbeitsfähigkeit und Prävention – Erfahrungsberichte aus der Praxis. Bremerhaven: Wirtschaftsverlag NW.

Glaser, J., Hornung, S. & Labes, M. (2007): *Indikatoren für die Humanressourcenförderung. Humankapital messen, fördern und wertschöpfend einsetzen.* Schriftenreihe der Bundesanstalt für Arbeitsschutz und Arbeitsmedizin. FB 1070. Bremerhaven: Wirtschaftsverlag NW.

Goerke, W. (1981): *Organisationsentwicklung als ganzheitliche Innovationsstrategie.* Berlin: de Gruyter.

Hacker, W. (1998): *Allgemeine Arbeitspsychologie. Psychische Regulation von Arbeitstätigkeiten.* Bern: Huber.

Hafen, M. (2004) Was unterscheidet Prävention von Gesundheitsförderung? In: *Prävention.* 1. S. 8–11.

Hamel, G. & Välikangas, L. (2003): Das Streben nach Erneuerung. In: *Harvard Business Manager.* 12. S. 24–42.

Hanusch, H. (1994): *Nutzen-Kosten-Analyse*. München: Vahlen.

Hasselhorn, H. M. & Freude, G. (2007): *Der Work Ability Index – ein Leitfaden*. Schriftenreihe der Bundesanstalt für Arbeitsschutz und Arbeitsmedizin. Bremerhaven: Wirtschaftsverlag NW.

Hemp, P. (2005): Krank am Arbeitsplatz. In: *Harvard Business Manager*. 27 (1). S. 47–60.

Hetzel, C., Flach, T. & Mozdzanowski, M. (2007): *Mitarbeiter krank – was tun!? Praxishilfen zur Umsetzung des betrieblichen Eingliederungsmanagements in kleinen und mittleren Unternehmen*. Wiesbaden: Universum.

Hof, C. (2001): *Konzepte des Wissens*. Bielefeld: Bertelsmann

Hurrelmann, K., Klotz, T. & Haisch, J. (2004): *Lehrbuch Prävention und Gesundheitsförderung*. Bern: Verlag Hans Huber.

Illmarinen, J. & Tempel, J. (2002): *Arbeitsfähigkeit 2010 – Was können wir tun, damit wir gesund bleiben?* Hamburg: VSA-Verlag.

Ilmarinen, J. (2005): *Towards a longer Worklife! Ageing an the quality of worklife in the European Union*. Helsinki: Finnish Institute of Occupational Health.

Jacobi, F., Klose, M. & Wittchen, H.-U. (2004): Psychische Störungen in der Allgemeinbevölkerung: Inanspruchnahme von Gesundheitsleistungen und Ausfalltage. In: *Bundesgesundheitsblatt*, 47, S. 736–744.

Kaplan, R. S. & Norton, D. P. (1992): The Balanced Scorecard – Measures that Drive Performance. In: *Harvard Business Review*. 01/02. pp. 71–79.

Kaplan, R.S. & Norton, D.P. (1997): *Balanced Scorecard. Strategien erfolgreich umsetzen*. Stuttgart: Schäffer-Poeschel.

Karasek, R. A. (1979): Job demands, job decision latitude and mental strain: Implications for Job redesign. *Administrative Sciences Quarterly*. 24. pp. 285–311.

Karesek, R. A. & Theorell, T. (1990): *Healthy Work. Stress, productivity and the reconstruction of working life*. New York: Basic Books.

Kickbusch, I. (2006): *Die Gesundheitsgesellschaft. Megatrends der Gesundheit und deren Konsequenzen für Politik und Gesellschaft*. Gamburg: Verlag für Gesundheitsförderung.

Kieser, A. & Walgenbach, P. (2003): *Organisation*. Stuttgart: Schäffer-Poeschel-Verlag.

Kirkpatrick, D. (1994): *Evaluating training programs: The four levels*. San Francisco/ Ca.: Berrett-Koehler Publishers Inc.

Knoth, A. (2006): *Managing Diversity – Skizzen einer Kulturtheorie zur Erschließung des Potentials menschlicher Vielfalt in Organisationen*. Tönning: Der Andere Verlag.

Koch, A., Kici, G., Strobel, A. & Westhoff, K. (2006): *Anforderungsanalysen nach DIN 33430: exemplarisch für die Position eines Ausbilder und Trainer im Arbeitsschutz*. In: K. Westhoff (Hrsg.): Nutzen der DIN 33430. Praxisbeispiele und Checklisten (S.85–93). Lengerich: Pabst.

Kühl, S., Schnell, T. & Schnelle, W. (2004): Führen ohne Führung. In: *Harvard Business Manager*. 1. S. 71–79.

Langhoff, T. (2002). *Ergebnisorientierter Arbeitsschutz*. Bremerhaven: Wirtschaftsverlag NW.

Langhoff, T., Lang, K.-H. & Schmidt, J. (2002): *Einbeziehung von Sicherheit und Gesundheitsschutz bei der Planung und Durchführung von Investitionsvorhaben.* Bremerhaven: Wirtschaftsverlag NW.

Lazarus, R. S. & Folkman, S. (1984): *Stress, appraisal and coping.* New York: Springer.

Lazarus, R. S. (1991): *Emotion and adaption.* New York: Oxford University Press.

Lewin, K. (1926): *Idee und Aufgabe der vergleichenden Wissenschaftslehre.* Erlangen: Weltkreis Verlag.

Lienert, G.A. (1989). *Testaufbau und Testanalyse.* München: PVU.

Luczak, H. & Rohmert, W. (1997): *Belastungs-Beanspruchungs-Konzepte.* In: H. Luczak & W. Volpert (Hrsg.): Handbuch Arbeitswissenschaft (S. 326 ff.). Stuttgart: Schäfer-Poeschl.

Luhmann, N. (1968): *Vertrauen. Ein Mechanismus der Reduktion sozialer Komplexität.* Stuttgart: Enke.

Luhmann, N. (1985): *Soziale Systeme. Grundriss einer allgemeinen Theorie.* Frankfurt/M.: Suhrkamp,

Luhmann, N. (2008): *Einführung in die Systemtheorie.* (4. Aufl.). Heidelberg: Carl Auer Verlag.

Marcus, B. (2000): *Kontraproduktives Verhalten im Betrieb.* Göttingen: Verlag für Angewandte Psychologie.

Matta, N. F. & Ashkenas, R. N. (2004): Wie Sie gute Ideen besser umsetzen. In: *Harvard Business Manager.* 3. S. 75–83.

Meadows, D. H., Meadows, D. L., Randers, J & Behrens III, W. W. (1972): *The Limits to Growth.* New York: Universe Books.

Meadows, D. H., Randers, J & Meadows, D. L. (2008): *Grenzen des Wachstums – Das 30-Jahre-Update: Signal zum Kurswechsel.* Stuttgart: Hirzel.

Miller, G. A., Galanter, E. & Pribram, K. A. (1960): *Plans and the structure of behavior.* New York: Holt, Rhinehart & Winston.

Naisbitt, J (1982): *Megatrends. Ten New Directions Transforming Our Lives.* New York: Warner Books.

Naisbitt, J. (2007): *MindSet! Wie wir die Zukunft entschlüsseln.* München. Hanser.

Neumann, P. (2007): *Unternehmenswertorientierte Steuerung des Humankapitals als immaterielle Ressource.*(Dissertation). Dresden: Verlag TUD Press.

Parsons, T. (1967): *Sociological Theory and Modern Society.* New York: Free Press.

Parsons, T. (1981): *Definition von Gesundheit und Krankheit im Lichte der Wertbegriffe und der sozialen Struktur Amerikas.* In: A. Mitscherlich u. a. (Hrsg.): Der Kranke in der modernen Gesellschaft. Köln: Kiepenheuer & Witsch.

Paul, J. (2004): Wenn Kennzahlen schaden. In: *Harvard Business Manager.* 6. S. 108–111.

Pennig, S., Kremeskötter, N., Nolle, T., Koch, A., Maziul, M. & Vogt, J. (2006): *Ökonomische Evaluation von Personalressourcen und Personalarbeit.* Schriftenreihe der Bundesanstalt für Arbeitsschutz und Arbeitsmedizin. FB 1070. Bremerhaven: Wirtschaftsverlag NW.

Pennig, S. & Vogt, J. (2007a): *Entwicklung einer Evaluationsroutine zur Prüfung der Nachhaltigkeit von Vorhaben im Rahmen des Modellprogramms zur Bekämpfung arbeitsbedingter Gesundheitsgefahren.* Schriftenreihe der Bundeanstalt für Arbeitsschutz und Arbeitsmedizin. FB 2145. Bremerhaven: Wirtschaftsverlag NW.

Pennig, S. & Vogt, J. (2007b): *Wirtschaftlichkeitsbewertung im Personalmanagement.* Schriftenreihe der Bundeanstalt für Arbeitsschutz und Arbeitsmedizin. Bremerhaven: Wirtschaftsverlag NW.

Probst, G., Raub, St. & Romhardt, K. (1997): *Wissen managen: Wie Unternehmen ihre wertvollste Ressource nutzen.* Frankfurt/M.: Frankfurter Allgemeine Zeitung GmbH.

REFA (2002): *Ausgewählte Methoden zur Prozessorientierten Arbeitsorganisation.* Darmstadt: Eigenverlag.

Rimann, M. & Udris, I. (1997): *Subjektive Arbeitsanalyse: Der Fragebogen SALSA.* In O. Strohm & E. Ulich, E. (Hrsg.): Unternehmen arbeitspsychologisch bewerten. Ein Mehr-Ebenen-Ansatz unter besonderer Berücksichtigung von Mensch, Technik, Organisation. (S. 281–298). Zürich: Hochschulverlag an der ETH Zürich.

Robinson, S. L. & Rousseau, D. M. (1994): Violating the Psychological Contract: Not the Exception but the Norm. In: *Journal of Organzational Behavior.* 15. pp. 245–259.

Rohmert, W. & Rutenfranz, J. (1975): *Arbeitswissenschaftliche Beurteilung der Belastung und Beanspruchung an unterschiedlichen industriellen Arbeitsplätzen.* Bonn: Bundesministerium für Arbeit und Sozialordnung.

Rousseau, D. M. (1995): *Psychological Contracts in Organizations.* London: Sage Publications.

Salvaggio, N. (2007): *Betriebliches Gesundheitsmanagement. Der ökonomische Nutzen der Unternehmen bei betrieblicher Gesundheitsförderung.* Saarbrücken: Verlag Dr. Müller.

Schein, E.H.(1980): *Organizational Psychology.* Englewood Cliffs, NJ: Prentice-Hall.

Schmidt, J.-U. & Weinreich, I. (2007): *Die Regulationsmatrix. Ein Modell zur Beschreibung des psychischen Apparates und seiner Wirkungsweise.* Regensburg: Roderer.

Schröer, A. (1992): Gesundheitszirkel. *Die Betriebskrankenkasse.* 7. S. 404–411.

Schultetus, W. (2001): Arbeitsschutz durch eine neue Qualität der Arbeit? In: *Zeitschrift für die Unternehmenspraxis.* 12. S. 174–182.

Schuldt, C. (2003): *Systemtheorie.* Hamburg: Europäische Verlagsanstalt.

Schweres, M., Sengotta, M. Roesler, J. (1999): *Gesundheits- und Arbeitsschutz in der Investitionsplanung. DV-Unterstützung für weitere Wirtschaftlichkeitsberechnungen.* BAuA (Hrsg.) Fb 849. Bremerhaven: Wirtschaftsverlag NW

Seligman, M. E. P. (1979). *Erlernte Hilflosigkeit.* München/Wien/Baltimore: Urban und Schwarzenberg.

Semmer, N. (1997): *Stress.* In: H. Luczak & W. Volpert (Hrsg.): Handbuch Arbeitswissenschaft (S. 332 ff.). Stuttgart: Schäfer-Poeschl.

Semler, R. (1993): *Das Semco-System. Management ohne Manager.* München. Heyne.

Siegrist, J. (1996): *Soziale Krisen und Gesundheit: Eine Theorie der Gesundheitsförderung am Beispiel von Herz-Kreislauf-Risiken im Erwerbsleben.* Göttingen: Hogrefe.

Slesina, W. (1990): *Gesundheitszirkel – Ein neues Verfahren zur Verhütung arbeitsbedingter Erkrankungen.* In: U. Brandenburg (Hrsg.): Prävention und Gesundheitsförderung im Betrieb, Bundesanstalt für Arbeitsschutz und Arbeitsmedizin, Tb 51, (S. 315–328). Bremerhaven: Wirtschaftsverlag NW.

Sochert, R. (1998). *Gesundheitszirkel/Gesundheitsbericht: Evaluation eines integrierten Konzepts betrieblicher Gesundheitsförderung.* Essen: Bundesverband der Betriebskrankenkassen.

Speck, P. (2004): *Employability – Herausforderungen für die strategische Personalentwicklung. Konzepte für eine flexible innovationsorientierte Arbeitswelt von morgen.* Wiesbaden: Gabler.

Spies, S. & Beigel, H. (1996): *Einer fehlt, und jeder braucht ihn: Wie Opel die Abwesenheit senkt.* Wien: Ueberreuter.

Strohm, O. & Ulich, E. (1997): *Unternehmen arbeitspsychologisch bewerten. Ein Mehr-Ebenen-Ansatz unter besonderer Berücksichtigung von Mensch, Technik, Organisation.* Zürich: Hochschulverlag an der ETH Zürich.

Sveiby, K. E. (1998): *Wissenskapital – Das unentdeckte Vermögen: Immaterielle Unternehmenswerte aufspüren, messen und steigern.* Landsberg am Lech: Verlag Moderne Industrie.

Toumi, K., Ilmarinen, J. Jahkola, A., Katajarinne, L. & Tulkki, A. (1998): *Work Ability Index.* Helsinki: Finnish Institute of Occupational Health.

Toumi, K., Huuhtanen, P., Nykyri, E. & Ilmarinen, J. (2001): Promotion of work ability. The quality of work and retirement. London: *Occup Med.* 51. pp. 318–324.

Turnley, W. H. & Feldman, D. C. (1999): The Impact of Psychological Contract Violations on Exit, Voice, Loyalty, and Neglect. In: *Human Relations.* 52(7). pp. 895–922.

Voß, G. G./Pongratz, H. J. (1998): Der Arbeitskraftunternehmer. Eine neue Grundform der ‚Ware Arbeitskraft'? In: *Kölner Zeitschrift für Soziologie und Sozialpsychologie.* 50 (1). S. 131–158.

Voß, G. G. & Egbringhoff, J. (2004): Der Arbeitskraftunternehmer. Ein neuer Basistypus von Arbeitskraft stellt neue Anforderungen an die Betriebe und an die Beratung. In: *Supervision – Mensch, Arbeit, Organisation.* (3). S. 19–27. Weinheim: Beltz Verlag.

Warken, M., Lange, J. & Weinreich, I. (2010): *Delta31®: Ein modellgeleitetes Verfahren zur Erfassung psychischer Gefährdungen am Arbeitsplatz.* Sulzbach-Rosenberg: Eigenverlag.

Weigl, C. & Weinreich, I. (2000). Integriertes betriebliches Gesundheitsmanagement. In: *Moderne Unfallverhütung.* 44. S. 39–43.

Weigl, C. (2001): Betriebliches Gesundheitsmanagement. In. G. Wenninger (Hrsg.) *Lexikon der Psychologie.* Band F-L (S. 143–144). Heidelberg: Spektrum.

Weigl, C. (2008): MIAS: Moderner integrierter Arbeitsschutz. In: *Sicher ist Sicher.* 05. S. 17–22.

Weinreich, I. (2000): *Mehrdimensionale betriebliche Gesundheitsanalysen.* Regensburg: Roderer.

Weinreich, I. & Weigl, C. (2002): *Gesundheitsmanagement erfolgreich umsetzen. Ein Leitfaden für Unternehmen und Trainer.* Neuwied, Kriftel: Luchterhand.

Wiener, N. (1948): *Cybernetics or Control and Communication in the Animal and the Machine.* Cambridge/Mass.: MIT Press.

Willke, (1998): Organisierte Wissensarbeit. In: *Zeitschrift für Soziologie*. 3. S. 161–177.

World Health Organization, WHO (1946): *Constitution of the World health Organization*. Genf: WHO.

Wottawa, H. & Thierau, H. (2003): *Lehrbuch Evaluation*. Bern: Verlag Hans Huber.

Zangemeister, C. (2000): *Erweiterte Wirtschaftlichkeitsanalyse (EWA)*. Bremerhaven: Wirtschaftsverlag NW.

Zink, K.J. (1986). *Quality Circles*. München: Hanser.

Abbildungsverzeichnis

Tabellenverzeichnis

Über die Autoren

Fotostudio Stadthaus/Leipzig

Dr. Ingo Weinreich

Jahrgang 1972. Studierte Klinische Psychologie, Arbeits- und Organisationspsychologie sowie Gesundheitspsychologie an der Universität Leipzig. Lebt in Leipzig, ist verheiratet und hat 2 Kinder. Arbeitete zunächst als Referent bei der Bahn Tochter DB Cargo und wechselte im Jahr 2000 ins Institut für Gesundheit und Management. Position: Geschäftsführung. Arbeitsschwerpunkte: Managementberatung, Führungskräfteentwicklung und Coaching.

Institut für Gesundheit und Management GmbH
Ferdinand-Rhode-Straße 3
04107 Leipzig
TEL [0341] 52 11 62 – 0
FAX [0341] 52 11 62 – 20
Mail: weinreich@gesundheitsmanagement.com

Fotostudio Stadthaus/Leipzig

Dr. Christian Weigl

Jahrgang 1966. Studierte Sport und Psychologie an der Universiät Regensburg. Sicherheitsfachkraft. Lebt in Sulzbach-Rosenberg, ist verheiratet und hat 4 Kinder. Gründer des Institutes für Gesundheit und Management. Position: Geschäftsführer. Arbeitschwerpunkte: Arbeitsschwerpunkte: Managementberatung, Führungskräfteentwicklung und Coaching.

Institut für Gesundheit und Management GmbH
Konrad-Mayer-Straße 26
92237 Sulzbach-Rosenberg
TEL [09661] 81 38 – 0
FAX [09661] 81 28 – 17
Mail: weigl@gesundheitsmanagement.com